《中国水污染控制战略与政策创新》

编 委 会

中国水污染控制战略与政策创新

Innovation of Strategy and Policy for Water Pollution Control in China

张　炳　李　冰　葛察忠　董战峰　主编

中国环境科学出版社 · 北京

图书在版编目（CIP）数据

中国水污染控制战略与政策创新 / 张炳，李冰，葛察忠，董战峰主编．—北京：中国环境科学出版社，2012.8

ISBN 978-7-5111-1065-7

Ⅰ．①中… Ⅱ．①张…②李…③葛…④董… Ⅲ．①水污染—污染控制—研究—中国 Ⅳ．①X520.6

中国版本图书馆 CIP 数据核字（2012）第 158059 号

责任编辑 陈金华
责任校对 唐丽虹
封面设计 马 晓

出版发行 中国环境科学出版社
（100062 北京市东城区广渠门内大街 16 号）
网 址：http://www.cesp.com.cn
电子邮箱：bjgl@cesp.com.cn
联系电话：010-67112765（编辑管理部）
发行热线：010-67125803，010-67113405（传真）
印装质量热线：010-67113404

印 刷 北京市联华印刷厂
经 销 各地新华书店
版 次 2012 年 10 月第 1 版
印 次 2012 年 10 月第 1 次印刷
开 本 787×1092 1/16
印 张 23.5
字 数 530 千字
定 价 68.00 元

序　言

国家水体污染控制与治理重大科技专项水体污染控制战略与政策及其示范研究主题自2008年启动以来，在水体污染控制与治理重大科技专项办公室的大力支持和领导下，在水体污染控制战略与政策及其示范研究主题专家组的严格要求下，就水污染治理的战略与政策、体制与机制、水环境经济政策等开展了大量调研，针对有关关键技术进行了大量研究，并在江苏、安徽、辽宁等地区以及太湖、辽河等典型流域开展了大量试点示范研究。总体来看，业已取得了大量的阶段性研究成果，并推进了这些研究成果在典型地区、流域的试点与示范以及在政府水环境战略与政策制定中的应用。为了总结水污染控制战略与政策及其示范研究主题的阶段性成果，加强水环境政策与管理研究专家和学者之间的交流，为科学合理的水污染控制战略与政策制定献计献策，中国环境科学学会环境经济学分会、环境保护部环境规划院、南京大学环境学院、江苏省环境科学研究院等单位及国家“水体污染控制与治理”重大科技专项主题专家组于2010年12月21—23日在南京召开了“中国水污染控制战略与政策研讨会”。与会的200余位专家、科技管理人员和科技工作者就水环境保护战略与政策、水污染治理的体制与机制、水污染控制环境经济政策等议题进行了探讨。

高度重视水环境战略与政策研究和制定是新形势下落实科学发展观、践行环保新道路的客观要求。我们知道，水污染控制与治理战略与政策作为水环境管理工作的“顶层设计”，决定着水环境管理工作的成效。虽然经过近30年的努力，我国已初步形成了一套水环境管理战略和政策体系雏形，如水环境保护法律法规和政策体系正在初步形成，水体污染控制与治理机制体制建设正在积极推进，越来越多的经济激励手段开始被考虑纳入水环境保护管理政策体系。但是，毋庸置疑的是，当前我国的水污染控制与治理战略与政策仍存在多方面问题，尚面临以下挑战：水体污染控制与治理战略决策的技术基础支持薄弱，主要还依赖于“拍脑袋”型决策；水环境管理体制机制缺乏统一协调，管理“内耗”大；农村水污染防治机制政策缺乏、饮用水安全保障管理机制政策有待建立和完善；水环境投融资难以满足污染防治需求、水污染防治经济政策激励应用过少，长效机制过于缺乏；水污染管理过程中公众参与力度较弱，社会力量介入不足等。这些问题不能有效解决，将会严重制约我国水环境保护工作的深入推进。从国际经验来看，欧盟和美国代表了最新的水环境管理政策发展趋势，它们均将水体污染控制与治理战略、政策制定和实施视为水环境管理的重要内容，非常重视有关关键技术的研究、试点示范。从这些国家的水环境战略与政策发展趋势来看，更加重视按照流域实施水环境统一管理，水环境管理体制趋向综合统一协调发展，大量地引入经济政策和市场机制、自愿制度以及信息公开手段，促使部门和产业政策绿色化发展。因此，借鉴国际经验、结合我国国情，重视并加强水体污染控制战略和政策研究，就水污染防治工作中的战略决策、机制体制、管理政策等重点问题进行研究并促进研究成果的推广使用，对于我国加快理顺水污染防治“生产关系”，促进实现水环境的系统管理、综合管理、流域管理，构建水环境管理政策的长效机制无疑是应时所需。

为了让更多的水环境管理与政策专家和研究人员能够很好地了解当前的水体污染控制战略与政策研究和实践进展，存在的问题和面临的挑战。环境保护部环境规划院、南京大学等单位在研讨会论文的基础上，编辑出版《中国水污染控制战略与政策创新》。期待本次研讨会论文集的出版，能够有效推进水环境战略与政策、体制与机制、水环境经济政策等的研究，能够对探索和构建符合我国国情的水环境战略与政策体系起到积极的促进作用。

王金南　环境保护部环境规划院

孟　伟　中国环境科学研究院

2011 年 7 月 5 日

目 录

第一篇　水污染控制体制机制

第二篇　水污染控制战略

第三篇　水环境管理政策与评估

专家发言摘要

1 研讨会背景

（1）2010 年 12 月 22—23 日，中国水污染控制战略与政策创新研讨会暨中国环境科学学会环境经济学分会 2010 年度学术年会在南京召开。本次会议由中国环境科学学会环境经济学分会、环境保护部环境规划院、南京大学环境学院、江苏省环境科学研究院及国家“水体污染控制与治理”重大科技专项（以下简称“水专项”）主题六“水体污染控制战略与政策及其示范研究”主题专家组主办，环球中国环境专家协会、中国人民大学环境学院、中国科学院科技政策与管理科学研究所协办。

（2）水环境问题是社会各界广为关注的热点问题，水环境保护工作是环境保护工作的重中之重。水污染控制管理体制机制和战略政策是水环境保护的顶层设计，其制定和实施是否有效是事关水环境保护工作能否顺利开展的重大问题。新时期加快探索环境保护新道路，需要高度重视水污染控制管理体制机制和战略政策研究和试点。在此背景下，国内有关科研单位联合举办此次中国水污染控制战略与政策创新研讨会，旨在为有关研究专家、学者搭建一个平台，研讨交流水专项“水污染控制战略与政策及其示范研究”主题的研究成果，探讨我国中长期水污染防治战略、管理体制和经济政策，推动市场经济手段在我国水污染控制领域的应用，构建水环境保护长效机制。并为新形势下水污染控制管理体制机制和战略政策设计提供政策建议，为政府有关部门的政策制定和决策提供支持。

（3）研讨会组委会主席、环境保护部环境规划院副院长兼总工程师王金南研究员主持了开幕式，介绍了研讨会的主办单位、承办单位、协办单位，介绍了出席本次会议的领导和专家，主要有环境保护部污染防治司凌江副司长、中国环境科学学会任官平秘书长、江苏省环境保护厅于红霞副厅长、国家水专项办公室李安定处长、环境保护部环境规划院副院长吴舜泽研究员、中国人民大学环境学院院长马中教授、南京大学环境学院院长毕军教授、中国科学院科技政策与管理研究所副所长王毅研究员、财政部财政科学研究所副所长苏明研究员等，为了让更多的政府官员和专家分享这次研讨会的成果，把握水污染控制战略与政策的最新实践和进展，研讨会组委会特将主题报告专家的发言要点进行总结归纳，供大家参考。

2 研讨会主题

本次研讨会以分会场的形式设置了四个主题。在为期两天的研讨会日程中，40 余位参会政府官员、专家学者进行了主题发言。四个主题为：

（1）水污染控制战略与政策

（2）水污染控制环境经济政策

（3）太湖流域水环境管理体制机制与政策创新

（4）水污染控制体制与政策

水污染控制战略与政策分会场由北京师范大学曾维华教授、清华大学张天柱教授主持，水污染控制环境经济政策分会场由环境保护部环境规划院董战峰博士、中国人民大学马中教授主持，太湖流域水环境管理体制机制与政策创新分会场由南京大学毕军教授主持，水污染控制体制与政策分会场由环境保护部环境规划院葛察忠研究员主持。会后，清华大学王亚华研究员对水污染控制体制与政策分会场的发言进行了总结，中国人民大学宋国君教授对水污染控制战略与政策分会场的发言进行了总结，董战峰博士对水污染控制环境经济政策分会场的发言进行了总结。

3 研讨会专家发言概要

3.1 开幕式发言要点

中国环境科学学会任官平秘书长指出：在中国环境科学学会环境经济学分会主任委员王金南教授的领导下，在广大委员的积极协助、组织下，环境经济学学科分会吸引了来自该领域的大量专家学者，对促进环境经济学学科建设和发展起到了积极作用。今后中国环境科学学会将一如既往地对环境经济学分会的建设和发展予以大力支持。本次会议突出以水污染治理的环境经济政策为议题，紧密结合社会关注热点，具有重要的现实意义。希望参会的专家学者紧密围绕大会议题进行交流讨论，为国家制定和实施有效的水污染防治政策出谋划策。

国家水专项办公室李安定处长指出：在国务院水专项领导小组和国家水专项办公室等各级领导的高度重视和精心组织下，在参与国家水专项的各位专家精心的配合下，水专项“水体污染控制战略与政策及其示范研究”主题在王金南研究员的带领下，在广大科研人员的支持下，总体进展较好，做了大量的工作并取得了不俗的成绩。建议“水体污染控制战略与政策及其示范研究”主题要加大宣传力度，让社会了解研究取得的成果和进展；加强研究成果的交流，促进成果的集成和共享；重视和加快试点示范工作，争取使研究成果早日用于指导我国的水污染治理实践。

江苏省环境保护厅于红霞副厅长指出：近年来，江苏省太湖流域环境保护工作取得了积极的进展，但环境污染的严峻形势仍未发生根本改变，太湖流域作为我国经济最发达的地区之一，高资源消耗、高污染发展模式使得环境资源压力不堪重负。然而，长期以来，太湖水污染控制的技术支撑相对薄弱，“十一五”期间，国家水专项“水体污染控制战略与政策及其示范研究”主题重点选择了太湖流域开展了水环境保护战略决策、水环境管理体制机制和水环境保护经济政策等示范研究，取得了丰硕的研究成果，在太湖流域的综合治理中发挥了积极作用。希望“十二五”时期的研究重点突出太湖流域的面源管理，水环境产业经济政策、水污染控制管理技术平台的构建等，为江苏省，特别是太湖流域水环境综合整治提供有效的技术支撑。

环境保护部污染防治司凌江副司长指出："十一五"时期我国水环境保护取得积极成效，主要取得了五方面的成绩：一是重视水污染防治规划的科学编制以及实施落实情况的考核，有力促进了水污染防治工作的开展；二是污染治理加快，城市污水处理率由"十一五"初期的 43%提高到目前的 75%；三是通过结构减排、工程减排和管理减排，完成了 COD 削减 10%的减排目标；四是突出重点，不断深化对饮用水水源地的保护；五是注重预防，努力控制湖库富营养化加剧的趋势。但仍存在一些突出水环境问题，需要在"十二五"期间予以重视和解决：一是城市污水处理效果仍不理想，污水处理厂的处理效率需要提高；二是工业污染尚未完全控制，工业企业的违法排污，特别是工业园区的集中排污，还是一个突出的问题；三是有毒有害物质危害依然严重，特别是重金属污染问题；四是湖库富营养化的控制乏力，氮、磷污染控制问题尤为突出；五是地下水保护与管理仍为空白，环境风险不断加大。为了实现 2030 年全面建设小康社会的目标，建议"十二五"期间应重点解决好以下突出环境问题：一是编制好环境保护规划，并加大考核力度，致力于消除劣Ⅴ类严重污染河段；二是继续实施主要污染物总量减排制度，大幅提高城市污水处理率，消除水污染严重的城市；三是重视加强工业园区污水的集中处理，解决好工业园区污染问题；四是加大饮用水水源地、自然保护区等环境敏感水域的保护力度；五是注重预防湖库富营养化，重视跨省界或国界流域保护问题；六是不断开拓新的水污染防治领域，预备建立地下水污染防治体系和近岸海域污染防治体系；七是要从单纯的污染控制转向生态保护。

3.2 大会主题发言要点

吴舜泽（环境保护部环境规划院副院长，研究员）：国家"十二五"水污染防治战略框架

吴舜泽研究员重点从"十二五"时期的水污染防治战略与思路、格局与分区、重点与方略及机制与政策四个方面阐述了国家"十二五"水污染防治战略框架。吴舜泽研究员指出，"十二五"时期的水污染防治战略与思路重点要把主要污染物总量控制、面向水环境质量的主要污染物削减和水环境风险防范作为三个主要着力点，以促进区域和城乡的水环境基本功能服务均等化作为抓手来推进水污染防治工作，着力解决关系民生的水体、空气、土壤环境治理和生态系统保护问题。"十二五"时期的水污染防治格局和分区要重点构建面向流域设计、区域落地的水环境控制分区体系，建立我国水环境保护中长期的格局体系，也需要一套与之配套的管理制度和政策跟进。"十二五"时期的水环境保护重点与方略设计应以重点流域优先控制单元为突破口，改进优先控制单元的水污染防治环境绩效，把非重点流域和过去关注较弱的生态良好地区的水环境保护，通过"以奖促治"、"以奖促防"的方式进行推进。"十二五"时期的水环境保护机制与政策方面，吴舜泽研究员提出在重视推进大规模工程建设的同时，更要重视制定和实施持续性的机制政策。

李云生（环境保护部污染防治司流域污染控制处处长，研究员）：中国水环境保护战略与目标分析

李云生研究员提出水环境保护包括水污染防治、水资源保护和水生态修复三方面。在分析发达国家水环境保护战略的基础上，指出中国与发达国家相比，水环境保护仍然主要处于治理COD、氨氮有机污染物的阶段。在分析及预测我国产业结构现状及未来变化情况的基础上，根据研究提出的水环境经济预测模型对我国COD长期产生情况进行了预测，指出我国COD排放强度随着经济结构的转型会大大地持续下降，COD产生量在2030年之前会持续上升，COD排放量将在2015年左右出现拐点。氨氮总量减排相比COD减排将相对滞后，在2030年之前产生量将持续增加，在2020—2050年会出现拐点。如果“十二五”期间将氨氮纳入污染物总量减排的约束性指标，则与COD总量约束性指标的协同性会加强。李云生研究员对中国的水环境保护战略进行了分析，指出中国的水污染控制战略从短期来看，主要是控制重点污染源；从中期来看，主要是从控制重点源转向全面污染源控制；从远期来看，主要是控制农业面源污染。并建议我国“十二五”选择化学需氧量和氨氮两个指标作为水污染物总量控制指标；总氮、总磷、重金属作为区域流域污染物排放总量指标。

苏　明（财政部财政科学研究所副所长，研究员）：水环境保护投融资的现状与政策取向

苏明研究员首先介绍了我国水环境保护投融资政策的发展演变历程，指出我国水环境保护投融资政策主要分为四个阶段：第一阶段为起步阶段（1973—1980年），当时中国仍处于计划经济体制时期，水环境保护投资渠道基本上来自国家财政预算；第二阶段为探索尝试阶段（1981—1990年），进入20世纪80年代以后，环境污染问题引起了社会各界越来越多的关注，单纯依靠国家财政投入已很难满足水环境污染治理的资金需求，因此，开始加强投资渠道探索，水环境污染治理投资体制由此进行了一系列的变革；第三阶段为体制创新阶段（1991—2000年），随着我国经济体制改革的深入，特别是1994年国家进行的分税制体制的改革，水环境保护财政投资力度大大加强；第四阶段为深化改革阶段（2001年至今），“十五”时期以来，我国水环境保护投融资改革在不断深入推进，投资政策不断制度化、规范化。其次，苏明研究员指出我国水环境保护投融资格局现状呈现以下四个特征：一是国家财政仍然是水环境保护投融资的重要主体；二是企业水环境保护投入所占比重在逐步上升；三是利用外资对我国水环境保护事业发展起到了一定的推动作用；四是水环境保护投融资政策和机制探索，包括在水环境保护投融资构建、绿色信贷和绿色证券、资产证券化、环境污染责任保险、城市污水处理厂建设的BOT等模式的利用不断取得新进展。随后，苏明研究员分析了我国水环境保护投融资存在的主要问题与挑战：①水污染防治投资总量不足，水环境保护仍然滞后于经济社会发展；②政府与市场职能作用边界、各级政府的水环境事权责任划分不清晰；③市场化的投融资机制仍未有效形成，融资体系结构和功能尚需完善；④水环境保护管理运营水平相对偏低，资金使用效率仍然不高。最后，针对当前存在的主要问题，苏明研究员提出了对策与建议：①合理划分政府水环境保护事权与财权；②改革完善水环境保护投资体制机制；③有效拓宽水环境保护投资渠道；

④调整完善水环境保护专项资金制度；⑤加强水环境保护领域的制度创新和信贷支持；⑥建立完善水环境保护绩效评价制度。

马　中（中国人民大学环境学院院长，教授）：城市污水价格政策设计

马中教授首先从资源垄断理论、公共物品理论、政府规制理论角度分析了生态环境用水（纯粹公共物品）、居民生活用水、农业用水（准公共物品）、工商业用水（私人物品）的环境属性，指出居民生活用水和工商用水成本核算包括取水成本、供水成本、污水处理成本和资源耗竭成本四个方面，前三方面常归为建设成本和运行成本两类，实际水价结构中则往往没有考虑环境成本。在分析政府税收收入、预算收入、地方融资收入情况的基础上，根据环境保护的服务性质，指出水的公共服务应该由政府财政支出。随后，马中教授介绍了黄河流域九个省以及合肥市和长春市两个案例城市的调查分析结果，发现不同城市地区污水处理收费的水平受当地经济发展、人均收入及环境状况的影响并不大；污水处理费用的设定存在政策的随意性，并没有考虑污水处理成本、社会经济状况及居民的承受能力因素；政策设计并没有一致的影响因素，影响因素之间也是各自独立的。最后，马中教授指出：财政资金对于我国城镇污水处理设施建设发挥了重要作用，这一现象充分体现了居民生活用水的公共服务性质；由于调水成本、饮用水标准等会越来越高，导致污水处理成本会继续快速提高；污水处理行业由于其特殊的环境敏感性和公共物品性质，建议政府慎重对待市场化的趋势，在地方财政无能力时，中央财政要提供支持；由于污水处理定价存在成本差异，因此，是一个地方性的决策，中央统一定价其意义不大，决策权应当由中央下放，污水处理定价建议包括污水处理成本、污泥处理成本及管网的维护成本。

王　毅（中国科学院科技政策与管理研究所副所长，研究员）：中国的水管理体制改革与推进流域综合管理

王毅研究员从应对气候变化带来的长期挑战、国内资源环境问题的多样化挑战等出发，分析了中国未来十年的发展与水问题趋势，指出中国水问题的长期挑战主要有：水资源供需矛盾；水污染问题严重；涉水灾害的频率和强度增加；水环境难以适应发展的需要等。并重点从流域的完整性与水问题的多样性、河流的多种服务功能、流域利益集团的多元化诉求和利益相关方协调等方面分析了我国流域性水问题。在此基础上，指出了我国水管理存在的主要问题：我国面临的水危机实质是管理与技术的综合性危机；水管理制度与技术同等重要，在解决近期水污染中的作用甚至更关键；国家和流域层面管理体制存在多部门管理、缺少协调机制的突出问题；水管理的相关制度冲突问题显著，缺少综合性政策，经济激励政策不完善及涉水规划的法律地位不明确。在分析了国际水治理与流域管理经验，国内水管理体制与流域综合管理现状的基础上，指出了我国流域管理问题的挑战主要有：①法律法规不完善；②管理机构职能定位不清；③涉水部门“三定”方案微调问题；④缺少流域管理的政策体系；⑤缺少有法律地位的流域综合规划；⑥利益相关方及公众的参与不够。最后，提出了推进流域综合管理能力建设的政策建议：①建立实施流域综合管理的法律法规体系；②建立流域综合管理的统一管理机构和协调机制；③建立较完善的推动流域综合管理的综合政策体系；④建立起支撑流域综合管理的监测、科研和技术创新体系；⑤建立信息共享、信息发布的机制和平台；⑥建立政府、公众、企业的合作伙伴关系。

3.3 分会场一：水污染控制战略与政策

张天柱（清华大学环境科学与工程系，教授）：推动我国建立环境本身损害责任机制的构想

张天柱教授指出：我国存在环境损害及其责任机制的缺位问题，主要包括认识、管理和技术缺位三个方面。在认识上，对于环境污染损害的概念，总体仍停留在传统环境侵权的范围；在管理上，除《海洋保护法》中对环境本身损害问题有所规定，使之成为我国反映该类损害责任的明显领域外，目前我国在环境本身损害责任及环境修复的规范体系上基本处于空白状态；在技术上，围绕环境本身损害的整治，我国已有了不少技术研究与工程实践，但主要体现在对土壤损害的污染场地修复方面。随后，张天柱对环境本身损害的概念予以界定，认为环境本身损害的概念范围，需要在既利于环境本身损害管理又利于资源性财产保护两者兼顾基础上合理界定，可围绕受损对象提供的功能或服务，基于自然性、公益性、经济性、系统性特征进行区分。

而后，张天柱教授重点介绍了环境本身损害的赔偿责任组成与实施办法，认为环境本身损害的经济费用构成是建立损害赔偿责任与实施管理的核心，其是对受损环境服务水平降低的价值赔偿。在以恢复环境为目的赔偿责任意义下，其经济损失度量一般体现为对污染了的环境的修复（包括有关清除）与期间损失（由于自然或人工恢复的滞后效应，在损害发生后到环境恢复至基准水平时存在着的环境实际损害）补偿等互相联系的两个方面。针对如何实施这一问题，张天柱教授认为我国宜先以基本损失为重点予以规范细化，并根据条件逐步深化。针对推动环境本身损害管理的切入点，张天柱教授认为：①按照对造成环境本身损害的污染排放责任主体追溯识别的可能性与难易程度，有明显能够确定与不能或难以找到责任主体的环境本身损害问题。污染排放者有限、易于确定责任主体并认定损害责任，在确定责任者上具有较大难度的即使认定为群体责任，也还存在进一步责任分担的问题。②从造成环境本身损害的污染排放时间特征看，有突发性和非突发性污染排放。与长期累积排放，特别是在一定自然条件下触发形成的环境本身损害问题不同，突发性污染排放不仅时间集中、数量性质特征明显，往往联系着设备失灵、操作失误等原因，在因果关系认定、损害量化等方面都具有较强的确定性。③受污染的环境要素类型，可分为水、大气、土壤污染损害等。就近年发生的重大环境污染事故看，涉及水环境的损害问题为数最多。结合典型水污染物类别，从水环境污染损害问题（实际不可避免地会关联到土壤污染损害）着手，建立我国环境修复与污染损害赔偿责任，具有明显的现实作用和管理意义。

曾维华（北京师范大学环境学院，教授）：基于 Web-GIS 的中国水环境信息公开系统

曾维华教授认为构建信息公开系统有助于企业、政府和公众参与三方之间的合作。在评述美国 1966 年开始实施《信息公开法》、欧盟关于环境信息公开的立法，以及德国、加拿大、英国和日本等国环境信息公开立法基础上，指出中国环境信息公开化起步较晚，尽管我国颁布了一系列法律法规就公众参与需要的信息来源、参与方式和责任追究做出了明确规定，为公众参与水环境保护提供了法律依据和保障，但公开的水环境信息分散在各部

门、企业的数据库。由于缺乏共享机制，公众没有获取水环境信息的有效渠道，导致了信息资源难以实现全社会的共享。而后，曾教授介绍了基于 Web-GIS 的水环境信息公开系统的设计体系结构，指出该系统对不同用户具有不同功能：外部查询用户可通过 Internet 登录平台查询水环境信息，包括注册、登录、修改个人资料、查询水环境属性信息、地图操作、图元查询、绘制图表等；内部用户通过互联网或内部局域网访问本系统，进行信息汇总和数据更新等工作；系统管理员具有最高权限，通过内部局域网访问系统，进行内外部用户管理，并对数据库和系统进行日常维护；所有用户通过登录环境信息公开系统可以进行环境信息查询，了解公众参与的相关法律法规，信息公开申请流程，公众参与的流程、要求以及注意事项，了解建设项目的进展和项目对环境的影响、环评单位和意见受理单位的联系方式、环境投诉信息等。系统数据库的数据来源包括五方面：重点断面水环境质量监测信息；重点断面水环境质量评价信息；各省和重点城市水环境行为信息；省市水环境行为评价结果信息；其他信息，包括省市名称和编码、指标中英文名称以及由平台公布的政策法规、环评项目信息和公众参与指南等信息。

宋国君（中国人民大学环境政策与环境规划研究所，教授）：中国水排污许可证制度框架设计

宋国君教授认为排污许可证制度是点源排放控制政策体系的核心手段，排污许可证作为企业的守法文件和监管部门的执法文书，是促进环境管理进步的最重要措施，排污许可证制度实施的有效性有赖于管理体制的完善。水排污许可证制度的最终目标是水体健康（水质达标）及受体得到保护；中间目标是入河排放量控制；直接目标是促进点源的“连续达标”排放，提高排放量削减的确定性。其管理核心是将排污者应执行的有关国家环境保护的法律、法规、政策、标准、总量削减目标责任和环保技术规范性管理文件等要求具体化、形式化，明确地体现到每个排污者的排污许可证上。接着，宋教授指出污染物排放标准是排污许可证制度实施的核心。他认为，排放标准可以分为基于技术的排放标准和基于环境容量的排放标准。执行许可证制度的关键，就是制定恰当的排放标准和规定具体义务。排放标准在许可证制度中通过具体的监测方案来实施。而后，宋教授介绍了排污许可证制度设计的六个主要原则：法规的权威性和协调性原则，管理体制的合适性原则，处罚机制合适性原则，执行能力相匹配原则，长远设计、近期效果和逐步完善原则，基于现有管理体制和法律基础原则。最后，宋教授重点介绍了许可证制度的管理范围、许可证制度的体制设计、管理机制设计等排污许可证制度框架的设计要点。提出了以排污许可证制度为核心的环境政策整合，认为排污许可证制度实施以后，必须与现有的环境政策手段相互衔接和协调，避免出现重叠或者冲突，影响环境管理的效果和效率。相关的政策手段有环评、“三同时”、排污申报、排污收费、限期治理、总量控制、环境信息管理、环境保护技术政策等。

余向勇（环境保护部环境规划院，副研究员）：跨部门区划协调与管理机制研究（以海河流域为例）

余向勇副研究员以海河流域为案例重点对水环境功能区和水功能区综合区划与管理机制目前的进展、存在的问题进行了探讨。余向勇副研究员首先介绍了综合区划与管理机制，包括基于河段路径系统、动态连接并拆解组合、保留原有区划并动态实现形成综合目标的技术方法、协调机制（部门合作、会商会签）、规范程序（各自划定、综合协调、共同检测考核；一方定水质目标、一方定水量目标；共同划定）、政策机制（部门间信息共享与公开）。而后，详细介绍了综合区划与管理机制存在的问题：水功能区与水环境功能区划分不一致；水量和水质管理脱节；取水许可与排污许可的审批未能有效结合；流域水资源与水环境监测网络缺乏统一规划，站点布局不合理；流域水资源与水环境监测方法和适用标准不一致，信息共享程度低；监测结果尚未实现统一发布等。

刘合光（中国农业科学院农业经济与发展研究所，博士）：蛋鸡粪循环利用模式评价与政策

刘合光博士指出，中小养殖主体无法承担处理鸡粪的成本；多数农户按照传统养殖模式分散养殖，处于维持生计的微利状态，而小规模养殖企业中有不少企业亏损，无力处理鸡粪，如果蛋鸡粪未经处理，直接排入环境会造成水体富营养化、地表水硝酸盐污染、空气质量恶化、传染病扩散，威胁家畜乃至人类健康。因此，有必要选择环境友好、利于提高资源利用效率且具有一定经济效益的方法处理鸡粪。而后，刘合光博士介绍了蛋鸡粪循环利用的模式及存在的问题。指出目前国内外对蛋鸡粪的循环利用一般采用能源化、肥料化和饲料化三种模式，其中肥料化是国内蛋鸡粪循环利用的最主要模式。但由于存在鸡粪臭味，影响其他畜禽饲用吸收，并携带各种病原体，如在使用时未进行严格消毒灭菌处理，则易造成家畜感染发病等一系列问题。将鸡粪循环利用三大模式的优点与主要技术难题进行对比综合分析来看：能源化模式是未来的主要发展方向，但是沼气发电和焚烧发电投资巨大，风险也比较大，当前推广难度比较大，其中单纯沼气化比较适合中小规模蛋鸡养殖企业使用；肥料化模式投资规模适中，适合当前推广，经济效益较高；饲料化模式面对的疫病风险较大，社会认可度和实践可行性较弱。最后，刘合光博士提出了不同循环利用模式的经济评价方法，并从统筹考虑、提高规模经济效益、综合示范和建立补贴体系提出了推动蛋鸡粪循环利用的政策建议。

王如琦（上海市水务规划设计研究院，高工）：省际间联合治污新机制的探索（以淀山湖水污染控制为例）

王如琦高工从淀山湖水污染现状、淀山湖规划水质目标、水污染治理存在的主要问题、省际联合治污机制框架设计及具体实施建议和措施等四方面对省际间联合治污新机制进行了分析。淀山湖是一个位于上海和江苏两地交界的湖泊，也是上海市黄浦江上游水源地支流——斜塘的来水水源之一，根据国务院 2010 年 5 月批准的《太湖流域水功能区划（2010—2030 年）》，淀山湖作为太湖流域内重要的边界湖泊，划为缓冲区。为保护黄浦江上游水源地，《太湖流域水功能区划（2010—2030年）》将淀山湖的规划水质目标确定为II至III类。由于淀山湖地处上海、江苏的边界地区，根据行政属地管理要求，水资源管理和水环境保护在行业、区域之间处于分割状态，由此导致水环境治理形势十分复杂。淀山湖蓝藻“水华”防治工作的深入推进，与上海、江苏及流域层面的产业结构、水资源管理体制、行政区管理体制等存在冲突，具体表现为：①淀山湖周边江苏、上海界内的水功能区划不协调；②行政区划之间的产业发展结构不协调；③流域管理和行政区管理体制之间不协调。建议省际联合治污机制框架设计要结合淀山湖水体污染的现状，以治理淀山湖水污染（蓝藻水华）为目标，以联合治污、长效治污、科学治污为主线，通过行政方式、市场方式和协商方式对淀山湖区域进行综合治理，以协商方式为核心、以行政方式为手段、以市场方式为补充，提出了为改善淀山湖水环境，苏沪两地加强省际间宏观层面的政治协商、管理层面的水行政协商、地方层面的利益协商等机制。最后，从建立淀山湖水污染治理的信息共享平台、协调统一淀山湖区域水功能区划分、联合制定淀山湖水污染的技术规范性文件和联合制定淀山湖水污染防治等角度提出了对策建议和措施。

牛坤玉（环境保护部环境规划院，助理研究员）：煤炭采选行业废水治理运行成本影响因素分析

牛坤玉助理研究员以煤炭行业为例，识别了废水治理运行费用影响因素、提出了改进的工业行业废水治理运行成本影响因素分析方法。首先介绍了运行费用影响因素的识别，认为污水处理厂的运行费用与污水处理量、工业企业的规模、所在地区、企业性质、处理方法这5种因素有关，将这5种因素以虚拟变量的形式纳入污水处理运行费用模型，其中工业企业的规模分为大、中、小三类，地区分为东、中、西三个地区，处理方法分为物理、化学、物化、生物以及组合五类。其次，指出以往研究利用传统的最小二乘估计方程以及方差分析模型，假设不同个体间的数据完全独立，忽略了分层数据内部可能会具有集聚效应，这样当数据内的聚集性较强时就可能会得出错误的结论；以往的研究也只是关注对因变量的均数的影响因素，未分析哪些因素对于因变量的变异程度有影响。在此基础上，对工业行业废水治理运行成本影响因素分析方法进行了改进。而后，以煤炭采选行业为例，通过固定效应的方差分析，得出废水治理运行费用在地区水平上的确存在聚集性，且不同企业间有着个体差异。因此，要充分考虑数据组内的集聚效应。最后，利用污染源普查数据，运用广义估计方程对煤炭行业废水治理运行费用函数进行估计，在此基础上进行煤炭采选行业废水治理运行成本影响因素分析。

宋国君（中国人民大学环境学院，教授）：农村水环境保护评估方法及案例研究

宋国君教授首先介绍了水环境保护评估的信息内涵，包括监测信息、期刊、著作、研究机构的调查报告以及记者的采访报道信息等，并分析了各水环境保护评估信息的优缺点以及各评估信息的适用范围。其次，系统介绍了农村水环境保护评估与信息收集的主要内容，包括生态和受体状况评估、水环境质量评估、污染排放控制评估、污染控制行动评估和政策的回应性评估。指出农村水环境保护需要了解村民对目前水质、管理的满意程度，了解村民对未来水质、生态改善程度的要求；了解村民对水污染问题是否有充分的解决途径；了解村民对于具体农村水环境管理是否有参与意愿等。最后，以河南省颍河流域案例，运用问卷调查的方法收集了较全面的农村水环境信息。选择一些重要的变量如水质、污染排放、满意度等进行相关性分析，从逻辑上验证问卷信息质量。基于问卷的分析表明水质总体情况与统计数据分析基本一致，而断面水质状况差异则较大。宋国君教授据此认为，由于农村水环境评估需要大量信息，目前的监测统计方法很难满足，通过问卷调查方法获得信息是必要的且可行的。但是，应明确问卷调查方法受问卷设计和抽样方法的影响很大，需要不断总结经验完善问卷设计和实施。

葛俊杰（南京大学环境学院，讲师）：利益均衡和公众参与——环境制度变迁的视角

葛俊杰讲师从环境制度变迁模型、最近国内出现的环境公共事件、信息公开和公众参与三方面对利益均衡和公众参与问题进行了系统解析。葛俊杰讲师首先从经济利益和环境制度变迁的角度，提出了以污染企业和周边居民为博弈双方的环境制度变迁模型，分析了环境污染和环境质量改善的不同过程，提出了信息公开和公众参与在阻止环境污染和促进环境改善的制度变迁中的积极作用，认为公众参与的过程同时也是环境利益均衡的过程。尽管允许企业污染环境的制度变迁被看做是增加了企业的收益，但是污染伴随的资源浪费和环境事故造成的企业停产也会给企业造成损失。其次，以最近国内出现的环境公共事件为例，对该理论进行了进一步的阐述，提出了解决环境矛盾和冲突的思路，即通过充分的信息公开和有效的公众参与，在经济发展和环境管理过程中实现多方利益的均衡，促进经济利益、社会利益和环境利益的协同。最后，葛俊杰讲师指出：对于污染地区，信息公开和公众参与可以提高公众对改善环境质量的支付意愿和降低公众参与环境维权的交易成本，产生基于社会总体效益最大化的帕累托改进，继而促成企业治理污染的环境制度变迁；对于环境优美地区，信息公开和公众参与可以通过提高公众对现有环境质量恶化的保留成本和提高企业实现污染项目投产的交易成本，降低这些地区形成污染环境的制度变迁的可能性。

李　萱（环境保护部环境与经济政策研究中心，博士）：水污染防治法律规范体系协调性评估方法初探

李萱博士从水污染防治的主要法律制度、水污染防治法律规范体系中的规范性要素的分解、法律规范体系协调性评估指标等方面对该问题进行了深入探讨。首先，李萱博士基于《水污染防治法》梳理出水污染防治工作中的主要法律制度，指出法律规范体系协调性评估属于立法后评估的一种，目前我国开展的立法后评估活动还处于探索阶段，一方面尚未形成较为清晰明确的评估方法，另一方面对评估指标或评价标准的设定缺乏规范性。其次，李萱博士对水污染防治法律规范体系中的规范性要素进行分解，并提出了“规范性要素分解评估法”，基于法律的规范性特点，将待评估对象分解成规范法学意义上的若干要素，通过对这些要素进行分解评估，来呈现法条之间的逻辑关系，分析法条之间表现出来的矛盾、冲突等协调性问题，并指出该方法能较为有效地评价法律规范体系中出现的多种协调性问题，从而为法律规范体系协调性评估提供方法支持。最后，李萱博士提出了法律规范体系协调性评估的评估指标，以及根据评估指标开展定性分析与定量评估分析的思路。

石英华（财政部财政科学研究所，研究员）：流域水污染防治投资绩效评估研究

石英华研究员从水污染防治投资绩效评估重要性，绩效评估的现状及存在问题、建立较为科学合理的评估指标体系的建议三方面对流域水污染防治投资绩效评估问题进行了介绍。首先，石英华研究员指出我国政府和公共部门用于水环境保护与水污染防治的总投资在不断增长。随着污水处理的产业化、市场化，企业治污投资比重趋于上升，多元化的投融资格局在逐步形成。虽然对于一些污染比较严重的河、湖水系，国家投入了大量资金开展重点治理并取得一定成效。但相对于水环境保护和水污染防治不断增长的巨大资金需求而言，我国目前的投资仍然十分有限。在资金总量尚显不足的情况下，资金使用效率低下问题还很普遍。研究流域水污染防治投资绩效评估，建立统一规范的指标体系，有利于避免水污染防治投资的低效、无效等问题的产生，提高投资资金的效益和效率。随后，石英华研究员解析了我国水污染防治专项资金绩效评估的现状及存在问题。认为我国已在逐步规范和加强财政用于水污染治理的专项资金管理行为，建立实施项目的“问效制”和“问责制”，政府及有关部门正从制度建设入手探索建立投资项目绩效管理体系并取得了初步进展。但我国水污染防治资金绩效评估仍存在很多问题：水污染防治资金绩效评估并未引起广泛关注和重视，绩效评估体系尚未系统建立；水污染防治资金的绩效评估方法不尽全面、合理；水污染防治资金的绩效评估存在许多不可量化的部分，评估工作的难度大和成本高；绩效监督管理主体职责不清、分工不明，绩效监督取证较难；绩效评估结果运用不到位，评价报告权威性缺少制度保障；绩效管理人员队伍建设有待加强等。最后，石英华研究员提出了建立科学合理的评估指标体系的建议：建立健全事前、事中、事后评价的通盘联结机制；完善水污染防治资金的绩效评估方法；研究建立水污染防治投资项目绩效评估指标体系；建立流域水污染治理投资项目绩效评估结果应用制度；建立健全流域水污染治理绩效监督机制。

贾杰林（环境保护部环境规划院，助理研究员）：水环境趋势预警指标体系的构建与时差分析

贾杰林助理研究员首先构建了水环境趋势预警指标体系。他根据可持续发展理论，结合水环境基础的发展状况、资源的质量和利用状况、环境的污染和治理状况、社会经济的发展水平等，基于影响水环境系统的结构关系，确定了影响水环境趋势变化的各主要因素指标，建立了水环境趋势预测的指标体系，包括目标层、指数层和指标层三个层次。其次，对水环境趋势预测指标体系进行了时差分析。将水环境趋势预测指标体系中的指标划分为三个类型：先行指标类、同步指标类与滞后指标类，并运用 1994—2006 年水环境的相关数据，采用时差相关分析法，以 COD 排放量的增长率为基准指标，对指标体系的指标进行了先行、同步、滞后性质的分类，对各个指标在反映水环境变化过程中的不同时滞作用进行了区分。贾杰林助理研究员通过分析认为：影响我国水环境质量变化的相关指标存在一定的时差性，这些指标按照各自的时间周期共同作用于水环境，时差序列分析工作为进一步分析水环境变化的趋势提供了基础，为将来的水环境预警工作提供了可靠的理论依据。

李志涛（环境保护部环境规划院，助理研究员）：基于县级单元的中国农业面源污染控制区初探

李志涛助理研究员首先根据等标污染指数，运用系统聚类分析方法进行了 2007 年的农业面源污染控制区划分研究。以县级行政单元为农村水环境污染源划分的基本单元，建立了农业面源控制区划分的数据库，主要包括全国县域的耕地面积、化肥施用量（折纯量）、畜禽年末存栏总量（主要包括牛、羊、猪）、淡水养殖面积等与农业面源污染有关的数据。其次，利用主导因素法，结合农业面源污染的特征，选取人类活动容易控制又能反映农业面源污染特点的因素，构建分区指标体系；以农业生产过程中污染物的产生来源分类，分别按照种植业污染、养殖业污染两种不同类型污染源构建指标体系。其中，种植业污染包括化肥中氮、磷流失污染，并以化肥施用中流失的总氮、总磷作为划分依据；养殖业污染包括社会分散养殖污染、规模化养殖污染和水产养殖污染等，并以畜禽粪便以及水产养殖过程中流失的化学需氧量、总氮、总磷的数量作为划分指标。最后，划分了农村水环境污染分区。种植业污染重点控制区主要位于河南省、山东省和河北省以及山西省的南部、江苏省的北部和安徽省西北部及吉林省中部等我国粮食主产区。养殖业污染重点控制区主要分布于河北省、山西省，以及内蒙古自治区东北部、吉林省西北部、辽宁省、黑龙江省东北部以及湖北省、湖南省等畜禽和水产养殖集中分布地区。李志涛助理研究员认为全国农业面源污染控制区划分方案综合考虑了我国农业生产布局、面源负荷空间排放特征等因素，可为农业面源污染的控制和管理决策提供参考。

刘　涛（中国科学院生态环境研究中心，助理研究员）：经济学视角下的流域生态补偿制度研究——基于一个流域污染赔偿的案例

刘涛助理研究员首先从经济学视角解释了制度的内涵以及制度与权利的关系。指出：人类活动需要一定的有利于社会发展的标准化准则。由于个人的行为可能会对他人产生影响，因此，在任何社会环境中都需要有一套行为标准来界定社会成员的权利和义务，制度可以看作是这些影响人们行为的权利和义务的集合。社会的运转需要社会秩序来维系，制度安排或行为规则形成了社会秩序，并使其持续运转。其次，讨论了制度安排与效率的关系。制度将人们的经济活动界定为一套有序的关系，进而决定了个人经济活动的选择集。对经济效率的判断取决于制度安排是如何确定“谁必须承担哪些费用和谁可以获得哪些收益”的。从这个意义上来说，效率和公平的分析是由现有制度安排决定的，每一种制度安排都对应着各自的效率最优。最后，他认为要判断一个制度是否有效率，首先要确定评价的标准并将某制度与其他可行制度安排下的成本和收益进行比较，并指出制度安排对效率具有十分重要的影响。而且在不同的制度安排下效率的含义也不同。真正的社会效率要求所有的利益相关者拥有一个考虑最终制度安排的机会，这一考虑不仅包括对未来利益的考虑，也包括对现在可采取的替代行为的考虑。

周　军（环境保护部环境与经济政策研究中心，博士）：中国环境信息公开：国际经验借鉴、制度评价与建议

周军博士首先从公众参与环境管理发展历程、信息公开与公众参与环境管理主要理论以及美、日、欧、印度等有关国家信息公开与公众参与主要实践三个角度介绍了水污染防治信息公开与公众参与政策研究的国际经验。在评述我国环境信息公开现状后，周军博士指出政府主动公开存在以下问题：以常规环境信息为主，敏感问题有限；政府监管下的企业信息公开是难点；环境信息公开办法存在解释上的疑惑。他建议：完善《环境信息公开办法（试行）》是消除“环境信息壁垒”的关键；建立政府环境信息公开管理机制化，设置“环境信息公开评审小组”，保证政府在环境信息公开的社会权威性；破除“意识桎梏”，将信息公开指标纳入地方干部考核体系，明确“信息公开是改善环境质量、稳定社会结构”的基础；加强地方交流与互动，开展“中国城市环境信息公开案例分析（教材）”编写工作，创新信息公开方式；加强环境信息公开评价，指标体系的评价要能完整且真实地反映地方政府整体环境信息公开程度，可根据《环境信息公开办法（试行）》中规定的政府义务，以各市环保局网站为数据主体研究对象，借鉴多方面经验完善指标体系。

3.4 分会场二：水污染控制环境经济政策

葛察忠（环境保护部环境规划院综合部，主任，研究员）：污水排放税设计研究——从排污收费到环境税

葛察忠研究员首先介绍了我国现行排污收费制度的收费项目、计费方式、征收方式和流程、征收额的区域和行业特征、水污染排污收费近年来的趋势和变化，分析了排污收费制度在政策设计和实施中的主要问题，指出现行排污收费政策设计存在以下主要问题：①排污收费制度的法律体系比较健全，但层级比较低，没有上位法；②排污收费征收标准偏低；③征收项目不全，未包含流动源、重金属和农业面源。在政策实施过程中的主要问题有：①管理征收率高，但理论征收率低；②未对城市污水处理厂排放行为征收；③小规模“三产”未成为征收对象。而后，葛察忠研究员对水污染排污收费和污水排放税两种政策工具的特征进行了对比，认为两种政策工具的共同点为：设计原理均为“谁排污谁付费”；性质上同属经济手段；结果上均旨在实现污染行为的外部成本内部化，促使排污企业自觉采取减排行为；不同点主要体现在四方面：作用不同、公众的认识程度不同、征收机构不同、资金使用方式不同。并指出污水排放税可以部分但是不能全部解决水污染排污收费征收率低的问题。最后，葛察忠研究员介绍了污水排放税设计的原则和设计方案，分析了从水污染物排污收费到污水排放税转变中存在的体制、技术和政策协调障碍，并指出：尽管与收费方式相比，税收方式具有一定的优势，但水污染物排污收费改革为污水排放税仍存在一些障碍，近期不宜将污水类排污费改为污水排放税。

禹雪中（中国水利水电科学研究院，教授级高工）：流域生态补偿标准核算方法分析：政策视角

禹雪中高工首先介绍了我国主要省份流域生态补偿政策基本特征，以及浙江、福建、河南、海南、江苏、辽宁、山东、陕西和山西省等各省级政府或行业主管部门出台的相关政策文件。在此基础上，总结并分析了主要省份流域生态补偿和污染赔偿标准核算方法，并对两种流域生态补偿类型各自的赔偿因子和计算标准所采用的方法进行了总结。其次，禹雪中高工提出了流域生态补偿和污染赔偿标准核算方法的分类基础和分类依据，认为污染赔偿主要包括水污染治理成本、水污染损失成本等；而生态补偿主要包括水环境保护成本、水资源保护价值等。并对比分析了各种污染赔偿和生态补偿核算方法的应用领域和优缺点。随后，分析了流域生态补偿标准政策的发展趋势，认为目前流域生态补偿和污染赔偿类型单一、行政管理特征明显。流域污染赔偿应在成本方法的基础上，通过修正系数方法，反映污染的损失，体现赔偿性和惩罚性；而流域生态补偿应该体现水资源保护的经济性，完善水源区保护的成本核算方法，根据经济发展程度，采用基于成本或价值的核算方法。最后，禹雪中高工指出：①已经实施的省级流域生态补偿政策，大多涉及生态补偿标准的内容；②现有流域污染赔偿和生态补偿政策大部分是基于成本的核算方法；③生态补偿的实施需要协商确定，量化的补偿标准核算方法可以为相关方协商提供基础。

肖文海（江西财经大学鄱阳湖生态经济研究院，教授）：鄱阳湖生态经济区推行污水排放权交易制度的可行性分析

肖文海教授首先对排污权交易理论及其基本条件进行了分析，认为排污权交易的理论基础主要基于外部性理论、产权理论、环境资源有偿使用理论，开展排污权交易的基本条件主要包括：第一，参与交易的排污配额指标的污染物必须是可以使用排放总量控制政策、具有均质混合扩散特点的污染物，如致酸物质二氧化硫等；第二，污染物必须要有明确而适宜的总量控制目标要求；第三，要有明确的具体交易范围；第四，要保证分配方法的科学、合理、公平；第五，污染物排放总量指标必须落实到污染源；第六，要具备配套的污染源排放跟踪监管能力和交易管理平台；第七，排污交易制度也要处理好与环境影响评价、排污收费等相关政策的关系，在已有的环境政策下考虑政策设计，并强化政策的组合效应，增加排污交易政策的效力。其次，肖文海教授对在鄱阳湖生态经济区推行排污权交易的必要性和可行性进行了分析，认为在此区域内推行排污权交易已基本具备可行性，主要体现在该地区环境监测等基础建设在不断加强，环境管理理念领先，政策法规基础基本具备。最后，肖文海教授对在鄱阳湖生态经济区推行排污权交易的制度可能存在的问题及其对策进行了分析，其中，面临的主要问题包括：①支持排污交易的法规还不够健全；②污水排污权的初始分配方法如何确定仍是面临的一个挑战；③污染源的监测和政府的监管力度尚还不够。他建议：合理设置该地的污染物总量控制目标；重视配套政策建设，提高监管力度；考虑到江西省目前的经济发展情况，排污权初始分配应该在各级环保部门综合考虑地区的环境质量状况、环境容量、经济发展水平和有关污染削减能力的基础上，将排污许可量和减排指标逐级分配，最终无偿地分配到各个排污单位。

张　颖（北京林业大学经济管理学院，教授）：我国森林涵养水源核算的计量模型研究

张颖教授首先介绍了森林涵养水源的定义和影响因素，认为森林涵养水源功能与其所处的区域气候条件、森林结构、枯落物状况、土壤物理性质及地质环境等密切相关；森林涵养水源功能的发挥主要是通过林冠层、枯落物层和土壤层三个功能层对降水的再分配作用实现的。其次，张颖教授对目前广泛采用的蓄水估算法、水量平衡法和径流系数法这三种森林涵养水源量的估计方法的原理、参数以及各方法的优缺点进行了介绍，基于用水量平衡法建立了我国森林涵养水源核算的计量模型，并详细介绍了模型的结构、参数和参数估算方法。计量模型方程的各个参数基于有关统计数据估计得到，利用模型测算出七大流域森林涵养每立方米水的影子价格为 1.043 元。最后，张颖教授指出：①对森林涵养水源的实物量核算，目前在大流域尺度上一般采用水量平衡法。考虑到一个国家或地区包括不同的流域，从国民经济核算的宏观角度来看，水量平衡法可作为评价森林涵养水源一种不错的方法；且相关统计资料也容易获得，容易建立某一流域的水量平衡方程，值得在综合环境经济核算中推广应用。②采用水量平衡法进行森林涵养水源核算，关键需要流域森林面积、平均降雨量、蒸发量、径流量等的统计数据。但在我国目前的统计资料中，缺乏流域降雨量、蒸发量、径流量的年度统计数据，且其他有关数据的统计存在较大误差，可能会对计算结果的科学性产生影响，今后需要加强统计数据支撑能力建设。

王蕾娜（同济大学环境科学与工程学院，博士）：1958—1982 年松花江汞污染事件研究——基于政治经济学视角的历史分析

王蕾娜博士首先结合著名的八大公害事件之一的日本水俣病事件的相关情况，对我国 1958—1982 年“松花江甲基汞中毒问题”的污染源、污染历史、生产工艺、汞和甲基汞等污染物的累计排放以及潜在的二次污染问题等相关背景情况进行了说明。其次，以编年史的方式，对松花江汞污染事件和日本水俣病暴发的历史进行了还原，介绍了从最初的大量污染物直接排放到松花江、到发生污染事件各方开始重视、到开始建设污水处理设施和装置、再到采用较为清洁的乙烯一步氧化法制造工艺彻底淘汰落后的硫酸汞作催化剂的生产工艺、彻底杜绝汞和甲基汞的排放的整个过程，指出这种政策上的变化一方面反映了我国环保事业取得了巨大的进步；另一方面也反映出了我国环境污染历史欠账严重、仍然存在一些体制机制层面的原因不利于环保工作开展。最后，王蕾娜博士采用利益相关方分析法，对松花江汞污染事件污染企业吉化，有关地方政府部门和污染地区群众间的行为表现及其背后的原因进行了解析，并对松花江汞污染事件和官厅水库污染事件两个典型的水污染事件的起因、处理过程和结果进行了对比分析，剖析了导致该事件发生的体制和机制根源。

马训舟（北京大学环境科学与工程学院，博士）：北京市城镇居民阶梯式水价的福利影响模拟分析与政策探讨

马训舟博士首先介绍了北京市进行居民阶梯式水价改革的背景和目标，认为水资源短缺、人均水资源占有量少、水污染严重，以及现有的水价价格形成机制存在诸如平均成本定价的低效率和单一制征收模式的非公平等问题对推行居民阶梯式水价改革提出了需求。

居民阶梯式水价改革的政策目标应包括促进节水、保证公平和企业成本回收等。其次，马训舟博士对北京市居民用水量的影响因素进行了识别，在构建的居民用水需求模型中主要设置了气候、居民户均人口规模、家庭用水器具类型、交费频率、价格和收入等影响因素和参数，并利用有关参量的统计数据对居民用水的弹性以及阶梯式水价的福利影响进行了模拟和分析，并根据政策模拟结果对北京市实施阶梯式水价提出了若干政策建议：①第一阶梯用水量划定过高，导致穷人家庭未能消费完第一阶梯用水量，而富人家庭则通过对第一阶梯用水更多的消费获得更多低价用水的补贴，反而与阶梯式水价所要实现的公平性政策目标背道而驰；②确保供排水集团有足额的水费收入也应是阶梯式水价实施的政策目标；③实施阶梯式水价政策后短期内，对低收入家庭给予一定的现金补贴，以帮助他们顺利实现从短期到长期的用水调整；④对于阶梯式水价费率水平的设计还应结合考虑行业因素和季节因素等。

文一惠（环境保护部环境规划院，助理研究员）：我国流域生态补偿标准核算方法研究与实践进展

文一惠助理研究员首先对我国流域生态补偿标准的研究进展进行了综述和概括，并对我国流域生态补偿标准确定方法中的基于水质水量保护目标的核算方法、基于上游供给成本的核算方法、基于发展机会成本的核算方法和基于生态系统服务价值的核算方法的基础理论和具体测算方法进行了对比分析。其次，文一惠助理研究员在综述我国流域生态补偿标准的实践进展总体情况的基础上，分别对目前应用较为广泛的基于水质水量保护目标的核算方法、基于上游供给和发展机会成本的核算方法的应用实例、具体核算标准和核算方法进行了对比，认为目前我国流域生态补偿标准实践主要存在考核因子与考核范围缺乏全面性和补偿标准的确定缺乏科学性两大问题。最后，文一惠助理研究员针对我国流域生态补偿标准核算方法未来的研究趋势进行了展望：①提高研究方法的可操作性和科学性，根据地方实践经验进一步完善现有的核算体系，并逐步在地方试点中推广应用；②根据我国流域尺度特征以及流域迫切需要解决的问题划分我国流域生态补偿的类型，明确不同生态补偿类型的补偿对象，针对不同补偿类型建立一套指导性的标准核算体系；③建立动态的流域生态补偿标准体系，通过对实施补偿政策的地区开展政策效果分析调整核算方法。

欧阳黄鹂（江苏省环境科学研究院，博士）：常熟市排污许可证制度应用研究

欧阳黄鹂博士首先介绍了排污许可证的概念以及国内外污染排放许可证制度的发展情况，认为推行排污许可证制度是太湖流域污染物减排工作的根本要求和环保制度创新的现实需求，是环境保护部门实现精细管理、准确管理、定量管理和动态管理的客观选择。而后，欧阳黄鹂博士以常熟市为例探讨了排污许可证的实施制度环境和配套政策需求。她指出，2005年常熟市开始正式实施排污许可证制度，主要针对重点源和非重点源，以排污申报单位的环境影响评价报告书中核定的污染物排放量数据作为污染物排放许可证核发的基础数据，并利用“三同时”验收数据进行核准，作为污染物排放许可证核发的依据。根据排污单位水质在线监测设备使用情况，对持证单位的污染物排放实施不同的监督核查要求。常熟市高度重视排污许可证的信息公开，排污许可证核发工作结束后，常熟市环保局在市环保局网站上公布全市排污许可证发放情况以及重点排污单位的排污费缴纳情况，并定期将污染严重的排污者主要污染物排放情况向社会公布，满足公众对环境信息的需求，接受群众监督。欧阳黄鹂博士指出常熟市排污许可证制度尚存在以下问题：①缺乏法律法规的支撑。这是常熟市排污许可证制度实施的最大障碍。②在线监督数据可信度不高。目前常熟市所有已安装的在线监测仪器已经与当地环保部门联网，但是缺乏对在线监测仪器设备运行状态的监督和对在线监测数据真实性的考核。③监督核查不到位。主要表现为在线监测设备等硬件设施的覆盖率及准确性不高，环境监测站人员难以负担日益增长的监督核查任务，监督核查经费不配套。④非法排污违规处罚力度过轻。根据《水污染物排放许可证管理暂行办法》以及《水污染防治法实施细则》，针对非法排污的处罚措施主要是警告和罚款，而且处罚规定不明确。在上述问题探讨的基础上，欧阳黄鹂博士针对常熟市推行排污许可证工作提出了政策建议：确立排污许可证在污染源管理中的核心地位；探索排污许可证在排污交易中的作用；探索新的体现责罚相当的处罚机制；建立由环保部门、水利局等有关单位组建的联席会议制度，由环保局担任联席会议召集人。

龙　凤（环境保护部环境规划院，博士）：基于逻辑框架法的水污染物排放收费政策成功度评估

龙凤博士首先介绍了我国水排污收费现状，指出排污收费政策是针对排污者按其所排放污染物的种类、数量、浓度，根据国家的相关标准收取一定费用的一种经济激励政策，旨在运用价值规律给排污者造成一定的经济压力，促使其减少或消除污染物的排放。目前水排污收费主要来自COD排污因子的收费，其次来自于氨氮和石油类污染物因子。而后，龙凤博士指出常应用于项目成功度评估的逻辑框架法也可以应用于政策评估，并利用该方法尝试评估了我国的水污染物排放收费政策，评估结果表明：水污染物排污收费政策是部分成功的，政策实现了原定的部分目标。相对政策成本而言，政策只取得了一定的效益和影响，在水污染防治中起到了一定的作用，主要体现在筹集污染治理资金、提高公众环境意识以及促进环保公共财政体制的建设等方面发挥了重要作用。同时，政策设计还存在一些问题：排污收费标准偏低，使排污收费制度在调节企业环境行为方面的作用有限；与污水处理费、排污交易等其他政策存在冲突之处，需理顺关系；重金属、持久性有机污染物、农业面源污染等污染问题日益突出，但排污收费还没考虑针对这些污染物排放行为开征。龙凤博士建议排污费改革要进一步简化征收方式；根据行业特点修正收费标准；扩大征收范围，将污水处理厂按照污染源对待；开展农业面源污染等相关税费政策研究；增强环保部门排污费征管能力建设。

董战峰（环境保护部环境规划院，博士）：中国“十一五”环境经济政策研究与实践

董战峰博士指出，国际上环境政策发展历程经历了从重视政策效果到重视效率，再到重视社会力量的主动积极参与三个阶段。中国将来的环境政策要更加重视运用经济激励手段。而后，重点介绍了“十一五”中国取得较大进展的五种类型的环境经济政策，即环境税费、生态补偿、排污权交易、环境财政、绿色金融与资本市场政策的研究和实践进展。①尽管“十一五”时期税制绿化工作在稳步推进，但是专门以环境保护为目标的环境税税种还没有开征。近期独立型环境税出台的制度和社会基础均已具备，应重点推行以环境保护为主体功能目标的独立型环境税税种的改革，以此为中国环境税制建设的突破口。“十二五”期间，可先从一些对环境产生明显影响，税基比较简单、稳定，易于为税务机关识别和衡量的课税对象入手，如二氧化硫、氮氧化物、汞镉电池、矿产开发等。随着改革进程的深化，逐步做大税基、优化税率。同时，要继续推进消费税、资源税、增值税、企业所得税等环保相关税种的绿化，改进税制的绿色度。②“十一五”期间国家高度重视生态补偿机制建设，出台了大量政策。社会各界对生态补偿政策的制定和出台也高度关注，近几年每年的“两会”上，人大和政协代表提交的有关生态环境补偿的议案明显增多。“十一五”期间，地方生态补偿试点实践尤其活跃，各地试点和实践具有典型的地区特征，如煤炭资源丰富的山西省出台的生态补偿政策多涉及矿产开发生态补偿；陕西、青海、西藏、宁夏等西部和西北部地区出台的水土流失、草原退化生态补偿立法文件较多等。特别是流域生态补偿试点取得较大进展，江苏、辽宁、河南等 10 多个省正在大力推行流域生态补偿试点，总体来看，生态补偿还处于试点深化时期，多样化的试点探索积极开展，但还面临着不少问题：一是体制机制障碍，生态补偿机制的平台建设仍需要加大力度；二是技术支持还不足，尤其是生态标准设计如何体现短期效果和长期政策的持续性是难点；三是法律依据不足。③在回顾中国排污权交易发展历程后，指出目前主要处于试点深化阶段，表现在国家高度重视、地方自发积极探索；各地成立了大量的排污权交易所（中心）作为排污权交易平台，交易模式多样，但目前仍以行政推动为主，交易标的物主要是 SO_2；地方法规政策文件出台频率加大。④“十一五”时期环境财政制度建设取得重要进展，特别是 2006 年财政部正式把环境保护纳入政府预算支出科目，增加了“211 环境保护”科目具有里程碑意义。“十一五”时期设立的中央财政主要污染物减排专项资金、“三河三湖”及松花江流域水污染防治专项资金等八项环保专项资金为环境保护工作起到了重要财力支持。⑤绿色金融和资本市场政策主要包括股票市场、债券市场、基金市场、中长期信贷、保险市场政策等，是一种源头绿色政策，“十一五”时期，绿色金融和资本市场政策取得了积极进展，环保部联合证监会、银监会等金融机构和部门出台了相关政策文件，20 多个省市出台了绿色信贷政策，云南、湖北、湖南等地正在推进环境责任险试点，中国的绿色金融和资本市场政策处于快速发展阶段。董战峰博士在总结“十一五”时期环境经济政策进展时指出，随着环境经济政策的社会和政治的可接受性在增强，国家开始高度重视环境经济政策体系建设，公众的环境意识与环境权觉醒也在推进环境税、生态补偿等政策的发展；环境经济政策在环境政策体系中的地位越来越重要，政策出台数量和频率远较“十五”密集。但是，环境经济政策的效用尚未充分发挥，许多政策手段总体上处于试点推进阶段，待深化、待推广。

曹　宝（中国环境科学研究院，副研究员）：激励相容约束下的控污机制设计研究

曹宝博士首先对比分析了全球范围内出现的两次环境污染高潮，认为两次环境污染高潮的主要原因存在差异。第一次环境污染高潮（20 世纪 50 年代至 80 年代）出现的原因是人口迅猛增长、都市化加快、工业不断集中和扩大、能源的消耗增大；第二次环境污染高潮（20 世纪 80 年代以后）出现的原因是人类认识的有限性、市场的缺陷和政策失误。相对于第一次环境污染高潮而言，第二次环境污染高潮影响范围大，出现了全球性的环境污染和大面积生态破坏；危害后果大，不仅明显损害人群健康，而且全球性的环境污染和生态破坏已威胁到全人类的生存与发展，阻碍经济的持续发展；污染源和破坏源众多，不但分布广，而且来源杂；污染问题常具突发性，事故污染范围大、危害严重，经济损失巨大特征。曹宝博士进而分析了国内流域水污染控制难点，主要体现为结构性污染突出、生活源超工业源、面源污染治理难，需要实施产业调整、控源减排和流域补偿。曹宝博士回顾了国内流域水污染控制制度发展过程，通过评估排污收费、排污申报、排污许可证、总量控制、排污权交易五种控污制度，认为控污制度间的衔接不够，并基于激励相容理论提出了控污制度建设的政策建议：①排污申报登记制度可作为分配排污配额的重要参考以及排污收费核算的主要依据，要加强排污申报监管，对未报或瞒报者重罚。②排污收费制度建设重点要规范排污收费程序，提高排污收费透明度，排污收费标准要提高，至少抵偿污染治理成本。③排污许可证制度要区分重点与一般污染源，定量与定性管理结合，细化点源排污要求，规范排污操作步骤和程序，细分行业技术标准，为许可证管理提供支撑。④总量控制制度要协调区域行业点源，以总量配额引导产业升级；初始分配注重公平，优化分配注重经济效率；健全考核问责机制，注重污染物通量考核指标。⑤排污权交易制度要强调控制单元约束，建立健全交易平台，提高排污权交易效率。

张　宁（杭州电子科技大学，副教授）：基于污染损失率模型对京杭大运河水污染的损失分析——以杭州段为例

张宁副教授指出当前的 GDP 核算体系尚未充分考虑资源环境价值，为了促进河流的持续利用，应按照绿色 GDP 核算的要求，将水环境引起的经济损失货币化。污染程度与经济损失相联系的模型一般称为损失率模型，张宁副教授认为 L・D・詹姆斯提出的“污染—浓度曲线”能够较好地反映水质对经济活动的影响过程，基于此，构建了京杭大运河的水污染经济损失模型，包括单一污染物污染损失率模型和复合污染物综合污染损失率模型；污染因子选取总氮（TN）和高锰酸盐指数（COD_{Mn}），根据构建的模型分别核算了运河的渔业、生活用水、旅游、工业、农业灌溉等服务功能的污染损失率，并将污染损失率据其数值大小进行分级（无损害、轻微损害、中度损害、重度损害、功能丧失），依次来判断水体功能损害程度以及考察水质变化对京杭大运河经济功能的影响程度。从评估结果来看，自 2009 年以来，渔业始终处于轻微损害级别；生活用水在个别月份处于中度损害级别，在一些月份甚至达到了功能丧失的污染程度，其余月份都没有出现严重污染的情况，始终保持在轻微损害级别；旅游功能在个别月份处于轻微损害级别，其余月份几乎不受影响，处于无损害程度；工业功能也未受到很大影响，处在轻微损害级别；农业灌溉功能在考察月份中是五种功能中受影响最小的，始终处于无损害级别。根据各项水体功能近两年来的污染受损程度综合评价结果得出研究期内京杭大运河杭州段处于轻微损害级别。建议今后京杭大运河管理做好三方面工作：一是加大运河保护宣传力度，增强沿岸居民保护运河的责任感；二是加强运河水质监测，进行运河环境污染监控，及时控制出现的污染情况；三是针对运河实际情况，重视开发运河的旅游功能。

田淑英（安徽大学经济学院，教授）：我国排污收费现状与政策实施效果的调查统计分析

田淑英教授对排污收费实施现状与效果开展了现场调研及统计分析，评估了排污收费政策实施效果的制约因素，并提出了排污费改革政策建议。研究以安徽省经济发展程度和环境状况不同的A市、B市和C县为对象，采用实地调查、座谈会调查和问卷调查方法，发现2003年《排污费征收使用管理条例》的实施在一定程度上减缓了三地区环境污染不断加剧的压力，起到抑制环境恶化的作用。但“两市一县”的排污费总额占总税费的比例均不足1%，而且呈逐年下降趋势，这表明现行的排污收费在为控制污染提供财力支撑方面所起的作用并不明显。对多省份开展的现行排污收费制度对解决污染问题所起的作用的问卷调查结果表明：10.4%的企业认为排污收费制度对解决污染问题有重要作用；64.6%的企业认为排污收费制度对解决污染问题有一些作用；14.6%的企业则认为排污收费制度对解决污染问题没什么作用。对公众调查样本的问卷调查结果表明：13.1%的公众认为排污收费制度对解决污染问题有重要作用；53.1%的公众则认为有一些作用；17.8%的公众认为没有什么作用。环保部门调查样本的问卷调查结果表明：62%的环保部门调查样本认为排污收费制度对解决污染问题有重要作用；38%的调查样本则认为有一些作用。在对排污收费政策实施效果的制约因素分析中，田淑英教授指出当前的排污费政策存在以下问题：①排污费征收标准偏低。由于排污费征收标准按实际应征收目标值减半执行，难以从根本上解决排污收费标准低于治理成本的问题。②排污费征收范围过窄。现行的规定只对污水、废气、固废、噪声、放射性废弃物五大类收费，仍存在收费项目不全的问题，如流动污染源、生活垃圾等都未纳入收费范围。③污染物排放量核定方法的非一致性。无论是“在线监测法”，还是“物料衡算法”和“抽样测算法”，均存在核算不一致的局限性。④政策执行的人力资源保障乏力。队伍组建时间短、从业人员少且来自不同的岗位，相关的专业知识参差不齐，严重地影响了收费工作的开展。⑤环保部门的财力与事权不统一。环境管理部门经费保障不足，存在“吃排污费”现象，环境执法能力受到影响。基于上述分析，田淑英教授认为排污收费制度的改革迫在眉睫，政策取向建议重点从四个方面展开：其一，提高排污收费标准和扩大征收范围，改革标准应遵循“收费不小于治理成本”的基本原则；其二，完善生活排污收费政策，最大限度地控制和减少生活污染物排放；其三，加快费改税建设，研究开征环境税，并做好排污收费与环境税政策体系改革的对接；其四，改革过程也要同步做好其他形式的环境经济政策改革，如试行排污权交易制度。

陈晓飞（湖北省环境科学研究院，博士）：南水北调中线工程生态补偿研究

陈晓飞博士指出南水北调中线工程水源区存在面源污染大、水土流失严重、城镇生活污染和工业污染未得到有效控制、经济落后、库区经济发展与水源保护存在矛盾等问题，而南水北调中线工程水源的水质安全是中线工程成功的关键，应重视构建水源地生态补偿机制，激励水源区生态保护的积极性。陈晓飞博士认为制定水源区生态补偿方案必须理顺南水北调中线调水工程在水资源分配与利用过程中存在的生态服务利益关系，考虑水源区开展的生态环境保护工程建设投入需求、工程建设完成后维护以及解决好水源区经济社会发展协调问题。建议完整的水源区生态补偿方案包括水源区的生态环境保护投入、污染治理投入、淹没区的机会成本及水源区保护丧失的发展机会成本，在对南水北调中线工程水源区 43 个市县区进行调研的基础上，对各项生态补偿类别进行了核算，并根据核算结果提出了构建水源地生态补偿机制的政策建设建议：①中线工程水源区的生态补偿方案应该分阶段、分区域制定，构建包含专项资金补偿、《丹江口库区及上游地区水污染防治和水土保持规划》投入、维护成本和效益分配四部分的生态补偿核算体系。近期重点考虑将城市污水处理设施运行成本、城市生活垃圾处理投资和运行成本、水土保持设施维护成本、淹没区的经济损失、水源区发展机会成本纳入生态补偿范围中，建立由国家和受水区地方政府共同出资的水源区生态补偿专项资金；②引入与补偿挂钩的水环境保护绩效评估机制。环境保护设施建设和运行维护成本主要来自财政专项转移支付，调水产生水资源效益可通过一般财政转移支付用于弥补由于调水工程实施造成的水源区地方政府财政增支减收，应建立完整的污染防治、水质目标和水土保持等考核指标，把一般性转移支付的资金与水质保障工作成效挂钩，对于生态环境工作成效不佳的县市，减少一般性转移支付的力度，并将其用于生态环境专项资金使用，对于超标完成生态环境保护任务的县市，应该增大一般性转移支付力度，以此建立污染防治的激励机制。

穆　泉（北京大学环境科学与工程学院，助理研究员）：北京市居民节水行为响应机制及影响因素分析

穆泉助理研究员认为居民节水响应机制分析利于深化对以水价政策为核心的用水需求管理政策发挥作用的微观机制的理解，可为用水需求管理政策的制定和实施提供支持。她指出经典居民用水需求分析存在局限性：一是认为居民能够自动快速对用水需求管理政策响应，而实际上，水资源是特殊经济物品，且缺乏直接替代性，且居民的节水响应是有过程的；二是节水器具的选择变量被假定为外生、随机分布，而实际上，做出选择的居民有特定特征组合。基于此，将应用于个体行为决策过程模拟与分析领域的离散选择模型，包括 Logit 模型和 Probit 模型，应用于居民节水行为选择分析，模型构建的假设前提一是居民对于节水行为的选择是自主选择的结果，而不是“被选择”的结果；二是节水行为具有节水效果，是否选择节水行为对实际用水量产生影响。并以北京市为案例，基于北京市节水办居民节水调查数据开展了实证研究。结果表明：影响北京市居民选择循环用水和节水行为最重要的影响因素为居民的节水意识和水价激励机制，其次为配套节水器具政策的宣传和实施方式以及节水器具稳定性；需在循环用水的行为选择基础上再安装节水器具，才有显著的节水效果。基于此，穆泉助理研究员指出水价政策是用水需求政策核心，但不是全部，因此水价政策尽管要突出价格政策为主导，但配套的节水意识的培养，节水器具推广方面的宣传方式等也非常重要。在研究展望中，穆泉助理研究员认为将来要更深入地挖掘不同节水行为的关系和转移机制，开展居民用水习惯模式影响的分析，开展基于多年数据的动态的行为决策研究，实现模型定量识别长期与短期的需求影响效果。

3.5 分会场三：太湖流域水环境管理体制机制与政策创新

李　冰（江苏省环境科学研究院，研究员）

首先就“太湖流域（江苏）水环境管理体制机制与政策”作了主题报告。她在简要回顾太湖流域经济社会发展和水环境质量状况的基础上，从工业点源污染控制、农业面源污染治理、生活污染控制、水生态修复四个方面详细介绍了江苏省在太湖流域开展清洁生产推广、节水减排、种植业和畜禽养殖业污染治理、城镇与农村污水治理、径流生态控制和水体综合修复等水环境管理工作的基本情况。随后，对江苏省太湖流域水环境管理的体制机制进行了详细分析：在体制方面，与我国的水环境管理体制一致，江苏省采取统一管理与分级、分部门管理相结合的管理体制。近年来，江苏省积极探索流域综合管理的新体制，相继成立了太湖水污染防治委员会、太湖办、太湖处（现江苏省环保厅流域处）等流域管理机构，推动跨部门水环境协调管理；在机制方面，积极探索以地方政府环境目标责任制为核心的水环境管理责任机制，在全国率先创新实施了“河长制”，强化了以排污许可证为抓手的工业污染源监管机制，初步建立了多元的流域水环境保护投入机制，积极推进以环境价格、流域生态补偿、排污交易等政策为核心的市场机制，初步探索了环境信息公开、环境圆桌会议等公众参与制度。而后，李冰研究员指出了当前管理体制机制存在的主要问题：一是水资源管理与水污染控制分离，环保部门与水利部门的职能存在一定交叉；二是当前的流域管理体制不完善，各部门的流域管理机构职能尚不明晰，难以承担流域综合管理的职责；三是“河长制”并未成为长效机制；四是水环境保护投资仍以政府为主，针对农业和农村污染控制的投资比重仍然较低；五是市场机制在流域水环境保护中的作用仍有待加强；六是流域水环境保护的配套政策体系尚未完善，政策间的协调性不足，政策衔接存在一定问题；七是流域水环境管理的公众参与仍然不足。最后，李冰研究员从工业点源污染控制、农业面源污染治理、生活污染控制、水生态修复、流域生态补偿等几个方面分析了太湖流域“十二五”期间在水环境管理配套政策上的需求。

于红霞（江苏省环保厅，副厅长）

指出水环境管理政策的制定和实施是一个长期的过程，并且需要不断地调整以适应地方实际工作的需要。因此，希望借此机会邀请各位专家与太湖办、环保厅和环科院进行交流，结合江苏省太湖办在实践中遇到的问题，就太湖流域的水环境管理体制机制与政策展开讨论，为水环境管理体制机制和政策创新献计献策。

朱铁军（江苏省太湖办水污染防治管理办公室，主任）

在发言中指出，太湖办在流域水环境管理中主要发挥监督职能。总体来看，我国的水环境保护政策并不落后，然而在执行上却存在很大的困难，太湖办的成立即是为了推动流域水环境保护政策的实施，监督各级政府和职能部门落实太湖水污染防治的各项政策。随后，朱铁军主任从“科学规划、标本兼治、创新机制、依法治太”几个角度对太湖流域水环境保护的经验进行了分析。①科学制定规划，包括国家层面的太湖水污染综合治理总体方案和江苏省的太湖水污染综合治理实施方案，此外，地方各级政府也编制了相应的规划；②污染控制标本兼治，即应急治理与长效整治相结合。2007年以来，江苏省每年都将夏季的蓝藻应急治理作为一项重要工作，同时加强了日常的水污染整治；③创新机制，例如成立了太湖办，试点了流域上下游补偿制度，提高了排污收费标准，对污水处理厂进行提标改造等；④依法治太，2007年江苏省对《太湖水污染防治条例》进行了修订，其中很多规定非常严格，现在看起来仍不落后。朱铁军主任同时指出太湖流域水环境管理工作存在的一些问题。①统一监管，各司其职问题。当前体制下要实现环保部门监督管理，其他部门共抓共管存在一定难度，而在实际工作中，各个部门之间关系紧密，例如太湖蓝藻的打捞主要由水利部门负责，污水处理则由住建部门牵头等。从省级层面上来看，当前很难改变多部门管理的现状，因此不能过分强调部门间的职责冲突。②太湖水环境质量的改善仍然需要坚持不懈的努力。太湖的水质往往会因为外界影响而出现波动，客观上很难做到水质的持续改善。因此，对于太湖水质改善的标准不能定得过高。③政府推动与公众参与的问题。江苏省率先建立的“河长制”强化了政府对水环境管理的领导，然而太湖的水环境治理不能仅依靠政府。2007年以来，江苏省财政每年安排20亿元的专项资金用于太湖水污染防治，至今已经安排了80亿元的资金，带动了420亿元的社会投资，然而随着中央对货币政策的调整，接下来的太湖投入能带动的社会投资估计会有所减少，那么接下来该采取怎样的政策带动社会参与太湖污染治理是政府需要考虑的问题。④工作落实与政策创新关系。江苏省近年来实施了很多新的水环境保护政策，然而很多工作都没有落实，这些政策的效果也没有进行系统的评估。因此，建议从两个方面进行创新，一方面是对现有政策进行进一步的调整，在细节上做小的创新；另一方面还要反思原有的创新是否适应江苏的实际情况，以及这些政策创新没有落实的原因。“十二五”期间，太湖流域的水环境管理工作面临着一个难点和一个重点：难点即农业和农村污染的治理，相应的配套政策需要进一步的深入研究；重点即推进产业结构的调整，从根本上改善水环境质量。而如何调整是工作的难点所在，建议要从提高标准、产业转移、淘汰退出三个方面慎重考虑产业结构的调整方式。

王金南（环保部环境规划院副院长，研究员）

指出，江苏省在太湖流域水环境管理上的创新走在全国的前列，并能积极主动地探索和思考流域水环境管理对相应配套政策的需求，在政策制定方面，一些做法值得我国其他地区借鉴。本次研讨会加深了水专项主题六课题组对太湖流域水环境管理存在问题的了解，也让我们更深刻地去思考太湖水环境管理的政策需求，并将这些问题和需求纳入“十二五”水专项的相关研究中。此外，王金南研究员还建议将研究和工作重点放在现有政策的综合协调与一体化上，将现行的政策很好地衔接起来。

苏　明（财政部财政科学研究所副所长，研究员）

指出，目前我国在水污染防治方面缺乏的并不仅仅是技术，更加缺乏的是高效、可操作的政策。因此，从某种程度上来说，政策制定的重要性要高于水污染控制技术的研发。并提出了五点建议：一是财税政策在水环境保护领域的作用非常重要，往往可以对产业结构的调整产生很好的引领作用，因此，需要进一步提高水环境保护专项引导资金的比重；二是要充分发挥财政贴息的作用，一方面围绕新型产业发展，另一方面围绕传统产业升级，加大财政贴息的力度；三是充分发挥担保机构的作用，降低中小企业的融资难度，为中小企业提供资金来源用于技术改造；四是通过建立专项资金，推动战略型信息新兴产业的发展，从根本上改变产业结构，达到水质改善的目的；五是充分运用减税、免税之类的税收手段促进产业结构的调整。

马　中（中国人民大学环境学院院长，教授）

指出，水价过低容易导致用水量的增加，进而导致工业企业污染排放量的增加。建议：①从北京两次申奥的经验来看，产业结构的调整往往需要依靠政府强化环境整治的决心，需要进一步提升政府的危机意识；②从太湖治理的经验来看，要统一立法、统一规划、统一机构、统一预算，要将制度和机构协调起来。

王　毅（中国科学院科技政策与管理研究所副所长，研究员）

主要提出了 5 点建议：①对太湖流域的水环境管理政策效果进行系统评估；②推进基于部门合作的流域综合型规划；③加强对农村污染的控制，提高精细农业的比重；④传统产业的结构调整存在一定的困难，应通过调整工业园区的入园标准，推动新兴产业的发展；五是通过特许经营、产业联盟等方式推动环保产业的发展。

王亚华（清华大学公共管理学院，副教授）

提出，江苏省在水环境保护的立法上走在全国的前列，并在体制创新上进行了探索，在下一阶段的工作中建议：一是在问责机制上进行创新，完善流域水环境保护的考核机制；二是建立水环境保护的评价体系，通过逐年对地方各级政府的水环境保护工作进行评价，为省政府决策提供参考；三是要对农业、工业加强节水控制，通过与水利部门的合作和协调，加强用水总量和纳入总量的控制。

徐　毅（环境保护部环境规划院，副研究员）

提出，要深入研究太湖流域水污染防治政策在执行中绩效偏低的原因，对近年来新型水环境保护政策在太湖流域示范的效果进行系统评估，进一步完善政策体系。

葛察忠（环境保护部环境规划院，研究员）

提出，①当前太湖流域水环境管理政策的创新要合理定位，要对政策绩效进行评估后，再考虑稳步推进现行政策或进一步创新新政策；②要进一步发挥市场手段的作用，并将现有的市场手段整合起来；③要继续推进产业结构调整；④要进一步研究农业面源的相关政策，例如推进基于清洁发展机制的点源-面源交易等。

曹　东（环境保护部环境规划院，研究员）

提出，①明确政策创新的目标，评估现阶段的政策机制效果，建议太湖办针对太湖流域水环境保护牵头制定相应战略性规划；②要推进产业结构调整，需要推动各部门联合的污染减排工作；③需要进一步研究体制机制与政策的关系；④推进公众参与，将公众参与政策与其他政策结合起来。

毕　军（南京大学环境学院院长，教授）

提出，①由于现有的政策评估一般是基于经验的，较为零散，因此，“十二五”水专项需对江苏现有的体制、机制与政策进行进一步评估；②要针对现有政策进行一体化推进，发挥政策的整体效应；③针对一些新的问题，如农村和农业面源污染，以及消费增长、新型污染物带来的压力，应当进行考虑和分析，并将这些问题一并纳入“十二五”水专项研究内容。

会议讨论十分热烈，最后，朱铁军主任和于红霞副厅长作了最后总结，朱铁军主任表态将全力以赴支持水专项战略与政策主题在太湖流域的研究和试点示范工作，于红霞副厅长对各位专家的意见和建议表示感谢，指出要充分吸纳专家的意见，将专家们的意见转化为最终的管理决策。

3.6 分会场四：水污染控制体制与政策

陈劭锋（中国科学院科技政策与管理科学研究所，研究员）：**水污染防治政策的绩效分离研究——以中国环境管理新5项制度为例**

陈劭锋研究员介绍了政策绩效分离的基本内涵、政策绩效分离的主要定量方法，提出了水污染防治政策绩效分离方法选择的考虑并进行了实证研究。陈劭锋研究员指出我国环境政策发挥的最终效果究竟如何鲜有定量研究，为了提高政策制定的科学性，必须重视环境政策的绩效分离问题研究。政策绩效分离的基本定量方法有前后对比法、回归分析法、因素分解法、综合集成法、系统分析法。在此基础上，提出了一种把环境影响方程指数分解法与多元回归模型相结合的“二级分离”政策绩效评估方法，并以中国的环境保护目标责任制、城市环境综合整治定量考核制、排放污染物许可证制、污染集中控制和限期治理这5项环境管理新政策为案例，探讨了1981—2008年5项环境管理新政策的整体绩效，结果表明，1981—2008年，中国环境管理新5项制度对我国工业废水累计减排量的贡献在1 123.13亿～1 955.94亿t，约占该时期工业废水累计减排总量的38.7%～67.3%。其中，最有可能的是，减排贡献量和贡献率分别为1 258.39亿t和43.3%。陈劭锋研究员指出这种环境政策绩效分离评估方法使得命令控制型环境政策效果定量评估成为可能，但是该方法的适用性与数据的精度、变量选择等均有关系，模型方法尚存在进一步改进的空间。

高尚宾（农业部环境保护科研监测所，研究员）：**农村水污染控制机制与政策研究**

高尚宾研究员重点分析了农村水污染形势与挑战、农村水污染控制管理现状与问题，并提出了破解思路与对策。高尚宾研究员指出农村水污染面临着以下挑战：一是农村水污染问题日益突出，形势不容乐观。如我国农业源化学需氧量、总氮、总磷排放量分别占全国排放量的43.7%、57.2%和67.3%；化肥年施用量约占世界总量的35%，且利用率仅有

30%～40%；农药使用高毒、高残留农药比例大，且年利用率仅为30%左右，80%的规模化畜禽养殖场没有污染治理设备。二是农村区域差异性大，生产生活污染状况各异，使得水污染管理治理难度大。三是农村水污染防治基础薄弱，针对农村水污染的防治政策、管理手段等严重不足。四是人口增加对粮食生产的要求越来越高，而农业水污染控制压力加大。农村水污染控制管理尚存在以下问题：①机构职能交叉，职责不明。由于法律规定的模糊性、笼统性，致使农村水环境保护的有关部门职能重叠，交叉不清。②考评机制不健全。我国农村水污染监控体系基本处于创建阶段，缺少水污染防治工程、技术和政策绩效考核方法及考核结果判断依据。③缺乏分区分类管理，存在一刀切、一勺烩现象。针对不同地区、不同产业特征的农村水污染控制管理规范、管理机制等严重缺乏。④政策制定的整体性弱、政策实施的连续性差、控制农村水污染的作用不明显。⑤宣贯与公众参与机制不健全，缺乏农民参与相关决策的有效渠道。高尚宾研究员对将来的农村水污染控制政策改革提出了以下建议：①要加大创新农村水污染控制机制与政策，考虑建立以政府部门为主导、非政府组织和流域管理机构协同配合的农村水污染控制管理体制，并建立有机协调的运行机制与配套政策；②建立农村水污染控制绩效考核与问责机制，内容主要包括考评对象、考核方式以及问责对象、问责方式等；③建立农村区域管理机制与政策体系，提出农村水污染控制管理区域类型划分方案；④构建农业清洁生产激励机制与政策，形成农业绿色投入品生产激励机制、农业废弃物循环利用激励机制、农业清洁生产的审核与激励机制，制定农业清洁生产的补贴标准与方法等。

王亚华（清华大学国情研究中心副主任，教授）：企业水环境监管机制分析与对策

王亚华教授指出企业水环境监管机制可分为四类：行政监管、市场监管、社会监督和企业自律。其中，行政监管机制主要有排污申报登记、清洁生产、保障饮用水安全、处置水污染事故、公开环境信息等；市场监管机制主要有排污收费、排污权交易、绿色信贷政策；社会监督主要有公众（如环境圆桌会议、社区听证会）、第三方组织（包括NGO和环境认证机构等）、媒体；企业自律机制主要有企业环境信息披露、环境认证、企业环境监督员制度、企业社会责任报告。这四种机制各有特点和优缺点，共同构成了企业水环境监管机制体系。王亚华教授进一步指出，企业环境行为研究应充分考虑企业内外部环境对企业环境行为的影响，理清影响企业环境行为的因素之间的关系，在综合因素而不是单一因素作用下来研究企业的环境行为及其演化问题，研究方法应从单一方法的研究向综合集成方法转变。在分析我国企业环境行为评价进展的基础上，指出了当前企业环境行为评价存在以下问题：评价过程缺乏上级监督和社会监督参与，造成评价结果失真；由于企业自己填报相关评价信息，在信息不对称情形下，企业容易受利润动机影响而瞒报实际情况；评价结果实施跟踪反馈环节薄弱，社会监督机制不健全。王亚华教授进而提出了企业环境行为评价的改进方向：要建立“准备→评价→公开→持续实施”全过程的企业环境行为评价社会参与机制，加强对企业环境信息的审核，严惩瞒报现象，完善评价结果的实施跟踪反馈工作机制。并建议：①建立健全相关法律法规和配套制度，明确企业水环境责任的具体内涵及行为规范，加大对违约行为的处罚力度；②强化激励机制，完善排污收费和许可证制度，培育企业排污权交易市场，推行严格的企业环境标准和认证制度，逐步提高企业的市场准入门槛；③在更大范围内引入强制性的企业社会责任报告制度，强化绿色财税信贷政策，加强信贷风险管理，健全企业环境行为评价制度，增强对评价结果的运用；④加强信息搜集、统计和发布，实行强制性的企业环境信息披露制度，培养公众的水环境保护意识和监督意识。

陆　强（哈尔滨工业大学深圳研究生院，教授）：环境风险评估与利益博弈

陆强教授指出环境风险涵盖不确定性、时间和空间 3 个偏好维度，同时这 3 个维度又是心理距离的维度，影响着人们对于环境事件的建构。当前，风险沟通正在经历从单向传播向双向交互的转变，很多研究关注风险沟通的渠道和技巧，但对于风险的事实性信息缺乏一个基于认知心理学理论的分析框架。陆强教授回顾评述了环境风险沟通发展历程后，指出风险沟通的两大发展态势：①学术界和业界越来越以一种整体的方式看待风险沟通；②风险沟通越来越依赖心理学特别是认知心理学的理论方法。陆强教授在构建的心理距离模型中，认为个体对时空距离的诠释受到时空距离的效度、公众的认知理性两方面的影响，前者与时空范围中起到应急防范作用的设施、技术、制度、文化等有关；后者是对以上事实性信息的认知方式和能力。陆强教授认为环境风险沟通的心理距离视角，可以从概率距离、时间距离、空间距离三方面来考虑。是否能进行有效的风险沟通，是政府、企业、公众、媒体等多个社会部门之间的反复博弈、理性选择的结果。在环境风险沟通过程中，以政府为主导兼统筹，企业是关键执行者，公众是环境的直接相关者，媒体是重要渠道沟通。随后，陆强教授以化工行业为例，构建了地方政府与化工企业之间的不完全信息委托代理博弈模型和地方政府-企业监管博弈模型，分析结果表明：有效的风险沟通应当建立在风险感知的基础上，认知心理学与风险管理的结合非常必要；有效的风险沟通是政府、企业、媒体、公众之间多次博弈的结果；建立合理的激励机制，积极发挥媒体的作用，降低公众与政府和企业之间的信息不对称，是环境风险管理的重要手段之一。陆强教授针对环境风险制度建设提出了以下政策建议：①不确定性、时间和空间距离是风险管理和沟通的 3 个战略切入点，政府和企业应当围绕这 3 个方面向公众传递关于环境风险的事实性信息；②如果风险沟通的目标是提升区域民众安全感，鉴于 3 种维度的距离之间互补的关系，在某个维度的距离难以缩小的情况下，强调其他维度可以取得同样的效果；③政府和企业必须充分利用时空距离带来的机会，在应急防范设施和措施上取得令公众满意的效果；④由于风险沟通是双向交互过程，应当强调风险沟通与风险教育的紧密结合；⑤建立科学合理的激励机制，强化信息沟通和信息公开制度，有益于公众更有力地参与到与政府、企业之间的博弈中来。

吴俊锋（江苏省环境科学研究院所长，研究员）：太湖重污染湖区底栖生物调查及水质评价研究

吴俊锋研究员根据历年太湖水质监测数据指出，竺山湖及太湖西岸湖区是太湖湖体中污染最为严重、湖泛和蓝藻发生频率最高、湖泊生态系统退化最严重的湖区。在水质评价中可以污染指示底栖动物作为监测环境质量的指标，来研究湖区水质污染程度，为水环境综合整治及管理提供依据。一般地，底栖生物监测指标可分为：①环境指示种：与特殊的环境条件密切相关的生物物种，对污染效应非常敏感；②耐重污的种类：颤蚓类、水丝蚓类和摇蚊幼虫等；③耐中污的种类：螺类、贝类、水蛭等；④指示轻污染或寡污染的种类：河蚬等。可根据湖泊水质调查结果，运用 Shanonn-Wiener 多样性指数法对湖体及底质污染程度进行总体评价。调查结果表明，湖区已经形成了 3 个污染带：①重污染带分布在社渎港港口、乌溪港河口及北沿岸、横塘河河口，优势种为霍甫水丝蚓和摇蚊幼虫；②中污染带分布在竺山湖湾内的太滆南运河河口、田鸡山附近区域及湖心区域，优势种为螺类、铜锈环棱螺；③轻污染带分布在陈东港断面、乌溪港断面、大港河断面、官渎港断面、社渎港断面、马山南沿岸，优势种为河蚬。此外，竺山湖内各河口发现大量的螺类空壳，耐中污染的螺类连续死亡，这表明这些区域的底质环境向重污染发展。Shanonn-Wiener 多样性指数水质评价结果表明，所有底栖生物采样湖体底质均处于重污染水平。整个调查区域生物多样性指数呈现由沿岸向湖心递减的趋势。生物多样性指数较高的区域为竺山湖内太滆南运河、横塘河河口区，西部沿岸官渎、社渎港等河口区以及调查湖区南部大港河、乌溪港河口区。最后，吴俊锋研究员提出了太湖重污染湖区整治建议：加强入湖河口、湖体生态清淤和淤泥资源化；加强湖岸、河口水域生态修复，恢复湖泊生态；增强水体交换能力，提高湖泊水环境容量；加强蓝藻生态消除与人工打捞相结合，实施蓝藻资源化工程；加强船舶污染治理与岸线整治；进一步深化污染治理，控制污染物总量；采取有效措施控制和削减农业面源污染；加强环境管理和监控。

王大鹏（清华大学公共管理学院，博士）：基于模糊层次分析与区间综合评价耦合的流域水环境保护绩效评估方法

王大鹏博士指出地方政府绩效评估指标是地方政府绩效评估内容的具体体现，是开展地方政府绩效评估的基本前提。绩效评估指标具有强烈的行为引导功能，它明确并强化了评估对象的工作要点和努力方向。现行环保绩效评价体系具有原则性和概括性的特点，可操作性不强。主要表现为：①绩效评价指标以总量控制指标为主，相对固定，不能及时应对组织战略调整和外部因素变化；②评价者主观因素在绩效评价中会带来评价误差；③绩效评价过程中，下级政府因为参与较少、沟通欠缺，同时指标刚性较大，产生对绩效评价结果的不满。在回顾常用公共绩效评价方法的基础上，王大鹏博士构建了基于模糊层次分析与区间模糊综合评价耦合的流域水环境保护绩效评估方法，并以淮河流域为例做了实证研究。首先借鉴国际上常用的环境保护绩效考核的评判方法、指标和标准，引入平衡计分卡的思想，从水污染控制、水环境管理、饮用水安全情况和水环境保护可持续性四个维度建立地方政府水环境保护绩效考核评价指标体系。通过对现有与水环境保护有关的指标进行识别和分析，研究选择了四项综合性一级指标、九项二级指标及约二十项三级指标作为定量评价的指标。研究采用专家问卷调查的方式收集权重评价数据，调查问卷的设计基于淮河水环境保护的实际情况，同时结合模糊层次分析的要求来完成，问卷收集方式采用专家集中会议方式现场完成。问卷对象分为两组，组别一为专家组，专家对象包括相关部委高层管理人员，淮河委员会高层管理人员等；组别二为对照组，对象以相关部委企业基层人员，科研单位基层研究人员为主。从评价结果来看，专家组对饮用水安全和传统的水污染控制给予了较多的重视，而水环境可持续性作为新加入的评价指标也得到了较高的权重，接近水环境管理。而从对照组来看，相对管理人员，一般民众更重视与生活切实相关的饮用水安全，对水环境管理的重视反而高于环境管理人员。同时一般民众对于老生常谈的总量控制关注较少，对于水环境的可持续性缺乏重视。最后，王大鹏博士指出，采用模糊层次分析方法对评价指标权重进行设定，注重了评价主体与评价对象的一致性，便于最大限度激发评价对象参与水环境绩效评价体系的积极性。评价指标权重的确定具有可操作性，便于实际测算和制订发展目标。在此基础上可建立完整的绩效管理办法和实施程序，同时采用绩效反馈等方式进一步完善该考核体系。

谭炳卿（合肥工业大学，教授）：淮河流域水污染联防：经验及启示

谭炳卿教授首先介绍了淮河流域的概况，指出淮河流域水资源呈现地区分布不均、年内分配集中、多年变化剧烈、水土资源分布不协调、供需矛盾日益突出、水旱灾害频发特征；淮河水污染形势严重，截至 2000 年，全流域发生较大水污染事故近 200 起，20 世纪 90 年代以来发生的几次淮河干流水污染事故，污染带长达 100 km 以上，导致沿淮淮南、蚌埠等城镇居民饮用水告急，淮河及洪泽湖鱼类等水生生物大量死亡。尽管淮河流域水资源保护领导小组自 1988 年 5 月就已经成立，但是其绩效还有待改进。随后，谭炳卿教授介绍了淮河水污染联防方案。他指出早在 1996 年淮河水利委员会编制了水污染联防的试行方案，从 1996 年后，每年都针对上一年的水污染联防取得的经验与存在的问题，对联防方案进行修订，现在每年年初召开一次联防会议，督促污染源限排方案的落实工作。其中，水污染联防工作方案主要包括水量、水质、入河污染物监测；编制水情、水质信息，向联防单位发送；雨情、水情和水质预测；根据防汛、抗旱和预防水污染事故的发生提出水闸调度方案。自开展淮河干流与沙颍河水污染联防工作以来，尤其是近 10 年来，避免了重大水污染事故的发生，取得了显著的社会与经济效益，得到了各级政府、政府各部门和广大民众的支持。谭炳卿教授认为剖析水污染联防机制可以发现：①淮河及沙颍河水污染联防，是现阶段减缓水污染危害、防止发生水污染事故的有效手段之一，具有良好的环境效益、经济效益和社会效益；②污染源治理是水污染防治的根本；③流域机构可以在水污染防治方面发挥重要作用，水利与环保部门可以很好地合作；④淮河水利委员会在防洪、省际水事纠纷处理和沙颍河水污染联防等方面取得了较好的效果，流域机构应该为流域经济社会发展服务，为各部委服务。针对淮河流域水污染联防机制建设，谭炳卿教授建议：①要加强协调与合作，探索流域管理委员会制度，为水污染防治提供体制上的保障；②重视建立流域内信息资源共享机制，促进公众参与流域管理；③加快流域立法和现有法规的修改与完善，理顺流域与区域的关系。

4 总结

本次研讨会共有 40 余位水环境政策与管理研究专家就水环境战略、水环境体制与机制、水环境经济政策等领域的研究热点和难点问题以及最新试点和实践进展作了主题报告。这些报告对推进我国水污染控制战略设计、规划编制、政策制定和管理体制与机制改革具有重要参考价值。来自水资源和水环境管理有关的政府部门和机构、高校和科研院所等 70 多家单位的 200 余位代表参加了会议，参会各方也借此机会深入交流探讨了水环境战略与政策、水环境经济政策的国内外实践经验、研究成果、实践中碰到的问题、解决的办法以及存在的困惑等相关问题。该研讨会盛况空前，是目前国内规模最大的一次专门针对水环境战略与政策研究的研讨会。本次会议投稿论文届时将择优结集出版。

此次研讨会是围绕水专项“水污染控制战略与政策及其示范研究”主题召开的，旨在为交流该主题的研究成果提供一个平台。通过此次会议，各方参会人员对该主题的阶段性成果有了一个很好的了解，也对国内外水污染治理战略和政策的最新实践和研究动态、我国各地水污染治理战略与政策试点示范进展等各方面均有了一个较清晰的认识，研讨会也为政府官员、战略与政策研究人员和媒体等利益相关方代表提供了一个很好的交流和思想碰撞的渠道，加强了各方的沟通和联系，为总结、深化“十一五”时期水专项的水环境战略与政策研究成果，也为开展“十二五”时期研究的前期准备工作打下了基础。

研讨会组委会主席、水专项“水污染控制战略与政策及其示范研究”主题专家组组长、中国环境规划院副院长王金南教授在大会闭幕致辞中表示，本次研讨会取得了圆满成功，达到了研讨会各项预期目标。王金南教授还在会议期间针对下一步水专项“水污染控制战略与政策及其示范研究”主题各项目和课题的研究工作进行了部署和安排。

整理人：董战峰　张炳　李婕旦　李晓亮　石广明　马欣　于雷　梁宏　周全

第一篇

水污染控制体制机制

国家水污染防治规划体系回顾与思考

Review and Reflection on the National Plan of Water Pollution Control

陈　岩[①]　王　东　赵　越　徐　敏　姚瑞华
（环境保护部环境规划院，北京　100012）

摘　要： 本文从“四位一体”的治污思路、考核体系、分级和分区保护的管理模式等角度回顾了我国水污染防治规划技术体系，总结了城镇和工业治理等领域基础设施建设成果，梳理了总量控制、责任考核、资金保障、标准控制等规划保障政策，并针对规划体系存在的问题，提出了深化协调机制、强化区域统筹治污、健全监督、提高技术支撑和经费保障、建立公众参与制度等方面的建议，为水污染防治“十二五”规划编制提供参考。

关键词： 水污染防治规划　体系　回顾与思考

Abstract: It was discussed that the pollution control ideas，the assessing system，the partitioned and graded management about the national water pollution control，the infrastructure results of the urban and industrial pollution control and other areas were also summarized. Including the total emissions control，responsibility assessment，financial security，standards control，the security policy and the problems for the planning system were combed. It was suggested that the system of water pollution control should deepen coordination mechanisms，strengthen regional coordination，and enhanced supervision，technical support and funding to improve security.

Key words: The plan of water pollution control　System　Review and reflection

前　言

我国水污染防治工作经历了“九五”、“十五”和“十一五”三个时期，流域水污染防治规划成为落实国家水污染防治战略、任务与措施的重要部分。“十一五”以来，国家水污染防治力度明显加大，在地方各级政府和国务院有关部门的共同努力下，规划确定的各项任务稳步推进，重点流域水污染防治工作取得了积极成效。但是，我国水环境仍处于营

① 作者简介：陈岩，1981 年 5 月生，环境保护部环境规划院，工程师。专业领域：水环境保护规划。地址：北京市朝阳区安外大羊坊 8 号；邮编：100012；电话：13811418256；传真：010-84920476；电子邮箱：chenyan@caep.org.cn。

养物质污染和有毒有害物质污染并存的时期[1]，流域水污染防治任务依然艰巨。“十二五”是实现小康目标的关键时期，同时也是保障城乡居民饮用水安全、改善水环境质量、防范突发污染事件的重要时期。本文从框架体系、技术方法、任务措施、政策保障等方面全面回顾我国水污染防治规划体系，分析规划体系中的薄弱环节和改进措施，为重点流域水污染防治“十二五”规划编制提供参考。

1 规划框架体系的演变

20 世纪 70 年代，我国开展了北京官厅水库、北京西郊的水污染防治工作以及蓟运河的重金属污染防治工作，形成了我国水污染防治规划体系的雏形。80 年代，全国开展环境背景值和水环境容量的攻关研究，水质模型和技术经济模型等技术得到了长足的发展。90 年代，面对淮河水环境急剧恶化的形势，首次将淮河流域作为重点流域，编制了基于环境容量的污染物排放总量控制目标的污染防治计划，标志着我国水环境保护进入了全新的阶段。

随后海河、辽河、太湖、滇池、巢湖（加淮河简称“三河三湖”），“十五”增加的三峡库区及其上游、南水北调东线，“十一五”增加的松花江、黄河中上游、丹江口库区及上游（南水北调中线水源地），共 11 个流域被确定为重点流域，国家全面实施重点流域的水污染防治规划。以淮河流域为例，各个阶段的规划体系如下：

“九五”淮河流域水污染防治规划，从淮河流域水环境状况、入河排污总量和水污染趋势三方面分析流域水环境整体形势[2]，根据“水体还清”的总体目标确定了 2000 年主要河段水质目标，初步分段模拟受纳水域环境容量并推算 COD 总量控制目标，削减任务分解到四省，按水资源分区与环境功能区划分控制单元，筛选优先控制区域，实现流域区域相结合的治理方案。

“十五”淮河流域水污染防治规划，延续现状评估、总量控制、重点任务的基本体系，将“九五”确定的水质改善与总量削减目标推迟 5 年，根据污染负荷远超过环境容量的现实，弱化了容量控制，突出了总量减排，强化了流域跨界断面监控。

“十一五”淮河流域水污染防治规划，综合分析了流域治理的艰巨性和水质改善的复杂性，以有限目标、突出重点为原则，提出总量和水质的目标，并突出了流域跨界断面监控与考核，同时制定了目标责任制，开展了流域年度规划评估，强化各级政府的规划执行效率。

2 规划技术方法体系回顾

我国流域水污染防治规划编制一直在探索建立科学、合理、可操作的技术方法体系。从“九五”开始逐步形成了“四位一体”治污思路框架，建立了分区控制与目标考核机制，实施了重要水域管理的分级保护的理念。

2.1 “四位一体”的治污思路

“四位一体”即“质量、总量、项目、投资”一体的治污思路贯穿了流域水污染防治规划。

①质量：不断强化水质目标的合理制定，饮用水水源地保护、跨界水质考核、重要区域污染控制逐步突出。②总量：坚持实施流域排污总量控制，逐步细化总量控制目标与控制方案，推动总量控制由流域减排上升为国家节能减排战略。③项目：以流域治污项目作为实现规划目标和任务的重要支撑，突出项目的可操作性和目标可达性。规划项目充分调动了地方政府治污的积极性，流域工业废水与城镇污水治理水平显著提高，流域水污染防控能力显著增强。④投资：逐步强化资金保障，重点流域规划的治污投融资体制逐步完善。国债资金从“九五”开始支持重点流域污水处理设施建设，“十五”在淮河、三峡等流域启动了工业治理项目补助，“十一五”国家财政对管网建设实施“以奖代补”政策。

2.2 逐渐完善的规划考核体系

与规划编制和实施同步，规划考核体系也经历了不断探索完善的过程。“九五”期间，规划实施考核体系尚未建立，“十五”末，国家加强了重点流域规划项目的调度，对规划项目完成、治污资金落实等情况进行了汇总分析。

“十一五”期间，规划明确提出实施规划年度评估和考核制度，规划考核工作进入制度化阶段。2005 年，原国家环保总局印发了《淮河流域水污染防治工作目标责任书执行情况评估办法（试行）》和《淮河流域水污染防治工作目标责任书评估指标解释（试行）》，并于 2006 年 1 月开始对淮河流域水污染防治工作进行年度评估。2008 年，环境保护部制定了《重点流域水污染防治规划（2006—2010）执行情况评估暂行办法》和《重点流域水污染防治规划（2006—2010）执行情况评估暂行办法指标解释》。2008 年与 2009 年，国家对各重点流域水污染防治规划实施情况进行了全面的评估与考核。

2.3 分级保护的流域水质目标

水污染严重、水环境敏感、水污染突发事件是国家确定水污染防治重点流域的主要依据。重点保护高功能用水、限期改善严重污染水域、逐步恢复流域总体水质功能，是三个五年流域水污染防治规划得出的重要经验。

重点保护高功能用水，核心是饮用水水源保护。淮河流域“九五”期间的流域水体变清目标中就包含了饮用水水源地保护的基本要求。松花江等重点流域水污染防治“十一五”规划中，直接设定了饮用水水源地的相关目标，把集中式饮用水水源地作为流域优先保护水域。南水北调东线输水沿线、南水北调中线水源地、三峡库区水质保护都是按照国家战略性饮用水水源的高功能目标采取严格的措施强化保护。

限期改善严重污染水域，体现了水质改善与总量减排的结合。三个五年流域规划，水污染减排的重点均是工业废水和城镇污水，重点流域水污染防治“十一五”规划中化学需氧量削减约 12%，高于全国平均 10%的总量削减目标，同时淮河、巢湖等流域还提出了氨氮总量削减的要求，重点改善城镇纳污水域的水质。

逐步恢复流域总体水质功能，是流域水污染防治的长期任务。1998 年太湖流域点源污染治理采取“零点”行动，到 2007 年，太湖流域湖体和主要入湖河流的 COD 浓度达到了Ⅳ类，但仍然暴发了大规模的蓝藻水华。因此，必须充分认识水污染防治的复杂性、艰巨性和长期性。

2.4 分区控制的管理模式

流域分区管理保护是国内外流域治理的普遍经验，我国重点流域水污染防治也逐步形成了这一模式。淮河流域“九五”水污染防治规划明确提出了规划区、控制区、控制单元的分区管理模式，将全流域划分为七大控制区、34个控制单元和100个控制子单元，建立了控制单元分区管理的雏形。《南水北调东线工程治污规划》将规划区域划分为输水干线区、山东天津用水区和河南安徽水质改善区三个规划区，并划分为8个控制区再以河系为基础细化成 53 个控制单元，以控制单元作为规划治污方案、进行水质输入相应分析的基本单元。《三峡库区及其上游水污染防治规划》按照对水库水环境影响程度划分了库区、影响区、上游区三个控制区，分区域制定2003年、2005年、2006年、2009年和2010年不同时段的治理目标和配套政策。《海河流域水污染防治规划》根据社会经济、环境资源、地形等状况，将流域划分为水源地水质保障区、水质率先恢复区、重点污染防控区和近岸海域水质改善区四类区域，分区提出保护目标和治理措施。并提出了划分的初步原则，分区控制管理基本成型，实现了从区域布局上统筹协调流域经济发展和水环境保护工作。

3 规划任务与措施回顾

根据重点流域水环境问题以及规划任务，水污染防治规划逐渐形成了三类重点治理工程，分别为城镇污水处理工程、工业污染治理工程和区域污染防治工程。

3.1 城镇污水处理工程

城镇污水处理任务主要为统筹考虑水环境治理需求，合理确定处理设施的布局和规模，缺水地区提出中水回用要求，敏感水域提出污泥治理要求。随着流域污染防治工作不断推进，我国城镇污水处理厂建设水平取得飞速发展。截至 2009 年年底（按建设部公布数据进行统计），已建成的污水处理厂设计处理能力10 537.1万t/d，平均处理水量7 993.2万t/d。其设计处理能力是1995年的17倍，“十一五”的前四年新增处理能力5 389.1万t/d，为2005年总设计量的1.04倍。“九五”至“十一五”期间污水处理厂建设情况见表1。

表1 “九五”至“十一五”期间污水处理厂建设情况

年份	污水厂/个	设计处理能力/（万t/d）	实际平均处理水量/（万t/d）	实际处理负荷率/%
1995	69	610	497	81.5
2000	170	1 565	1 320	84.4
2005	690	5 148	3 981	77.3
2009	1 916	10 537	7 993	75.9

3.2 工业污染治理工程

工业污染治理逐渐形成以企业稳定达标排放为前提，综合工艺改造、清洁生产、深度治理等措施，提高企业治污水平。随着水污染防治工作的深入开展，我国工业污染防治工作逐步从末端治理向源头和全过程控制转变，逐步加大了产业结构调整，淘汰落后产能的力度，部分流域也试点实施了排污许可证制度。全国工业废水中的COD排放量从2000年的704.5万t下降至2008年的457.6万t，同期氨氮排放量下降至29.7万t，尤其是“十一五”期间降幅较大。

表2　2000—2007年工业废水及主要污染物排放情况

项目 年份	工业废水排放量/亿t	增长率/%	化学需氧量排放量/万t	增长率/%	氨氮排放量/万t	增长率/%
2000	194.3	—	704.5	—	—	—
2001	202.7	4.32	607.5	−13.77	41.3	—
2002	207.2	2.22	584	−3.87	42.1	1.94
2003	212.4	2.51	511.9	−12.35	40.4	−4.04
2004	221.1	4.10	509.7	−0.43	42.2	4.46
2005	243.1	9.95	554.7	8.83	52.5	24.41
2006	240.2	−1.19	542.3	−2.24	42.5	−19.05
2007	246.6	2.66	511	−5.77	34.1	−19.76
2008	241.7	−1.99	457.6	−10.45	29.7	−12.9

注：数据来源于环境统计年报（2001—2009），氨氮于2001年开始统计。

3.3 区域污染防治工程

区域污染防治工程是城镇居民饮水安全的重要保障，是对农业面源污染治理的有益探索，也是提高城市水环境质量的重要举措，主要包括集中式地表水饮用水水源地的污染控制、规模化畜禽养殖污染治理试点示范和城市重点水体的污染综合治理三方面内容。区域治理的任务范畴不断拓宽，逐步将水资源、水生态等内容纳入污染防治，“十一五”规划期间，三峡库区还包括垃圾处理场建设、库区漂浮物清理和库底垃圾清理等内容。重点流域“十一五”规划共安排区域治理项目290个，截至2009年年底，已完成（含调试）项目占43%，落后于总项目实施进度。

4 规划实施保障与政策制度回顾

4.1 总量控制制度

总量控制在“十一五”期间实现了“有总量有控制”的控制路线，初步建立了新增量核定、减排量认定、减排管理方案、减排经济政策、减排责任制等相关机制。总量控制目标由国家设定总体计划并分解到省，再由各省（区、市）把控制计划指标分解下达，逐级实施总量控制计划管理。从 2006 年开始，国家每半年对各省（区、市）的污染减排情况进行检查、考核，并向社会公布考核结果。2009 年，全国化学需氧量（COD）排放总量为 1 277.5 万 t，在 2005 年（1 414 万 t）基础上削减了 9.66%。

4.2 责任考核制度

水污染防治责任考核制度在“十一五”期间逐渐完善。为完成总量控制目标，原国家环保总局代表国务院与 31 个省（市、自治区）政府签订了主要污染物排放总量削减目标责任书。各级政府分别与所辖部门、区域政府签订了环保目标责任书，积极落实总量控制目标责任制。为完成水质改善目标，重点流域水污染防治规划设定了考核断面，明确改善目标和区域水质改善责任，多数省（市、区）也设立了所辖区域的目标责任考核断面，推动了各级水污染治理工作。部分地区根据自身特点建立了“河长制”，地方政府主要负责同志担任“河长”，强化了领导督办制、环保问责制。

4.3 资金保障政策

拓宽融资渠道，积极开展环境经济政策试点。重点流域水污染防治规划项目加强规划实施的保障政策制定，吸纳 BOT 运营、生态补偿、“以奖代补”等政策。部分地区也根据自身特点，分别出台资金保障政策，保障了治污项目的实施，推动了治污投融资体制的完善。河北子牙河探索生态补偿新机制、江苏太湖流域启动生态补偿机制等，山东省出台了《山东省生态补偿资金管理办法》，安徽省财政 2007 年安排了 2 亿元专项资金实行“以奖代补”，加快流域城市污水处理厂建设进度。

4.4 污染物排放标准

国家标准大量出台，“十一五”期间共修订了 6 项环境质量标准，发布了 30 余项适用于重点行业和污染源的国家排放标准，出台了多个行业的清洁生产标准，并在原有的直接排放限值的基础上，增设了水污染物特别排放限值和间接排放限值，大力促进工业行业污染减排。同时，规划水质和总量目标设立以及严格的责任考核，极大地促进了地方排放标准的制定与修订，为区域治污提供了制度保障。山东省先后发布实施了《山东省南水北调沿线区域水污染物综合排放标准》等 4 个地方性流域标准，执行严于国家要求的排污标准，其中 COD 最高浓度限值严于国家行业标准 6 倍多，氨氮最高浓度限值严于国家行业标准 7 倍。2008 年辽宁省修订了《辽宁省污水综合排放标准》，明确规定直排污企业 COD 排放质量浓度必须达到 50 mg/L 以下。

5 我国水污染防治规划体系存在的问题分析

5.1 机制体制不能满足流域管理需求

我国水污染防治规划实施在机构、法规约束、规划体系等方面存在不足[3]。水污染防治规划实施涉及多部门和多级别的行政机构，目前在审批拨款、财税优惠、建设、监管等多环节缺乏完善的协调机制，影响规划实施进度。流域水资源保护、防洪、水污染防治及各类综合规划长期并行制定，在编制、实施与评估过程中难以相互衔接，在规划范围、目标、任务等方面交叉、重叠与脱节[4]。法规中也缺乏规划实施权责的明确界定，对流域规划体系之间的关系和水污染防治规划的地位没有详细的规范。

5.2 流域水污染防治技术薄弱

水污染防治规划的技术支撑不足，流域水环境模拟分析技术较为薄弱，目前还未有效应用到水污染防治，已经建立的流域水资源管理平台（如数字黄河）水文模拟与水质模拟脱节，缺乏降雨径流的产汇污分析。流域层面水环境与社会发展预测模型、水环境趋势诊断及水环境战略制定等技术，目前虽初步形成技术体系，但距离实际应用仍有差距，难以应对我国城镇与行业发展的形势，难以全面把握流域污染问题。

5.3 水污染防治监测与监督有待完善

我国水污染防治规划建立了规划考核制度，推动了规划实施，但是由于资金投入有限，水环境监测网络不完善，造成规划考核和项目稳定运营监管薄弱。目前的断面设置、监测指标、自动化运行的水平不足，造成目前考核对区域责任认定不清，特征污染情况考核不明，连续水质监测不足的情况。而对工业污染和城镇污染等防治项目建成后稳定运营的情况监管不足和对违规建设或不达标建设项目的执法不足，制约了规划项目的治污效益，造成规划项目实施的效果大打折扣。

5.4 水污染防治方案费效优化欠缺

我国流域水污染防治规划过程中，“九五”基本上未开展定量的方案优化和治理费效分析。“十五”尝试开展总体的投资效益分析。“十一五”在研究技术路线上注重了目标可达性和风险分析，但尚未建立完整的费效分析技术体系，并缺乏可靠的技术经济数据支撑。费效优化不足，影响目标与方案制定的精准性。我国正在全国范围内大规模地开展全国污染源普查和经济普查工作，应充分利用好普查数据，逐步建立流域水污染防治基础数据库和优化模型体系。

5.5 社会公开与公众监督水平较低

目前规划编制尚未建立有效听取公众愿望，充分发挥公众监督作用的机制，在国家政务公开的要求下，社会对参与和监督规划的需求逐渐增强，现行信息公开与公众参与机制已不能满足新的需求。

6 我国水污染防治规划体系完善

6.1 深化协调机制，加强部门间合作

（1）建立统一的水环境数据共享机制。努力实现环保、城建、水利、农业、国土等部

门之间的数据共享和衔接，建立供用水量和废水排放量、入河量之间的衔接，水文与水质数据之间的衔接，设施建设与总量控制的衔接；种植结构、化肥农药施用量与农业面源污染控制的衔接等。

（2）建立各类规划的统一机制，衔接相关部门间的规划、计划，统一规划范围、目标及任务，统一规划导向。

（3）建立各级部门间的规划联合执行机制，明确国家、地方各部门规划任务实施的责任和义务，对规划执行项目实行分类监督指导，跟踪地方规划实施。

6.2 完善跨界水质管理，强化区域统筹治污

（1）强化跨界水体的环境管理工作，增加量化指标，强化政府跨界污染防治责任[5]。

（2）继续完善流域生态补偿机制，制定和实施流域生态环境补偿条例或者办法，建立流域生态补偿的协商与仲裁制度，规范流域生态补偿的稳定发展。

（3）增强水污染防治合作[6]，建立水质、水量共同监管机制，强化跨区域联合执法，实施联防联控。

（4）统筹污染防治政策与经济布局，以上下游水体功能为基础，综合考虑经济布局、产业布局，联合制定市场准入机制和相关产业政策等，防止因准入门槛、政策尺度的差别而造成的污染转移。

6.3 健全监督体系，突出环境监管

（1）健全规划水质评价和考核体系，综合各级、各部门断面，以饮用水水源地、跨界水、重点源水质监测重点，补充水质评价和规划考核网络，完善水质分析和水体考核。综合各地区特征及有毒有害污染物质（如 POPs 等）等，增加监测频次及监测指标，完善水质监测及考评办法。

（2）统筹水质、水量管理。逐步建立水质、水量同步监测体系，建立水质水量同步监测预报平台，形成水质水量综合调控系统。

（3）强化重要水体及污染源风险防范监控。完善重要水体实时监测和预警监测系统建设。逐步建立高危潜在污染源风险分类、分级体系，建立点面结合的排污监控体系和长短期结合的污染预警体系。

（4）继续突出环境监管执法能力建设。以监测、监管、风险应急能力等方面为重点，加大人才和基础设施建设，加大执法能力建设。

6.4 建立经济技术支撑体系

（1）突出预测与模拟模型技术的应用研究。建立模型方法应用规范，完善流域水环境模拟分析系统，科学预测经济社会与水质状况。

（2）研究水污染防治方案优化技术，解决水污染防治情景方案和水污染防治规划项目的优化问题。

（3）研究缺水地区的节水减污技术，大力研究因地制宜的水资源节约和水污染治理综合技术。

（4）加快小型和典型污水稳定处理技术研究。研究小城镇、山区污水处理实用技术，逐步解决冰封期、高寒地区污泥处理处置技术，推进我国农村及高寒区域污水处理难题解决。

6.5 研究市场机制，提高经费保障

（1）设立市场机制，拓宽治污融资渠道。创新项目建设运营方式，吸引社会资本参与污水、垃圾处理等基础设施的建设和运营，完善治污项目 TOT、BOT 等建设运营模式。

（2）推进排污权交易工作，支持排污有偿取得制度，深化生态补偿机制，保障地区治污和治污产业发展。

（3）完善排污收费。合理调整城市污水处理费[7]，明确征收和使用机制，设立财政专户管理，专款专用，不足部分设置当地政府财政补足制度，保障设施稳定运营。

6.6 建立社会公告和公众参与制度

（1）建立环境信息社会公告制度。力争实现规划实施、水质状况、重点污染源状况等重要环境信息定期向社会公告。

（2）建立公众参与制度。设计从规划编制到规划实施的全过程公众参与机制，建立公众参与的信息反馈制度，通过专设渠道收集公众意见，充分发挥公众的监督作用。

参考文献

[1] 李云生．“十二五”水环境保护的基本思路[J]．水工业市场，2001（1）：8-10.

[2] 汪斌，程绪水．淮河流域的水资源保护与水污染防治[J]．水资源保护，2001，65（3）：1-3.

[3] 王海宁，薛惠锋．中国水污染防治工作的问题与对策[J]．环境科学与管理，2009，34（2）：24-27.

[4] 杜梅，马中．流域水环境保护管理存在的问题与对策[J]．社会科学家，2005（2）：55-61.

[5] 罗胜利，蒋莉．关于跨界水污染防治的思考[J]．污染防治技术，2009，22（5）：94-96.

[6] 黄德春，陈思萌，张昊驰．国外跨界水污染治理的经验与启示[J]．水资源保护，2009，25（4）：78-81.

[7] 苏明，傅志华，唐在富．部分发达国家水环境保护投融资的比较与借鉴[J]．经济研究参考，2010（46）：46-59.

水环境保护事权划分框架研究

Research on the Defining and Division of Water Environmental Protection Responsibilities among Different Entities

刘军民[①]
（财政部财政科学研究所，北京 100142）

摘 要：水环境保护事权划分是一项复杂的系统工程，是关系到水环境保护绩效的基础性、长效性的体制安排。长期以来，在体制转轨过程中，我国水环境保护和污染防治体制与机制不健全，水环境产权理念未完全建立，有关事权没有得到科学、合理、明确的划分，尤其是在涉及一些跨流域、跨区域的水环境保护和污染防治事务时，相关主体责权关系纠葛，责任承担机制难落实，甚至出现责任主体缺位，导致水污染事件频发，水质改善目标难以实现。从纵向来看，由于对水环境保护外溢性的认识和管理不足，中央与地方、地方不同层级间水环境保护事权含混不清，责任边界不明，基层地方政府承担了与其财力不相匹配的支出和管理责任，同时又缺乏内在的责任落实激励；从横向来看，水质和水量管理分割、地表水与地下水管理脱节等，导致部门行政管理职责交叉、相互掣肘却又缺乏协调，影响了水资源环境管理总体绩效。完善水环境保护投融资机制的前提是要明确划分利益主体之间的水环境保护事权，要进一步创新思路和方法，强化政策集成和综合协调，总体目标是要建立起“事权明晰、责权明确、协调有效、监管有力”的事权承担体制机制，本文就此提出了一个框架性的思路。

关键词：水环境保护 事权 划分

Abstract: The division of water environmental protection responsibilities is a complicated and systematic task，which is closely related to water environmental protection performance and a long-term institutional arrangement. For a long period，during the transition process，China’s water environment protection and pollution control system was imperfect and the relevant administrative responsibilities got no scientific，

---

① 作者简介：刘军民，1976 年生，财政部财政科学研究所，副研究员，综合室副主任，经济学博士，英国社会科学院 2007 年度支持访问学者。近年来，主要从事财政经济与医疗卫生体制改革、住房保障、科技创新、环境保护等跨学科领域研究，并着力于其中的激励与机制设计研究。相关的研究经验包括中国水环境保护投融资政策研究、环境事权财权划分机制研究、“十二五”期间环境保护专项资金框架设计及改革建议、转变发展方式背景的基本公共服务均等化与减贫机制研究、南水北调中线水源地生态补偿财政转移支付研究、促进低碳城市建设的财税政策研究、中国政策性金融体系发展研究等，上述项目资金支持主要来自中国国家科技重大专项、中国国际扶贫中心等。地址：北京市海淀区阜成路甲 28 号新知大厦 1131 室；电话：010-88191187，13693059017；电子邮箱：jmliu0707@ 126.com。

reasonable and distinct demarcation，especially when involving some inter-basin，cross area water environmental protection and pollution control affairs，related subject interest relationship complication，responsibility mechanism difficult for implementation，even responsibility subject vacancy，causing the water pollution incidents occur frequently and water quality improvement difficult to achieve. From the vertical view，due to lack of adequate recognition of the overflow effect water environmental protection，the division of responsibilities of water environmental protection among central and local administrative levels is obscure，and responsibility boundary is not clear，grass-roots governments shoulder too much responsibility which don’t match their financial power and lack the inertia incentive to implement. From horizontal view，quality and quantity management division，surface water and groundwater management disjointed，lead to the administrative departments of mutual conflicts，coordination imperfect，the impact of the water environment management overall performance. To define and differentiate clearly the water environmental protection responsibilities among different stakeholders is the premise of perfecting water environmental protection investment and financing mechanism. The ultimate goal is to establish a “power and responsibility clarity and clear，coordination effective，supervision powerful” effective governance mechanism of system，this article is aiming to propose a framework of thought.

Key words: Water environmental protection Responsibilities Governments

前　言

水环境保护和水污染防治具有典型的外部性和外溢性特征，影响范围往往是跨流域、跨区域。水环境涉及众多的利益相关者，合理划分各类主体在水环境保护和污染防治领域的事权和职责是一项复杂的系统工程，也是重大的制度创新，不仅需要理论和技术上的探索，更需要在实际工作中根据具体情况进行适应性制度创新，不断改进和调整。在水环境保护事权得以科学、清晰界定的基础上，才可能建立健全科学合理的、与之相匹配的资金机制，也才能建立起合理有效的投融资机制。

1 我国水环境事权划分和管理体制的基本情况

水环境事权划分必然首先要以法律制度为基础。在法律体系方面，我国已经颁布并实施了《水法》《环境保护法》《水污染防治法》《水土保持法》《海洋环境保护法》《环境影响评价法》《城乡规划法》《固体废物污染环境防治法》《森林法》《防洪法》《清洁生产促进法》等 11 部法律法规，此外还包括《关于预防与处置跨省界水污染纠纷的意见》环境保护部《关于加强环境应急管理工作的意见》等多项行政规章和制度。这些法律法规针对水环境保护相关事项、水污染防治措施和责任主体，都有基本的界定和规范。

《中华人民共和国水法》第三十二条规定：“县级以上人民政府水行政主管部门或者流域管理机构应当按照水功能区对水质的要求和水体的自然净化能力，核定该水域的纳污能力，向环境保护行政主管部门提出该水域的限制排污总量意见。”第三十三条规定：“国家建立饮用水水源保护区制度。省、自治区、直辖市人民政府应当划定饮用水水源保护区，并采取措施，防止水源枯竭和水体污染，保证城乡居民饮用水安全。”第三十四条规定：“禁止在饮用水水源保护区内设置排污口。在江河、湖泊新建、改建或者扩大排污口，应当经过有管辖权的水行政主管部门或者流域管理机构同意，由环境保护行政主管部门负责对该建设项目的环境影响报告书进行审批”。第五十二条规定：“城市人民政府应当因地制宜采取有效措施，推广节水型生活用水器具，降低城市供水管网漏失率，提高生活用水效率；加强城市污水集中处理，鼓励使用再生水，提高污水再生利用率。”

2008 年修订后的《水污染防治法》等法规和制度加大并细化了政府职责：①政府应当将水环境保护工作纳入政府重要的规划，如第四条规定：“县级以上人民政府应当将水环境保护工作纳入国民经济和社会发展规划。县级以上地方人民政府应当采取防治水污染的对策和措施，对本行政区域的水环境质量负责”。②强化对政府的目标责任制和监督考核，如第五条规定：“国家实行水环境保护目标责任制和考核评价制度，将水环境保护目标完成情况作为对地方人民政府及其负责人考核评价的内容。”③强化政府具体的水污染防治责任，如第四十条规定：“国务院有关部门和县级以上地方人民政府应当合理规划工业布局，要求造成水污染的企业进行技术改造，采取综合防治措施，提高水的重复利用率，减少废水和污染物排放量”，“国家对严重污染水环境的落后工艺和设备实行淘汰制度”。第四十四条规定：“城镇污水应当集中处理。县级以上地方人民政府应当通过财政预算和其他渠道筹集资金，统筹安排建设城镇污水集中处理设施及配套管网，提高本行政区域城镇污水的收集率和处理率。”④强化政府的监督管理责任，如第八条规定：“县级以上人民政府环境保护主管部门对水污染防治实施统一监督管理。交通主管部门的海事管理机构对船舶污染水域的防治实施监督管理。县级以上人民政府水行政、国土资源、卫生、建设、农业、渔业等部门以及重要江河、湖泊的流域水资源保护机构，在各自的职责范围内，对有关水污染防治实施监督管理。”⑤明确了政府对水环境保护的投入责任，《国务院关于落实科学发展观　加强环境保护的决定》（国发[2005]39 号）规定：“各级人民政府要将环保投入列入本级财政支出的重点内容并逐年增加。要加大对污染防治、生态保护、环保试点示范和环保监管能力建设的资金投入。当前，地方政府投入重点解决污水管网和生活垃圾收运设施的配套和完善，国家继续安排投资予以支持。”

关于市场主体的水环境保护责任，《水污染防治法》也有较为明确的界定。第十七条规定：“新建、改建、扩建直接或者间接向水体排放污染物的建设项目和其他水上设施，应当依法进行环境影响评价。…… 建设项目的水污染防治设施，应当与主体工程同时设计、同时施工、同时投入使用。”第二十四条规定：“直接向水体排放污染物的企业事业单位和个体工商户，应当按照排放水污染物的种类、数量和排污费征收标准缴纳排污费。”第四十条规定：“造成水污染的企业进行技术改造，采取综合防治措施，提高水的重复利用率，减少废水和污染物排放量。”第四十一条规定：“生产者、销售者、进口者或者使用者应当在规定的期限内停止生产、销售、进口或者使用列入国家淘汰设备名录中的设备。工艺的采用者应当在规定的期限内停止采用列入国家淘汰工艺名录中的工艺。”

总体来看，我国现行的水环境保护事权划分体制呈现以下几个特点：

（1）在市场主体的水环境保护责任界定上，遵行“谁污染、谁负责”“污染者付费”原则。要求水污染物产生者采取措施处理和降低水污染，如要求建设项目必须实现“三同时”；要求企业进行技术改造，减少废水和污染物排放，淘汰严重污染水环境的落后工艺和设备；要求排污者按照规定缴纳排污费。

（2）在政府间水环境保护事权划分上，基本上是执行着“统一领导、分级负责”的管理体制，即由县级以上地方政府分级对其行政辖区内的水环境事权承担责任，具体包括地方水环境标准制定、水污染防治规划的编制和实施、水环境监督执法、水环境基础设施建设和运营、水源地保护等。中央政府主要对全国性、外溢性较强事项负责，如国家水质标准、重点（跨省界）流域的水污染防治规划的确定，并基于水环境保护基本公共服务能力均衡化的原则对特定地区进行转移支付。同时，在跨行政区域、流域性水环境保护上，建立流域管理体制和协调机制。

（3）在政府部门间的水环境保护职责分工上，呈现着“多龙治水”的格局。1988 年《水法》第九条规定：“国家对水资源实行统一管理与分级、分部门管理相结合的制度。政府有关部门按照职责分工，负责水资源开发、利用、节约和保护的有关工作。水行政的主管部门主要是国家及地方各级环境保护部门和水利部门，在法律规定的各自的范围内分别对水环境和水资源进行管理，此外还有国土资源、卫生、建设、农业、渔业等多个部门涉及水环境行政管理。具体来说，城建部门对部分城市地下水、城市排水、城市污水集中处理设施建设的管理和指导，环境保护部门对城市污水排放行为和排放标准、水污染防治的管理，国土资源管理部门对地下水、矿泉水的开发和经营权的管理，另外还存在如湿地保护、生态保护、航道管理、农业开发等大量的直接或间接对水资源开发利用和管理产生影响的管理职能。同时，国家还实行行政区划管理与按流域管理相结合的制度，除了地方各级政府的水利部门与环境部门对水进行管理之外，水利部在全国设立了七个流域管理机构，即长江、黄河、珠江、海河、淮河、松辽水利委员会及太湖流域管理局，在这七个流域管理机构之下设置了由水利部和环境保护部双重管理的流域水资源保护局。

在实际工作中，水环境保护和污染防治的事权划分非常复杂，如何划分存在较大的理论、经济、技术、行政管理和法律上的困难。尽管我国《水法》和《水污染防治法》等法律法规及相关配套的制度对水环境事权的界定有了总体上、原则性的规范，但总体来看，这些法律对相关责任的界定还较为笼统、宽泛，缺乏明细化的规定和具体的实施条例或细则。

2 当前水环境保护事权划分及履行中存在的主要问题

2.1 水污染防治法体系不完善，相关法律之间协调不足

我国现行的与水环境、水资源保护的相关法律包括《环境保护法》《海洋环境保护法》《环境影响评价法》《城乡规划法》《水污染防治法》《固体废物污染环境防治法》《清洁生产促进法》《森林法》《水法》《水土保持法》《防洪法》11 部。它们都是全国人大常委会通过的法律，属于同一位阶，具有同等的效力。但是，现行的《水污染防治法》在一些问题上还存在规范上的空白。现行的水污染防治法律制度无论在立法基础、适用对象，还是实施条件和方式，都不是以针对城市的居民和企业的需要为核心的，极少规定专门适应于农村和乡镇建设、农村集体经济组织和乡镇企业所带来的水环境问题的法律制度及其实施方

法。对农村生活污水和畜禽养殖污水等问题上缺乏相应的规定和管理制度，对有关农村水污染的法律责任也未作规定。这种情况致使农村面源污染现象严重却没有有效治理的执法依据来遏制。

同时，这些法律法规关于水环境保护和污染防治的规定还都较为笼统，或者即使有了一些总体上的规范，但实际执行情况总不够理想，同时法律之间衔接不足。在执行层面，还存在功能重叠、重复设置、协调不足、部门利益冲突的问题，例如环境保护部门与水利部门在水环境管理职责上（如水污染断面监测）存在一些交叉、“打架”的问题，其对污染状况的发布、标准等也存在差异，导致水环境保护和污染防治工作协调性差，管理有效性不足。

2.2 水环境成本体现不充分，企业守法成本高、违法成本低

在我国体制转轨过程中，由于资源价格和税费机制还不完善、不健全，经济活动中水环境的成本未完全显性化，体现不到位、不充分，相关主体权责机制尚不十分明确，导致水环境事权划分存在着模糊性。“环境有价”“谁污染、谁付费”的理念和制度尚不能得到深入、有效贯彻落实（如排污费征收率低、征收标准难以提高到合理成本），使得污染的负外溢性问题普遍。

此外，《水污染防治法》实施中“守法成本高，违法成本低”问题突出。现在许多企业宁愿缴纳排污费，取得合法的排污权，也不愿意投资建处理设施，甚至有的企业建有处理设施也不运行。如河南周口莲花味精集团 2003 年因修建排污暗管被国家环保总局查处，追缴了 1 500 多万元的排污费，并处罚了十多名责任人，但该企业 2004 年又再次偷排大量污水。这说明通过收缴现行标准的排污费或罚款，并不足以遏制环境违法行为。就民事赔偿责任而言，在我国，水污染侵权民事责任赔偿总额也远远低于日本、美国等国家，我国水污染侵权民事责任赔偿总额一般不到日本的 10%。由于“守法成本高，违法成本低”，一些水污染者和水资源破坏者敢于无视法律而肆意妄为。

《水污染防治法》中的许多义务性规定，但没有明确规定相应的法律责任，从而就使得有关条款的执行和遵守失去了一部分强制力。如《水污染防治法》第十七条规定：“国务院环境保护行政主管部门会同国务院水利管理部门和有关省级人民政府，可以根据国家确定的重要江河流域水体的使用功能以及有关地区的经济、技术条件，确定该重要江河流域的省界水体适用的水环境质量标准，报国务院批准后施行。”但标准确定以后有关省向下游输送的水达不到省界水质标准怎么办，却并没有做出规定，污染赔偿制度尚不能得到有效实施。

2.3 地方政府缺乏水环境保护和污染防治的自主激励

政府间水环境保护事权原则上实行统一领导、分级负责。中央政府通过多种手段引导和促进地方加强水环境保护，但是责任边界不明；地方原则上应承担属地水资源和水环境保护责任，但在追求经济发展中，环保目标偏失，缺乏环保事权承担的激励约束机制。特别是在跨行政区域、流域性水污染防治职责划分上，更是缺乏制度性的约束。

近年来，我国虽然越来越重视水环境保护和水污染防治工作，但在不少地方依然存在

“重经济，轻环境；先发展，后治理”的观念，只顾眼前利益，不顾长远利益，《水污染防治法》难以得到全面正确的贯彻执行。如我国《水污染防治法》第十五条明确规定：“企业事业单位向水体排放污染物的，按照国家规定缴纳排污费；超过国家或者地方规定的污染物排放标准的，按照国家规定缴纳超标准排污费。”针对此条规定，一些经济相对落后地区认为本地经济条件差，难以吸引外商投资，因此，只有降低投资准入门槛、生产成本，才能吸引外资，从而发展本地经济。以此思想为指导，一些地方不但不支持环保部门依法征收排污费，反而替排污者说情，甚至采取行政干预。在个别地方，环保部门即使对拒缴排污费行为实施了行政处罚，该行政处罚也难以执行，有些行政处罚决定书甚至变成了一纸空文。

2.4 政府部门间职责交错，行政分割，缺乏有效协调

我国对水实行资源与环境分部门管理体制。在水行政领域，表现为水资源与水环境分别由水利行政部门和环境保护部门管理，其他部分在各自的领域内协同管理。水，作为一种可再生资源，水利部门管理的是水的可被利用量；作为一种具有生态价值的环境要素，环境保护部门管理的是水的质量。这种分割管理造成了管理环节的脱钩，水资源的生态价值和经济价值不能有效兼顾，最终的结果只能是水环境质量下降，水资源枯竭，水资源的生态价值和经济价值都受到破坏。合理的管理应是水质水量的并举，没有水量的水，水质再好也是没有环境容量的；没有水质的水，水量再丰富对人类来说也是无法利用的。

首先是环境保护部门与水利部门的职权范围存在较大的交叉。《水污染防治法》规定环境保护部门对水污染防治实施监督管理，《水法》规定水利部门对水资源实行统一管理和监督。这种制度割裂了水质与水量的联系，将水质与水量分别交由环境保护部门与水利部门主管，造成了环境保护部门与水利部门职能的交叉，主要表现为：①环境保护部门主管制订水环境保护规划、水污染防治规划，水利部门主管制订水资源保护规划，由于水资源具有不同于其他自然资源的整体性和系统性，这几类规划间不可避免地存在着重合；②环境保护部门和水利部门各自拥有一套水环境监测系统，这两个监测系统在实际运行中各自为政，存在着严重的重复监测现象，浪费了宝贵的行政资源，而且由于水文站和环境监测站的数据不一致，在协调跨地区行政纠纷时，很难结合运用这些数据。

除了环境保护部门和水利部门之外，《水污染防治法》规定国务院建设主管部门根据城乡规划和水污染防治规划，会同经济综合宏观调控、环境保护主管部门，组织编制全国城镇污水处理设施建设规划；各级政府的建设主管部门组织建设城镇污水集中处理设施及配套管网，对城镇污水集中处理设施的运营进行监督管理。农业主管部门负责指导农业生产者科学、合理地使用化肥和农药，控制化肥和农药的过量使用，防止造成水污染。渔业主管部门审批在渔港水域进行渔业船舶水上拆解活动，同时负责调查处理渔业污染事故或者渔业船舶造成的水污染事故。海事管理机构对除渔业船舶以外的船舶造成的污染进行调查处理。对于生产、销售、进口或者使用列入禁止生产、销售、进口、使用的严重污染水环境的设备名录中的设备，或者采用列入禁止采用的严重污染水环境的工艺名录中的工艺的违法行为，由县级以上人民政府经济综合宏观调控部门负责责令改正并处以罚款。国土资源部门负责地下水资源的管理。卫生部门协助有关部门对饮用水水源保护区进行划定。

在实际运作中，虽然多个部门的管理可以更广泛地调动政府各部门对水管理的参与，但各个部门之间的协调制度很不完善。目前的协调机制都是临时性的、应急性的，如太湖流域水污染防治领导小组联席会议制度，三峡库区水污染防治领导小组，这些协调机制目前运行良好，但这些机制缺乏立法对其进行制度化保障，并未上升到制度层面。目前普遍存在的现象就是统管部门与分管部门之间由于自身利益关系，各自出台的政策缺乏对水资源和水环境的全面考虑，缺乏综合决策。在这种情况下，对于事权相互交叉和重叠的事项，由于缺乏清晰的部际合作与协调机制，就会出现问题。有利的事情，部门会争权；而不利的事情，部门会推诿或杯葛。

2.5 流域水环境综合管理机制困难重重

（1）流域管理体制与区域管理体制不能形成有机结合。我国经济社会管理体制是按照行政单元划分的区域管理体制。《水法》第二十条规定，国家对水资源管理实行“流域管理与行政区域管理相结合”的管理体制。虽然《水污染防治法》强调了水污染防治中流域管理的重要性，但实践中水污染防治主要是“以地方行政区域管理为中心”的分割管理。例如，主要污染物减排的约束性指标是按省区分解的，并未分解到各流域。这种避开流域的污染指标分解方法科学性不足，无法有效地将水污染减排与流域环境质量的改善建立联系，容易形成各行政区污染责任不清，相互推诿责任，导致严重的越界水污染问题。同时，水质监控的间接性可能无法有效控制排污行为，最终也将导致流域管理的失效。目前流域机构在流域水质管理上的主要机制是：依据流域水环境容量确定流域总纳污能力，据此再分解区域排污总量，通过对区域边界断面的监测来监控区域排污总量。在这种制度安排中，一是边界断面监测结果对区域缺乏法定约束；二是在微观管理上，水行政主管部门负责水域的保护，环保部门负责排污的监督管理，两个部门不仅在法律责任上缺乏相互制约的机制，而且两个部门同时服从于区域政府，必然最终为区域利益所左右，导致流域监管体制失效。

（2）在流域管理上，水资源和水环境的双重管理体制运行不畅。如我国七大流域管理机构均设置了水资源保护局，名义上接受水利部和环境保护部的双重领导，但事实上是水利部派出机构，这制约了流域机构在水污染防治方面的作用。从部分流域的管理实践来看，目前部门协调的难度，甚至要高于地区协调的难度。淮河十几年的治污实践表明，环保和水利两部门共同牵头的领导小组有名无实，是“十年淮河治污”效果不佳的重要体制原因之一。

（3）流域综合管理职能被架空。由于行业管理部门还保留了相当大的资源配置权，这一配置权与行业利益相结合，也导致了在资源管理和开发利用上的分散化决策的状况，在水资源方面，表现为水功能的分割管理和不同形态的水资源的分割管理。由于这两方面的决策和管理权的分散化，使得流域机构在水资源管理、开发、利用上受到事实上的架空，流域机构始终没有承担起流域综合管理的职能。由于流域水管理权力已被区域几近分割完毕，流域机构的位置不得不从区域和行业夹缝中寻求。因此，流域管理机构只能被以后的法律法规限定在特定区域（如重要河段、边界河段）和特定标准内（如取水许可的限额以上）承担水管理职能，而对流域水资源开发利用和管理的调控起不到实质性作用。

（4）流域管理机构缺乏进行流域管理的权威。从体制设计上考虑，流域管理机构应是流域综合管理主体。然而，流域机构在实际运作过程中，无法承担起流域综合管理的职责。流域管理的主要难点在于改变区域分散决策的格局，在国家体制状况没有得到改变之前，充分的管理权限解决不了分散管理的体制基础。要想在区域事权现状基础上，建立一个能充分调节区域利益和权力的具有国家级权威的流域管理机构，显然是不现实的。

3 市场经济体制下不同主体间的水环境保护事权划分

水环境事权纷繁复杂，但可以从不同角度和层面来进行分类，例如从功能角度划分，可分为源头节水、水生态保护、水污染治理类事权；从性质的角度来划分，包括能力建设类（管理、监察、监督、执法等能力）事权、环境工程设施建设和运营事权、落后产能淘汰事权、减排技术研发和推广事权、环境责任兜底事权等；从事权的承担方式来看，又可划分为出资（筹资、投资）责任、建造并组织实施和服务提供责任、运行和管理责任以及监督（监察）考核责任等；从支出预算管理和财务的角度，又可分为基本支出、具体项目支出。因此，改进环境事权划分的一个重要内容是要尽可能将各种事权明细化，形成分类、分项的事权划分框架，在此基础上，才有可能形成相关主体分类、分级的环境事权承担机制和责任机制。

3.1 不同主体水环境事权的基本划分

在计划经济体制下，企业是国家或政府的附属物，因此，相应的水环境保护责任及其投资，从本质上说都是由国家或政府承担的，无所谓各投资主体投融资事权划分。但随着市场经济体制的逐步建立和企业经营机制的转换，政府、企业和社会公众将在遵循一定的投融资原则基础上重新划分原先为政府独立承担的环境保护事权。政府、企业和个人的环境事权各不相同，但统一于市场经济体制下的环境保护活动。在充分发挥市场机制的前提下，三者应按照责任机制，切实履行各自的环境事权，互相监督、共同努力，共同实现水环境保护和水质安全目标。

政府作为环境管理与监督者，必须充分利用法律规章和必要的经济杠杆对企业的环境行为进行监督管理，借助政策资源创立水污染治理市场。不同的投资主体在水污染防治方面的作用是有明显区别的。政府的投资方向应是重要的污染治理项目和城市污水治理设施以及补贴企业污染治理和技术改造及更新。企业的资金应投向其自身的污染治理项目，或者投资于水污染治理产业。民间资本可以投向污染治理设施的企业化运营。国际资本可以通过贷款等形式给政府或企业，或者以 BOT 方式投资建设和运营污水处理厂。

（1）政府的水环境保护事权。政府是水环境保护技术手段、法律手段、行政手段、宣传教育手段和经济手段的主要参与者，政府应按照社会公共物品效益最大化原则，首先行使规制、管理和监督职能，建立合理的市场竞争和约束机制，使企业把污染危害及影响转嫁给消费者的可能影响减至最小。在我国社会主义市场经济体制转轨和完善过程中，政府其中的一个重要职责就是对建立市场经济进行规制和监督。如统筹制定水环境法律法规、编制国家中长期水环境保护规划和重大区域与流域环境保护规划，进行污染治理和生态变化监督管理，组织开展水环境科学研究、水环境标准制定、水环境监测评价、水环境信息发布以及水环境保护宣传教育等。政府还应当承担一些公益性很强的水环境保护和污染防治基础设施建设、跨地区的污染综合治理，同时履行国际环境公约和协定。

对那些营利性、以市场为导向的环境保护产品或技术，其开发和经营事权应全部留归企业；对那些不能直接赢利而又具有治理环境优势的环保投资的企业或个人，政府应制定合理的政策和规则，使投资者向污染者和使用者收费，帮助其实现投资收益。例如，城市生活污水不同于工业污水，工业污水的排放主体一般比较明确，按照“谁污染，谁治理”的原则，工业污水治理应当以排放企业承担为主。但城市生活污水主要来自居民生活，不能要求居民自己去处理，因此，属于政府（地方政府）的职责，也是公共财政应该保障的重点。

（2）企业的水环境保护事权。在市场经济中，企业是生产经营活动的主体，也是水环境污染物的主要产生者。根据“谁污染、谁付费（PPP）”的原则，企业是水环境保护和污染治理的责任主体。企业应承担包括水环境污染的风险在内的投资经营风险，不能把水环境污染成本和损害转嫁给社会公众，按照污染者付费原则，直接削减产生的污染或补偿有关环境损失。为了降低削减污染的全社会成本，可以允许企业通过企业内部处理、委托专业化公司处理、排污权交易、缴纳排污费等不同方式实现环境污染外部成本内部化。但是，无论采取哪种方式或手段，企业都需要根据污水排放量和排污费征收标准缴纳排污费。企业的水环境责任还包括清洁生产，清洁生产是从源头保护水环境的重要措施。

（3）社会公众的水环境保护责任。在市场经济中，社会公众既是水环境污染的产生者，往往又是水环境污染的受害者。作为前者，公众应当首先按照污染者付费原则，缴纳环境污染费用，这样可以促使其自觉遵守环境法规以减少污染行为。同时要按照使用者付费原则，在可操作实施的情况下，有偿使用或购买环境公共用品或设施服务，如居民支付生活污水处理费和垃圾处理费。作为环境污染的受害者，公众还应从自身利益出发，积极参与对环境污染者的监督，成为监督企业遵守环境法规的重要力量，以克服市场环境资源信息的稀缺性，防止或减少环境问题的进一步产生。

根据水环境外溢性、污染者付费、使用者付费等多项原则，可简要列举我国政府、企业、社会公众等多元主体环境事权的配置项目，具体详见表 1。当然这些事权的列举还不可能穷尽所有的环境保护事项，但目的在于反映出基本的逻辑路线，其他相关更细的环境事务可依此逻辑在相关责任主体之间探索合理划分和科学配置的机制。

3.2 按项目解析的水环境事权划分

就具体项目来说，水环境保护系统可分解为水环境质量标准和水污染物排放标准的制订、监测与执法；水污染防治规划的编制、实施；工业水污染处理；城镇生活污水处理；农业面源污染和农村水环境保护；水土保持、水源生态涵养；小流域综合治理；城乡河道的清淤疏浚、漂浮物打捞；地下水污染防治；水污染防治技术的研发、推广；水污染突发事件的应对、水环境污染事件应急管理；历史遗留水污染治理的事权、责任主体不明或灭失的水污染治理事权；节水、清洁生产、水循环利用；水功能区保护、水生态建设、自然保护区管护等 14 大项，每个具体项目成本效益匹配和外溢性不同，其实施的技术经济手段也不同，因此，权益责任即事权的划分也不一样。

表 1　政府、企业和社会公众的环境保护事权划分

环境保护主体	事权划分所遵循的原则	主要事权
政府	环境公共物品效用最大化原则	制定法律法规、编制水环境规划； 环境保护监督管理； 组织科学研究、标准制定、环境监测、信息发布以及宣传教育； 履行国际环境公约； 生态环境保护和建设； 承担重大环境基础设施建设，跨地区的水污染综合治理工程； 城镇生活污水处理； 支持环境无害工艺、科技及设备的研究、开发与推广，特别是负责环保共性技术、基础技术的研发等
企业	污染者付费原则、投资者受益原则	严格执行“三同时”制度，治理企业水环境污染，实现浓度和总量达标排放； 缴纳排污费和超标排污费； 淘汰严重污染水环境的生产工艺和设备，大力开展清洁生产，循环用水； 进行水环境无害工艺、科技及设备的研究、开发与推广； 生产环境达标产品； 环境保护技术设备和产品的研发、环境保护咨询服务等； 针对生产过程制定有关水污染事故的应急方案等
社会公众	污染者付费原则、使用者付费原则、受益者付费原则	缴纳排污费用、污水处理费； 有偿使用或购买环境公共用品或设施服务； 消费水环境达标产品； 监督企业污染行为等

依据“污染者付费”“受益者分担”、成本效率、外溢性范围等事权划分的基本原则，可简要将上述事权项目的责任承担机制（这里主要指筹资、支出责任，具体组织管理实施可根据项目特点采取市场化、公私合作等灵活、多样化的形式）归纳为如表 2 所示。

表 2 水环境保护具体事权项目和责任主体、承担机制

具体事权项目	责任主体及承担机制
水环境质量标准和水污染物排放标准的制订、监测与执法	中央政府制定全国标准，垂直管理； 省级政府可制定（严于国家的）地方水环境质量标准、地方水污染物排放标准
水污染防治规划的编制、实施	国务院会同省级政府编制重要江河、湖泊的流域水污染防治规划； 省级政府（环保部门会同水利主管部门）编制跨县江河、湖泊的流域水污染防治规划； 县级以上地方政府根据依法批准的江河、湖泊的流域水污染防治规划，组织制定并实施本行政区域的水污染防治规划
工业水污染处理	工业企业，政府引导
城镇生活污水处理	地方政府组织实施，居民通过付费方式承担责任
农业面源污染和农村水环境保护	农业生产者、畜禽养殖户，地方政府
水土保持、水源生态涵养	地方政府
小流域综合治理	地方政府
城乡河道的清淤疏浚、漂浮物打捞	地方政府
地下水污染防治	地方政府
水污染防治技术的研发、推广	各级政府引导，市场参与； 政府负责基础性、关键性、共性水污染防治技术的研发、推广和应用
水污染突发事件的应对、水环境污染事件应急管理	实行国家统一领导、综合协调、分类管理、分级负责、属地管理为主的应急管理体制，地方政府为主、省级和中央共同负责
水功能区保护、水生态建设、自然保护区管护	地方政府，省级和中央共同负责； 中央和省级政府通过财政转移支付支持地方水源区保护、水生态建设等
历史遗留水污染治理的事权、责任主体不明或灭失的水污染治理事权	按行政隶属及财税上缴关系确定责任主体； 成立超级基金，实现共同负担
节水、清洁生产、水循环利用	居民、社会、企业、政府（通过补贴、奖励、税收优惠等）进行引导

3.3 按事权构成要素的水环境保护事权划分

政府的每项事权可进一步分解为决策权、执行权、监督权与支出权等要素，针对这些事权要素在各级政府之间进行分工界定，可以实现政府高效率的运转。从事权的承担方式来看，又可划分为出资（筹资、投资）责任、建造并组织实施和服务提供责任、运行和管理责任以及监督（监察）考核责任等；从支出预算管理和财务的角度，又可分为基本支出、

具体项目支出。

表 3　事权分类属性及承担主体

事权的分类属性	事权具体项目列举	事权承担主体
决策权：规划、制度、标准制定	制定水质安全标准 制定污水排放标准	中央政府为主承担
支出权：出资（投资）责任	水源保护、水生态修复 流域面源污染防治 污水处理设施投资、建设、运营、维护 水污染防治技术研发、推广 水污染行业和企业的转产、搬迁和技术改造	企业按照“污染者付费”原则、居民按“受益者付费”原则承担费用，中央和地方共同承担
执行权：组织实施、建造、营运、服务提供责任	流域面源污染防治 污水处理设施投资、建设、运营、维护 水污染防治技术研发、推广 水污染行业和企业的转产、搬迁和技术改造	地方为主承担，并广泛组织市场和社会力量参与
监督权：管理、监督考核责任	水环境监测与执法 流域断面水质监测	中央承担跨流域断面水质监测，地方分级承担所属地的水环境监督管理。也可考虑监测职责中央垂直管理
最后责任人：担保、兜底责任等	水污染事故、水环境突发应急事件的处理，公共补偿或赔偿等 责任主体灭失的水污染责任 水环境国际协调	中央和地方共同承担

4 水环境保护政府事权划分框架

4.1 科学划分政府层级间水环境保护和污染治理事权

在政府范畴内，为了使水环境保护得到确实落实，还应进一步细分、明确各级政府间的水环境事权划分及其投资范围和责任。可以说，政府间水环境事权划分是水环境管理体制中的一个核心问题，也是难点所在。特别是在我国单一制行政管理体制与分税制预算管理体制下，绝大多数的水环境保护事权项目呈现出一种共同负担性特征（事权共担是我国改革、发展背景下的一种特有的事权履行方式，有较强的动员能力，可以集中力量办大事，在较短时期内解决改革发展中的突出问题和矛盾），即要求各方齐抓共管，但如何区分之间的责任边界、负担比例，需要根据不同地区财力配置状况确定，还需要具体项目效益的经济技术测算支撑。

（1）政府间水环境事权划分的基本精神是分级负责。水环境保护的外溢性范围和公共产品的层次性是政府间水环境事权划分的基本依据。按受益范围，公共产品分为全国性公共产品和地方性公共产品。全国性公共产品的受益范围覆盖全国，凡本国的公民或居民都可以无差别地享用它所带来的利益，因而应由中央来提供，受益范围仅限于具体行政区域内的水环境保护项目可由地方政府负责。

（2）政府间水环境保护事权划分要体现财权与事权匹配原则。举例来说，我国为了激励地方增强排污费征管的积极性，在体制上将排污费列为地方收入，并要求其专项用于污染防治，同时中央集中10%用作宏观调控、区域平衡。按照此逻辑，地方就应负责地方水环境保护事责，同时中央可根据政策调控和均衡地方水环境保护能力需要，对特定地区进行支持。

（3）政府间水环境保护事权划分要贯彻效率和激励约束相容原则。政府间水环境保护事权发挥还应体现效率原则，要注意充分发挥中央和地方积极性。地方性公共产品受益范围局限于本地区以内，适于由地方来提供。按受益范围区分公共产品的层次性，不仅符合公平原则，同时也符合效率原则。因为受益地区最熟悉本地区情况，掌握充分的信息，也最关心本地区公共服务和公共工程的质量和成本。从效率原则出发，跨地区的特大型水环境工程属于全国性公共需要。

（4）要体现统一性和稳定性原则。事权划分体制安排作为一项处理政府间责权利益关系的根本性制度，必须要体现稳定性、统一性和权威性，要对利益各方形成长效的、稳定的预期，使其在体制框架内合理决策、各行其责、履行职责。这不仅是实现制度综合运行效率的需要，也是体现公平性的需要。

（5）政府间事权划分还应按地区分类设计。我国地区发展差距巨大，人口、资源、环境容量都差异显著，很难仅靠单一化的体制安排来解决全国的水环境事权问题。因此应强化制度的分类设计，特别是在涉及一些各级共担性事权上，中央政府应根据地方经济发展水平、财力状况来分类设计。例如，在环境基础设施建设的承担比例上，东部地区完全自行负责解决，中央财政可对中部地区进行一定比例的补助，对西部地区进行更高比例的补助，对全国性的重点水生态保护、水功能区、禁止开发区的水环境基础设施建设甚至可以由中央全额负担。

根据上述原则，可对多级政府间水环境保护事权划分做一框架性的描述（表4）。

表4 多级政府间水环境保护事权划分框架

事权主体	独立承担的事权	中央与地方 混合性（共担性）事权
中央政府	全国性水资源水环境保护规划 水环境标准制定 水环境监测执法 跨省界、重点流域的水污染防治 水污染防治基础性、关键性、共性技术的研发、推广和应用 环境污染事件最后责任人 全国性水生态功能区建设 督导、引导中央企业淘汰严重污染水环境的生产工艺和设备 协调国家层面的环境国际履约	水环境基础设施：中央对欠发达地区根据其财力状况对其环境基础设施建设给予一定比例的补助；地方应负责其运营、管护 水环境监测和执法能力：中央可从水环境基本公共服务能力均等化和填平补齐的角度对某些地区的水环境监测执法能力进行支持 跨区域、流域性水环境保护和污染综合治理：中央监督，各流域省区对省内断面水质达标负责

事权主体	独立承担的事权	中央与地方 混合性（共担性）事权
流域管理机构	流域水环境保护规划的编制和监督实施 流域水质断面监测 实施流域水环境评估和限批 流域水污染防治技术综合集成与推广应用 流域水污染纠纷的协调与处置	历史遗留水环境污染治理：根据原主体隶属关系或财税上缴关系确定责任 水环境突发应急事件：地方负责建立应急预案，发生时启动实施，中央承担兜底责任 跨行政区域水源地保护、水生态功能区建设：通过生态补偿，受益地区和水源区分担，中央引导支持 跨界水污染纠纷处理：由地方协商解决，不能协商的，由上一级政府协调
省级政府	省级水环境保护规划制定及实施 制定省域内水环境标准和污染排放标准 省域内水环境监测、执法 省域内流域水环境综合治理 督导、引导省级企业淘汰严重污染水环境的生产工艺和设备，引导省级企业清洁生产、技术改造	
地市县各级政府	地方水环境保护规划制定及实施 辖区内水环境监测、执法 辖区内城镇生活污水处理 辖区内农业面源污染防治 辖区内水土保持、水土涵养 辖区内水环境监测 督导地方企业淘汰严重污染水环境的生产工艺和设备，引导地方企业清洁生产、技术改造	

4.2 完善政府部门间水环境保护职责分工与协调

表 5　各部门在水污染防治和水资源管理方面的职责分配

部门	水污染防治	水资源管理
环保部门	拟订有关水污染防治规划、政策、法规、规章和标准，并统一监督执行；统一负责水环境质量监测以及相关的监测信息发布等；排污收费；制定污水处理厂收费政策	参与水资源保护相关政策的制定；参与水资源保护规划编制；审查水利工程的环境影响评价报告书
水利部门	审定水域纳污能力，提出限制排污问题的意见	统一管理水资源，拟定水资源保护规划，监测江河湖泊水量、水质；发布国家水资源公报，组织实施取水许可证制度和水资源费征收制度，水量分配；工程给水，组织和管理重要水利工程；节水政策、编制节约用水规划，制定有关标准，组织、指导和监督节约用水工作
建设部门	对工业污水进入城市污水管网进行监督管理；城市污水处理厂规划、建设和运营管理	饮用水管理；城市供水，城市节水管理，城市水务管理
农业部门	农业面源污染控制	农业水源地保护，农业取水管理，农业用水和农业节水灌溉

部门	水污染防治	水资源管理
国土资源部门	海洋水环境保护	地下水资源管理
林业部门	生态用水保护	林业水源涵养林地保护，林业节约用水
交通部门	水运环境管理；水运污染控制	工业用水取水管理，工业用水定额标准制定，工业节水管理
经贸（工信）部门	水污染防治的产业政策；与水污染相关的清洁生产政策法规制定及其监督实施	参与拟定水资源收费标准以及水价政策
财政部门	参与排污收费政策和资金管理；参与污水处理厂收费政策制定	参与水价政策、水资源税费政策和困难群体用水补贴
价格部门	制定排污收费标准；制定污水处理厂收费标准	组织制定、调整水价政策

4.3 强化管理集成，建立高效统一的水环境保护管理体制

如前所述，目前水环境、水资源管理体制方面存在着行政分割、分而治之的弊端，割裂水体统一性和综合性的自然属性，影响了水环境和水资源保护成效。因此，建议强化管理集成，建立高效统一的水环境保护管理体制。具体建议如下。

（1）以环境保护部门作为水环境与水资源综合管理的主管部门。水资源是水质、水量、水体、水生态等要素的结合体，这些要素互相关联、相互影响。因此，对水环境容量、水资源的开发利用，对水质、水量的保护以及对水体的改造和对水生态的维护必须结合起来，做出统一的规划和部署。传统的管理模式将水资源的各要素分开，由不同部门分别管理水质、水量、水运、水生态等。而水环境与水资源实质上是一体的，水环境受到污染破坏必然影响水作为一种自然资源的开发和利用，同样在水资源的开发利用过程中也必然会造成对水环境的影响。同时，不同部门之间的利益争夺和冲突的存在对水资源的开发利用和保护都是极为不利的。

在当今世界，对水资源和水环境实行统一管理已经是一种普遍的趋势，法国水管理中起主要作用的政府部门是环境部，内设水利司，负责监督执行水法规、水政策；分析、监测水污染情况，制定与水有关的国家标准等。在英国，环境、运输和区域部全面负责制定总的水政策以及涉及有关水的法律等宏观管理方面的事务，保护和改善水资源，最终裁定有关水事矛盾，监督取水许可证制度的实施及执行情况等。荷兰水务局担负三方面的主要职能：水量，包括地下水管理；水质，包括水污染控制；水调节，包括沙丘、堤坝、河道、水坝和水闸。韩国环境部下设流域环境办公室、水质管理局，对水按流域进行管理。这些国家的重要经验就是将开发利用水资源、保护水体不受污染置于一个部门的统一管理之下，这样做的好处是可以节约行政成本、提高行政效率，避免双重管理带来的弊端。

我国目前的行政体制改革方向是探索实行职能有机统一的大部门体制，环境保护部的职能与原国家环保总局相比应该得到进一步的增加。水行政管理中遇到的很多问题都是系统性的、整体性的，比如湿地保护、水体的富营养化这些问题涵盖了传统的环境、资源、生态问题，都是比较复杂的，不可能仅靠对水污染进行治理得到解决。由环境保护部门来管理显然比水利部门管理更为合适。因此，建议在中央一级，将环境保护部污染防治司水

环境管理处、饮用水水源地保护处、重点流域水污染防治处及水利部水资源管理司合并为环境保护部水务司或者由环境保护部代管的国家水务局，对内陆地区的地表水与地下水实施统一管理。在地方，将各级人民政府的水行政主管部门的水资源管理机构、建设部门的城市污水处理机构，划归给环境保护主管部门。

（2）建立完善统管部门与分管部门之间的协调机制。中国环境与资源行政管理中职能重叠或虚置、决策不协调或不联合的状况，已经基本被认同为是环境与资源法律实施的最大障碍之一。我国现行的水行政管理体制可以被认为是一种相对分散的管理模式。相对分散又称为协同管理，指专门的环境管理机关同其他享有环境管理权限的机构共同分享环境管理权限，专门的环境管理机构和其他机构地位平等或低于其他机构。

将分管部门的职能最大限度地收归环境保护部门，将相对分散的管理模式改变为绝对集中管理模式当然可以使行政效率得到提高，但这种完全破除现有制度的做法是不现实的，比较现实的做法是将现有的相对分散管理模式变为相对集中管理模式，建立一个水务方面的议事协调机构，如水务委员会，由环境保护部门与分管部门参加，定期举行联席会议，联席会议由环境保护部门主持召开，办事机构设在环境保护部门之下，统一解决水务管理中出现的问题。同时在《水污染防治法》和《水法》中以立法的方式对这个协调机构的职能地位予以规定。

（3）强化流域管理机构的职能。将现有的流域管理机构从事业单位升格为环境保护部的派出机构，作为代表国家对水资源行使所有权的主体，全面负责本流域的水资源分配、水资源开发利用、水环境管理工作。为加强流域管理机构的统一管理，应在相关法律中增加规定区域管理机构的水环境功能区划、水资源保护规划、水污染防治规划不能同流域管理机构制订的同类规划抵触。同时，要注意到我国幅员辽阔，各地水资源与水环境的自然状况差别较大，存在的问题具有各自的特殊性，流域管理机构要注意协调各省、自治区、直辖市相关区域管理机构的工作，调动地方政府参与水的行政管理工作的积极性。建立水环境与水资源的综合管理体制，将水利部的保护水资源和管理开发水利资源的职能分离出来，合并环境保护部门和水利部门的监测网络，增强流域管理机构的职能，建立水务的统管部门与分管部门的协调制度，从而实现水环境与水资源的统一管理。对于跨省流域的水环境保护问题，要在中央政府的统筹协调下，建立相关省际间的联动机制，构建跨流域、跨省域的水环境保护机制和网络，实现水资源的和谐共管、共用、共赢。

5 完善水环境事权划分相关配套机制，强化责任落实

环境事权的划分不是一项孤立的任务，需要与水环境市场机制、环境税费政策、环境生态补偿、污染赔偿政策加强衔接、协调和综合配套，才能顺利推进，使相关责任得到落实，并最终取得水环境保护的综合成效。

5.1 健全政府环境保护责任考核制度

加强对地方政府和干部环境保护工作的考核，是落实科学发展观和促进经济社会持续、快速、健康发展的重要组织保障。一是健全考核指标。将水环境保护作为生态环境保

护的重点，与经济社会发展指标统一起来，纳入干部政绩考核指标体系。水环境考核指标设计既要注重工作考核，更要注重绩效考核，全面反映水污染治理和水环境改善的实际成效。二是完善考核程序。水环境保护考核要以扎实的工作措施、科学的监测数据为依据，坚持定期考核与日常督察相结合，专家评价与社会评议相结合，工作考核与现场监测相结合，公开评价指标，动员全社会参与监督、评价。三是硬化考核结果。将水污染防治和水环境改善作为约束性指标，突出水环境保护的地位，不仅在评优创先中实行“一票否决”，而且在干部提拔任用上实行“一票否决”。

5.2 加快完善跨行政区断面水质监测与考核制度

按照“守土有责”的原则，实行跨行政区断面水质监测考核制度，是落实地方政府责任最关键的制度。完善跨行政区水质考核制度，有利于分清流域上下的责任，调动地方治污的积极性，形成齐抓共管的治污局面，切实改善出境断面水环境质量。国务院 2005 年《关于落实科学发展观 加强环境保护的决定》中已经明确要求“建立跨省界河流断面水质考核制度，省级人民政府应当确保出境水质达到考核目标”。要抓紧建立和完善跨省、跨市、跨县界断面水质考核制度，将污染物排放情况与水质改善情况挂钩，使减排成效体现在环境质量的改善上；将水质状况与经济处罚和补偿挂钩，上游超过规定的总量排放污染物造成水体污染的，应在经济上受到处罚；反之，超额完成减排和水质达标任务的，应获得经济补偿。与此同时，将跨行政区水质考核情况向社会公开，接受群众监督，切实推动落实各地方水污染防治责任。

5.3 完善水环境保护的激励约束机制

（1）完善准入和退出机制。进一步完善产业政策，综合运用价格、土地、环保、市场准入等措施，加快淘汰落后生产能力。对不按期淘汰的企业，依法予以关停。严格执行建设项目环境影响评价和“三同时”制度，确立环保第一审批权。根据资源禀赋和水环境容量，严把建设项目准入关，从严控制向水体排放有毒有害物质，向湖泊排放氮、磷污染物的项目，杜绝产生新的污染。坚决执行新建项目环评未通过的一律不准开工、“三同时”未落实的一律不准投产；污染减排任务未完成的县市一律暂停环评审批新增污染物排放的项目。

（2）完善财税奖惩机制。建立淘汰落后生产能力奖惩机制，对地方政府淘汰落后生产能力，按其实际削减的污染物排放量给予奖励；对未能按期淘汰落后产能的地方，适当扣减其转移支付额度。根据企业排污强度、排污量和对水体造成的影响程度，实行不同的税率标准；对企业新上污染治理项目，减少污染物排放的，适当给予奖励。进一步完善差别水价和差别电价制度，引导企业减少水电资源消耗，减轻污染排放。

（3）建立生态补偿机制。要科学划定主体环境功能区划和水环境功能区划，明确不同区域的功能定位和环保目标，制定重点流域的水污染防治规划，充分运用资源环境政策的杠杆作用，实施差别化的流域开发，形成各具特色的发展格局。对饮用水水源地等环境脆弱区、敏感区实行强制性保护。在科学评估相关区域水环境保护效能的前提下，通过财政转移支付对为保护水环境作出贡献的地区给予补偿。建立生态体系补偿标准、流域水质补偿制度、财政转移支付制度等，以利益协调机制促进生态和发展的相对平衡。

5.4 完善水环境保护的市场机制

充分发挥市场调节杠杆和资源配置作用，加强水污染治理和水环境保护，是保障水环境安全的重要实现形式。

（1）完善水资源定价制度，将环境成本充分纳入水价。粗放型增长方式之所以长期延续，一个重要原因在于水资源使用价格过低，没有真实反映其稀缺性和使用成本。要真正解决好水资源在有效保护基础上的集约利用，必须将水资源作为基本的生产要素，运用市场手段发现价值、配置资源、调节保障，根据发展需要和水环境实际支撑能力，在水价中充分体现环境成本，实行阶梯式水价、超定额用水加价制度，确定再生水价格，鼓励中水回用，严格用水收费制度，探索建立水资源的市场定价和配置资源的机制。

（2）加快建立排污权交易制度。排污权作为一项基本产权，科学确定企业和单位的初始排污权，并实行有偿分配。有偿使用费作为财政非税收入纳入预算。新建项目必须购买排污权，允许排污权自由转让，无排污权不得擅自排污，有排污权必须达标排污。配套建立排污权交易市场，探索建立排污权交易机制。

参考文献

[1] 王金南，等. 中国水污染防治体制与政策[M]. 北京：中国环境科学出版社，2003：19，27.

[2] 逯元堂，吴舜泽. 中国环境保护财税政策分析[J]. 环境保护，2008，401（8）：41-46.

[3] 吴玉萍. 水环境与水资源流域综合管理体制研究[J]. 河北法学，2007（7）.

[4] 张其仔，郭朝先，孙天法. 中国工业污染防治的制度性缺陷及其纠正[J]. 中国工业经济，2008（6）：29-35.

[5] 王勇. 美国流域水环境治理的政府间横向协调机制浅析[J]. 公共管理，2009（3）：67-70.

[6] 姬鹏程，孙长学. 完善流域水污染防治体制机制的建议[J]. 宏观经济研究，2009（7）.

中美流域管理立法比较研究——以《太湖管理条例》草案及《TVAA》为例

A Comparative Study on Chinese and US's Legislation on River Basin Management—Take *Regulation of Taihu Lake Basin Management* and *TVAA* for Example

戴　忱[①]

（中国政法大学民商经济法学院，北京　100088）

摘　要：流域管理问题是水环境管理的核心内容之一，流域管理的成效不仅影响到流域内社会经济的发展，甚至关乎国计民生。美国在流域管理立法方面起步较早，早在20世纪30年代，美国国会就通过了《田纳西河流域管理局法》（TVAA），设立田纳西河流域管理局（TVA）对田纳西河流域进行全面的综合管理，并取得了辉煌的成就。2002年，我国水利部开始进行《太湖管理条例》的立法研究和起草工作，2010年国务院正式发布征求意见稿，《太湖管理条例》也成为了我国第一项流域管理立法的尝试。《太湖管理条例》一旦颁布，在我国法律体系内属于国务院制定的行政法规，其确立了流域管理与行政区域管理相结合的双层管理体制。《TVAA》是由美国国会通过的联邦法案，其设立的TVA具有行政公司的性质，在流域管理方面享有包括立法、行政在内的高度权限。美国的TVAA模式是流域管理立法的典范，但是由于国情和法律制度的差异，对于一些成功经验，我国在立法过程中也不宜照搬照抄，而应有选择地吸收借鉴。

关键词：流域管理　立法　太湖管理条例　TVAA

Abstract: The basin management is one of the water environment management core contents, not only the basin management result affects the basin in the social economy development, even concerns the national economy and the people's livelihood. US started the basin management legislation aspect early, as early as 1930s, the United States Congress passed *The Tennessee River Basin Administrative Bureau Law* （TVAA）, set up Tennessee River Basin Administrative bureau（TVA）to carry on the comprehensive

---

① 作者简介：戴忱，1986年1月生，中国政法大学民商经济法学院环境法研究所，在读硕士研究生，从事环境法的研究。地址：北京市海淀区西土城路25号中国政法大学民商经济法学院2009级9班；邮编：100088；电话：15210728102；电子邮箱：18300974@sina.com。

synthesis management to the Tennessee River basin, and has obtained the magnificent achievement. In 2002, our country Ministry of Water Conservation started carried on *The Regulation of Taihu Lake Basin Management* the legislation research and the draft work, in 2010, the State Council official issue questionnaire opinion manuscript, *Taihu Lake Act of Administration* has also become our country's first item of basin management legislation attempt. Once *Taihu Lake Act of Administration* promulgates, belongs to the administrative rules and regulations in our country legal framework which the State Council formulates, it has established the double-decked management system which the basin management and the administrative division management unifies. *TVAA* is by United States Congress through the federation bill, it sets up TVA has the administrative company's nature, enjoys in the basin management aspect including the legislation, the administration highly the jurisdiction.US's TVAA pattern is the basin management legislation model, but as a result of the national condition and the legal regime difference, regarding some success experience, our country not suitably imitates in the legislation process copies verbatim, but should have the choice absorption model.

Key words: Basin management Legislation Regulation of Taihu Lake Basin Management TVAA

前　言

太湖流域水污染问题由来已久，2007 年太湖蓝藻暴发引起的无锡市饮用水危机更是将富营养化造成的严重危害表现得淋漓尽致，加强流域管理刻不容缓。进行专门的立法是解决流域管理中面临的各种难题，保障和推动各项工作前进的关键性举措。我国的流域管理立法工作已经启动，在初步探索的过程中也取得了一定的成果和经验，但尚未形成系统有效的管理体制。美国在流域管理立法方面起步较早，其立法模式和相关的法律文件更是成为了流域管理立法的成功典范。他山之石可以攻玉，对中美两国的流域管理立法进行比较研究，有利于我国在下一阶段立法工作中对美国立法中的先进经验加以借鉴。

1 美国《TVAA》概述

1.1 立法背景与立法宗旨

田纳西流域位于美国东南部，是美国第五大河流，流经地域雨量充沛，自然条件优越。但是由于早期移民的泛滥，到 19 世纪末这里的生态灾难已经开始显现。到 20 世纪 30 年代末，这里堪称美国最贫穷的地区，水患横行，灾害频繁，居民生活疾苦。虽然拥有十分丰富的水利资源却舟楫不通，河道连年失修，暗礁密布，浅滩丛生，通航十分困难。为了利用田纳西河丰富的水利资源，治理流域内的生态环境，达到对流域进行综合治理的效果，1933 年美国国会立法通过了《田纳西河流域管理局法》（以下简称《TVAA》），决定成立田纳西流域管理局（TVA）对田纳西流域进行全面的管理，由此田纳西河流域的管理和开发进入了一个全新的阶段。

TVA 管理的区域为整个田纳西流域，总面积约为 4 万 $mile^2$ ①，涉及 7 个州。它是“美国历史上第一次巧妙地安排一整个流域及其居民命运的有组织尝试。”《TVAA》第一条就开张明义，标明了立法的宗旨是：“从国防利益出发，为了维护和经营位于亚拉巴马州马斯尔肖斯附近，现属于美利坚合众国的产业；为了工农业的发展；为了改善田纳西河的航运状况，特创建一个企业实体，命名为‘田纳西河流域管理局’”。

1.2 管理机构性质与职权

1.2.1 TVA 的性质

TVA 的建立对田纳西河流域的综合管理起到了巨大的作用，但是对于其性质确实争议不断。《TVAA》第一条对立法进行概述时，对 TVA 使用了“企业实体”一词，由此可见该局从本质上来看是企业性质的。但是由于其主要管理机构田纳西流域管理局董事会成员的产生是由总统提名众参两院推荐并通过任命，并拥有“通过、修改和撤销地方法”的权力，又使其具有了浓厚的行政色彩。这种体制是“真正新颖而富于想象力的设计”，是一种新型的国家所有制。由此众说纷纭，主要的说法有以下两种：①具有私营企业灵活性的独立国营公司。它采取私营企业灵活的管理模式，独立经营、独立指挥自己的经营活动，偿还国会投资并将其“利润”投入进一步开发工作，经费的筹措与管理既不依靠州议会也不依靠国会，因此具有私营性。从所有制来看，它却是国家所有，具有典型的国家垄断资本主义的特色[1]。②TVA 是一个半行政半企业的实体。田纳西河流域管理局英文是“Tennessee Valley Authority”，直译应该为“田纳西河流域授权组织”[2]。从立法原意来看是企业实体无疑。在《TVAA》中又授予其行政（第 26a 条）及一定立法权（第 4 条），因此应该认可 TVA 的行政特质。综上所述，笔者倾向半行政半企业的实体的定义，因为企业实体的基本性质是《TVAA》所认定的，其所拥有的行政和司法权力只是添加了其多重的性质而已，并不能改变其企业实体的性质。

1.2.2 TVA 的职权

《TVAA》的第 4 条、第 5 条、第 9 条中，明确授权 TVA 可以进行土地买卖；生产与销售化肥；输送与分销电力；植树造林等权力。TVA 除了要履行自己作为“企业实体”所必需的义务外，还拥有工程审批权（第 26a 条）、一定的司法权（第 4a 条）、“通过、修改和废止（地方）规章”的立法权（第 4e 条、第 31 条）等权力。

1.3 TVA 取得的成效

TVA 成立之后，通过强有力的管理手段，在短时间内取得了显著的成效。通过河道治理，改善了通航条件；通过改良土地、提高单产、提供低价电力等手段有力地带动了流域地区的经济发展；有计划地修建梯级电站，实现发电、治洪、通航的多赢；在有效改善流域居民生活条件之后，加强社区服务功能，促进了流域内文化事业的发展，有效地消灭了疟疾；建立流域内图书馆和流动书店，建立自然保护部积极保护环境，注意实现建筑工程

① 1 $mile^2$=2.589 988 km^2。

和建筑艺术的统一，为以后旅游业的发展奠定了基础。此外，还有效地维护了美国的国家安全[3]。

2 我国《太湖管理条例》概述

2.1 立法进程

我国早在 2001 年的《关于加强太湖流域 2001—2010 年防洪建设的若干意见》中，即提出由国务院法制办牵头制订《太湖管理条例》（以下简称《条例》）。2006 年 3 月，《条例》的立法工作在上海市正式启动，上海、江苏和浙江省（市）政府法制办和水利部有关负责人齐聚在水利部太湖流域管理局，对《条例》的适用范围、应明确的管理体制及机制、太湖管理保护方面应规范的主要内容等方面取得重要共识。2008 年《条例》送达各级地方政府和相关部门征求意见。经过 2 年的酝酿以后，《条例（征求意见稿）》（以下简称《征求意见稿》）于 2010 年正式公开向全社会征求意见。

在立法进程中，水利部、太湖流域管理局及各级地方政府举办了包括高级论坛、座谈会在内的多种形式的交流活动，对《条例》的相关问题进行了充分的讨论和沟通，这项立法活动成为我国首项跨行政区域的流域性立法。

2.2 立法内容解析

2.2.1 立法目的

《征求意见稿》开宗明义，在其第一条明确阐述了其立法目的：为了加强太湖流域水资源保护和水污染防治，保障太湖流域防洪以及生活、生产和生态用水安全，改善太湖流域生态环境，制定本条例。概括起来看，包括水资源管理与保护、水污染防治、防洪以及生产生活保障等几个方面。

2.2.2 流域管理体制

《征求意见稿》第四条规定："太湖流域实行流域管理与行政区域管理相结合的管理体制。国家建立健全太湖流域管理协调机制，统筹协调太湖流域管理中的重大事项。"第五条规定："国务院水行政主管部门、环境保护主管部门等有关主管部门，依照法律规定和国务院确定的职责分工，负责太湖流域管理的有关工作。太湖流域管理局在管辖范围内，行使法律、行政法规和国务院水行政主管部门授予的监督管理职责。太湖流域县级以上地方人民政府有关主管部门，依照本条例规定和职责分工，负责本行政区域内太湖流域管理的有关工作。"综观这些条文所设计的管理体制，基本上延续了我国流域管理中长期存在的"多龙治水"的管理体制，概括起来可以归纳为：国家协调，水行政主管部门主管监督，地方行政部门负责本区域管理工作，形象一些的说法便是层层有责任，各级来管理。由此便产生了权力及责任的分配问题，在目前的管理体制下，比较容易形成权力面前一拥而上，责任面前步步退缩的尴尬局面。

2.2.3 管理机构职权

太湖流域管理局作为国家水行政主管部门水利部派驻太湖流域的派出机构，根据法律法规以及水利部的授权，负责太湖流域的“监督管理职责”。太湖流域管理局的性质为行政机关，其“监督管理职责”主要为行政职权。在《征求意见稿》中具体反映为以下职权：第十九条，流域应急调度；第二十条、第二十一条、第二十二条，水资源统一调度；第二十三条，取水总量控制；第二十五条，水功能区划；第三十二条，排污总量控制；第三十九条，排污口登记；第四十条，新建排污口；第四十八条，防汛抗旱指挥；第四十九条，确定洪水调度方案；第五十四条，湖区岸线管理；第五十六条，太湖流域水域临时占用管理；第五十七条，圩区管理；第六十九条，信息监测和共享；第七十一条，监督检查；第七十二条，联合执法巡查。

3 《TVAA》与《太湖管理条例（征求意见稿）》对比分析

《TVAA》最显著的特色是成立了田纳西河流域管理局（TVA），与此相对比的便是太湖流域管理局。TVA 半行政半企业实体的特点比太湖流域管理局拥有了更多的权力，TVA 所拥有的自主经营和立法权力使得它在具体事务管理中比太湖流域管理局拥有更大的灵活性和可操作空间，而太湖流域管理局由于职能范围的限制只能对太湖流域治理予以行政管理和监督。《TVAA》赋予 TVA 立法权的做法从政治体制来看是带有突破性的，对此问题也是有许多争议的，在《太湖管理条例》中是否赋予太湖流域管理局同样的权力也是争论的焦点。太湖流域管理局的性质与 TVA 不同，赋予其立法权无论从理论上还是实践上都存在极大的挑战；权力的赋予就意味着相应的监督，此间如何平衡更是一个难题。

《TVAA》是由美国国会众参两院通过的，从法律效力层次上来讲是仅次于宪法的一般法律。《太湖管理条例》是由水利部牵头制定国务院发布的，属于行政法规，从法律效力层次上来说是低于法律的。虽然中美两国的政治体制不同，但是按照法律文件效力层次来比对，《太湖管理条例》的效力还是低于《TVAA》。

《TVAA》侧重于 TVA 的职责权限及自身经营的规定，《太湖管理条例》侧重于对行政机关的权力分配、责任划分及未履行相应职责的处罚。

4 结论与讨论

中美两国的法律体制存在着一些根本性的区别，对于美国《TVAA》确立的一些制度绝不能采取照搬照抄方式加以借鉴。尤其是涉及立法权限的赋予问题上，在我国的法制环境下，法律和地方性法规的制定权集中于全国人大、地方各级人大，行政法规和地方政府规章的制定权集中于国务院、省（直辖市、自治区）人民政府以及较大市的人民政府。如果授予行政机关的派出机构以立法权限，不仅违宪，而且在理论上和实际操作中都存在着巨大的困难。

虽然在我国的法制体系下，无法赋予太湖流域管理机构立法权，但是在具体职权方面可以适当地多授予一些，比如借鉴《TVAA》授权 TVA 在田纳西河流域经营大坝的模式，授权太湖流域管理局经营管理太湖流域内水利设施（包括防洪设施、水闸、堤坝、环境监测设施等）。

参考文献

[1] 刘绪贻. 田纳西河流域管理局的性质、成就及其意义[J]. 美国研究，1991（4）.

[2] 曾祥华. 关于太湖流域管理立法的思考——借鉴美国《田纳西河流域管理局法》的经验[OL]. 中国宪政网 http：//www.calaw.cn[2010-11-25].

[3] 吕彤轩，丁化美. 田纳西河流域管理介绍[OL]. 中国水利科技网 http：//www.chinawater.net.cn[2010-11-25].

中国水资源费征管体制改革研究

Research on the Reform of Collectation & Management System of China's Water Abstraction Charges

苏 明[①] 万 磊

（财政部财政科学研究所，北京 100142）

摘 要： 近年来，我国水资源危机日益严重，已经成为制约经济发展的重要因素之一。保护水资源成为当务之急。本文通过对我国水资源费征收管理体制的调查研究，结合水资源费征管体制改革的未来方向，提出进一步改进水资源费征管体制的政策建议，以提高水资源的利用效率，实现经济的可持续发展。

关键词： 水资源 水资源费 改革

Abstract: In recent years，the increasingly deteriorating water crisis has become one of the key factors retarding the economic development in China. This paper provides a brief introduction of the collection& management system of water abstraction charges. After that，combined with the reform of the water resource tax and charges in China，it suggests some policies for the reform of collection & management system on water abstraction charges in order to improve the efficiency of water utilization and to achieve the sustainable development in China.

Key words: Water resource Abstraction Charges Reform

前 言

目前，全国 31 个省、市、自治区都已先后出台了水资源费征收管理办法并已实征，水资源费的征收规模不断扩大且呈逐年快速增长态势，不仅促进了水资源的合理开发和节约保护，较好地保护了水生态环境，也为完善水资源费征收制度打下了一定的基础。但不能否认，水资源费的征收管理中仍存在着水资源费征收标准普遍偏低、征收主体不统一及其使用管理不规范等一些问题，有必要在全国范围内对水资源费征管体制进行全面研究分

① 作者简介：苏明，1957 年生，财政部财政科学研究所副所长、研究员、博士生导师。主要研究领域：财政支出政策理论、“三农”财税政策、能源财税政策等；地址：北京市海淀区阜成路甲 28 号新知大厦 1027 室；邮编：100142；电话：010-88191027；手机：13901280030；传真：010-88191083；电子邮箱：sum215@sohu.com。

析，以使之进一步改进和完善。为此，本文梳理了全国水资源费征管体制的历史和现状，分析了当前中国水资源费征管中存在的主要问题，并提出了进一步完善中国水资源费征管体制的政策建议。

1 中国水资源费征管体制的演变

新中国成立以来，伴随着经济社会的迅速发展，我国水资源费的征收管理也经历了一个从无到有、逐步完善的过程，水资源费征管体制主要经历了以下四个阶段：

第一阶段：地方征收管理。从 1979 年上海市发布第一个有关征收水资源费的地方性规定起，到 1988 年 1 月 12 日颁布《中华人民共和国水法》（以下简称《水法》）是第一个阶段，这一阶段，水资源费的征收主要是针对城市地下水的取用，而对于其他取水行为并未征收水资源费。另外，国家尚未制定统一的水资源费征收管理办法，水资源费的征收管理制度仅在个别缺水省份实行。

第二阶段：全国普遍征收。从 1988 年 1 月 12 日颁布《水法》，到 2002 年 8 月 29 日第九届全国人民代表大会常务委员会第二十九次会议通过对《水法》的修订。1988 年《水法》确立了行政区域管理水资源的模式。各省、自治区、直辖市的水资源费使用情况有所不同，省、市、县的分成比例差别很大。这一阶段我国水资源费的征收管理体制由各个地方分别制定转向统一规定。

第三阶段：水行政主管部门统一征管。从 2002 年《水法》的修订到 2006 年《取水许可和水资源费征收管理条例》的颁布（以下简称《条例》）。2002 年《水法》的修订，确立了对水资源实行流域管理与区域管理相结合的体制，确认国务院水行政主管部门负责全国水资源的统一管理和监督管理工作。这一阶段，水资源费征收管理制度得到了较大改进，但缺乏实施这项制度的具体办法，可操作性受到限制。

第四阶段：中央与地方共同分享。从 2006 年《条例》颁布至今。《条例》规定了水资源费的征收主体、征收标准、标准制定原则、计费原则、农业取水征收原则、缴纳、申请缓缴、解缴、使用与监督管理等内容，统一规范了水资源费征收的具体办法。2009 年 1 月 1 日开始执行的《水资源费征收使用管理办法》（以下简称《办法》）从制度层面上分别对水资源费征收的范围、计征方式、征收主体，取水量（实际发电量）的申报和核定，中央与地方的解缴比例以及缴库手续等方面作了明确规定，强化了水资源费在水资源管理中的经济调节作用，完善了水资源节约保护和管理的财政保障机制。

总体来看，我国水资源费征收管理体制显现出从个别地方探索到全国多数地方开始实践、从无法律法规规定到实施全国性水资源费征收管理、从部门分散管理到统一管理、从难以反映水资源短缺低标准状况到不断调整征收标准以适应水资源与经济社会发展形势的演变特点。

2 中国水资源费征管体制的现状

2.1 征收主体

《办法》第五条规定：水资源费由县级以上的地方水行政主管部门按照取水审批权限负责征收。其中，由流域管理机构审批取水的，水资源费由取水口所在地省、自治区、直辖市水行政主管部门代为征收。《办法》同时还规定，上级水行政主管部门可以委托下级水行政主管部门征收水资源费，但必须是书面形式的，并且不得再委托。但是，由于目前还有很多省市并未及时按照《办法》规定统一水资源费征收主体，所以在具体规定上部分省、自治区、直辖市还存在着差异，如云南省规定城市规划区地下水的水资源费可由水行政主管部门委托城市建设行政主管部门征收；江西省规定城镇地下水资源费由建设行政主管部门负责征收的，暂由水行政主管部门委托建设行政主管部门代为征收。

2.2 征收范围

《条例》第四条明确规定，除下列情形外，取用水资源的单位和个人，都应当缴纳水资源费：①农村集体经济组织及其成员使用本集体经济组织的水塘、水库中的水的；②家庭生活和零星散养、圈养畜禽饮用等少量取水的；③为保障矿井等地下工程施工安全和生产安全必须进行临时应急取（排）水的；④为消除对公共安全或者公共利益的危害临时应急取水的；⑤为农业抗旱和维护生态与环境必须临时应急取水的。《条例》实施后，对农业生产用水、中央直属电厂取用水等均应征收水资源费。《办法》明确了除《条例》第四条规定不需要申领取水许可证的情形外，都应按规定缴纳水资源费，减少了取水单位和个人对法定免缴水资源费的误解，有利于保证水资源费征收制度的全面正确实施。

2.3 征收标准

《办法》第八条规定：水资源费征收标准，由各省、自治区、直辖市价格主管部门会同同级财政部门、水行政主管部门制定，报本级人民政府批准，并报国家发展改革委、财政部和水利部备案。其中，由流域管理机构审批取水的中央直属和跨省、自治区、直辖市水利工程的水资源费征收标准，由国家发展和改革委员会同财政部、水利部制定。

受水资源条件、经济发展水平等因素的影响，全国各省、自治区、直辖市水资源费的征收标准差异很大，从 0.001 元/m^3（一般为水力发电取水水资源费）到每立方米几十元不等。高额水资源费一般是向取用地下水的服务行业收取的（如洗车业、洗浴业等）。水资源费征收标准总体上会根据水源类型和用水部门的不同而变化，如地下水水资源费标准普遍高于地表水；地下水超采区水资源费标准普遍高于非超采区；工业用水水资源费标准普遍高于生活用水。

2.4 分成比例

《办法》第十五条规定：除南水北调受水区外，县级以上地方水行政主管部门征收的水资源费，按照 1∶9 的比例分别上缴中央和地方国库。

《办法》对中央和地方的水资源费分成比例做了明确的规定，中央与地方的分成比例确定后，省、市、县的分成比例也需要做相应的调整。例如，湖北省规定，水行政主管部门征收水资源费（含委托市级、县级代征的水资源费）后，按照中央 10%、省级 90%的比例分别上缴中央和省级国库；市级、县级水行政主管部门征收的水资源费，按照中央 10%、市县级 90%的比例分别上缴中央和市县级国库。

2.5 使用管理

目前各地收取的水资源费均上缴同级地方财政，实行财政专户储存，专款专用，以收定支，不得挪用。各级水行政主管部门按照规定的使用范围，编制年度用款计划，由同级财政审核批准、拨款安排使用。

水资源费主要用于水资源综合考察、调查评价、规划、供求计划、水质监测、科学研究；开展节水、水资源保护及补源回灌、水源涵养等措施。有些地方还作为水资源管理经费的补充，用于水资源节约宣传和人员培训及表彰奖励等方面。也有一些省将部分水资源费应用于水资源工程建设。根据《2008 水资源管理年报》数据，我国 2008 年水资源费支出数额为 315 442.9 万元，其中管理（行政、事业费及人员工资）、基础工作、科研、设备、其他支出分别占支出总额的 26.8%、30.9%、4.0%、4.9%、33.4%。

3 中国水资源费征管体制存在的现实问题

水资源费是贯彻国家水资源有偿使用制度，建设资源节约型、环境友好型社会的有效举措。水资源费的征收管理与使用成为水资源节约、保护和管理工作有效的经济调节手段和重要的财政保障渠道。但是，通过对我国 31 个省、自治区、直辖市水资源费征收管理情况的调研和分析，我国水资源费征管体制存在以下问题。

3.1 水资源费征收主体过多

《办法》规定：水资源费由县级以上的地方水行政主管部门按照取水审批权限负责征收。其中，由流域管理机构审批取水的，水资源费由取水口所在地省、自治区、直辖市水行政主管部门代为征收。这为各级水行政主管部门征收水资源费提供了依据，但是通过调研，我们发现，由于政策执行力不足，部门既得利益冲突等原因，目前很多省市水资源费由水行政主管部门、城建部门、供水公司等多头征收的现象仍然存在，水资源费征收机关过多的局面尚未得到根本改变。

同时，按照《条例》第十四条规定的取水许可审批权限，在一个县域内可能出现流域管理机构、省、市、县水行政主管部门 4 个合法征收水资源费的主体，各水资源费征收管理主体虽然各负其责，但如果不做很好的横向沟通，容易造成水资源费征收管理上的差异。此外，流域管理机构和省水行政主管部门负责征收的水资源费的取水单位分布在全省各地，由于相对距离较远，管理手段所限，需要投入一定的人力、资金等对取水单位的取水量进行核实、收费等管理，从而增加了水资源费征收的管理成本。

3.2 水资源费不能足额征收

保证水资源费的及时足额征收才能达到促进节约用水、缓解水资源供需矛盾的目的，但是在调研中我们发现，我国水资源费往往不能全面、足额征收。主要原因有：①部分用水单位缴费意识不强，在经济落后地区尤为明显。一些单位虽然承诺缴纳水资源费，但经常“打白条”，能拖就拖，能够自觉缴纳水资源费的单位很少。②存在一些地方政府干预。一些地方政府从地方利益出发，干预水资源费的正常征收工作，随意减免自来水公司、“三资”企业以及私营企业的水资源费，许多地方把免征水资源费作为招商引资的优惠政策，影响水资源费的全额征收。③法规之间相互抵触或不协调。一些地方出台与当地水资源费办法相抵触的规定和办法，使得水利部门左右为难。

3.3 水资源费征收标准混乱且结构不合理

从全国来看，各地水资源费征收范围、征收标准、征收原则各不相同，免征范围规定也不尽一致，但是，大部分地区的水资源费征收标准过低，使水资源费无法起到经济杠杆的作用，难以合理配置水资源以推动节约用水和水资源保护工作。存在的问题主要有：①现行的水资源费标准很难满足水资源在配置、勘察、监测、节约和保护等各项管理方面对资金的需求，导致对取水户的退水水质管理、水功能区管理、主要城市供水水源地水质旬报发布等水资源管理工作难以正常开展；②我国水资源费征收标准严重偏低，除北京、天津和山东省等部分地区水资源费标准超过 1 元/m^3 外，其他各省、自治区、直辖市水资源费征收标准整体水平都较低，大多都在几分钱左右；③部分省市颁布的水资源费征收管理办法过于陈旧，不论是征收标准，还是征收机制，都已明显落后于形势的发展，难以促进水资源的节约和可持续利用。

3.4 水资源费的使用管理与分成比例不规范

由于我国各省、自治区、直辖市水资源费的使用范围规定不一，管理不规范。有的地方将水行政执法人员的交通通信工具费及福利、保险等正常的行政管理活动经费也都用水资源费来支出，还有的地方将水资源费用于水环境治理工程、水利工程建设等方面。这些做法与我国水资源费的征收目的相背离。

此外，水资源费挪用现象严重。我国各省的水资源费都是分级上交给各级财政后，再由财政核拨给水行政主管部门。而部分地区由于财政较紧张，水资源费未能全部用于水资源的管理、节约、保护和合理开发，未能实现专款专用，挪用现象严重。

由于目前我国县级以上地方水行政主管部门征收的水资源费，按照 1∶9 的比例分别上缴中央和地方国库，中央和地方的分成比例确定后，已有的省、市、县分成比例也要做出相应的调整，具体比例由省财政部门确定，但是，我国省级以下水资源费分成比例的确定随意性比较大，分成比例并没有充分考虑地方水资源状况、水资源管理水平等具体情况，导致地方水资源管理经费短缺。因此，科学合理地制定分成比例是完善水资源费征管体制的一个重要方面。

3.5 个别法规、条款尚不明确，具体操作存在争议

水资源具有流动性、循环性、用途广泛性等特征，取用水的方式也千差万别，现行的水资源费征收制度对取用水的一些特殊情形没有明确规定，给具体操作带来了困扰，甚至造成了不合理的局面。例如，边界取水工程水资源费征收仍存在争议，有些流域机构审批的取水是无法判断取水口属于哪个省的，比如省界边界河流上的水库、以水库大坝中轴线为界的水库、省际边界河流上的水电工程等取水口跨界的取水。2009 年出台的《办法》提出："取水口跨省、自治区、直辖市界的，其取水口所在地由流域管理机构与相关省、自治区、直辖市水行政主管部门协商确定，并报水利部备案；不能协商一致的，由流域管理机构提出意见报水利部审批确定。"事实上也并没有完全解决这一问题。目前，对这部分取水出现了边界两省各自按照本省标准征收一半水量的局面，导致一个取水户要向两个机关，按不同的标准缴纳水资源费的不合理情形。

4 完善中国水资源费征管体制的政策建议

4.1 加大政策执行力度，统一我国水资源费征收主体

为从根本上解决目前我国存在的水资源费由水行政主管部门、城建部门、供水公司多头征收的混乱局面，必须严肃国家法律法规，维护《中华人民共和国水法》在我国水资源费征收管理工作中的权威，国家各级行政管理部门要切实按照《水法》《条例》《办法》的规定，统一水资源费征收主体，消除各种体制性障碍，消除行政部门在水资源费征收过程中出现的违法征收行为。

我国的流域管理机构是"国务院水行政主管部门在国家确定的重要江河、湖泊设立"的，是国务院水行政主管部门的派出机构，在其所管辖的范围内行使"国务院水行政主管部门授予的水资源管理和监督职责"，因而难以承担水资源费的统筹协调、统一管理。而且根据现有法律的具体规定，流域管理机关并不是流域水资源费的征收主体。据此认为，水资源费应全部由地方水行政主管部门征收，按比例上缴中央财政，由中央财政按使用计划分配流域管理机构使用。由地方水行政主管部门征收水资源费，能与水资源的合理开发利用，节约用水，水量核定等水资源管理内容有机结合，形成水资源完整的管理体系，避免出现水资源费征收主体过多，取用水监管不到位，要求标准不统一的管理缺陷。实现水资源统一管理，不仅体现在取消水利系统以外的部门对水资源的管理，也应在水利系统内部理顺管理关系，优化管理分工，提高管理效率，这也符合《水法》对水资源统一管理的要求。

4.2 逐步规范水资源费征收标准，充分发挥水资源费的价格杠杆作用

（1）合理确定与调整征收标准分类体系。当前，我国水资源费征收标准实行分类管理，分类标准的划分依据主要有地表水和地下水、工业用水和生活用水、一般行业和特殊行业等。另外，部分地区还对发电用水、矿泉水、地热水进行例外规定，农业灌溉、农村基本

生活等方面的用水有条件地享受免征待遇。建议将水资源费征收标准按两个维度进行分类，纵向分地表水和地下水；横向上地表水按取水用途原则上分为农业、工商业、生活和自来水厂、水力发电取用水、其他取用水，地下水按取水用途原则上可分为农业、工商业、生活和自来水厂、其他取用水。对两个维度的不同组合分别设置征收标准，个别地区可根据需要结合当地实际情况进一步细分，但标准在总量上应加以适量控制，避免标准分类体系的过度分散。

（2）确定与当地水资源条件和经济发展水平相适应的征收标准。由于我国水资源的时空分布不均，不仅各地区水资源状况差别很大，而且东西部、南北方经济发展水平也不同，不同的经济发展水平，导致经济承受能力的差异很大。深入分析当地水资源条件，调查了解水资源费在各类用水户中所占成本的比例及其产生的影响，因地制宜地提出与当地水资源条件和经济社会发展水平相适应的收费标准，才能有利于发挥水资源费的经济调节作用。应针对南方与北方水资源短缺程度，统筹流域和区域，在尊重水资源丰缺状况、需求状况和经济社会条件等基础上，将各省份分为几类地区，根据不同来源、不同行业制定水资源费标准。水资源丰富的地区应确定较低的费率，水资源稀缺地区应确定较高的费率；经济发达地区的水资源费标准应高于经济欠发达地区，在考虑水资源承受能力的同时，考虑取用水单位的经济承受能力。以促进水资源的合理利用为目标，水资源费征收标准应在同一区域内统筹衔接。对处于水资源条件相近的同一区域内，应采用相同或相近的水资源费征收标准，并尽量保持征收标准的施行同步协调。

（3）适应经济社会发展形势与国家政策要求，提高水资源费标准。我国水价与水资源紧缺状况不相适应，经济调控作用难以有效发挥。《国务院批转发改委关于 2009 年深化经济体制改革工作的意见的通知》（国发[2009]26 号）明确提出，要“积极推进水价改革，逐步提高水利工程供非农业用水价格，完善水资源费征收管理体制”。以建立资源节约型和环境友好型社会、发展循环经济为目标，提高水资源费征收标准，建立能够反映水资源稀缺性的水价机制，有利于推动经济发展方式转型，改变高消耗、高浪费、低效益的水资源开发利用方式。

（4）探索建立水资源费征收标准动态调整机制，实现水资源费的动态征收。不同开采水源、不同季节、不同地区、不同水质、不同取用水对象等是决定和影响水资源动态特征的主要因素，水资源费应根据这些因素的变化而变化。首先，水资源费征收标准应随时间变化。具体分为以下两种情况：①分季节确定不同的水资源费征收标准。对不同季节确定水资源费标准时，应充分考虑到汛期来水量大而需求量相对较小、非汛期来水量小而需求量相对较大的特点。为了调节水资源这种不同季节的供需矛盾，对于在汛期取用水资源的，可对其征收较低标准的水资源费，对于非汛期取用水资源的，应对其征收较高的水资源费。②适时调整水资源费征收标准。水资源的价值一般是基于某一基准年的价格水平、基准年的水资源状况和工程情况而计算出来的，显然具有一定的时效性，因此以水资源价值为依据制定的水资源费标准也具有一定的时效性。水资源费的标准只有根据这些外部因素的变化适时调整，才能真正使其发挥经济杠杆的调节作用，建立起有效的水资源费运行调节机制。其次，水资源费征收标准随地域变化。我国各地区水资源分布和社会经济发展水平的极度不均衡，决定各地区水资源费征收标准必然存在较大差异。制定水资源费征收标准宜采取确定基本原则、地区分类指导、最低限额标准的方式。对于水资源比较丰富的地区，其水资源费征收标准能够体现出所有者与使用者之间的租赁关系即可。对于水资源不太丰富的地区，尤其是供需矛盾突出的地方，其水资源费征收标准除应体现出所有者与使用者之间的租赁关系，还应体现所有者对水资源的统筹管理。对于一个完整流域的上、中、下游，为了能够实施水资源的统一管理，其水资源费征收标准在疏稀有别的基础上，应从流域的整体效益出发，对来水较丰、取水容易的地区，水资源费不能完全采用水资源丰富地区的定价方法，还应参照一些水资源缺乏地区的定价方法。

4.3 加大水资源费的征管力度，切实提高征收率

第一，加强对用水户的宣传教育，改变部分用水户依法缴费意识不强的现状，杜绝以经营困难为由拖欠水资源费的现象。第二，规范水资源费征收管理制度，明确水资源费不能因招商引资而减免，提高水行政主管部门依法行政能力。采取强制性征收手段，对拒不缴纳或拖欠水资源费的，按法定程序予以立案查处，对情节严重的，依法申请人民法院强制执行。第三，针对目前我国水资源费的征收受行政干预很多的情况，水行政主管部门在加大水资源费征收管理力度的同时，对于因行政干预等使下级水行政主管部门征收水资源费难度较大的，省水行政主管部门可以统一制定政策，规定由上级水行政主管部门代为征收。第四，实行激励政策。实行水资源费征收计划管理，对完成征收计划和超额完成征收计划的，按一定比例核定奖励资金，奖励给征收部门和个人，以调动征费积极性，提高征收率。第五，对于条件适宜的地区，可以采用由税务部门代征的办法，提高水资源费实际征收率。

4.4 规范水资源费使用管理，科学制定各级政府分成比例

水资源费征收后的使用管理直接关系到水资源费征收目的的实现。从水资源费的征收目的出发，水资源费征收获得的收入必须用于水资源的开发、利用、保护和防治水害等方面，包括水资源考察、调查、评价监测、科研、规划、地下水的补源回灌、节水技术的研究和推广及对节水工作成绩突出的单位和个人的奖励等，并可进一步扩大到水源涵养林和水土保持林建设等直接和水资源利用保护有关的事项。对于水源工程建设、员工福利等其他使用用途，虽然一些地方将其列入水资源费的使用范围，但从市场经济发展的趋势出发，不应由水资源费列支。同时，各级物价、财政等部门要加强对水资源费使用的监督工作，避免浪费、挤占和挪用现象，确保其用于水资源的节约、利用和保护，为节水型社会建设提供稳定可靠的资金保障。总之，对于水资源费，必须建立专收、专用和有力管理的运作机制。

制定各级水资源费分成比例应当既要考虑水资源属于国家所有的属性，又要充分考虑到水资源费分布格局，各地水资源价格标准，水资源开发利用保护工作经费需求等，做到“责、权、利”三者的有机统一。在中央与地方的分成比例确定后，各省（直辖市、自治区）应尽快科学合理地制定省、市、县的分成比例，地方省级财政部门在制定分成比例时，要考虑以下两个方面：①注重改善基层管理单位经费不足。县级水资源管理部门是水资源管理的最基层单位，管理经费不足是基层水资源管理部门普遍存在的问题。较大河流的保

护与治理可以通过国家列项投资解决，而一般河流及区域性水资源保护与治理，主要由地方政府和部门投资解决，由于地方财力紧张，对水资源保护与治理的投入较少；县级水资源管理部门承担着水资源管理的最基础工作，所需投入的人力及经费较多。所以在制定水资源费各级使用分成比例时，要首先满足县级水资源管理经费和区域水资源保护与治理的投入。②按照集中力量办大事的原则，保证省级水资源管理部门的经费，这对于保证省级大型水源工程建设和全局性水资源开发和保护工程建设的顺利进行意义重大。总之，制定分成比例应本着优先保证管理保护需要、集中财力办大事、调动基层积极性的原则对分成比例进行科学合理的调整。

4.5 合理征收跨界取水的水资源费

从水资源费征收政策的发展过程来看，《条例》颁布前，水利工程的水资源费征收是不一致的，实际上这部分水资源费也一直是征收的难点，实际经验比较缺乏。现行水资源费征收制度的问题也主要集中在水利工程方面。由于水资源费的征收标准由各省自行制定，导致了各省甚至相邻省份也存在较大差别。对于界河水资源费的征收标准，建议国家根据边界两省的标准另行制定。在制定前，暂按注册所在地的标准执行。边界两省都拥有水资源费的使用权，两省的分配比例可依照集水面积确定或组织边界双方就水资源费征收的有关事宜签署协议。征收方除了留存必要的成本之外（建议不超过 5%），其余都应上缴到中央，由中央根据中央与地方的分配比例和两省协商分配比例分别返还到边界两省。

参考文献

[1] 由文辉.上海的水资源管理和保护[J]. 长江流域资源与环境，1999（2）.
[2] 马国贤. 水的资源化管理与水利公共政策研究[J]. 财政研究，2002（9）.
[3] 国务院. 取水许可和水资源费征收管理条例. 2006-01-24.
[4] 水利部水资源管理司. 取水许可和水资源费征收管理实务[M]. 北京：中国水利水电出版社，2006.
[5] 毛春梅，袁汝华，王景成. 我国水资源费改革探讨[J]. 水电能源科学，2003，23（3）.
[6] 淮南市水利局. 强化水资源费征收促进水资源可持续利用[J]. 安徽水利财会，2008（3）.
[7] 水利部水资源司. 2008 年度水资源管理年报. 2009.
[8] 高丽峰，田雪欣. 准公共产品定价的经济学分析[J]. 商业时代，2007（9）.
[9] 崔延松. 水资源经济学与水资源管理[M]. 北京：中国社会科学出版社，2008.

莱茵河水环境管理体制研究及启示

The Study of Rhine Water Environment Management System and Its Implication

徐　敏[1,①]　高琼洁[2]　王玉秋[2]　巩　莹[1,2]

（1. 环境保护部环境规划院，北京　100012；2. 南开大学，天津　300071）

摘　要：莱茵河素有欧洲黄金水道之称，是西欧重要的航运通道，也是瑞士、德国、意大利、法国、卢森堡、荷兰等国的重要饮用水水源。自工业革命开始德、法、荷兰等国在莱茵河及其支流修建大量的工业企业，如世界知名的鲁尔工业区和鹿特丹港均位于莱茵河流域。进入 20 世纪后莱茵河污染问题就引起莱茵鲑鱼委员会和荷兰政府的注意，大量排入莱茵河的生活污水和工业废水，使莱茵河从一个风景秀美的魅力河流变成生物无法生存的"臭水沟"，从 1950 年开始莱茵各国开始共同治理。以欧洲莱茵河流域近 50 年的综合治理经验，尤其是近 10 年相继开展的一系列流域管理行动计划的成果，介绍莱茵河从传统的单一流域水管理向以生存质量可持续发展为目标的可持续综合管理转变过程，即流域有关国家跨国协调的经验，流域内各国为共同治理莱茵河签署的控制化学污染公约、控制氯化物污染公约、防治热污染公约、2000 年行动计划、洪水管理行动计划等一系列协定，由此总结莱茵河流域可持续管理的经验以及对我国的借鉴作用。

关键词：莱茵河　水环境管理体制

Abstract: Known as the golden waterway of Europe，the Rhine is an important shipping channel in Western Europe，but also an important drinking water source of Switzerland，Germany，Italy，France，Luxembourg，the Netherlands and other countries. Since the industrial revolution began，these countries constructed a large number of industrial enterprises in the Rhine and its tributaries，such as the world-famous Ruhr industrial area，and the port of Rotterdam are located in the Rhine basin. In the twentieth century，the Rhine pollution problems attracted attention from Salmon Commission of the Rhine and the Dutch government，a lot of sewage and industrial wastewater discharged into the Rhine，so that the beautiful scenery of the Rhine from the charm of a river becomes a creature cannot survive the "stinking ditch"，from 1950 those countries began to jointly control the Rhine. Nearly 50 years' combined

---

① 作者简介：徐敏，女，1979 年生，籍贯浙江，环境保护部环境规划院，助理研究员。主要从事环境保护规划、环境保护政策方面的研究。地址：北京朝阳区北苑路大羊坊 8 号；邮编：100012；电话：010-84947993；传真：010-84920476；电子邮箱：xumin@caep.org.cn。

management of Rhine River in Europe experience, especially in the last 10 years have been carrying out a series of river basin management action plan results. Describes how the Rhine transfers from the traditional single-basin water management to quality of life to the goal of sustainable development and sustainable integrated management of change process, that is, transnational coordination of watershed experience of the countries concerned. Basin countries signed a common management control of the Rhine Chemical Pollution Convention, the Convention on the control of chloride pollution, thermal pollution prevention conventions, Action Plan 2000, flood management action plan and a series of agreements, which summarizes the sustainable management of the Rhine River Basin experience and reference to China.

Key words: Rhine Water environment management system

前　言

莱茵河是欧洲最长的河流之一，其传统的以水资源和航运为主要目标的流域管理已有100余年的历史。进入20世纪90年代以来，几乎年年面临洪水问题，再次引发了关于流域水管理的新讨论。2001年1月在法国斯特拉斯堡举行的莱茵河流域国家部长会议上，总结了莱茵河流域近50年水环境综合整治的经验，尤其是近10年来相继开展的一系列流域管理行动计划的成果，批准实施以莱茵河未来环境保护政策为核心的"Rhine 2020——莱茵河流域可持续发展计划"。这项计划由进一步改善莱茵河流域生态系统，改善洪水防护系统，改善地表水质和保护地下水4个有机的和相互关联的计划组成。虽然长江和莱茵河流域的自然、社会、经济状况和文化传统有很大差异，但欧洲莱茵河从传统单一的水资源为主导的流域管理向以可持续发展为目标的可持续管理转变过程，莱茵河流域国家跨国协调的管理经验，以及由此而提出的水管理战略和对策，对于我国大河流域水环境管理具有重要的意义和借鉴作用。

1 莱茵河流域及其水污染问题

莱茵河干流全长1 320 km，是欧洲继伏尔加（Wolga）河和多瑙（Donau）河之后的第三大河；流经瑞士、法国、德国和荷兰等国家，流域范围内还包括奥地利、卢森堡、意大利、列支敦士登和比利时等9个国家。莱茵河发源于著名的阿尔卑斯山，通常将从河源到博登湖（Bodensee）、从博登湖到瑞士工业城市巴塞尔（Basel）分别称为阿尔卑斯山段和高原段。传统上，从巴塞尔到宾根（Bingen）为莱茵河上游；从宾根到科隆为中游；下游从科隆到荷兰洛皮克（Lobith）；洛皮克以下称为莱茵河的三角洲段。莱茵河在荷兰汇入北海（North Sea），流域面积为18.5万km^2，其中德国境内约10万km^2，荷兰境内约2.5万km^2。流域人口约5 400万人。莱茵河的支流很多，主要支流有阿尔河（Aare）、伊勒河（Iller）、内卡河（Neckar）、美茵河（Main）、纳尔河（Nahe）、摩泽尔河（Mosel）、郎河（Lahn）、鲁尔河（Ruhr）和利珀河（Lippe）。莱茵河上游由于海拔较高、落差较大是水电工程项目的聚集地，中游丘陵和下游平原地带则是工业区的主要聚集地。莱茵河流域水系分布见图1。

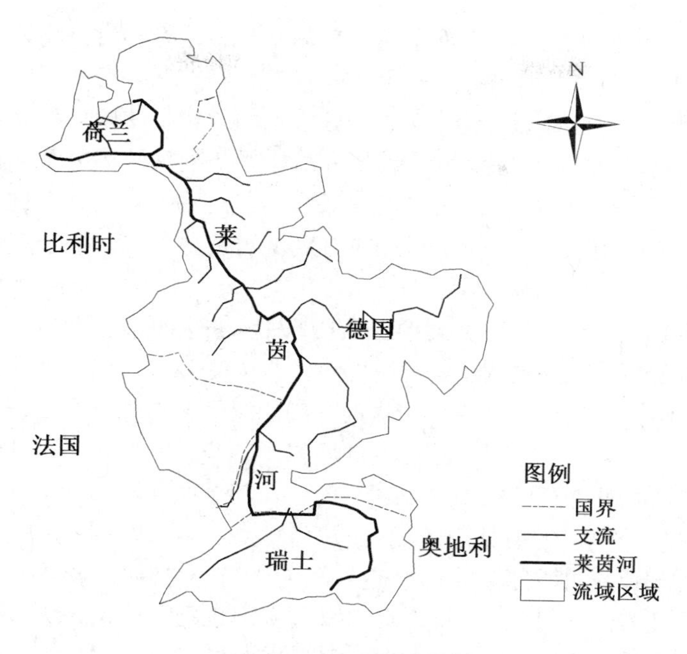

图 1　莱茵河流域简图

莱茵河的污染问题从工业革命时期就开始出现，不断膨胀的人口，大量工厂的出现，使得排入莱茵河的废水量大增。尤其是第二次世界大战前后化学工业兴起，排入莱茵河的工业废水中掺杂大量的重金属、氯化物和杀虫剂等有毒有害物质。莱茵河从一条风景优美、物种丰富的重要水道变成“臭水沟”，尤其是鲑鱼等高等物种绝迹莱茵河。

虽然莱茵河的污染问题在 20 世纪初就已经得到关注，尤其是鲑鱼数量急剧下降给捕鱼业带来很大的困扰。随后，1922 年莱茵河渔业组织——鲑鱼委员会在会议中首次就水质对鲑鱼的影响进行了讨论。但是在 20 世纪 20 年代，世界政局动荡、劳资冲突加剧，民众和政府所关注的重点在于社会经济方面，而环境变化并不受到关注，学术界也把注意力集中在政治经济的其他方面。然而，此时莱茵河的污染已经十分严重，位于莱茵河下游的荷兰受害尤为严重。因此，荷兰从 1933 年开始将氯化物（尤其是氯化有机污染物）污染问题提向国际议程。在其不懈的努力之下，莱茵各国意识到水污染问题的严峻形势，并于 1950 年由瑞士、德国、法国、卢森堡和荷兰 5 国共同创办莱茵河污染防治国际委员会（ICPR），在该组织主持下共同治理莱茵河。1976 年欧洲经济共同体（现今的欧共体）也加入 ICPR，成为其中一员。

2 莱茵河流域治理合作历程

ICPR 成立之后在莱茵河环境管理的历史上发挥了不可替代的重要作用。ICPR 作为多国政府共同成立的跨流域组织，为莱茵河流域各国的交流和协商提供了一个良好的平台。自 ICPR 成立以后，莱茵河流域各国就莱茵河治理问题展开了长期而艰难的谈判。

谈判的第一个议题就是氯化物污染问题的处理，氯化物治理协议的内容从 1953 年开始讨论到 1972 年，历时近 20 年。其间在 ICPR 的主持下进行的污染物调查，查明氯化物污染的主要来源，并针对氯化物减排进行了多项研究，在这些调查和研究的基础上，1972 年的莱茵河部长会议上才达成氯化物治理协议。在此协议中，法国作为污染物的主要贡献国，需要达成 60%的减排目标。而荷兰、德国和瑞士则需要为法国的氯化物减排提供其所需资金的 70%。最后，在 1976 年 12 月 3 日，莱茵河氯化物污染治理公约签署。该公约指定的目标是，法国要在 1980 年 1 月 1 日之前将氯化物减排 60%。关于填埋资金，荷兰、德国和瑞士分别承担 34%、30%和 6%。

20 世纪 70 年代初，ICPR 把目光转向工业废水带来的化学物污染上，开始着手制订化学污染物公约。该公约的协商过程中，下游的荷兰作为受到污染威胁严重的国家，与主要工业区均位于莱茵河沿岸的德国产生了极大的分歧。把化学物质公约谈判与欧洲危险物质指令（76/464/EEC）联系起来之后，德国的问题得到解决。1976 年 12 月 3 日，化学物质公约（全称：莱茵河化学物质污染治理公约）签署，其系统与欧洲危险物质指令一样。该公约对污染物质进行分级，按照处理的优先顺序分为“黑名单”和“灰名单”，并对不同类型污染物质的处理措施进行了初步的规定（较为详细的介绍）。缔约方需要对“黑名单物质”的来源进行调查。而且，ICPR 需要对排放标准进行制定，作为各国一致遵守的约束力。对于灰名单物质，缔约国需要对其排放进行管理，并制定国内项目减少其排放。最后，各国还需要对黑名单和灰名单物质的浓度和排放进行检测。

20 世纪 70 年代和 80 年代前期，ICPR 的工作虽然得到大多数成员国的支持，但由于环境污染问题还没有在莱茵河流域各国达成真正的共识，很多污染政策的制定和实施都遇到了很大的阻力。不过虽然莱茵河环境保护工作遇到了重重阻力，但是治理的成果还是有的。1970—1985 年，莱茵各国投入 40 亿美元修建污水处理厂，因此，莱茵河的水质还是有了令人欣慰的改善，溶解氧含量回升到较好水平（图 2）。

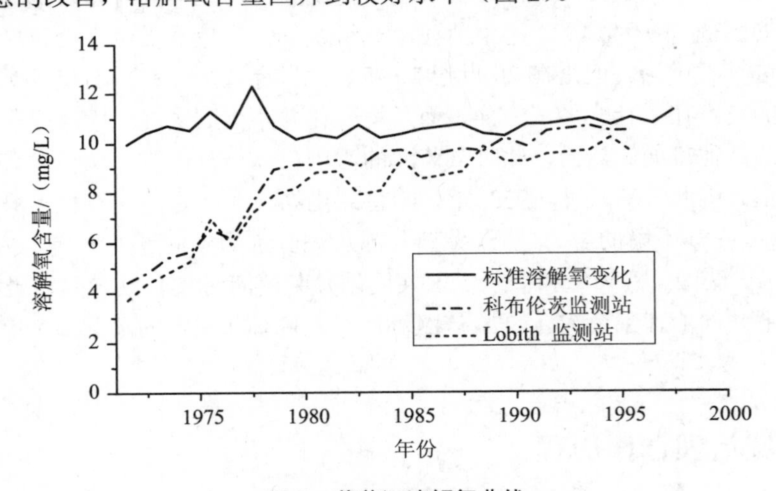

图 2　莱茵河溶解氧曲线

ICPR 虽然作为官方组织，摆脱了非官方组织较为尴尬的地位。但是其制定的政策措施在接受度上还是差强人意。不过在这种情况下，有欧盟相应的环境政策作为补充。比如德国，ICPR 的化学物污染协议协商的时候遭遇到来自德国的阻力，但是欧盟相关政策出台后，德国的阻力就消失了。同样的情况套用到我国流域水资源共享矛盾方面，地区与地区协商无果的时候，国家政策的出台往往能成为解决难题的“钥匙”。

1986 年瑞士桑多斯大火的消防工作就地取材使用莱茵河水灭火，导致大量农药进入莱茵河，其下游几千米长的莱茵河全部被染成红色，鱼类几乎灭绝。事件发生后两周内，瑞士苏黎世召开了一个特殊的部长会议，荷兰代表团提出了一个雄心勃勃的行动计划和具有吸引力的目标：2000 年要让鲑鱼重回莱茵河。

1986 年 12 月的第七届莱茵河部长会议任命 ICPR 着手制定这一行动计划。随后，荷兰政府雇用麦肯锡公司研究草案。麦肯锡公司建议将目标确定在点源以及面源污染上，拆除鱼类迁移障碍以及恢复产卵地。各国对草案的反应也不一致，瑞士作为未尽力执行化学公约的国家并未表现出多少羞愧和对于罚款的不安；而法国深受这次污染事故所害因此积极支持草案；德国则是犹豫不决。1987 年 5 月莱茵行动计划（RAP）——“鲑鱼 2000 计划”——的概念准备就绪，包括许多物质减少 50%的排放目标。而德国的顾虑在荷兰的施压和让步下得到解决。在接下来的几年里，荷兰政府对莱茵河行动计划的实施基于最高优先。比较攸关的问题是温室气体的排放需要进一步削减，从减少 20%到减少 60%（RAP 的要点）。

20 世纪 90 年代的大洪水也给 ICPR 的工作开辟了新的篇章——1993 年和 1995 年的两次洪水给荷兰带来了巨大的损失，给 ICPR 的工作日程带来了新的挑战。1995 年 2 月，ICPR 制定莱茵河洪水保护计划，并于 1998 年的第 12 届莱茵河部长会议上得到通过。这一计划的关键概念除了加固堤坝之外，还包括通过降低洪峰流量及增加河床宽度来降低洪峰水位。

在这一时期，ICPR 开始涉及一些非政府组织的工作。1996 年 ICPR 在其年度会议上首次组织听证会，这次听证会共有 13 个国际非政府组织参加。ICPR 的这些公众参与活动也写进了新的伯尔尼公约中，该公约声明 ICPR 应该与相关非政府组织间进行信息交换，而且在讨论决议的时候也应该咨询相应的非政府组织。此外，ICPR 可以邀请非政府组织作为观察员参加 ICPR 所有会议，但是不具备投票权。目前（2008 年 5 月），17 个非政府组织（包括环境、工业、船舶及饮用水等行业）已被公认为观察员。

莱茵河行动计划（RAP）于 2000 年结束，其结果表明大部分的目标已经圆满甚至超额完成：①水质得到极大改善。1985—2000 年大部分污染物的点源排放的处理率达 70%～100%，生活废水和工业污水的处理率达 85%～95%。不过氮污染依然很严重，重金属污染以及杀虫剂污染的处理还有待提升。②污染水质的有毒物质事故发生率大大减少，莱茵河沿岸的污水处理厂都制定了针对突发污染事故的应急措施。③莱茵河的大部分物种已经开始恢复，部分鱼类已经恢复食用。前莱茵河 63 种生物，除鲟鱼外几乎全部回到莱茵河。鲑鱼和鳟鱼等洄游鱼类也已经沿着莱茵河从北海洄游到阿尔萨斯和黑森林附近的产卵地。1986—2000 年的治理成果说明，以生态环境的整体改善为前提，以高等生物作为生态指标的做法取得成功。

3 莱茵河环境管理体制分析

冲突产生的原因是多方面的，如文化、经济、水文以及环境污染等。不管是国际流域还是国内流域，因为水资源用户之间不同的利益需求，矛盾是不可避免的。大部分情况下，这类冲突都是由地表水纷争引起的。而随着地表水量的不断减少，浅层地下水也会成为冲突的潜在来源。

莱茵河案例之所以能成为国际河流管理的典型案例，就在于莱茵河河流管理中具有完善的管理体系来应对各种可能的冲突。

（1）预防和解决冲突方法。莱茵河管理使用的一个重要分析方法就是“莱茵预警模型”。它是由 ICPR 和 CHR（莱茵河水文组织）于 1990 年共同开发的，是应对突发污染事故或泄漏的主要处理方式，并对莱茵河的水质状况进行实时监测。该分析方法的优点在于其将监测技术与模型技术结合。

“莱茵预警模型”的监测站遍布莱茵河沿岸，便于在发生污染事故时追踪有害物质的分布状况。这个预警模型中ICPR和CHR设置了六个国际预警中心均匀分布于莱茵河沿岸，处理这个庞大监测网络的数据。同时上游的检测中心还要负责将“异常数据”的第一手报告传递给其下游的检测中心以及 ICPR 秘书处。除了监测任务，预警模型的内容还包括使用水质模型计算初始污染物的位置与状况、有害物质的漂移和分解等，模型结果使用示踪试验校准。

该模型不仅能够有效预防和解决突发污染事故造成的国际矛盾，其提供的动态水质监测数据也能够使 ICPR 及时掌握莱茵河水质状况，增强机构处理问题的灵活性。

（2）外交解决方法。常用的外交解决方法有谈判、调解、仲裁和司法解决。在一般的 PCCP 案例中谈判和调解是较为常用的解决矛盾的方法，而仲裁和司法解决在某种程度上来说也是必不可少，而这些手段都是为了达成“和平”解决水资源冲突问题的目的。

谈判是在没有第三方存在的状况下试图解决争端的一种矛盾解决方法。谈判在本质上是非正式的，如果各方都坚定地致力于达成一项解决方案，那么谈判是最好的解决方案。而调解的方式则意味着谈判方遇到许多调和不了的矛盾，第三方的介入成为达成协议的必要手段。调解可以看做是促进谈判的一种手段，第三方的责任就是引导谈判进程，使谈判始终朝向达成协议的方向进行。一个调解员的参与范围可以从鼓励各方恢复谈判，到排查纠纷和积极寻找其他的解决方案。这个解决方案可能很难找到，因为各方有不同的利益。这一点，连同附带冲突的情绪投入，往往使一个合理的解决方案难以实现。在这种情况下，调解员解释和传输每一方的建议，并提出他或她自己可能的办法来解决冲突。调解在冲突局势是有吸引力的选择，因为这是一个可以快速达成，而且成本低的解决方案。为了得到可接受的结果，双方应在平等协商的基础上，以期达到合理和公平地解决他们的问题的目的。

4 借鉴与启示

莱茵河治理的成就是 ICPR 各成员国、莱茵河流域各国人民以及 ICPR 等莱茵河流域组织共同努力的结果，其中 ICPR 起到了非常重要的作用。ICPR 组织的优点如下：

（1）组织成员多样化。不仅包括熟悉政府工作流程的人员，还包括水资源领域的专家和研究员。另外还邀请 NGO 作为观察员，为 ICPR 的工作提供建议。

（2）完善的政策分析系统。ICPR 将潜在矛盾向潜在合作转化的过程分为六个阶段，并对每个阶段可能出现的情况进行预测，制定相应的应对方法，并给定标准以保证不同情况下的应对方法均向预想的方向进行。

（3）高效的监测和预警系统。“莱茵预警模型”是莱茵河环境管理的重要成就之一。从 ICPR 成立之初的全流域污染调查到现在的“莱茵预警模型”，莱茵河的水质监测网络已基本建成。为掌握流域动态水质数据、应对突发污染事件和制定进一步的环境政策奠定很好的基础。

我国环境管理目前尚处于分而治之的状态，流域内不仅存在监测数据不透明和可信度低的问题，而且环保部门和其他部门的权责交叉引起的纠纷和问题的处理效率也比较低，还存在大量的投资不能得到预期环境收益的问题。因此，流域综合环境管理是环境管理发展的一个趋势，莱茵河流域以良好的治理成果和完善的环境管理体制，为我国流域综合治理提供了借鉴。

参考文献

[1] Ine D　Frijters and Jan Leentvaar. Water Management Inspectorate，Ministry of Transport，Public Works，and Water Management，the Netherlands. PCCP-Rhine Case Study[M].（SC-2003/WS/54）

[2] Thomas Bernauer and Peter Moser. WP-96-7，January 1996.Reducing Pollution of the Rhine River[J]. The Influence of International Cooperation.

[3] 姜彤. 莱茵河流域水环境管理的经验对长江中下游综合治理的启示[J]. 水资源保护，2002（3）.

美国水环境保护发展历程及对中国的启示

The Development of Water Environmental Protection in the United States：Experience and Implications

巩 莹[1,2,①] 王玉秋[1] 赵 越[2] 张 晶[2] 王 东[2]
（1. 南开大学环境科学与工程学院，天津 300081；2. 环境保护部环境规划院，北京 100012）

摘 要：本文将美国水环境保护历程分为四个阶段，总结其从水量管理到水质管理，从点源治理到监控非点源等发展特点，对我国水环境保护发展提出了政策建议。

关键词：美国 水环境保护 发展历程 启示

Abstract: This paper mainly discusses the development of water environmental protection in the United States. Four different stages are characterized. By analyzing the characteristics of each stage，the paper summarizes the main features of the development，from quantity management to quality management，from the point sources management to combined management. Based on the U.S. experiences，some advices are given for our future water protection strategy in this paper.

Key words: The United States Water protection development Policy implication Development stages

前 言

美国水环境保护的发展历程与美国联邦制度的发展历程密不可分，自南北战争结束后，美国进入工业化、城镇化时代，水环境污染日益严重，水环境保护也逐步加强。美国水环境管理发展历程可分为4个阶段：分散式管理，联邦管理的起步阶段、发展阶段和成熟阶段。这四个阶段不仅有其各自发展的特点，而且通过总结其整个发展历程可以看出美国水环境管理政策发展演变的特定规律，对我国水环境保护工作的完善有很好的借鉴指导意义。

① 作者简介：巩莹，1986年8月30日生，现于南开大学环境科学与工程学院攻读硕士学位，在环境保护部环境规划院水部实习。研究方向为环境规划。地址：北京朝阳区安外大羊坊10号北科创业大厦310；邮编：100012；手机：13439672381；电子邮箱：esdydcs@gmail.com。

1 美国水环境保护发展历程

1.1 分散式管理（1948 年前）

美洲大陆是哥伦布在 15 世纪航海发现的，其后西班牙、荷兰、英国、法国等欧洲国家先后入主美洲大陆，建立殖民地，并在美洲大陆上管理水资源，开发航道运输经贸生活产品。这使得美国早期的水管理具有其殖民统治政府的特点，如其东部主要是英属殖民地，沿用英国的《河岸拥有者水权法》，而西部则多沿用西班牙的水权分配法案。

英属美洲的 13 个殖民地经 8 年的独立战争在 1783 年终于正式摆脱英国的殖民统治，成立联邦国家。独立后的美国不断扩张领土，并于 1865 年通过南北战争完成国家的统一，经工业革命步入工业化和城市化时期。工业的急速发展、人口的急剧增加、城市建设无法满足日益增长的发展需求，人们将生活垃圾、工业废弃物等直接堆积、排放到河流和港口中，造成通航河道的堵塞。联邦为缓解这种情况，于 1899 年颁布《河流和港口法案》，规定禁止向州际通航水体和海港排放固体废弃物[1]。此阶段，虽然一些大城市已经开始建设集中的市政供水系统和排水管网，但管网收集的污水却直接排放到附近的河流或湖泊，对下游城市构成很大威胁。居民的健康面临诸多水环境卫生引起的危害，如霍乱和伤寒症等流行病。这种因水源污染而大面积暴发流行病的情况，使得下游城市在 19 世纪末开始加强当地供水系统处理设施的建设，如对自来水进行砂滤处理，向机械过滤系统中加入凝结剂，自来水加氯消毒处理等。1912 年，为应对流行病和保障公民的饮水健康，美国联邦政府设立了国家卫生局（U.S. Public Health Service），负责流行病、供水和水污染管理。1914 年该部门建立了公共健康标准，对州际交通工具（船、火车）上的饮用水水质做了规定。1920—1930 年，城镇人口大幅度增长，城市生活废水排放量日益增加，超出了城市污水处理的能力。为应对这种情况，联邦政府投入资金支持地方市政供水、污水处理管网和污水处理厂的建设，到 1935 年，美国 30 年代城市所建的 1 310 座污水处理厂中，有 1 165 座由联邦政府资助[2]。但大部分的州依旧未对工业废水进行处理。尽管污水处理设施的建设如火如荼，但并未得到有效利用。

这一阶段还值得注意的是，美国联邦通过灌溉工程的投资逐渐在水利电力等水资源开发建设上取得行政管理权，为其随后近百年的大规模水资源开发史奠定了行政基础。

1.2 联邦管理的起步阶段（1948—1969 年）

20 世纪 40 年代以前，美国的水环境保护工作由各州和地方负责。截至 1946 年，已有 21 个州拥有其各自的水污染防治法令，但各州的执法情况差别很大，在执法触及各州重要的工业部门利益、执法机构面对强大的政治压力时往往不作为或执行妥协政策，导致 40 年代末城市水污染严重。联邦为应对这种情况，于 1948 年通过了《联邦水污染控制法》，首次表明国家在保护供水和水资源，减轻水质污染方面的意愿，并计划为各州的水污染控制提供财政和技术援助[3]，但资金一直未落实[4]。

第二次世界大战后美国通过恢复重建，工业经济得到再一次的飞速发展，水体继续成为工厂的排污去向，开始出现有毒化学品污染。城市化进一步加快，市政污水处理设施水平已远不能满足需求。国会于 1956 年和 1961 年两次修订《联邦水污染控制法》，为市政污水处理设施建设提供上亿美元的联邦拨款[5]，但这并不能改善已大范围严重污染的全国水体水质。到 20 世纪 60 年代，国家大部分水体都已出现污染状况，部分水体甚至无法支持娱乐和供水用途[6]。同期，主流媒体以《寂静的春天》为引导，通过电视等高度普及的传媒手段，将环境运动普及人民群众，呼吁联邦政府介入全国的水环境保护。国会于 1965 年颁布了《水质法案》（*Water Quality Act*），实施基于水质的排放控制，要求各州在两年内建立起环境水质标准，确定和监管污染源的污染物排放量，但由于缺乏分配技术和足够资金的支持，再加之联邦政府没有管理各州水环境的法律权力，《水质法案》的实施效果并不理想。到 1970 年，也仅有一半的州完成了水质标准的制定，很多州对不同规模和特点的污染源实施等同分配负荷，限制排放[7]。

1.3 联邦管理的发展阶段（1970—1990 年）

到 20 世纪 60 年代末，美国的水环境已进入水污染事故的高发期。1969 年的加州圣巴巴拉石油泄漏和俄亥俄州 Cuyahoga 河的自燃，终于使民众要求联邦接管水环境保护的呼声达到最高[8]，联邦政府也终于通过多方面努力给予积极的回应。1969 年国会通过的《国家环境政策法》，首次明确宣示国家环境政策宣言，提出环保目标。1970 年 EPA 成立，原属于卫生教育和福利部（HEW）的饮用水和隶属于内政部联邦水污染控制局的水污染防治都被整合到 EPA 进行综合管理。随后在 1972 年，国会通过《联邦水污染控制法》修订案（又名《清洁水法》，CWA-1972），授权联邦政府管理全国水体，指导和支持地方制定水质标准、水污染控制方案，并监督地方的管理实施。尽管 CWA-1972 名为 1948 年《联邦水污染控制法》的修订案，但在目标、手段和联邦责任等方面均与先前的法律有明显差别（表 1）。《清洁水法》的颁布标志着联邦水环境保护进入法制时代，该法在 1977 年和 1987 年分别进行修订，并逐步完善。这两次修订分别强调了对有毒污染物的管理和对非点源的治理。

表 1　1948 年与 1972 年《联邦水污染控制法》的比较

	FWPCA-1948	CWA-1972
目标	水污染控制的鼓励	设定水体恢复可游泳和钓鱼的目标
手段	联邦调查和研究	实施基于技术的污染排放标准；实施清洁湖等水体恢复计划
联邦职权	管理州际河流	EPA 负责建立各行业基于技术的排放标准；对点源实施排污许可管理；EPA 有权处惩相关违法者

在《清洁水法》通过后，国会于 1974 年通过另一部对美国水环境保护极其重要的法律——《安全饮用水法》（Safe Drinking Water Act，SDWA），用于保证民众的饮水安全。SDWA 授权 EPA 建立基于人体健康的两级饮用水标准，并拨款支持各州进行防止饮用水污染的相应管理计划。1986 年，国会通过 SDWA 修正案，将地下水源的保护纳入法律，监管更多的污染物，保护饮用水水质[9]。

1.4 联邦管理的成熟阶段（1990 年至今）

EPA 成立后的 20 年间，美国水环境保护工作在《清洁水法》和《安全饮用水法》两部基石性法律的指导下，市政污水处理和工业点源的排污都得到了有效的控制。尽管仍未达到《清洁水法》设定的“游泳和钓鱼”目标，但总体水质已取得改善，联邦水环境保护工作通过 20 年的发展也已基本成型，开始步入成熟阶段。

1987 年修订的《清洁水法》根据当时美国水体污染的特点，强化了对非点源的管理。联邦于 20 世纪 80 年代末 90 年代初开始强调实施基于水质的排放限制，要求州政府对水质受限水体实施 TMDL 计划，全面管控点源和非点源；并建立“州清洁水循环基金”（CWSRF），减少国家对市政水处理设施的拨款计划，通过 CWSRF 为美国水质工程提供无息或低息贷款，逐步推进排污权交易。

进入 20 世纪 90 年代，CWA-1987 修订的相应条款开始在美国各州实施，流域管理的思想也开始渗透到美国水环境保护的各个方面。1998 年，克林顿总统提出的清洁水行动计划更是推动了水环境管理向流域合作、公众参与、水质监测评估一体化平台分析等方向的发展。而 EPA 也将 TMDL 计划、排污权交易等广泛用于流域的水环境保护中，促进了美国水体水质的进一步改善。

此外，1996 年再次修订的 SDWA，通过实施水源保护计划实现联邦对饮用水从源头到终端用户的全过程保护。该法还设定了饮用水控制污染物的滚动筛选机制，加强公众参与和建立州饮用水循环基金（Drinking Water State Revolving Fund，DWSRF）计划等，标志着饮用水管理方面的成熟。21 世纪初，EPA 开始提升对饮用水及废水基础设施安全性的关注，加强风险管理和应急计划等方面的内容。

2 美国水环境保护历程经验总结

2.1 水环境保护理念的转变

纵观近 200 年的美国水管理历程可发现，其逐步实现了管理重点的转移。19 世纪末到 20 世纪中期，水资源开发利用一直是美国水管理的重点，美国通过建设大坝等水利工程设施，实现灌溉、防洪和水电的功用。20 世纪 30 年代甚至被称为“大坝时代”，1930—1970 年，美国就建造了 38 131 座大坝，体现以水量为主要管理目标的时代特色[10]。1970 年 EPA 成立后，美国开始重点改善水体环境，实施水质管理。首先关注的是直观的水质提升，如沉积物、氮、磷等指标，其次关注的是和个人健康风险有关的相关指标，如有毒有害有机物等。在水质管理的同期，政府和公众都意识到水利工程会对下游水生态系统造成严重的损害，根据《国家环境政策法》水利工程需进行环境影响评价，设计和建设的水利工程数量逐步减少。20 世纪 90 年代中期，美国水体的水质取得改善，生态恢复逐渐成为水环境保护的重点，美国开始大规模的水坝拆除工程，放弃以建蓄水库作为水资源开发主要模式的政策，把重点转到可持续的水资源管理与流域生态恢复的工作上。目前已拆除约 750 座，1999 年至今就拆除 300 多座[11]。与此同时，在污染物管理方面，美国开始关注一些新型污染物（PPCPs），这些污染物可能对人类和水生生物的基因有不良影响，EPA 也因此加强其在水环境影响生态健康方面的课题研究。

2.2 水环境管理体制的变迁

美国水环境保护管理体制的变迁是与美国联邦制的发展沿革密不可分的。美国成立之初，水环境管理未引起足够重视，宪法也没有对水环境管理权责进行规定。南北战争前，联邦政府只能通过陆军工程师兵团参与州际河道和港口的清淤通航等方面参与水环境管理，其余的事务都归各州政府管理，这种模式一直持续到经济大萧条时期。1929—1933 年爆发的经济危机使各州负债累累，州政府无力解决面对的种种问题。此时，联邦采用的恢复经济的罗斯福新政开始全面干预各州的社会经济，美国的联邦制进入合作性阶段。联邦政府开始干预水资源和水环境管理事务，但由于未得到最高法院判例的支持，这种干预仅能以“支持和辅助”的形式，联邦不能直接管理水环境保护工作，只能为地方提供资金和技术的辅助，而各州又忙于战后经济和工业的发展，无暇兼顾水环境保护，导致水环境不断恶化。EPA 成立后联邦政府通过 1972 年的《联邦水污染控制法》修订将“通航水体”（Navigable Waters）的概念外围延伸，几乎扩张到了所有的地表水体以及能影响地表水体的地下水体[12]。至此，美国的水环境执政体制从非集权的、由州驱动的体制演变为自上而下、技术强制、联邦驱动的体制。但从 20 世纪 70 年代开始，美国的合作联邦制由于联邦权力过于集中面临着改革[13]，水环境保护的权力高度集中管理模式在 80 年代初也出现了一定的变化。许多州开始发展非集权化/市场为主的水环境管理体制，也取得了一定进展。随后 EPA 逐步反思，意识到两种管理体制都有各自利弊，因而采取同多部门及州协作管理的方式（涉及水事务的联邦部门见图 1）管理水环境政策，并为州和地方提供贷款基金，加强公民参与成为目前 EPA 水环境管理体制的核心。EPA 负责制定政策方向、授权各州参照 EPA 的基准制定具体的实施计划、水质标准和颁发许可证等，而州的具体计划提交 EPA 审批，即成为州的法规政策进行执行。

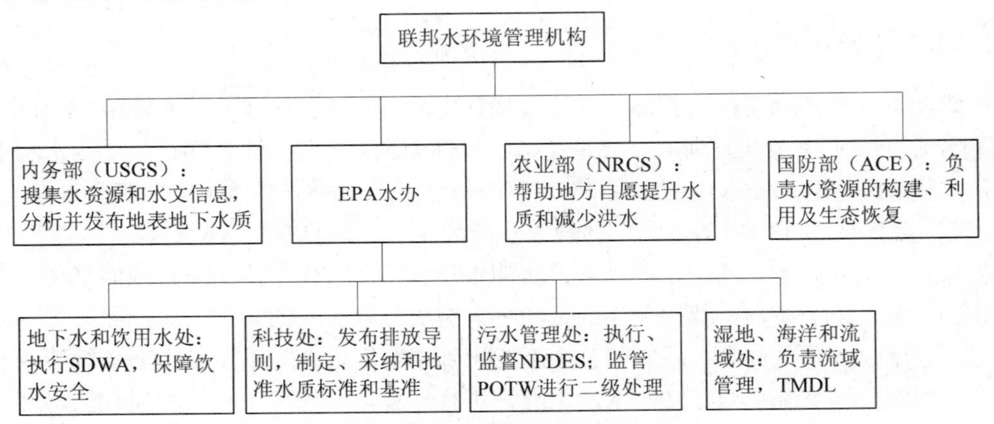

图 1 美国联邦水环境管理体制

注：USGS：美国地质勘探局（United States Geological Survey）；NRCS：美国自然资源保护局（the Natural Resources Conservation Service）；ACE：美国陆军工程师兵团（United States Army Corps of Engineers）；NPDES：国家污染排放削减体系（National Pollution Discharge Elimination System）；POTW：公共污水处理厂（Public Owned Treatment Works）；TMDL：最大日负荷总量（Total Maximum Daily Loads）。

2.3 水环境保护重点的转变

美国在1972年的《清洁水法》中同时制定了TMDL计划和NPDES，提倡的是基于技术和基于标准结合的水质管理，但1987年前，EPA重点实施NPDES，TMDL计划却未受重视。这符合当时水污染治理“时间紧、任务重”的现状。历经了15年左右的技术限制后，美国的大型点源得到了很好的控制，但由于非点源的污染仍比较严重，水质的整体改善并不十分明显。州和EPA甚至因未根据CWA执行TMDL计划而被起诉，因而1987年CWA的修订要求各州制定非点源控制计划，同时EPA开始着手制定TMDL计划实施导则和组织人员培训，从而实现了从点源治理为主到全面管理点源与非点源、从基于技术的排放限制到基于水质的排放限制的转变。20世纪90年代后期，清洁水行动计划开始强调流域保护，TMDL计划也将流域的元素纳入其中，开始建立基于流域的TMDL计划，并且通过CWAP流域数据网络共享平台建设加强了TMDL计划中利益相关者的合作和公众参与。

3 对我国水环境保护的启示

3.1 因地制宜地确定水环境保护的重点和具体措施

我国的水环境保护工作开展较晚，20世纪70年代才刚刚起步，起初的发展也比较缓慢，到80年代末才开始实行水排污许可证制度，随后水环境保护工作的开展比较迅速，总量控制等一系列制度的实施使得部分地区的工业废水排放得到了有效控制，城镇生活污水和非点源已经成为污染的主要矛盾。就此情况国家在“十一五”期间提出要实现从点源污染控制到区域和流域的污染综合防治的转变。但目前我国地区经济社会发展不平衡，农村和城市的环境设施建设存在很大差距，这种转变必须因地制宜，先在工业点源已有很好控制基础的地区（如长江中下游地区）试点。试点地区不仅水环境保护工作的重点要转变，控制理念和具体的控制措施也需要转变。试点地区可根据区域水质具体情况进行点源和非点源的综合管理，以生态保护为水体的目标，加强水源地的保护，强调水资源的适度和可持续开发利用。在总量控制方面，除国家规划控制的COD指标外，还可根据需要进行重金属、氮、磷等污染物的管控，可尝试基于水质的总量控制技术，并将削减目标负荷科学地分配到点源和非点源。在科技研究方面，可加强对水环境研究前沿的支持，重视水污染对人体健康的研究。在财政的支持方面则以区域财政支持为主，可试点国家治理循环基金制度，主要推行以经济手段为主的管理促进政策，如排污交易、生态补偿等。其他地区则应加强对工业点源的控制，特别是对一些重大的污染点源实行重点管控，规范排污许可制度，要求工业污染源达标排放，主要管理常规污染物。协调区域水资源的开发与生态保护的关系。严格制定行业发展的环境准入制度，限制高污染类的项目，在经济发展中优先选择循环经济、清洁生产等环境友好型项目，避免走先污染后治理的老路。此外，国家还应大力支持这些地区的市政管网等基础设施建设。

3.2 加强水环境管理的协调性，提升流域管理的技术性

近年来，我国的水污染早已超越局部和“点源”的范围，成为流域性污染问题。目前我国的流域管理涉及的部门较多，在国家层面上就有环保部、水利部、住建部、卫生部等十多个管理部门，流域层面和地方层面的机构则更为分散。现行的管理体制中部门间的水环境管理职责交叉严重，协调困难。相比较而言，美国联邦层面的水环境保护机构较少，且权责明确（见图 1），经过多年的实践已建立良好的合作沟通机制。我国要尽快加强梳理水环境保护相关部门的权责，尤其是在流域层面推行适于流域特点的协调机制，如推行流域水污染防治联席会议制、建立流域水环境信息共享平台，实施多机构联合监测等。

同时，我国目前的流域水环境管理技术还比较落后。流域水环境管理涉及空间范围广，不同区段的水环境各具特点，流域水环境信息庞杂，仅依靠传统的手段不足以实现全流域的水环境管理。美国在流域管理决策支持方面有悠久的研究历史，目前已建成集水文、气象、空间信息、土地利用与覆被、污染源、水质等大量信息在内的 NLCD 数据库平台，基于互联网、“3S”技术及后台数据库支持的 EnviroMapper 平台以及基于流域的负荷模型、水质—水文动态模型、生态系统响应模型以及毒性风险评估预测模型有机整合的 BASINS 系统[14]，许多流域都有运行这些技术的多年经验，并将其很好地应用到流域管理决策的制定之中。我国目前已广泛开展数字化流域水环境管理技术的研究，部分流域建立了水质与污染物负荷的输入响应关系、流域污染物的空间分布等。但由于数据、技术、管理、资金等多方面因素，许多研究的模拟技术或信息平台在建立后难以运行，无法进一步改进和完善，进而失去其为流域管理提供决策支持的功能。因而，加强目前流域研究科技平台的建设和运行，提升流域管理的技术支撑十分重要。

3.3 健全水环境保护的法规标准，定期更新

美国的水环境管理法规和标准体系经过近百年的发展已形成立法—执法—回顾评价—修正的循环模式，法律明确规定水法和水环境标准的更新期限，一般为 3～5 年。相比较而言，我国的法规标准缺乏定期地更新，许多现行的标准还是在 20 世纪 90 年代初制定的，不能适应现今时代的需求。我国需建立切实可行的标准定期更新制度，尤其是标准所管控污染物指标和方法的循环更新制度，根据控制现状的发展不断地加入新污染物控制指标，更新测定和管控技术方法，剔除水体中已多年不再超标且有良好管控基础和多项基础技术的指标。此外，我国的水环境保护法规体系的建设还需进一步完善，一些规定在各类立法中重复甚至相互冲突，地方立法缺乏特色，立法普遍缺乏公众参与机制等。国家在立法时需加强协调工作，加强对法规操作的指导。地方在立法时则应充分考虑立法的必要性和执行的可操作性，根据需要立法，而不仅仅重复国家的立法规定。

4 结语

虽然我国在自然、经济和社会体制上与美国差异较大，但美国经过多年发展形成的较为成熟的水环境管理理念、方法和体制对我国的水环境保护发展具有一定的借鉴意义。学

习发达国家管理的成功经验、结合我国的实际情况，走中国特色的水环境保护之路是经济与环境和谐发展的保证。

参考文献

[1] Novothy V，Loem H. Water Quality：Prevention，Identification and Management of Difuse Pollution[M]. New York：Van Nostrand Reinhold compand，1994：126-138.

[2] NRC. Special Advisory Committee on Water Pollution. Washington D C，1935.

[3] Water Pollution（Public Law 80-845），1948.

[4] 廖红. 美国环境管理的历史与发展[M]. 北京：中国环境科学出版社，2006.

[5] Andrew R N L. Managing the Environment，Managing Ourselves：A History of American Environmental Policy[M]. New Haven：Yale University Press，2006.

[6] Robert F，Kennedy J. Testimony before the U.S. Senate Environment and Public Works Committee，2002.

[7] Porthey P R，等. 环境保护的公共政策（第二版）[M]. 穆贤清，等译. 上海：上海人民出版社，2004.

[8] Adler J H. Fables of the Cuyahoga：Reconstructing a History of Environmental Protection[J]. Fordham Environmental Law Journal，2002.

[9] Pontius F. Drinking Water Regulation and Health[M]. New York：John Wiley and Sons，2003.

[10] 韩益民. 拆坝有缘由 建坝须谨慎——从美国拆坝看水电开发政策的演变[J]. 水利发展研究，2007（1）：51-55.

[11] 彭辉，刘德富，田斌. 国际大坝拆除现状分析[J]. 中国农村水利水电，2009（5）：130-135.

[12] Andreen W L. Water Quality Today — Has the Clean Water Act Been a Success[J]. Alabama Law Review，2004（55）：537-593.

[13] 谭融，于家琦. 美国联邦制的发展沿革[J]. 天津师范大学学报：社会科学版，2002（6）：12-18.

[14] 巩莹，刘伟江，朱倩，等. 美国饮用水水源地保护的启示[J]. 环境保护，2010（12）：25-28.

农村生活污染控制政策体制研究

Study on the Policy and System of Rural Domestic Pollution

李晓光[①] 夏训峰 席北斗
（中国环境科学研究院，北京 100012）

摘 要：我国农村生活污染控制重技术轻管理，农村环境污染控制综合保障机制不健全。深入分析了当前我国农村环境污染控制政策体制存在的问题，分析了建立和完善农村生活污染控制政策体制的迫切性，从农村污染控制政策法规、投入机制、补偿机制、监督考核激励机制及公众参与机制等方面提出了政策和建议，以促进农村环境污染防治取得良好效果，改善农村环境。

关键词：农村生活污染控制 农村环保政策体制

Abstract: Rural domestic pollution places more emphasis on technology than management and the comprehensive support mechanism is not perfect in China. Firstly，this study analyzes the existing questions of policy and system of rural domestic pollution，and then it brooks no delay that policies and measures should be worked out for controlling the rural domestic pollution in China. Finally，proposes the policies and regulations，imput mechanism，compensation mechanism，supervisory mechanism，evaluation mechanism，prompting mechanism and public participation mechanism of rural domestic pollution to greatly raise the level of the work of rural environmental protection in China.

Key words: Rural domestic pollution Policy and system of rural environmental protection

前 言

目前，我国农村生活污染控制实施机制理论和实践研究由于时间比较短，存在着许多不足之处，如农村污染控制方面的相关政策针对性和可操作性不强，对农村环境管理和污染治理的具体困难考虑不够；尚缺乏系统性、针对性的全套管理机制；现行的管理政策、条例等比较分散，针对农村生活污染控制政策考评体系、问责制度、污染物监管机制等尚未建立。因此，结合我国农村经济社会发展的需要，研究制定农村污染控制长效机制建设方向和具体方案，已成为政府管理部门和农村居民迫切要求。

---

① 作者简介：李晓光，1982 年 6 月生，中国环境科学研究院，助理研究员。专业领域：农村环保。地址：北京市朝阳区安外北苑大羊坊 8 号；邮编：100012；电话：010-51095628；电子邮箱：xgli1982@ 163.com。

本文深入剖析中国农村污染控制管理中存在的问题，在吸收国外先进技术和治理管理经验的基础上，根据农村生活污染控制保障机制的现状与需求，研究建立和提出了农村污染控制政策法规、投入机制、补偿机制、监督考核激励机制及公众参与机制等农村生活污染控制的政策和建议，为农村环境保护提供重要的政策支持和制度保障。

1 完善农村生活污染控制政策法规

1.1 制定农村环保专项规划，开展环保专项行动

为进一步改善农村生态环境，推进生态文明建设和社会主义新农村建设，要针对农村环境问题因地制宜地编制农村环境保护专项规划，如《农村环境保护规划》《村庄环境综合整治规划》《农村生活污水治理规划》《固体废物污染防治规划》等。农村环境保护各项规划的编制必须紧密结合农村生产、生活方式的变革、改进，明确农村环保工作的指导思想、目标任务、政策措施、技术规范、中长期目标和近期要求，充分考虑各地不同的自然环境、经济现状、生活习惯，确定不同重点整治内容，将污染治理和废弃物利用充分结合起来，保证规划的先进性、可行性和长远性，引领农村环保工作的健康有序可持续发展。近年来，我国各省（市）制定了一系列农村环境保护专项规划，如《重庆市统筹城乡环境保护工作方案》《宁夏农村环境保护规划》《宁夏村庄环境综合整治规划》《辽宁省农村小康环保行动计划实施方案》《杭州市农村环境保护规划》等。

以村庄规划为龙头，从治理村庄“散、小、乱”和“脏、乱、差”入手，按照统筹城乡、协调发展的要求，各地相继开展了以农村生活污水、生活垃圾污染治理为核心，“清洁水源、清洁田园、清洁家园”为主题农村环保行动，农村环境保护工作取得积极成效。如浙江省实施了“千村示范，万村整治”和“农村环境五整治一提高”工程；江苏省开展了农村“六清六建”活动；山东省实施了农村小康环保行动计划。这些规划和行动的实施和开展有效缓解了农村生活污染问题。

1.2 制定和完善农村生活污染控制管理政策和制度

为彻底改变“污水乱泼、垃圾乱倒、粪土乱堆、柴草乱垛、畜禽乱跑”的农村环境污染现状，按照农村生活污水减量化排放、无害化处理和资源化利用的思路，统筹农村生活污水处理设施规划，因地制宜，分类分步推进农村生活污水治理工作，制定《农村生活污水治理技术指导意见》《农村生活污水治理工作管理意见》《农村小型生活污水处理设施工程项目实施办法》等技术规范、管理细则，为农村生活污水处理提供依据，实现农村生活污水雨污分流、无害化处理和达标排放。

针对我国农村 “脏、乱、差”突出，生活垃圾随意排放，环境卫生差等问题及“辛辛苦苦大半年，一夜回到整治前”村庄整治后“脏、乱、差”复燃现象，建立健全《农村生活垃圾处理考核意见》《农村环境卫生长效管理机制建设意见》《村庄卫生公约》《门前屋后三包管理制度》《清洁户评选制度》《农村社区卫生保洁中转站管理制度》《保洁员管理制度和职责》《农村生活垃圾收集台账管理制度》《村庄保洁检查登记制度》等农村生活

垃圾长效管理制度、规范、机制，从而为农村生活垃圾处理提供相应技术保证和法律保障，实现“村容整洁、设施完善、服务标准、管理有序”的农村环境卫生目标。

2 农村生活污染控制多元化投资机制

农村生活污染控制应采取“政府引导、社会投入、市场运作”的方式，多渠道筹措资金，建立政府、企业、社会多元化农村环保投、融资机制。强有力的资金保障是开展农村环保基础设施建设、农村环境综合整治等工作的坚实物质基础。

2.1 设立农村环保专项资金，加大资金投入力度

党中央及各级政府应结合实际，设立农村环保专项资金，加大农村环保投入。专项资金的使用以“突出重点、注重实效、公开透明、专款专用、强化监管”为原则，采用“以奖促治”的方式支持农村环境综合整治，采用“以奖代补”的方式促进农村环保基础设施建设。

中央财政投入农村环境保护专项资金逐年增加，2008 年 5 亿元，2009 年 10 亿元，2010 年 25 亿元，累计支持 2 160 多个村开展环境综合整治和生态建设示范，带动地方投资达 25 亿元，1 300 多万农民直接受益，村容村貌明显改善，实现了生态、社会和经济效益的统一。今后 3 年，中央财政将投入 120 亿元，并带动地方政府相应资金投入，对农村环境综合整治重点实行整村推进、连片治理。

近些年，我国各省级政府部门不断将公共财政向农村环境保护工作倾斜，加大农村环境基础设施建设的投入力度，加强对生活垃圾收集与处置、生活污水处理等设施运行管理的长期财政扶持，充分发挥了中央农村环保专项补助资金和省级农村环境综合整治以奖代补专项资金的激励作用，农村环境保护工作取得了积极进展。如辽宁省每年从省级环保专项资金中安排 1 500 万元，用于支持农村小康环保行动计划实施；宁夏回族自治区环保专项资金中每年安排不少于 1 000 万元资金用于农村小康环保行动工作，用“以奖代补”的方式，加强农村环境综合整治。

2.2 建立健全政府多管齐下、社会多头并进的投入机制

充分发挥社会资金“哪需要用向哪”的灵活性、实用性及多效性的优势，建立各级政府多管齐下、社会多头并进的投入机制是快速聚集和解决农村环境综合整治资金的有效途径。

政府要在农村环境污染治理管理体制改革中，实行政企分开、政事分开，将污染治理设施建设和运行推向市场，引入竞争机制，通过市场的力量，经过公开招标方式，选择投资主体和经营单位，吸收更多的民间资本投入；加快农村生活污水、农村废弃物处理市场化进程，向投资主体多元化的市场化方向转变。加大吸引外资投入农村环保建设的力度，继续利用和引进国际金融组织的多种贷款和直接使用非债务外资，鼓励外商直接投资环境基础设施和环保产业。组织发动经济效益好、社会责任感强的企业投资农村环保事业。各级财政以“以奖代补、以补促投”形式，发挥财政资金“四两拨千金”的作用，充分调动

县、乡镇、村和广大企业、群众参与，增加投入，形成县、乡镇、村（企业）三级联动的投入机制。

我国一些地区积极探索“政府补助一点，村、镇筹一点，农户自筹一点”“县财政以奖代补补一点，乡镇配套一点，有条件的村集体经济贴一点，通过‘一事一议’的形式向在村的企业、商店和村民收一点的‘四个一点’融资机制”等农村环保投资融资机制，在实践中取得很大成功，具有很好的借鉴、示范、带动及推广作用。

3 农村生活污染控制补偿机制

农村生活污染控制补偿机制的建立和完善要从点到面、先易后难，从责权利比较明确，标准比较统一、操作性较强的方面入手，有步骤、有重点逐步推进。通过设立生态补偿专项资金，重点对“农村沼气工程”“畜禽粪便综合利用项目”“农村生活污水处理工程”“农村固废垃圾整治工作”等生态补偿效益明显的工作实施生态补助。同时，要把建立健全生态补偿机制与环境目标责任制有机结合起来，把环境污染整治的绩效作为生态补助的重要参考，对环境目标考核优秀的镇、街道给予重点补助，对考核较差的相应减少补助，充分体现生态补偿机制的公平性、合理性。

在加大公共财政对生态补偿投入力度同时，也要积极引导社会各方面参与，探索多渠道多形式的生态补偿方式，拓宽生态补偿市场化、社会化运作路子。如积极建立健全相关政策机制，搭建交易平台，逐步推行政府管制下的排污权交易试点，以点带面、稳步推开，通过实践探索积累经验，逐步实行污染物排放指标有偿分配和排污权交易机制，运用市场机制降低治污成本，提高治污效率。

3.1 农村垃圾处理系统运转和维护费用补助办法

采用“村收集、乡运转、县处置”的农村垃圾集中收集处理模式，设立农村生活垃圾集中处理专项资金，通过“以奖代补”的方式，将村级保洁员与农村垃圾处理有机结合，各乡镇要由企业或农民负责农村垃圾处理系统运转和维护；各乡镇要按照县、镇投入比例，制定相应补助政策，并保证资金足额、及时到位；县级对已配备垃圾桶的更新和修复、垃圾大箱（全称“封闭式垃圾中转站”）的维护、镇级垃圾清运车（不包括农用车和手推车）的维修和运行给予补助。加强对专项补助资金的监督和管理，进行不定期检查或抽查，确保专款专用。对配套资金到位不及时或使用效益不高的乡镇，将减少或停止下一年度专项补助；对挤占、挪用专项补助资金的，将收回和停拨补助资金；对违反国家有关法律、法规和财务规章制度的，将依法依规严肃处理。

在实践过程中，各地探索和涌现出多种成功的农村生活垃圾补偿机制和办法。如德清县政府按农村人口 7 元/（人 • a）的标准给予垃圾管理的直接补助，还要按 10 元/（人 • a）为基数进行考核补助，德清县财政按各乡镇（开发区）补助标准进行 1∶1 配套。与此同时，每个农村人口（含外来常住人口）应按 1 元/（月 • 人）的标准收取保洁费。

3.2 镇、村污水处理厂（站）运转费用补助办法

镇、村级污水处理厂（站）运转费用补助资金的管理要推行市场运作、企业管理或农民竞标、包干负责的模式，由企业或农民负责镇、村级污水处理厂（站）运转。制定农村污水处理厂（站）运转费用补助办法、管理办法，确保镇村污水处理厂（站）有序运转。对排放达到设计要求的镇和村级污水处理厂（站）给予一定资金补助；对污水处理厂建设者，市财政进行补贴，具体补贴额度依据当地实际情况而定。如每建设 1 万 t 容量的污水处理厂，市财政补贴 300 万元，并且每增加 5 000 t，增补 100 万元；对管网建设者，每削减一个排污口给予 5 万～15 万元不等的补贴（具体补助数额根据排污口与污水处理厂之间的管网距离确定）；已经实现一级达标排放的企业，接入污水处理厂集中处理的，给予适当补助。

湖州市长兴县出台了《生态县建设奖励、补助专项资金使用管理办法》（长政办发[2006]89 号），明确了农村生活污水处理池建设补助标准，按实际工程投资额的 50%给予补助（单户式污水处理池预算标准为 1 200 元/池）。这些具体可行的补偿机制充分调动了农村参与环保行动的积极性，大大推动了农村环境质量整治工作顺利进行，起到了很好的示范、带动及推广效果。

4 农村生活污染控制监督考核激励机制

建立健全县对乡镇、乡镇对村、村对保洁队伍自上而下三级联动的考核督查机制，实行层层监督，严格考核。组建专门的农村环境保护与生态建设领导小组，设立举报、投诉电话、电子信箱，广泛接受社会各界对农村环境保护与生态建设工作的监督。通过明察暗访、季度督查、意见反馈、相互抽查、年度考核等多种形式，推动农村环境长效管理工作真正落到实处。

制定农村环境质量评价指标体系和考核办法，将农村环境保洁工作、垃圾收集清运工作与各项创建、考评、竞赛等工作紧密结合起来，开展定期或不定期的检查，加强监督力度。对管理不善、保洁较差的村公开曝光和通报批评，每个村的监督考核结果与年终考核补助资金挂钩。年度考核成绩列入干部年度绩效管理评价体系和乡镇文明建设考核加减分项目。

把农村生活污水处理工程建设直接纳入各乡镇、街道年度工作目标考核范围。农村污水处理设施建设要与新农村建设紧密衔接，对农村生活污水处理建设项目的建设制度、管理情况、实施进度、资金管理、日常运行、监督监测、设备维修保养、台账记录等基本情况及农村生活污水配套管网覆盖率、污水处理率、污水处理达标排放率等污水出水水质情况进行实施监督和考核。通过考核，确保农村生活污水处理示范工程正常运行，做到各村有专人负责污水处理设施的日常运行管理，设备保养良好，维修及时，运行台账记录规范齐全，从而充分发挥示范工程保护农村水环境的作用，为推进农村生活污水处理积累经验，切实提高项目建设水平、资金使用效益及出水水质。非城镇覆盖村未建立污水处理设施和配套管网或污水收集率、污水处理率达不到一定要求的村不能参加示范村、生态村评比。

5 农村生活污染控制公众参与机制研究

5.1 统筹城乡环境保护宣传教育，提高农民环保意识

针对城乡环境保护宣传教育不平衡的实际情况，逐步将环境保护宣传教育向广大农村扩展，要让农村群众和城里居民享受同等的环境宣传教育的权利，将与农村环境保护有关的科学知识和法律常识纳入环保宣传教育计划，充分开展广播、电视、报刊、网络、宣传册等各种新闻媒体宣传工作，开展多层次、多形式的舆论宣传和科普教育，丰富人们的环境科技常识，加强环境基础教育，提高广大群众、企业法人的守法意识和可持续发展意识，将环保法律法规和各项环境决策转化为社会的自觉行动，努力营造农村环境保护的舆论氛围。

5.2 完善农村环境保护教育培训体系

加大农村基层领导及广大村民的环境教育培训力度，在农村定期开展环境保护知识和技能培训，广泛听取农民对涉及自身权益环保项目的意见和建议，提高环境与发展综合决策能力。建立环境信息公开制度，定期发布有关环境监测信息和科技标准，要实行环境信息公开化，尊重农民知情权、参与权和监督权，从整体上提高群众的环境意识，使其主动参与、支持、关心环境保护事业。

实行环境决策民主化，尤其在村庄规划、农村生活污水、农村生活垃圾、住宅与畜禽圈舍混杂、改善农村人居环境和村容村貌等新农村建设方面，举行论证会、听证会等，征求农民的意见，保护农民的环境权益。要组织和发动农民投身到环境保护之中，在生产和生活的各个环节爱护自己的生存环境。

6 结论

农村环境污染问题的解决必须摒弃“重技术、轻管理”思维模式，只有将因地制宜的农村环保新技术（硬技术）和科学有效的长效运行管理机制（软管理）有机结合起来才能有效地改善农村环境，促进社会主义新农村建设的发展。

农业面源污染防治法律与政策浅析

The Analytical of Agricultural Non-point Pollution Control Laws and Policies

王 伟① 周其文 沃 飞 师荣光 张铁亮
（农业部环境保护科研监测所，天津 300191）

摘 要：农业面源污染作为非点源污染在农业领域的表现形式，已成为环境污染的重要来源之一。本文以现行法律法规、政策文件为基础，阐述、分析了我国近年来关于农村环境改善和面源污染防治方面的法律法规、发展规划等相关内容，提出了农业面源污染的建议和初步设想。

关键词：面源污染 法律 规划 政策

Abstract: Agricultural non-point pollution as the form of the nonpoint source pollution in agriculture area，which has become an important source of environmental pollution. Based on the existing laws and regulations，policy documents，the paper discussed and analyzed laws，development plan and other related contents of agricultural non-point pollution about rural environmental improvement and non-point pollution control in recent years in China，and put forward the suggestions and initial assumptions.

Key words: Non-point pollution Law Project Policy

前 言

20 世纪 90 年代以来，工业废弃物和城市生活污水等点源污染得到了一定控制。但是对污染物排放实行总量控制只对点源污染的控制有效，对解决面源污染问题的意义不大[1]。由于我国人多地少，土地资源的开发已接近极限，化肥、农药的施用成为提高土地生产力水平的重要途径，致使农业生产成为面源污染最为重要的来源。在一些重要水域和地区，农业面源污染已成为地表和地下水体污染的主要原因[2]。农业面源污染具有形成过程随机性大、机理模糊等特点[3]，治理难度较大。

近年来，为了整治农村环境，防治农业面源污染，国家出台了一系列法律法规、政策文件，对改善农村环境、防治农业面源污染等作出了规定，提出了要求。温家宝总理在 2003

① 作者简介：王伟，1982 年生，男，农业部环境保护科研监测所，助理研究员。主要研究方向：法学理论，（农业）环境法学。电子邮箱：wangweirenzhe@ 126.com。

年人口、资源、环境座谈会上强调："加强农业生态环境建设和保护，尽快制定和完善这方面的政策和法律、法规，加强对主要农畜产品污染的监测和管理，对重点污染区进行综合治理，实属重大而紧迫的工作。"自此，农业面源污染防治成为农业、环保、水利等部门的工作重点，为随后政策的出台和法律的修改完善提供了政策支持和实践平台[4]。

1 农业面源污染防治的法律规定及其分析

1.1 国家层面——法律法规

《宪法》第 26 条第 1 款规定："国家保护和改善生活环境和生态环境，防治污染和其他公害。"国家从根本大法的层面对环境保护、污染防治作出了规定，并将其作为国家的责任以法律形式明确下来。《宪法》条款中提出的环境保护，是关乎社会可持续发展以及子孙后代生存的大事，包括农业环境保护，自然也包括因农业生产引起的面源污染的综合防治。

我国很多法律都涉及农业面源污染防治的规定，主要是规制农业生产中化肥、农药等化学投入品的合理使用及生产过程中产生废弃物的回收或综合利用。在环保单行法中，《环境保护法》第 20 条规定"各级人民政府应当加强对农业环境的保护""合理使用化肥、农药及植物生长激素"。《海洋环境保护法》第 37 条规定："沿海农田、林场应当合理使用化肥和植物生长调节剂。"《固体废物污染环境防治法》第 19 条规定"使用农用薄膜的单位和个人，应当采取回收利用等措施，防止或者减少农用薄膜对环境的污染"；第 20 条规定"从事畜禽规模养殖应当按照国家有关规定收集、贮存、利用或者处置养殖过程中产生的畜禽粪便，防止污染环境"。农业类法律法规中，《农业法》第 58 条规定"农民和农业生产经营组织应当保养耕地，合理使用化肥、农药、农用薄膜，增加使用有机肥料"；第 65 条规定"从事畜禽等动物规模养殖的单位和个人应当对粪便、废水及其他废弃物进行无害化处理或者综合利用，从事水产养殖的单位和个人应当合理投饵、施肥、使用药物，防止造成环境污染和生态破坏"。《农产品质量安全法》第 19 条规定："农产品生产者应当合理使用化肥、农药、兽药、农用薄膜等化工产品，防止对农产品产地造成污染。"《农产品产地安全管理办法》第 22 条规定"农产品生产者应当合理使用肥料、农药、兽药、饲料和饲料添加剂、农用薄膜等农业投入品""农产品生产者应当及时清除、回收农用薄膜、农业投入品包装物等，防止污染农产品产地环境"。《基本农田保护条例》第 19 条规定："国家提倡和鼓励农业生产者对其经营的基本农田施用有机肥料，合理施用化肥和农药。"

另外，新修订过的《水污染防治法》加强了对农业生产污染物的控制力度，并在该法第四章第四节"农业和农村水污染防治"对农业面源污染防治做出了详细的规定。第 47 条规定"使用农药，应当符合国家有关农药安全使用的规定和标准。运输、存贮农药和处置过期失效农药，应当加强管理，防止造成水污染"。第 48 条规定"县级以上地方人民政府农业主管部门和其他有关部门，应当采取措施，指导农业生产者科学、合理地施用化肥和农药，控制化肥和农药的过量使用，防止造成水污染"。第 49 条规定"国家支持畜禽养殖场、养殖小区建设畜禽粪便、废水的综合利用或者无害化处理设施""畜禽养殖场、养殖小区应当保证其畜禽粪便、废水的综合利用或者无害化处理设施正常运转，保证污水达标排放，防止污染水环境”。第 50 条规定“从事水产养殖应当保护水域生态环境，科学确定养殖密度，合理投饵和使用药物，防止污染水环境”。

1.2 地方层面——地方法规

此外，截至 2009 年年底，全国已有 21 个省、较大市颁布了《农业（生态）环境保护（管理）条例》，这些条例无一例外地规定农药、化肥等农业投入品的合理使用制度及农业面源污染防治，其中，2008 年 3 月 1 日起施行的《甘肃省农业生态环境保护条例》是最新的农业环保条例。该条例从 15 条到 20 条，用了 6 个条款，分别规定了农业生产废弃物和农村生活垃圾的无害化、减量化和资源化处理；化肥合理使用（组织开展测土配方施肥，科学使用化肥，鼓励种植绿肥，增加使用有机肥）；农药合理使用（组织使用高效、低毒、低残留农药和生物农药，禁止在蔬菜、瓜果、茶叶、中药材、粮食、油料等农产品生产过程中使用剧毒、高毒、高残留农药）；秸秆等农业、农村废弃物综合利用（开发实施秸秆还田、秸秆养畜、秸秆气化、秸秆微生物沤肥等综合利用技术，对畜禽粪便、废水和其他废弃物进行综合利用和无害化处理，鼓励环保型农用薄膜）等内容。除此之外，还对生产垃圾和生活垃圾的回收及利用作了规定（农民和农业生产经营组织对盛装农药、兽药、渔药、饲料和饲料添加剂的容器、包装物及过期报废农药、兽药、废弃农用薄膜等，不得随意丢弃，应当交所在地人民政府设置的废弃物回收点集中处理。县级以上人民政府应当合理布设农村生产生活废弃物回收点，对从事回收利用的单位和个人应当给予扶持）。

1.3 一点思考

综上所述，我国相关法律法规从防治主体、防治范围、防治措施等方面对农业面源污染的预防与治理作出了较为明确的规定，初步形成了农业面源污染防治法律体系。并将重心放在农业投入品如农药、化肥、农用薄膜的规范使用上，为我国农业面源污染的防治提供了强有力的制度保障。不过，我国的面源污染防治法律法规还有一定缺陷，需要进一步立法并加强执法力度。首先，法律关于面源污染防治规定过于原则、抽象，需要更加明晰具体的规定作为约束依据；其次，由于农业面源污染防治涉及多个部门工作，部门之间没有形成分工负责、密切配合的工作机制，以该部门为主的立法过分关注本部门工作，致使法律关于农业面源污染防治的规定过于分散，缺乏系统性，建议法律在规范上述内容时，将农业面源污染防治作为相关主体的职责和义务规定下来，并规定对应的责任分担。再次，上述法律规范还有相当程度的欠缺，如对“合理”使用中的“合理”的衡量标准、鉴别方法等，对如何具体防治、对责任主体法律责任的具体化等内容，则没有涉及或者没有做强制性规定，一定程度上加大了面源污染防治的执法难度，在一些地区出现了“有法不依、执法不严”的现象。因此，应尽快出台农业面源污染防治部门规章、地方法规和相关标准，对农业面源污染防治作出系统化、具体化的规定，加强配套法规的操作性，明确相关部门分工配合机制。

本文认为，农业面源污染防治立法首先要考虑的是立法的合理性和可行性，具体到面源污染防治，就要充分考虑农民执法的积极性问题，比如农民愿不愿按照法律关于农业投入品规范使用规定进行农业耕作，按照上述规定进行农业耕作是否会获得更多的收入，甚或会出现利益减损。我们调查的情况是，农民对于法律中关于化肥、农药等合理使用并不都是赞成或愿意自觉遵守的，以农药为例，法律法规提倡或者规定要“使用高效、低毒、低残留农药和生物农药，禁止在蔬菜、瓜果、茶叶、中药材、粮食、油料等农产品生产过程中使用剧毒、高毒、高残留农药”，农民往往不会遵守，原因是低毒农药杀不死虫子，虫子都有耐药性，必须用高毒农药，否则不见效，尤其是在作物发芽、开花、结果等关键时期，农民一般都会加大农药的使用频率和使用剂量，都会用一些“好的、见效快的”剧毒或者高毒农药；化肥也是一样，农民都知道有机肥好，但有机肥见效慢，而化肥见效快，所以，在使用有机肥的同时，并没有减少化肥的施用剂量。因此，法律关于农药、化肥等农药投入品的合理使用规定，一般都落在字面上，没有落到实处，无法真正起到减少面源污染的作用。其次，要考虑面源污染防治法律规定与其他相关规定的衔接。比如要求农民减少化肥、高毒农药的使用，就要规定一些补贴或者补偿措施，就要在不挫伤农民种粮积极性的基础上，对于故意或者破坏性耕作的行为规定强制性处罚措施，就要规定对技术开发力度的鼓励措施，鼓励研制低毒但见效快的农药等，总之，面源污染防治立法不仅仅是设立几条鼓励、倡导或者禁止性规定，而是要与其他法律规定衔接起来，组成一个内容完备、层次齐全、互为补充和支撑的法律体系。最后，要考虑执法主体的执法手段和守法主体的守法能力。法律规定县级以上各级农业行政主管部门及相关部门为面源污染防治相关法律的执法主体，农民及农业生产经营组织为守法主体。县级以上各级农业行政主管部门作为农业面源污染防治的主要执法主体，执法手段主要有：农业监管执法，如加强禁用、限用农药使用管理，打击假冒伪劣农资经营行为，开展农业投入品专项整治活动；节肥、节药农业生产技术的推广；指导农业生产者科学使用农业投入品。除了针对农资生产经营者的农资经营执法手段过硬外，其他手段的执法对象是农民或者农业生产经营组织，如果农民不合理使用化肥、农药，或者在农产品成熟期过量使用农药等，农业行政主管部门几乎没有更好的手段控制农民的上述行为。对于农业废弃物和生活垃圾的排放，农业行政主管部门照样显得无能为力。主要原因是其执法对象农民，处于社会最底层，农业收入就是农民的命根子，为了获得更高的收入，农民会想尽一切办法，而作为执法者的农业行政主管部门不能与农民对着干，否则会激起干部、村民之间的矛盾，所以执法效果会差一些。农民的守法能力与农业收入直接相关，只有提高了农民的农业收入，他们才会遵守上述法律，农业部门的执法阻力才会小一些，法律效果才会好一些。因此，一方面法律应当赋予农业等面源污染防治执法主体更多的执法手段，另一方面应当考虑增加农民收入。

2 规划目标

2.1 总体规划

我国制定的一些全国性发展规划都明确提出了改善农村生态环境，防治农村面源污染的规划目标。例如，2006 年十届全国人大四次会议通过的《国民经济和社会发展第十一个五年规划纲要》将“防治农药、化肥和农膜等面源污染，加强规模化养殖场污染治理”作为加强农村环境保护的一个重要目标。《国家环境保护“十一五”科技发展规划》也将农村环境综合整治与农村面源污染防治作为重点发展领域与优先主题，并提出“研究并制定国家面源污染控制行动方案”以及“支持开展规模化养殖畜禽粪便处理技术、农业废弃物资源化利用技术、有机农业推广技术、农村新能源生态工程技术、农村面源污染控制技术研究”，“重点开展农村环境污染趋势与特点分析研究，国家农村环境管理政策与制度研究，研究并制定国家面源污染控制行动方案”等内容。该规划进一步指出农村面源污染，是目前和今后一段时间农村环境保护面临的主要问题和防治的重点。

2.2 具体目标

国家在改善农村面源污染总体目标之下，提出了较为详细、具体的目标。例如，《全国农业和农村经济发展第十一个五年规划（2006—2010 年）》中，除了提出要“加大农业污染防治力度，积极防治农村面源污染，改善农村环境质量”外，还明确提出“化肥、农药等资源利用率分别提高 5 个百分点”，“农业污染物排放水平降低 50%，农业面源污染区域综合治理率达到 50%，农村生活垃圾和污水得到有效处理，环境卫生和村容村貌明显改观”等具体发展目标。《农业科技发展规划（2006—2020 年）》中提出“‘十一五’期间，肥料、农药等资源利用率分别提高 3 个百分点，秸秆饲用率提高到 40%”等。《关于加强农村环境保护工作的意见》（国办发[2007]63 号）也提出“到 2010 年，农业面源污染防治取得一定进展，测土配方施肥技术覆盖率与高效、低毒、低残留农药使用率提高 10%以上，农村畜禽粪便、农作物秸秆的资源化利用率以及生活垃圾和污水的处理率均提高 10%以上”；“到 2015 年，农村人居环境和生态状况明显改善，农业和农村面源污染加剧的势头得到遏制，农村环境监管能力和公众环保意识明显提高，农村环境与经济、社会协调发展”等中长期具体目标。这些具体目标，为各级政府和相关部门安排农业面源污染防治工作起到了非常重要的指导作用。

2.3 具体措施和行动

在提出具体目标的基础上，国家还提出了具体措施或行动方案。例如，《全国农业和农村经济发展第十一个五年规划（2006—2010 年）》不仅提出“以农业面源污染防治为重点”，还要“因地制宜推广种植业、养殖业清洁生产技术和农村环境清洁示范村模式，治理农田污染，建设农业资源与环境监测预警系统，引导农业生产方式变革，建立不同类型区域的农业可持续发展模式”，以及实施生态家园富民行动，“大力推进资源节约型、环境友好型和循环农业发展，实现家居环境清洁化、农业生产无害化和资源利用高效化。治理农业面源污染，实现农村家园清洁、水源清洁和田园清洁。加强农业资源的保护，推动生态产业发展”。《农业科技发展规划（2006—2020 年）》中提出实施乡村清洁工程，“大力推广废弃物资源化利用技术，推进人畜粪便、农作物秸秆、生活垃圾和污水（三废）向肥料、燃料、饲料（三料）的资源转化”，“清洁水源、清洁田园和清洁家园，实现生产发展、生活富裕和生态良好（三生）的目标”等具体行动方案。目前，农业部落实这些规划行动，在全国范围内开展测土配方施肥、生态富民工程、乡村清洁工程等农村生态环境综合整治工作，取得了显著效果，有效地改善了农村生态环境，减轻了农业面源污染。另外，《国务院2007年工作要点》中要求“加快建立生态环境补偿机制”。对选用高效、低毒、低残留农药和生物农药的农户，以及对畜禽粪便进行资源化处理利用的养殖场进行适当补贴，从源头上控制农业面源污染的发生。

2.4 防治技术开发

农业面源污染防治，技术开发是关键。规划在提出防治目标的同时，提出了农业面源污染防治技术开发的目标和方向。比如，《农业科技发展规划（2006—2020年）》中提出了“突破源头控制、过程治理以及末端资源化治理等农业面源污染防治核心技术”等农业面源污染防治和水域生态环境修复技术。《国家环境保护工程技术中心“十一五”专项规划》提出“研究开发高效施肥施药技术、精准灌溉技术、生物与物理防治病虫害技术，并开发环境友好肥料、无公害农药产品，从源头上控制农业面源污染的产生；开发人工沟渠、生态河网等面源污染控制截留技术以及湖泊水质富营养化修复技术，形成面源污染的末端治理技术体系”，同时提出“针对严重影响我国土壤、水体和大气环境质量并日趋恶化的农业面源污染态势，通过建设农业面源污染控制工程技术中心，重点研发和推广土壤与水体中肥料和农药监控技术、高效施肥和施药技术、面源污染综合治理技术，并建设工程示范与农民专业技能培训基地，形成农业面源污染源头控制和末端治理成套技术体系和技术服务能力”的建设任务。这些技术研究与开发将对我国农业面源污染防治起到巨大技术支撑和技术保障作用。

3 政策要求

3.1 党中央和国家的方针政策

1998年中国共产党第十五届中央委员会第三次全体会议通过的《中共中央关于农业和农村工作若干重大问题的决定》中提出，要“控制工业、生活及农业不合理使用化肥、农药农膜对土地和水资源造成的污染”，将农村面源污染列为农业和农村工作的重大问题。2005年10月中国共产党第十六届中央委员会第五次全体会议通过的《中共中央关于制定国民经济和社会发展第十一个五年规划的建议》中明确提出要“积极防治农村面源污染”。《国民经济和社会发展第十一个五年规划纲要》第六章第二节强调“防治农药、化肥和农膜等面源污染，加强规模化养殖场污染治理。推进农村生活垃圾和污水处理，改善环境卫生和村容村貌”。

值得注意的是，自2004年以来，中共中央、国务院连续出台了四个指导“三农”工作的中央一号文件。其中，2006年的中央1号文件《中共中央　国务院关于推进社会主义新农村建设的若干意见》（中发[2006]1号）中提出“积极发展节地、节水、节肥、节药、节种的节约型农业”，“加大力度防治农业面源污染”。2007年中央1号文件《中共中央　国务院关于积极发展现代农业扎实推进社会主义新农村建设的若干意见》提出“加快实施乡村清洁工程，推进人畜粪便、农作物秸秆、生活垃圾和污水的综合治理和转化利用”；“加强农村环境保护，减少农业面源污染，搞好江河湖海的水污染治理”。由此可见，党中央和国家高度重视农业面源污染的防治工作，除了明确防治目标外，还从防治技术、内容、措施上提出了具体要求。这些政策都有力地推动、指导了我国农业面源污染防治工作。

3.2 国务院相关文件

为有力地推动农业面源污染防治工作，作为最高行政机关——国务院，近年来，下达了一系列相关文件，要求地方各级人民政府和相关行政主管部门认真落实农业面源污染的防治工作。2000 年 12 月，国务院印发的《全国生态环境保护纲要》提出“加大农业面源污染控制力度，鼓励畜禽粪便资源化，确保养殖废水达标排放，严格控制氮、磷严重超标地区的氮肥、磷肥施用量”。2005 年的《国务院关于落实科学发展观　加强环境保护的决定》中要求“合理使用农药、化肥，防治农用薄膜对耕地的污染；积极发展节水农业与生态农业，加大规模化养殖业污染治理力度。推进农村改水、改厕工作，搞好作物秸秆等资源化利用，积极发展农村沼气，妥善处理生活垃圾和污水，解决农村环境‘脏、乱、差’问题，创建环境优美乡镇、文明生态村”。《国务院 2007 年工作要点》中提出“加强城镇节水设施建设和运行管理，加大污染治理和环境保护力度，支持城镇生活污水、垃圾处理和危险废物处理设施建设，继续做好重点流域和区域水污染防治及饮用水安全保障工作，禁止污染企业和城市污染物向农村扩散，控制农村面源污染”。2007 年发布的《关于加强农村环境保护工作的意见》中指出“综合采取技术、工程措施，控制农业面源污染”，还提出“在做好农业污染源普查工作的基础上，着力提高农业面源污染的监测能力”，“大力推广测土配方施肥技术，积极引导农民科学施肥，在粮食主产区和重点流域要尽快普及”，“积极引导和鼓励农民使用生物农药或高效、低毒、低残留农药，推广病虫草害综合防治、生物防治和精准施药等技术”等具体要求。这些政策性文件的出台，对地方政府面源污染防治工作起到了有力的指导作用，有力地推动了农业面源污染防治工作，加快了面源污染防治工作的落实。

3.3 农业部有关文件

作为国家农业面源污染防治的主要执法主体和职能部门，农业部积极响应国家控制面源污染和改善农村环境的相关规定和政策，相继出台了一系列相关文件，部署和积极落实党中央和国务院关于农业面源污染防治的精神和政策。《农业部关于贯彻落实〈中共中央国务院关于推进社会主义新农村建设的若干意见〉的意见》提出“制定并实施全国农业污染防治规划，建设农业资源与环境监测预警系统，加大农业污染防治力度，促进农业和农村可持续发展”的目标，还提出“实行科学施肥，推广农作物病虫害生物防治技术，减少土壤中的化肥、农药残留量”，“以沼气池建设带动农村改圈、改厕、改厨。支持规模畜禽养殖场废弃物综合利用和污染防治设施建设，引导和帮助农民切实解决住宅与畜禽舍混杂问题”等具体措施。2006 年 3 月《农业部关于贯彻落实中央推进社会主义新农村建设战略部署的实施意见》中提出：“推广化肥、农药合理使用技术，提高化肥、农药等农业投入品的使用效率，逐步减少因投入品使用不当造成的农业面源污染。因地制宜地推广种植业、养殖业清洁生产技术和农村环境示范村模式，建立不同类型区域的农业可持续发展模式。积极开展农业生产废弃物和农村生活垃圾无害化、资源化处理，实施乡村清洁与循环利用工程。”2006 年农业部办公厅下发《2006 年农业生态环境保护工作方案》将农业面源污染防治技术示范、华北地区地下水硝酸盐污染调查与监测等列为 2006 年农业生态环境保护工作。

4 建议和设想

本文认为，农业面源污染防治，任重道远，必须做长远打算。要在坚决贯彻实施国家关于农业面源污染防治方面的法律法规的基础上，尽快制定系统化、具体化的农业面源污染防治专门性法规。在此基础上，尽快研制可操作性强、实用性强的技术标准或规范。与此同时，要正确处理法律与政策的关系，在“依法防治面源污染”的前提下，积极落实国家相关政策，认真执行有关规划，形成以地方为主，有关部门协调指导，统筹安排，分步实施的工作机制。在坚持源头控制、过程减量、末端治理原则的基础上，因地制宜开展农业面源污染防治；在测土配方施肥工程、生态家园富民工程、乡村清洁工程等生态环境综合整治工程基础上，进一步增加投入，扩大范围和规模。此外，要理顺管理机制，建立问责机制，使执法、守法等主体职责明确、各尽所职，切实做好农业面源污染防治工作。

结语

2006 年 10 月，国务院印发了《关于开展第一次全国污染源普查的通知》(国发[2006]36 号)，通知中指出农业源的普查内容“是以规模化养殖场和农业面源为主的农业污染源排放的污染物，包括污染来源、主要污染物排放量、排放规律、污染治理设施及其运行情况等指标”。2007 年 6 月，农业污染源普查工作正式启动。农村环境以及农业面源污染再次成为国家关注的焦点。随着相关工作的相继开展，相关法律法规的贯彻执行，农业、农村生态环境将会得到更大的改善，农业面源污染防治也会取得越来越大的成效。

参考文献

[1] 苏杨. 应重视农村现代化进程中的环境问题[J]. 社会发展，2004，1：50-51.

[2] Kelin Hu，Yuangfang Huang，Hong Li，et al. Spatial variability of shallow groundwater level，electrical conductivity and nitrate concentration，and risk assessment of nitrate contamination in North China Plain[J]. Environment International，2005，31：896-903.

[3] 毛战坡，单保庆，尹澄清，等. 磷在农田溪流中的动态变化[J]. 环境科学，2003，24（6）：1-8.

[4] 王伟. 我国农业环境监测的法律解析[J]. 环境监测管理与技术，2008（5）：1-4.

城镇污水处理厂建设运营相关政策分析

Policy Analysis of Construction and Operation of Municipal Sewage Treatment Plant

林　婷[①] 石　磊 马　中
（中国人民大学环境学院，北京　100872）

摘　要：城镇生活污水中污染物排放量已经超过工业废水的排放量，成为影响水体环境质量的主要因素。城镇污水处理厂的良好建设运营是减轻水污染的重要方面。但目前我国城镇污水处理厂普遍存在污水处理率低、污水处理厂建设运营难的问题。本文对我国城镇污水处理厂建设运营的相关政策进行了梳理，从政策框架、相关责任人及责任机制、政策手段、决策机制和管理机制方面对现有政策体系进行分析，明确其中存在的问题。主要问题包括政策框架不完善，缺乏详细规章制度；中央政府与地方政府权责分配不合理，地方自主性太强；建设运营资金缺乏；管理者与监督者不分；监管缺乏规范等。在此基础上提出了政策建议，包括完善中央政府建设城镇污水处理厂建设运营专项资金机制，将地方政府从利益相关方转变为监督者和受中央政府委托的政策执行者；完善相关法律法规，明确详细的实施监督方案；建立明确的鼓励中水回用和预处理条例。

关键词：城镇污水处理　政策分析　建设运营

Abstract: The pollutants of municipal domestic sewage are larger than that of industrial wastewater, and become the main factor that affects water quality. Good arrangement of construction and operation of municipal sewage treatment plant is an important aspect to reduce water pollution. However, municipal sewage treatment plants in China now have problem on low treatment prate and difficulties on constructions and operation. In this paper, there is an overview of existing related policies of construction and operation of municipal sewage treatment plants, analyzing the problem from 5 aspects: the framework of policies, responsibility and accountability mechanisms, policy instruments, decision-making mechanism and management mechanism. The main problems are the imperfect of policy framework, lack of detailed rules and regulations; the unreasonable distributions of responsibilities of the central government and local government, while autonomy of local ones is too strong; lack of funds; the distinguish of managers and

---

① 作者简介：林婷，1989 年 1 月生，现就读于中国人民大学环境学院人口、资源与环境经济学专业，硕士一年级，导师是中国人民大学环境学院马中教授、石磊博士。地址：中国人民大学环境学院科研楼 A 座 702；邮编：100872；手机：15901011562；电子邮箱：lintingsmile@ 163.com。

supervisors is not clear; lack of norms about supervision. Based on these analysis, giving some policy recommendations, Including improve the special financial mechanism of construction and operation of municipal sewage treatment; transmit the local governments from stakeholders to supervisors and policy implementers of central government; improve relavant laws and regulations, make the program of supervision clear and detailed; and give clear regulations about encouraging sewage reuse and pretreatment.

Key words: Municipal sewage treatment Policy analysis Construction and operation

前 言

水资源作为人类生产生活的必需品，对人类社会进步、经济发展有着决定性的作用。目前我国水资源存在着水量型和水质型缺水的严重问题。首先，我国淡水资源总量居世界第四，而人均可利用水资源量不足 900 m^3，是全球 13 个人均水资源最缺乏的国家之一。其次，2008 年《中国环境状况公报》显示，七大水系水质总体为中度污染，200 条河流 409 个断面中，Ⅰ～Ⅲ类、Ⅳ～Ⅴ类和劣Ⅴ类水质的断面比例分别为 55.0%、24.2%和 20.8%。水质环境不容乐观。

水量难以进一步开发增长，水体水质控制成为唯一选择，污水的达标排放，污水的资源化利用显得尤其重要。据 2008 年全国环境统计年报数据显示，2008 年，全国城镇生活污水排放量 330.0 亿 t，占废水排放总量的 57.7%，比上年增加 6.4%。城镇生活污水中化学需氧量排放量 863.1 万 t，占化学需氧量排放总量的 65.4%，比上年减少 0.9%。可见，城镇污水排放是影响水体水质的一个最重要的因素，城镇污水处理厂的运营效果直接影响生活污水中污染物的排放。对城镇污水处理厂相关的政策进行研究分析，对城镇污水处理厂存在的问题进行剖析，提出建议，促进城镇污水处理行业的发展，加强城镇生活污水的达标排放，对改善水环境质量具有重大意义。

本文将对与城镇污水处理厂建设运营相关的政策体系进行详细分析，并提出政策建议，以期促进当前城镇污水处理厂管理政策体系的改善和完善，提高城镇污水处理厂处理效率，改善水环境质量。

1 城镇污水处理厂现状及问题

1.1 城镇污水处理厂相关统计数据分析

城镇污水处理厂作为城市污水集中处理设施，对于城镇污水处理起到关键性作用。从近几年城镇污水处理厂的发展情况来看，污水处理事业受到了政府的重视，并且大力推进污水处理厂的建设，但是生活污水的处理率在 2008 年仅达到 57.4%（环保部，2008 环境统计公报），污水处理率较低。城镇污水处理厂接收大部分的城市生活污水和一部分的工业废水。环保部对生活污水有单独的统计数据。查阅具体的统计数据如图 1 和表 1 所示。

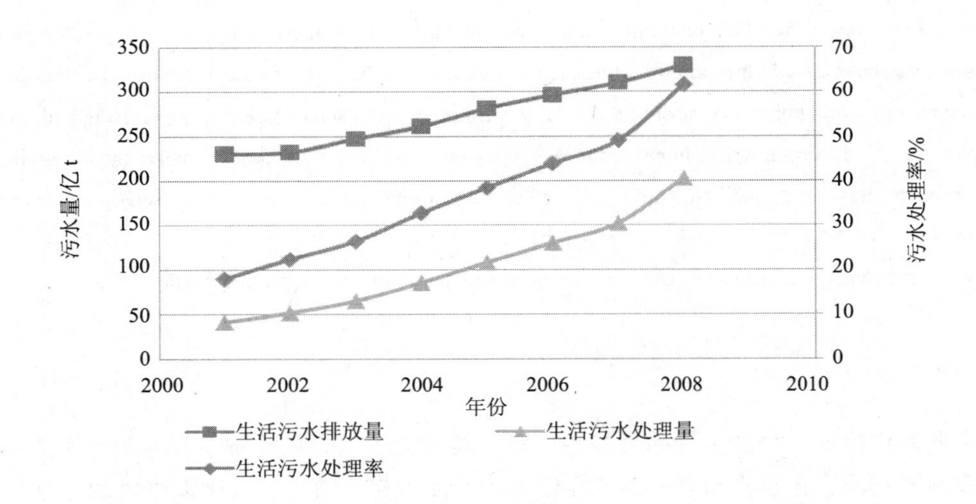

图 1　2001—2008 年生活污水排放量、处理量、处理率

表 1　2001—2008 年城市污水处理量、污水处理厂设计处理能力、负荷、处理厂座数①

年份	城市污水处理量/亿 t	城市污水处理厂设计日处理能力/（万 t/d）	城市污水处理厂全年理论处理能力/亿 t	城市污水处理厂负荷率/%	污水处理厂座数/座
2001	32.62	2 022	73.80	44.20	319
2002	63.28	2 544	92.86	68.15	418
2003	77.50	3 231	117.93	65.72	511
2004	101.44	4 255	155.31	65.31	637
2005	128.71	5 220	190.53	67.55	764
2006	163.01	6 360	232.14	70.22	937
2007	190.4	7 579	276.63	68.83	1 258
2008	237.3	9 079	331.38	71.61	1 692

由以上数据分析，可得出以下推论：

（1）生活污水处理量在增加，但处理率普遍低下，仍有大量污水未经处理直接排放，严重危害水体健康。

（2）城市污水处理厂负荷率普遍处于 60%～70%，负荷率较低，意味着大量污水处理厂未能按照设计运营，导致大量污水未达标排放，同时造成了极大的资源浪费。

（3）将城市污水处理厂设计处理能力数据和生活污水排放量的数据进行对比，可见设计处理能力（2008 年，331.38 亿 t）已经达到了处理所有排放生活污水（2008 年，330 亿 t）

① 图 1 和表 1 中生活污水排放量、生活污水处理量、城市污水处理量、城市污水处理厂设计处理能力（万 t/d）、污水处理厂座数数据来源于环保部网站《中国环境统计年报》，生活污水处理率（%，生活污水处理量/生活污水排放量）、城市污水处理厂全年理论处理能力（亿 t，为日处理能力乘以 365 d）、城市污水处理厂负荷率（%，生活污水处理量/城市污水处理厂全年理论处理能力）为计算值。计算值与直接统计数据有一定的差异（统计年报所示 2008 年生活污水处理率为 57.4%）。

的能力。参考污水处理厂座数随年度增长（见图 2），可以看出，污水处理厂建设数目在快速增长，且每年新增数目越来越大，即仍然在加大建设力度。直观地比较 2007—2008 年，污水处理厂数量增加了 25%，设计能力增加了 16.5%，而污水处理量增加了 20%。这样的建设步伐和负荷率形成了鲜明的对比。基础设施重复建设状况严重。负荷率低的本质问题却没有改变。

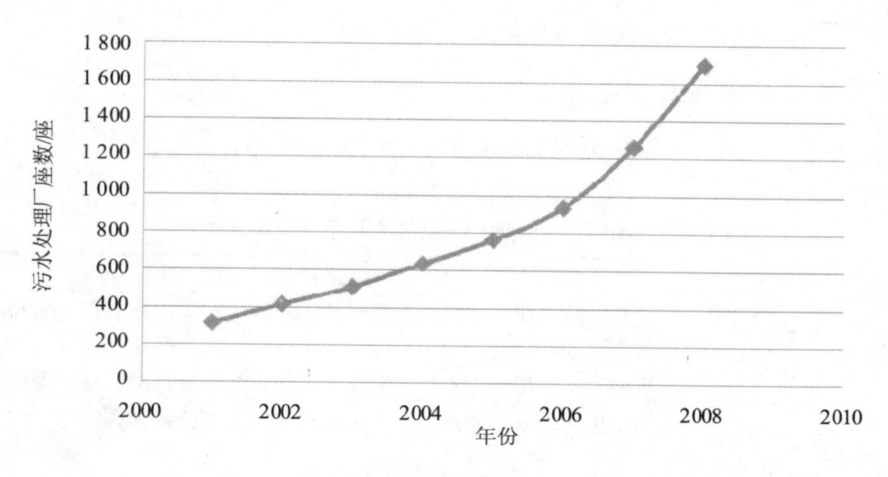

图 2 2001—2008 年污水处理厂座数变化

1.2 文献综述

关于城镇污水处理率低的相关研究主要集中在两类问题上。第一类是关于目前城镇污水处理厂建设运营的现状问题讨论，第二类是城镇污水处理厂建设运营情况的改善方案。

第一类研究的主要观点为：①污水处理技术落后，与发达国家相比，技术上有较大差异，我们采用的处理技术效果较差，运行不稳定；部分污水处理厂，设计处理能力与实际处理能力有差异，设计功能常因各种问题阻碍而无法实现。例如，工艺的不稳定性，水质较差的工业废水的排入，技术人员的操作问题等，导致污水处理厂实际负荷低[1]。②资金缺乏，地方财政对于城镇污水处理负责，由地方财政来投资运营当地污水处理厂，压力较大，由于资金缺乏也导致大部分污水处理厂建成后闲置[2]。③管理不善，污水处理厂建成运营的过程中，总是出现各种问题导致污水处理厂停运等事故，同时相关技术人员素质较低，不能够良好地管理污水处理厂[3]。

第二类研究的主要观点为：①基于污水处理厂缺乏资金的角度看，筹集资金的一个有效模式即为污水处理厂建设运营的市场化方案探索[4]，即 BOT（built，operate，transfer）模式[5]，同时有其他污水处理厂民营化的改革建议[6]。②提出加强体制监管，技术进步和技术人员进步。从微观的角度提出要加强技术进步，从而提高污水处理厂运营的稳定性和有效性，技术人员的素质提高也有助于正常运营[7]。③关于污水处理规模效应的讨论。提出最优的建设规模[8]，不提倡超大型污水处理厂的建设，一定程度建议污水分散化处理，并研究了其可行性和效益。④学习国外的先进经验[9]。将我国城镇污水处理厂现状与欧美国家[10]，日本等作比较，提出学习国外先进经验的建议。

总的来说，已有研究在定性分析基础上认识到了我国目前城镇污水处理的主要问题，并针对问题提出了一些合理建议，为本研究提供了有力的背景支持，但是未对我国城镇污水处理厂相关政策进行完整的梳理和系统分析。

鉴于目前我国城镇污水处理厂存在的亟待改进的问题，从政策层面上对国家提出的相关政策法规进行梳理分析[11]。本文将从相关责任人及责任机制、政策框架梳理、政策手段、信息机制、资金机制和监督机制等方面进行详细分析。

1.3 相关责任人及责任机制分析

与城镇污水处理相关责任人及其责任机制分析主要如表 2 所示。

表 2 城镇污水处理相关责任人及责任机制分析

相关责任人	角色	主要行为和责任
中央政府	决策者 监督者	制定相关的法律、规范，规范城镇污水处理行为，处理相关的利益分配； 监督污水处理效果； 负责协调全国城镇污水处理情况，根据具体情况提出目标、调整政策
地方政府	次级决策者 政策执行者 监督者	根据中央文件规范制定本地相关问题的实施规范细则； 规范本地污水处理事宜； 贯彻实施相关规定，进行规划建设； 监督污水处理效果
污水处理厂运营单位	守法者	在遵守当地相关法律法规的情况下合法建设运营污水处理厂； 接受环境监测和核查，配合监督； 提供相关数据信息； 负责污水处理设施的建设运行和管理
工业企业	守法者	向当地污水处理厂按规定水质要求排放工业废水； 缴纳污水处理费
公众	守法者 监督者	向当地污水处理厂排放污水； 缴纳污水处理费； 水环境的受益或受害者； 环境保护监督

1.4 政策框架分析

梳理相关政策体系的详细内容有助于理清国家政策制定的思路，分析其效果。表 3 列出了详细的有关城镇污水处理厂运营相关的政策体系清单。

综合相关政策法规，可以看出污水处理厂运营的政策体系有如下一些问题：

（1）政策体系不完整。城镇污水处理事业涉及从规划设计，到建设运营，到管理核查的整个过程。相关方面都应该有详细规定。在已有政策框架下，仅在《中华人民共和国水污染防治法》中提出，城市生活污水应当集中处理。在下一层次的文件中，在城市规划中提出，期望生活污水处理率在 2010 年达到 60%，排放标准规定了污水处理厂排水的排放标准；除此之外，没有任何详细明文规定。由于城市污水处理厂的特殊性，它不作为一般的工业污染源看待，因此，在城镇污水处理的整个过程中存在着很多需要明确的问题，例如，污水处理厂的监测规范，监测方案，限期治理方案，停运申报制度，监督核查制度，污水处理费用定价和收取原则，生活污水收集管网限期建设等。由于详细规范的缺乏，导致地方政府权力过大，关于污水达标排放的执行力弱。

表3　城镇污水处理厂紧密相关政策体系清单

分类	名称	颁布部门	实施机构
法律	中华人民共和国水污染防治法（2008）	全国人大常委会	各级环境保护机构
	中华人民共和国环境保护法（1989）		
	中华人民共和国环境影响评价法（2002）		
办法	城镇污水处理设施配套管网以奖代补资金管理暂行办法（2007）	财政部	部分地区各级财政部门
标准	地表水环境质量标准（2003）	环保部	各级环境保护机构
	水环境监测方法标准（2009）		
	城镇污水处理厂污染物排放标准（2002）		
其他	各地方城市污水处理费用征收办法、城镇污水处理厂运行监督管理办法[12]	各城市环保局	
	城镇污水处理厂污泥处理处置及污染防治技术政策（试行）（2009）	环保部	

资料来源：中华人民共和国环境保护部网站 http：//zfs.mep.gov.cn/。

（2）政策执行层次不合理。中央政府仅提出了加强城镇污水处理的大目标，而把基本的处理职责分配给地方政府，地方政府来确定所有的实施细则并负担大部分污水处理费用。但是，污水处理的受害和受益者均是流域性的，污水处理具有跨省外部性，以各地方城市行政单位为管理主体不合理。由于外部性关系也必将产生，地方政府利益取舍之下的严重问题。

1.5 政策手段分析

环境政策手段主要是经典的三类，城镇污水处理已有政策框架下的主要政策手段如表4所示。

表4　城镇污水处理相关政策手段

命令控制型	达标排放； 排污许可、污染物申报
劝说鼓励型	鼓励节水、中水回用
经济刺激型	排污费、污水处理费； BOT 模式； 以奖代补（配套管网）； 污水处理设施的财政和税收优惠

城镇污水处理厂建设运营相关政策中，主要是命令控制型手段，其中最重要的控制方

式为污水达标排放，并有专门的污水处理厂排放标准，但是此类命令控制型手段由于规定不清晰，其执行力不足。首先由于污水处理厂的特殊性，不需要交纳排污费，没有了排污收费制度下的排污核查，为其不达标排放给予了宽松的环境；同时，由于达标排放停留在年平均达标排放，为其一段时间的不达标排放给予了宽松环境。其次，由于执行层级的不合理，地方政府监督不力，导致实际处理量通常远小于规划设计处理量，造成水污染。

劝说鼓励型手段较少，停留在概念上，没有实质的鼓励奖励措施促进节水和中水回用。在某些大学校园生活污水的回用已经做得很成熟，且具有良好的经济和环境效益，但却在社会上推广很少。

经济刺激型手段类型多，但由于污水处理行业的强烈外部性和制度不成熟，效果受限。

总之，加强三类手段的执行力是当务之急。

1.6 信息机制分析

信息不对称是环境外部性产生的重要原因之一，也是环境政策所要解决的主要问题之一。信息不流通的一个重要表现在于决策过程中。政策的决策机制决定了政策的公平性和合理性。在我国有关城镇污水处理相关决策的主体为政府，包括中央政府和地方政府。中央政府决策确定方向目标，地方政府根据当地实际情况制定具体实施细则。

理想的环境决策，应当所有相关责任人共同协商达到一个各方都满意的结果，但在实际的决策过程中，公众、城镇污水处理相关企业、排污企业几乎没有参与。公众无参与，决策依据信息不公开，导致政府的决策没有公众监督和建议的过程，其正确与否、有效与否，政府无须承担责任，导致部分政策失效，浪费资源。例如，从数据研究中我们发现，已建设的污水处理厂设计处理能力已经达到了需求，但建设污水处理厂的数目还在快速增加，一个地区是否需要继续建设污水处理厂，是值得探讨的问题。而不应当因为地方政府的政绩要求等原因而建设。又如，工业的吨污水处理费用是生活吨污水处理费用的40%，这一直接与公众和企业利益相关的决策，没有详细的决策依据和公示。

城镇污水处理费用更是一个典型的事例。是否缴纳污水处理费，缴纳额度多少，作为利益相关方之一的公众，没有参与。在公众缴纳了污水处理费用后，有权知晓污水是否被处理、是否被完全处理、是否完全达标排放，污水处理费是否被专款专用。但信息不公开，污水处理厂的日常运营状况并不为公众所知，地方政府和污水处理运营单位出于利益问题的怠惰无法得到监督，公众巨大的监督效用无法发挥。

另外，城镇污水处理厂监测制度不完善，监测数据披露问题未解决；污水处理厂运营中还存在着由于不符合入水标准的工业废水的进入，导致污水处理厂处理能力破坏的问题，因此，排入污水处理厂的工业废水源的监测信息也非常重要。有必要将监测数据与污水处理厂实时沟通，以应对突发事件。

1.7 资金机制分析

我国污水处理厂多为事业单位，建设运营依赖地方财政。虽然国家已提供部分资金用于污水处理厂建设，但地方财政仍然需要大量配套资金确保运营。

水务市场化吸引私人资本进入是解决资金问题的重要手段。近年来兴起的 BOT 运营模式，在一定程度上为污水处理厂建设运营提供了资金支持。但是，由于该行业的特殊性，政府仍需进行一定程度补贴。同时，长期合同形式对政府管理体制要求很高，没有体制保障下的市场化，会出现很大问题[13]。短期租赁合同也需要政府提供资金保障。

污水处理费的收取能一定程度填补运营成本，但目前由于污水处理费收取的额度[14]，以及有效收取程度，并不能涵盖运营成本，资金缺口很大。

无论是否民营化，鉴于目前的市场化程度和方式，政府仍旧需要大笔资金买单。由于地方政府自建设、自监管，成本高，普遍缺乏治理积极性，城市生活污水收集管网建设不到位，污水收集率低；管制放松，污水处理设施运营比例低，即负荷率低。

因此，解决资金问题是根本。出于污水处理的外部性，应当由国家承担责任。改进污水处理厂的资金运作方式，完善国家的城镇污水处理专项资金制度，提高资金使用效率，杜绝由于资金不足造成污水处理厂停运的现象。专项资金的使用过程中，应当由环保部管理，对其专项支出用途信息公开，接受公众监督。

1.8 监督机制分析

中央政府制定规范，提供资金援助，地方政府负责具体建设运营管理。地方上，由城市建设部门负责污水处理厂的建设和运营，城市环保局对水质排放等进行监督。城市建设部门确定污水处理厂市场化模式的选择运用。在当前的政策框架下对整个过程的监管制度欠妥。

决策层面上，决策信息不公开，决策的过程中关于决策的合理性、有效性难以考证。污水处理厂的建设合理与否，效益是否满足要求，还是超过要求重复建设。由于环评制度缺乏影响力，存在着建设大型污水处理厂的趋势，但这项决策是效率低下的[15]。为争取国家的资金，很多地方政府为政绩重污水处理厂数量建设而轻质量和运营。

执行层面上，中央政府核查力度低，规范粗略，对污水处理厂的运营现状缺乏监管，事故处罚力度低于运营企业相关收益。相关的排污申报、“三同时”等措施鉴于污水处理厂的特殊性，未有效实施。地方上，城建部门负责建设，环保局监管。但环保局与建设部门属于同级政府部门，共同效力于地方政府利益，利益相关方和监督者不分，地方政府很难实现良好的自监督。同时监管规范缺乏，给执行部门很大的自由度，违规停运、违规排放严重。标准为年平均，一段时间的不达标排放显示不出相关问题。相关数据上报制度不明，真实性有待考证。

公众监督方面，由于信息不公开，公众缺乏参与途径，监督效能低下。如“信息机制分析”部分所述。

总的来说，相关的法律法规不健全，缺乏权威的第三方监管，缺乏有效明确的执行核查机制。

2 政策设计

基于以上政策体系的分析，试图提出一些有效的政策设计方案和建议。

2.1 政策设计目标

政策设计目标应当分层次、分阶段明确。目前我国对于城镇污水处理事业并没有明确的目标。整个关于城镇污水处理的长期目标、短期目标体系未形成，例如，保护和改善环境到什么程度，城镇污水处理厂污染物排放控制到什么程度，达标排放到什么程度，污水资源化利用比例达到什么程度均没有明确说明。从微观的具体问题来说，例如，一些城镇污水处理厂不能够做到达标排放，责罚机制不明，排放标准设定为一个“一刀切”的限值，并定位在全年水平上的平均达标排放，明显解决不了水环境污染的问题。

鉴于此，设计城镇污水处理厂建设运营管理专项条例目标如下：总体目标为实现可持续发展，保护水环境质量，确保其物理的、化学的和生物的性能良好，保护人体健康；城镇污水处理目标为 5 年内完成城镇生活污水收集系统的 100%覆盖，运营不合格的污水处理厂改建，城镇生活污水的 100%收集和处理，并 100%达标排放。

2.2 政策设计建议

在设计的政策目标基础上，针对目前城市污水收集率低、处理率低、运行负荷率低的现状，提出以下建议。

（1）资金问题是关键。以国家为主导，完善城镇污水处理厂专项资金制度。将城镇污水处理执行主导权转向国家，国家制定详细实施方案，减小地方的自主性，将地方政府角色划归为监督者，脱离利益相关方，受中央政府委托执行相关政策。国家专项拨款作为建设污水处理厂事业启动资金，增强竞争吸引力，吸引私人资本共同构成专项资金。排除地方政府利益相关方。针对污水收集管网系统建设，推进以奖代补策略，督促地方政府的建设。

（2）解决无详细法规可依的问题，建立健全污水处理相关法规体系。首先，建立城镇污水处理厂建设专项法规，对城镇污水处理厂建设的决策，资金流，运营管理责任单位，监督方案，违法处置作详细规定。取消污水处理厂的特殊性地位，将其纳入一般工业点源控制体系，在工业点源控制中就排污费、排污申报、排污许可证、违规排放处罚措施对污水处理厂点源作明确合理的调整。其次，对污水处理排放相关的各种问题建立明确的改进方案。①对已有污水处理厂不达标排放的原因进行分析，针对存在技术问题的污水处理厂提供限期整治方案和过渡时期的管理原则，主要指过渡时期排放标准；②污水收集管网系统的限期完成 100%覆盖的建设方案，相关的资金分配奖惩措施；③污水处理费用的调整。在专项资金的体系下，污水处理费用收取采取公众参与的方式，协商确定合理价格的实施细则。同时对于污水处理费和排污费的协同作用，应当进行论证，确定合理的实施方案。

（3）解决管理体制的效率问题，加强监测核查和信息公开。在国家层面上制定明确规范。①制订合理的排放标准，对排放达标的要求提高到日水平，提高对运营企业的停运闲置责罚；②制订详细的监测方案，即污水处理厂排放水质的日监测方案、真实数据的处理和上报方案；③制订核查方案，即对污水处理厂出水水质的核查实施细则，监督其运营状况；④制订信息公开条例，对污水处理厂的建设运营状况，监测核查数据信息在公众易获得的平台公示；⑤为保证污水处理厂的正常运营，对排入市政污水管网系统的工业废水源进行实时监测，并将监测结果与污水处理厂沟通，以控制不合格工业废水排入导致的污水处理厂不正常运营。

（4）鼓励污水预处理与回用，从污水减量化、资源化的角度减轻大型污水处理厂的运营难度。可行建议包括制定集中居民区、办公区，轻度生活污水预处理和回用系统建设鼓励办法，使用专项资金推进建设；进行雨污分流系统的限期建设，减轻污水集中处理的压力。

参考文献

[1] 董文福. 我国城市污水处理厂现状、存在问题及对策研究[J]. 环境科学导刊，2008，3（27）：40-42.

[2] 何士龙，王丽萍，等. 我国城市污水处理厂的建设发展及运行管理[J]. 能源环境保护，2003，3：13-16.

[3] 夏加华，罗江明. 南京市城市污水处理厂运行中存在的问题及对策[J]. 中国给水排水，2007，24（23）：12-15.

[4] 常抄. 我国污水处理厂 BOT 项目建设现状分析[J]. 环境经济，2006，10：46-51.

[5] 吕洪德. BOT 方式建设小城镇污水处理厂的探讨[J]. 广州大学学报，2006，2：63-66.

[6] 楼铭育. 探讨城市污水处理的民营化[J]. 中国给水排水，2002，6：23-25.

[7] 孙振世，陆芳. 我国城市污水处理厂运行状况及加强监管对策[J]. 中国环境管理，2003，5（22）：1-2.

[8] 陈洪斌. 集中式污水处理系统的最佳规模研究[J]. 中国给水排水，2006，21（22）：26-30.

[9] 刘鸿志. 国外城市污水处理厂的建设及运行管理[J]. 世界环境，2000，1：31-33.

[10] Hans-peterluhr. 欧盟成员国有关污水处理的政策与立法[J]. 中国环保产业，2003，2：34-36.

[11] 宋国君，等. 环境政策分析[M]. 北京：化学工业出版社，2008.

[12] 湖北省城镇污水处理厂运行监督管理办法（试行）. 湖北省人民政府公报，2010，1：46-48.

[13] 刘平养，李慧，等. 我国中小城镇污水处理厂管理运营的市场化模式探讨[J]. 生产力研究，2010，1：157-159.

[14] 赵步超. 污水处理服务收费的测算与调价[J]. 给水排水，2009（25）：165-167.

[15] 褚俊英，陈吉宁，等. 城市污水处理厂规模与效率研究[J]. 中国给水排水，2004，5：35-38.

美国污水处理行业运营管理经验

Operation and Management Experience of Sewage Treatment Industry in USA

熊 英[①] 吴 健 俞东芳
（中国人民大学环境学院，北京 100872）

摘 要：针对目前我国污水处理行业改革的实践，本文研究了美国污水处理行业运营管理经验，探讨了美国污水处理行业的运营模式、管理体制、成本与价格监管制度以及环境监管方式。最后，提出了美国经验对我国污水处理行业改革的启示。
关键词：污水处理 运营管理 美国经验

Abstract: For the practice of the reform of the sewage treatment industry in China，the paper researched the operation management experiences by discussing the operation mode，management system，costs and prices regulatory system and environment regulation of sewage treatment industry in U S A. At last，this paper analysed the importance of the American experiences for China.
Key words: Sewage treatment Operation management American experience

前 言

目前我国的污水处理市场正处于快速发展阶段，因此，借鉴世界各国水务行业发展的经验，尤其是分析美国污水处理行业的发展状况，对于拓宽该行业发展的视野、加深对该行业改革的认识将有很大帮助。

1 美国污水处理厂运营模式

美国污水处理行业的运营模式经历了“公有—私有—私有与公有并驾齐驱—公有为主导”的发展历程。美国真正意义上的污水处理厂始建于19世纪80年代中期，开始就是与

① 作者简介：熊英，1987年9月生，中国人民大学环境学院人口、资源与环境经济学硕士研究生。研究领域：环境经济与政策。地址：北京市海淀区中关村大街59号中国人民大学知行1楼802室；邮编：100872；电话：010-62515115；电子邮箱：cat107119968@sina.com。

街道、排水管网一起由地方政府负责建设，因而大部分是公有的。在20世纪初期，州政府由于财力有限，联邦政府的补助很少，为解决污水处理服务供给问题，地方政府采取与私营公司签订长期合同的方式，由私人企业负责建设和运营污水处理基础设施。然而私营机构追逐利润的倾向没有得到有效制约，偏远地区设施缺乏、服务价格高、质量差等一系列问题暴露出来[1]。到了20世纪70年代，联邦政府投入大量资金用于建设污水处理厂，该时期是新厂建设和旧厂改、扩建的高峰期。

1987年，美国开始实施《清洁水法》，该法律授权联邦政府为各州设立一个滚动基金来资助它们实施污水处理以及相关的环保项目。滚动基金是联邦政府最大的污水处理资助项目。在滚动基金中，资金来自联邦政府、州政府（每个公共污水处理厂贷款建设项目，当地州政府需提供20%的匹配资金）、债券发行、贷款的偿还和利润等。截至2004年，美国国会已拨款237亿美元给滚动基金，滚动基金共为公共污水处理项目提供了479亿美元的贷款[2]。公有污水处理厂有稳定的建设资金来源，又由于私有企业经营管理不善，成本过高，财政补贴过高，难以达到国家规定的水质标准和公共服务要求等问题，美国政府在研究其水行业市场化的特点后，又转变为公有运营为主导。

目前美国的污水处理厂运营模式分为以下三种：

（1）公有公营。美国污水处理厂多采用这种形式，95%的污水处理服务由公有企业提供[3]，其主要原因是，①公有部门对污水处理厂的管制严格，污水处理厂的利润水平在美国并不是很高，私人企业获利机会小，因而进入该行业的刺激有限；②污水处理厂的投资成本太大，私人企业一般无法承担巨额投资费用，而只能由公有部门进行投资。此外，为降低运营成本，私人企业运行时会按最低排水标准来处理污水，公有部门为维护公共利益通常会承担起经营责任。

（2）公有私营。这些污水处理厂由公有部门建造，委托给私人企业经营并受到公有部门的监督。采用这种形式的污水处理厂为追求利润最大化，通常会有扩大资本投资或压缩运行和维修成本的动机，来增加赢利。

（3）私有私营。在美国，供水公司主要以这种形式经营，污水处理厂很少采用这种形式。污水处理厂私有化目前在美国不常见，主要是由于公有部门在最近十几年以来一直在不断提高效率，因此，私有化的运营效率优势并不显著。公有部门提高效率的途径主要包括适当进行裁员，给职工提供培训项目，采取措施提高企业职工的素质，提高企业自动化程度，不断采用新技术等。

2 美国污水处理行业管理体制

美国的水资源开发利用及管理由联邦政府、州政府及地方机构三级负责，各级的管理权限十分明确。在联邦政府层级，国家环保局在《清洁水法》《安全饮用水法》等法案下，设立并管理许多与污水处理系统管理相关的计划和项目。州和民族地区则是由州或民族地区公共卫生局负责制定规章，该地区的管理部门来执行污水处理系统的建设与运营。县级政府和市、镇、村主要担负管理辖区内分散污水治理的职责。另外，各州还可以根据需要设置特殊目的区，负责实施某一区域的污水治理。

在美国，民间组织也是一个确保污水处理系统有效实施的组成，管理部门可以同具有资质的民间管理实体签订合同，委托其完成污水处理系统的规划、评估、技术咨询或培训等工作[4]。

公有公营形式的污水处理厂是由当地卫生局管理运营，市政议会审批价格，进水水质需由卫生局发放许可证，而污水处理厂自行检测来水水质，确保进水水质不超过规定的标准。出水水质受卫生局、国家环保局以及社会环保人士的监管，确保公众利益。

公有私营形式的污水处理厂，以加州 West Basin 市为例，公有私营污水处理厂的所有权归市政水务区（MWD，Municipal Water District），其将污水处理的生产过程委托给私人企业进行运营，私人企业在运行管理以及水价定价方面也受到 West Basin 市政水务区的监管。1996 年，美国经济不景气，Hyperion 污水处理厂当时经营困难，就委托一个私人企业运营。私人企业每年给 Hyperion 污水处理厂一笔钱以换取经营权，而该私人企业拥有向居民和企业收费的权力。但在此过程中私人企业为追求利益最大化，在收入不能有所增加的情况下，尽量降低成本支出，因此，其服务质量较原先 Hyperion 污水处理厂的服务质量有较大的下降，例如，维修管道不及时甚至不作维修，对待水质达标问题，只以最低标准为限。而且私人企业其对设备没有持续投入的动力，待到合同期满，Hyperion 污水处理厂投入了较大的资金对设备进行更新和维护。鉴于这些问题，在该市其后的公有私营项目中，委托运营合同中都规定私人企业必须定期接受卫生局的审计，该审计主要是针对设备进行定时审计，检查私人企业是否对设备进行按时维修和必要的持续投入。

私有私营形式的企业如圣加布里埃尔山供水公司，其在成本定价方面受加州公共事业委员会监管。私有私营污水处理厂要受到来自州公共事业委员会的监管，以确保其能长期以合理价格提供服务。以加州公共事业委员会为例，其体制结构如图 1 所示。

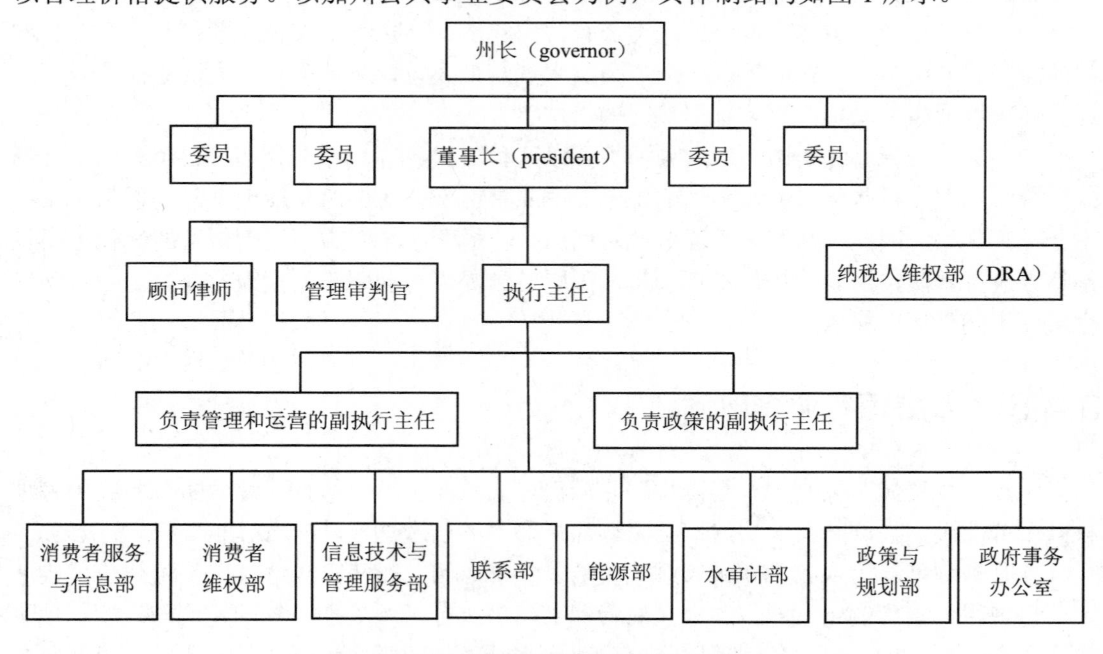

图 1 加州公共事业委员会组织结构

加州公共事业管理委员会中管理水业的主要是纳税人维权部（DRA）和水审计部，以及管理审判官。纳税人维权部（DRA）的责任是在公众收到可靠安全服务水平的前提下，代表消费者仔细检查加州大型水业企业的服务成本，尽可能地降低公司向消费者收取的服务费。而水审计部负责管理其他中小型（BCD）水业企业。

3 美国污水处理行业的成本约束与价格监管

美国污水处理服务费的制定不以赢利为目的，但必须保证投资的回收、运行维护管理和更新改造所需的开支。污水处理成本主要包括运行成本、维护成本、设备置换成本、债务支付。美国污水处理服务费采取的是投资回报率规制（Rate-return Regulation），即政府不直接制定城市自来水的最终价格，而是通过制定投资回报率来控制价格构成中的利润大小，从而实现对价格水平的间接控制。投资回报率规制是一种价格要素规制，即政府直接规制的是价格构成要素中的利润大小，而不是最终的价格水平[5]。

3.1 公有公营污水处理厂的成本与价格控制

以加州 Hyperion 污水处理厂为例，该厂的成本主要包括人员工资、设备运行和维护费用、研发人员的工资等，其中污水处理设施运营和维护成本在其中所占的比例不到 50%，主要是人力资源成本较高。加州市政水务区（MWD）对 Hyperion 污水处理厂的成本约束主要表现在如下几个方面。

（1）资金来源约束。Hyperion 污水处理厂支付成本的资金来源主要是发债和收费。发债情况主要取决于 Hyperion 污水处理厂的信用程度，而 Hyperion 污水处理厂要通过涨价来增加收入很不易，因此，主要通过省钱来控制成本。

Hyperion 污水处理厂会将每年的盈余形成基金，在运营困难时启用。但受目前美国经济危机的影响，洛杉矶市的工业企业不断减少，Hyperion 污水处理厂的污水处理量不断下降，收入减少。另外，节水器具的使用，使得居民用水也在下降。因此，目前 Hyperion 污水处理厂没有赢利，需要动用基金，但受卫生局的严格限制。

（2）考虑长远利益。在成本支出上，Hyperion 污水处理厂会考虑到长远利益。其花钱对厨余与污泥进行处理，生产沼气用以发电供污水处理厂自身使用，从而减少了电费成本的支出，还可销售给其他地方。虽然短期需要投资成本，但长期来说是有盈利的。

（3）管理体系约束。Hyperion 污水处理厂通过自身的管理体系进行成本约束，下级制定决策向上级进行报告，经上级批准后试行，但一旦试行失败，下级要承担一定的责任，因此，下级在向上级申请经费开发项目的时候会相当谨慎。

（4）关于技术成本。使用不同技术，污水处理成本会不一样。由于土地、时间等限制，采用更先进的技术可以解决这些限制，但会提高成本。而从长期来看，这部分提高的成本可以和土地租金等相抵消，因此，从长期来看，成本差异不会很大。

Hyperion 污水处理厂每年 7 月份会进行一次定价讨论，以上一年冬天的用水量为基础（此时用水量为全年最低，排除浇花用水等无须进行污水处理用途的水），参考全国定价水平（美国全国定价水平不一，差别很大，主要是受水质、电费、地区经济差异等因素影响），考虑所有需要的花费（人力成本、设备维修、电费等），根据零利润原则，按照需要调整水价。

如果 Hyperion 污水处理厂要求提价，则需通过卫生局向市长办公室提交申请材料。若市长办公室不批准，则只能等待来年再申请；若市长办公室批准涨价，则提案就会送到议会进行辩论投票，并且在议会辩论前会举行公众听证会。若议会辩论投票没有通过，则也只能等到来年再度申请，若议会辩论投票同意，则 Hyperion 污水处理厂才可以涨价。如果 Hyperion 污水处理厂得不到涨价的批准，为继续经营，Hyperion 污水处理厂不得不节约成本，如员工减少工作时间从而减少工资，设备延迟或不维修，管道破裂无人维修等，服务水平会下降。严格的价格调整程序使得 Hyperion 污水处理厂的涨价申请很难被通过，其已经维持 6 年价格不变。

3.2 公有私营污水处理厂的成本与价格控制

从 West Basin 市来看，West Basin 市政水务区是公有私营污水处理单位的管理者，其主要从以下几个方面来约束该类污水处理厂运营商的成本。

（1）预算约束。West Basin 市政水务区管理主要通过每年的预算对成本使用进行约束。West Basin 市政水务区管理的财政部会对下一财政年度的整个预算规定成本使用情况，West Basin 市政水务区管理会根据预算来安排成本的使用。下一年的财政预算以上一年的实际支出为基础，而实际支出也受财政预算的约束。

（2）公众约束。West Basin 市政水务区要由其董事会管理，而其董事会成员是由公众投票选举的，这在一定程度上决定了 West Basin 市政水务区的成本支出要受到公众监督的约束。

公有私营污水处理厂的污水处理服务价一般是通过市政府或者污水处理厂的董事会讨论决定。

3.3 私有私营污水处理厂的成本与价格控制

公共事业委员会主要通过规范私人企业合理节约成本、审查其投资必要性，来保证能够向公众提供一定质量的服务。

加州的公共事业委员会主要控制加州私人供水企业的水价。以服务的消费者数量超过 1 万人的私人供水企业为例，该类私人供水企业每 3 年可以进行一次涨价申请，如果涨价的幅度低于加州公共事业委员会规定的某一基准，则不需要通过申请，私人供水企业可以自行涨价，但由于基本上每个私人供水企业都会有需要对设备、人员等进行改进，需要增加较多的投资，而企业都会通过涨价的途径去维持其一定的投资回报率。因此，一般私人供水企业涨价的幅度都会超过基准。

纳税人维权部（DRA）会对私人供水企业提交的申请进行审核，审核其增加的成本，确定企业合理的投资回报率。合理的投资回报率并不是一个固定的比例，其受很多因素的影响，纳税人维权部（DRA）在衡量企业合理投资回报率的时候会参考其他企业的投资回报率，不仅仅是供水企业，还包括电力行业、天然气行业等，此外，纳税人维权部（DRA）会对该私人供水企业的成本进行审核，在保证不影响其服务质量的基础上尽可能地约束企业的成本，降低其花费，从而控制其价格。涨价申请材料是对公众公开的，申请涨价的私人供水部门会通知其消费者欲涨价，并举办公开会议（public meeting），讨论是否需要涨价。该会议由一个审判官（judge）主持，纳税人维权部（DRA）和私人供水企业的顾问会根据自己的立场和审判官（judge）进行辩论，审判官在听取双方意见的基础上决定涨价程序是否能进入下一个环节，并最终由加州公共事业委员会五位委员决定是否可以涨价。

对私人企业的价格控制主要由公众和政府双方进行控制，在维持其合理的投资回报率以及一定质量服务的基础上，尽可能降低私人企业的成本支出，控制其涨价动机，维护公共利益。

4 美国污水处理行业的环境监管

4.1 进水水质控制

进水水质控制主要是对工业企业排放的污水进行水质控制，如果进水水质不进行控制，将影响污水处理成本。美国污水处理厂运营商对进水水质的控制由运营商自己进行，主要采用如下三个途径。

（1）工业企业排污口处就有如遥控器等检测设备，检测水质，这样能明确每个工厂排放的污水水质，以便排放超标时明确责任方。

（2）污水处理厂内建有许多预处理设备，这些设备在处理之前也会对进厂的水质进行检测。

（3）污水处理厂内设有许多抽水站，抽水站对进厂污水进行水质检测，一旦发现问题就会及时将超标污水与普通污水隔离，并将这些超标污水输送到一些预设的设备中。

另外，排污许可证的发放也在进水水质控制上起到了一定的作用。美国排污许可证分为两种：一种是允许排放到天然水体的排污许可证，该证由联邦环境保护局发放；另一种排污许可证是由卫生局发放给排放污水到污水处理厂的排污单位。排污许可证保证了排放源在限期内达到出水限度和出水标准，对于水质控制起到了很好的作用。如果工业用户排放的污水超过了标准，将要向指定部门缴纳较多的罚款。

4.2 出水水质监管

美国联邦法律《清洁水法》规定了水污染物排放许可证制度，第402条规定，任何人从一个点源排放任何污染物进入美国的水域（waters），必须获得“国家污染物排放清除系统”（the National Pollutant Discharge Elimination System，NPDES）许可证，否则，即属违法。其中点源是指市政废水处理设施、市政和工业暴雨排放设施、工商业排放设施和集中的动物饲养业排放设施以及进入沼泽地的疏浚排放和填充物等[6]。因此，污水处理厂最后的出水水质也受到联邦排污许可证制度的制约，其排放水质需要满足《清洁水法》的规定。

美国污水处理厂内本身设有实验室，专门测定出水水质。该实验室直接隶属于卫生局，与污水处理厂形成独立关系。实验室定期检测污水处理厂出水水质，并形成报告上交到受环境保护局委托的特定部门，该部门受环境保护局委托发放排放许可证，并对持有排放许可证的单位定期收取其水质报告。

5 启示

美国作为推崇自由市场的发达国家，其污水处理行业的私有化程度却很低，从公有，到私有，再到公私并存但公有制为主导格局的形成，与美国政府对该行业的财政支持，良好的管理体制，有效的成本、价格控制和严格的环境监管密不可分。

由于中国地方政府财政能力有限，地方政府需要而且愿意接受私人资本的投入。同时，政府在价格控制与环境监管上的放松，导致私人企业也愿意加入到污水处理行业中。污水处理行业私有化运营方式在美国出现了追逐利润的问题，在中国也同样存在。因此，无论是公有制还是私有化，政府都需以最大限度地保证公众利益为前提。

参考文献

[1] 刘燕. 城市公用事业公私合作的博弈分析[J]. 世界经济情况，2009（8）：59-63.

[2] Federally Supported Water Supply and Wastewater Treatment Programs. 2005.

[3] 秦虹，盛洪. 市政公用事业监管的国际经验及对中国的借鉴[J]. 城市发展研究，2006，13（1）：57-62.

[4] 范彬. 美国乡村污水管理经验与启示[J]. 水工业市场，2009（10）：30-33.

[5] 朱晓林. 美国自来水业规制体系改革与绩效分析[J]. 经济研究导刊，2009（11）：250-252.

[6] 陈冬. 中美水污染物排放许可证制度之比较[J]. 国际合作与交流，2005（12）：75-77.

国内外水资源管理模式对比研究①

Comparative Study of Chinese and Foreign Models of Water Resource Management

杜桂荣　宋金娜　孙雅智　张丹丹
（哈尔滨工业大学深圳研究生院城市规划与经济管理学科部）

摘　要：饮用水安全越来越受到人们的重视，而水资源管理是国家饮用水安全的重要保证，为了进一步完善我国饮用水安全管理体制，本文分析了美国、日本、新加坡、英国、法国五个国家的水资源管理模式，同时分析了国内水资源管理模式，并将国内外水资源管理模式进行对比研究，从而为我国水资源管理模式的优化提出了建议。

关键词：水资源　管理模式　流域管理　部门职责　监督

Abstract: People pay more attention on the safety of drinking-water. Water resource management is the significant guarantee of the safety of national drinking-water. In order to improve our country' s system of management of drinking-water safety, this paper studies the water resource management system of America, Japan, England, France and Singapore, at the same time, studies the domestic water resource management model, and makes the comparison of these models. Then proposals are made for our country's management system of water resource.

Key words: Water resource　Management model　Watershed management　Department function　Duty

前　言

水对人类的生存和发展具有不可替代的地位和作用，水既是生命之源，又是经济发展的重要资源。全球水环境的普遍恶化引发了饮用水安全问题。据世界卫生组织统计，世界上人类80%的疾病、50%的癌症都是饮用水污染引起的。长期饮用不洁的水，有害物质在人体内逐渐积累，将会不同程度地诱发各种急性、慢性疾病，如心血管病、恶性肿瘤、肠胃病、皮肤病等。因此，改善饮用水水质，保证人们的饮用水质量是一个十分重要的问题。在对饮用水质量的可持续利用的关注中，首要的是饮用水安全问题，联合国千年发展目标

---

① 饮用水安全管理保障机制与政策示范研究子课题一。

中，规定到 2015 年将得不到安全饮用水的人数减半；在可持续发展世界首脑会议实施计划中，规定将得不到基本卫生条件的人数减半。对于如何提供安全的饮用水并实现可持续利用，联合国指出，提升技术水平，加强政府管理和提高普通公众的水意识对 21 世纪水环境的改善将产生直接的影响。

我国是拥有 13 亿人口的发展中国家，人均淡水资源量仅仅是世界平均水平的 1/4，成为世界上最贫水的 13 个国家之一，目前仍有 3 亿多人口存在饮水不安全问题。做好饮用水安全工作，是关系人民健康、社会稳定和经济社会可持续发展的大事。而建立与我国管理体制相适应的水资源管理模式是保证饮用水安全的前提，有了良好的管理模式，才能有效地保护饮用水安全，确保饮用水安全工作的有效实施。因此，有效地改善水资源管理模式已成为紧迫的任务，发展适应饮用水安全水资源管理的新模式、新思想，进而建立完善的实施保障体系来保障饮用水安全。

本文通过对官方文件、文献、学术调查、研究报告、国家部门官方网站等信息的研究，从管理背景、管理机构和监督 3 个方面分析了国外的水资源管理模式，同时从监督、管理等方面分析了国内的水资源管理模式，在此基础上对我国水资源管理模式提出了建议。

1 国外水资源管理模式研究

近年来，饮用水安全问题受到世界各个国家的广泛关注，各国都注重不断完善水资源管理模式，不断地解决好本国的饮用水安全问题。特别是对水资源管理模式出现的问题都加以重视和研究，国外在 20 世纪初就开始建立水资源管理模式。国内理论界不少学者对国外水资源管理模式方法进行了研究，经过阅读这些文献，能够发现其中很多学者多次提到美国、英国、法国、日本、新加坡这几个国家的水资源管理模式，可见这些国家的水资源管理模式有其代表性，总结如下：

谢剑、王满船、王学军 2009 年提到英法两国以流域为基础管理的水资源，美国以州流域管理局管理水资源，新加坡整合水管理部门，日本中央和地方分工管理水资源[1]。

吴笑谦 2009 年提到发达国家政府管理模式的比较研究，其代表国家包括美国市场自发调节管理模式，英国政府引导管理模式[2]。

胡燮 2008 年提到法英美日四国的水资源管理是国际上在水环境管理方面比较有代表性的国家，各有各的水资源管理特点[3]。

张勇、常云昆 2006 年提到美国实行水资源分级管理体制，英国进行流域区域综合管理水资源管理体制[4]。

张平 2005 年提到美国在水资源管理方面加强制度建设，法国以流域为单位进行水资源管理[5]。

康洁 2004 年将美国和日本的水资源管理体制进行比较，提到“无论是水资源较为丰富的美国还是水资源相对紧缺的日本，都高度重视水资源问题”，形成各自代表性的水资源管理模式[6]。

景向上、刘旭、魏敬熙 2008 年提到以英国为例介绍以流域为基础的水资源管理模式的特点[7]。

矫勇、陈明忠、石波、孙平生2001年提到“英国实行的是中央对水资源按流域统一管理和水务私有化相结合的管理体制；法国则采用‘议会’式的流域委员会及其执行机构——流域水管局来统一管理流域水资源，城市水务并不像英国那样搞全面私有化，而是将其资产所有权转让给私营企业，实行有计划的委托管理”[8]。

1.1 以美国为代表的行政区域和地理流域管理相结合水资源管理模式

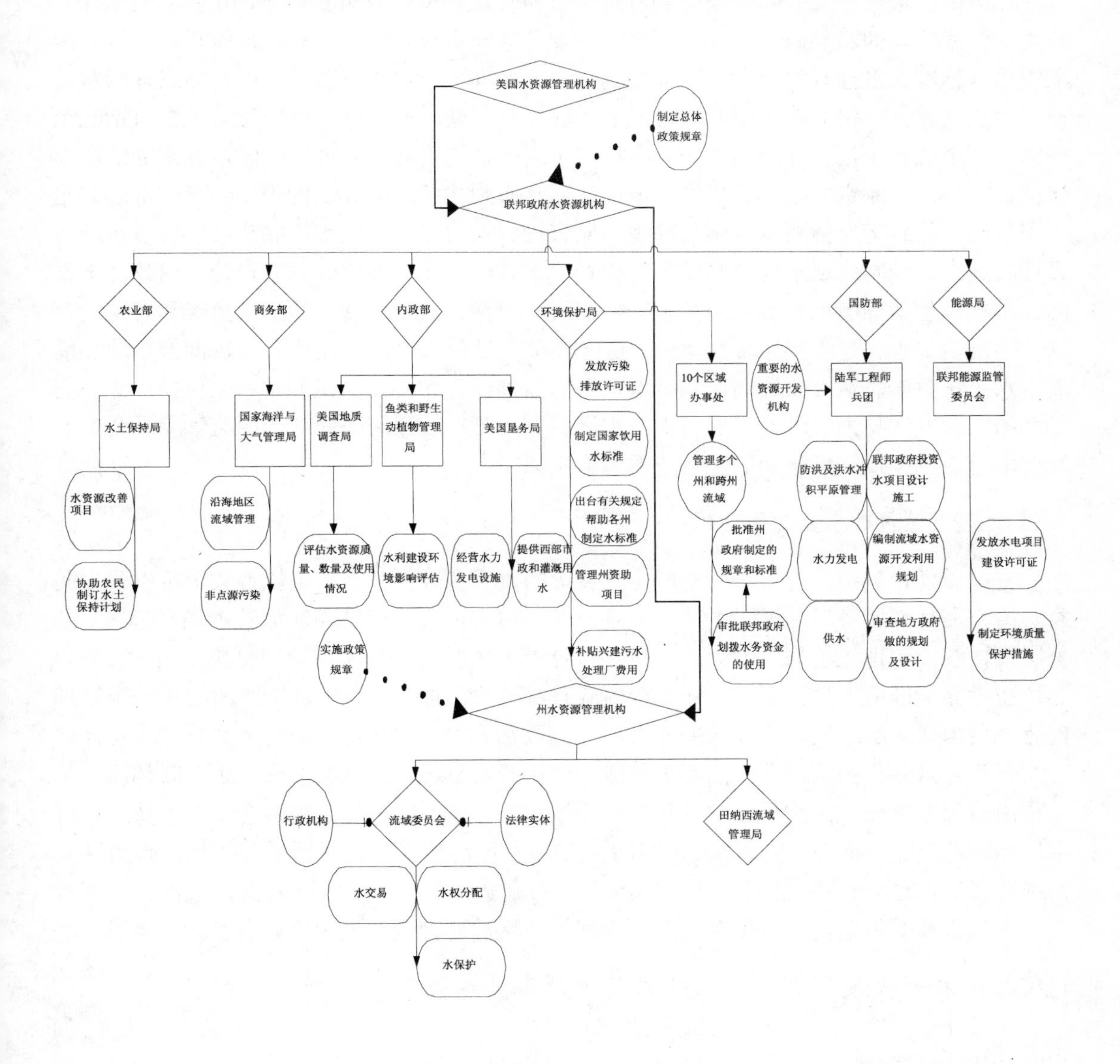

图1　美国水资源管理模式

1.1.1 管理模式背景

美国是联邦国家，各州在立法上与联邦政府平权，因而各州都根据自己的实际情况对水资源保护、开发利用等制定有不同标准的法律法规，由各州相应的水资源管理部门负责组织实施。同时，州水资源管理机构下设流域委员会和流域管理局，实施流域水资源管理，形成其在水资源管理上实行行政区域和地理流域管理相结合水资源管理模式。

1.1.2 行政区域水资源管理

在美国，根据宪法联邦政府负责制定水资源管理的总体政策和规章，由州负责实施。负责水资源管理的联邦政府机构有环境保护局，其职责包括发放污染排放许可证、制定国家饮用水标准、出台有关规定帮助各州制定水质标准、管理州资助项目以补贴兴建污水处理厂的费用等。环保局在全国设有 10 个区域性办事处。每个办事处的管辖范围包括几个州以及一个或几个横跨几个州的流域。相对于辖区范围内的各州而言，区域办事处的职权包括批准州政府制定的规章和标准、审批联邦政府划拨的水务资金的使用；国防部的陆军工程兵团，其职责包括防洪及洪水冲积平原管理、水力发电、供水、联邦政府投资水项目设计和施工、编制流域水资源开发利用规划、审查地方政府做的规划及设计；内政部下设的 3 个机构包括美国地质调查局负责评估水资源质量、数量及使用情况，鱼类和野生动植物管理局负责水利建设环境影响评估，垦务局负责经营水力发电设施和提供西部市政和灌溉用水；农业部的水土保持局主要负责水资源改善项目和协助农民制定水土保持计划；商务部的国家海洋与大气管理局负责沿海地区流域管理；能源局的联邦能源监管委员会负责发放水电项目建设许可证和制定环境质量保护措施[1]。

1.1.3 地理流域管理水资源管理机构

流域管理在美国已有多年历史。流域管理的模式多种多样，从组织形式上可以分为两类，第一类是流域管理局模式，第二类是流域委员会模式。田纳西流域管理局（TVA）是美国流域统一管理机构的典型代表，也是世界上诞生的第一个流域管理机构，由此发端，其后在世界范围内派生出了多元化的流域管理模式[9]。同时，为了解决跨州的水资源管理问题，美国建立了一些基于流域的水资源管理委员会[1]，它既是法律实体又是行政实体，由代表流域内各州和联邦政府的委员组成。各州的委员通常由州长担任，来自联邦政府的委员由美国总统任命。委员会的日常工作（技术、行政和管理）由委员会主任主持，在民主协商的基础上，起草《流域管理协议》，流域内各委员签字后开始试行，然后作为法案由国会通过。这样，《流域管理协议》就成为该流域管理的重要法律依据。根据其法律授权，流域管理委员会制定流域水资源综合规划，协调处理全流域的水资源管理事务[9]。

1.2 以日本为代表的分部门行政与集中协调的水资源管理模式

1.2.1 管理模式背景

日本水资源的开发有较悠久的历史。100 多年前，明治维新成功后，明治政府就模仿欧、美等先进国家的法律制度，公布并实行了《河川法》。从此，日本开始了管理江河水资源的历史。日本的水资源管理体制是分部门管理与集中协调的模式。这种管理体制强调各个水行政主管部门的分工协作，对日本的水资源保护和合理开发利用起着至关重要的作用。同时，为了有效地开发、利用、保护好有限的水资源，日本政府制订了较完善的水资源法律体系，各中央直属机构按照法律赋予的权限，依法行政，多家管理，但有条不紊[10]。

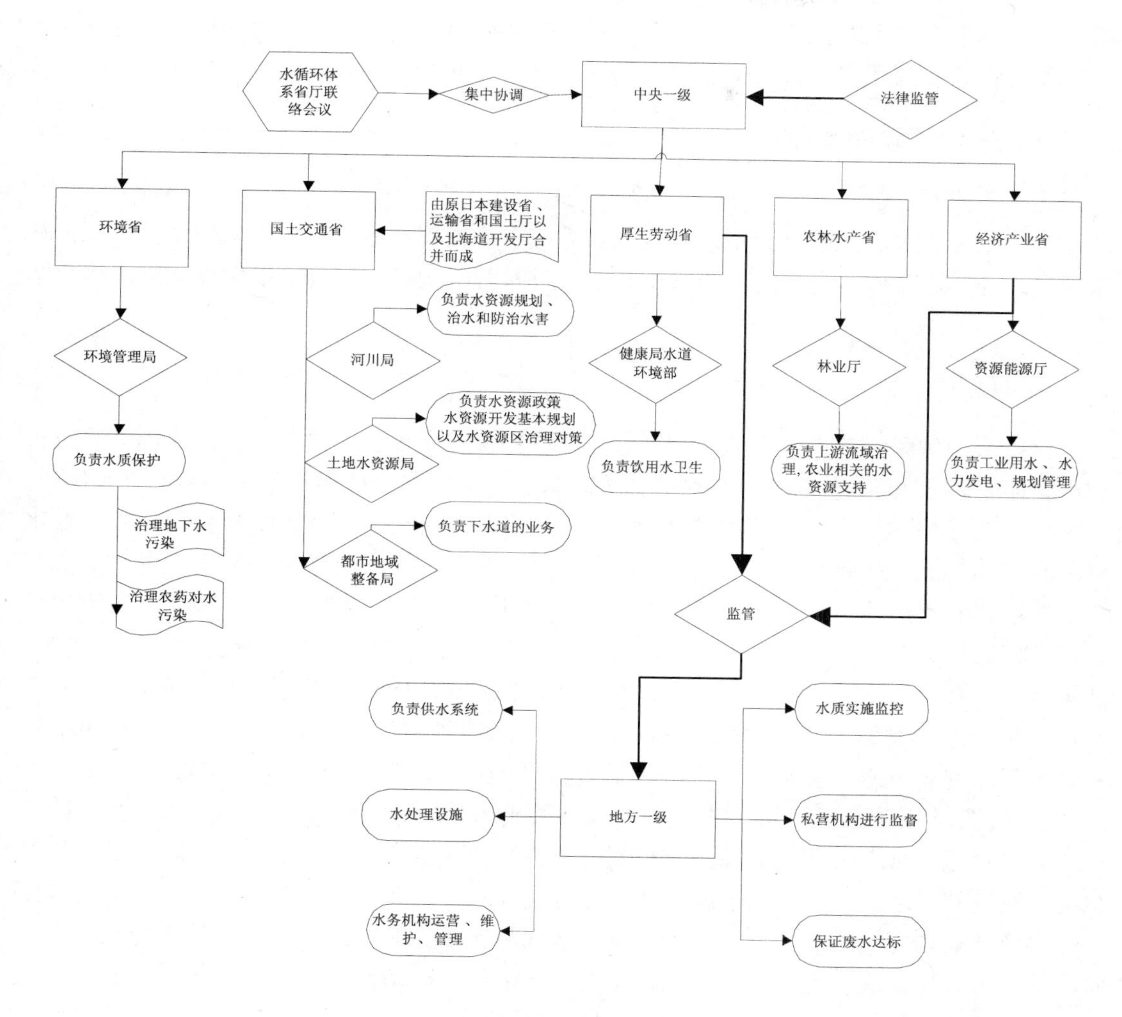

图 2　日本水资源管理模式

1.2.2 中央级水资源管理机构

中央政府主要负责制定和实施全国性的水资源政策、制定水资源开发和环境保护的总体规划[1]。中央级分别由五个省承担：治污由环境省负责；治水即防治水害，由国土交通省负责；用水根据用途不同分别由厚生劳动省、经济产业省和农林水产省负责。环境省设有环境管理局，负责制定环境标准、从事水环境的保护，治理土壤污染、农药对环境污染，制定地基沉降对策以及地下水污染对策等。国土交通省由原建设省、运输省和国土厅以及北海道开发厅合并而成，其中与水利相关的部门有河川局、土地水资源局和都市地域整备局。河川局保留了原建设省河川局的业务，负责治水和水土保持。土地水资源局负责主管水资源政策、水资源开发基本规划以及水源区治理对策等。都市地域整备局主要负责下水道业务。厚生劳动省，由原厚生省和劳动省合并而成，相当于我国的卫生部和劳动部。在其众多的业务中，与水利相关的是生活用水，具体工作由厚生劳动省健康局水道环境部负责[11]。农林水产省下设林业厅，负责上游流域的水治理和与农业相关的水资源支持。经济产业省的资源能源厅主要负责工业用水、水力发电与规划管理。

1.2.3 地方级水资源管理机构

地方级的都、道、府、县（相当于我国的省、市、自治区）均有相应的水利管理机构。地方政府则在中央政策的框架下，负责供水系统、水处理设施、水务机构的运营、维护和管理，此外，还对公共用水的水质实施监控，对私营机构进行监督，以保证其废水排放达标[1]。

1.2.4 监督管理

厚生劳动省和经济产业省对负责运营、维护和管理城市水务单位和设施的地方政府机构进行监管。同时，在水资源管理的相关法律制定也为日本的水资源管理起到了重要作用。日本水资源法律体系中最重要的法律是《河川法》，强调流域水资源统一管理与防洪及水资源利用的协调。根据《河川法》，中央政府对一级河川按流域范围确定管理者，负责有关的保护和整治活动。一级河川由建设大臣行使管理权，对“制定区间”内的一级河川可委任给该河川所在的都、道、府、县的首长行使管理权，但是流经两个以上都、道、府、县边界的二级河川则通过有关都、道、府、县首长协调规定管理方法。在《河川法》之下制定《水资源开发促进法》规定由内阁总理大臣规定“水资源开发水系”，以流域为基础制定水资源基本规划，并以此为指导协调各方面的利益。《河川法》以下制定的《水资源开发公团法》规定成立专门从事指定水系的水资源开发活动，以独立法人资格进行工程建设与运行管理。对于公害发生源具体控制权限的行使，则由地方一级所设的环境保护监管机构，通过都、道、府、县知事和市町村长官履行职责。环境厅与都、道、府、县知事和市町村及其长官之间相互独立，并无上下级领导关系，但环境厅可将部分权力交都、道、府、县、市町村及其长官行使，他们在法定规范内接受环境厅的领导和监督[12-13]。

1.2.5 水资源管理集中协调制度

由日本分部门管理水资源模式可以看出日本水资源管理模式与中国水资源管理模式有着相近之处，都属于“多头管水”，而为了解决这一问题，日本政府做了一些努力，提出了集中协调水资源管理模式，建立了相应的协调组织机构。为解决这种“多龙管水”体制自身固有的弊端，同时也建立了相应的协调机构，首先由国土交通省内设的水资源局负责水资源管理协调。同时，为了达到集中协调的效果，1998 年 8 月 31 日设立了由水资源相关的 6 个部门参加的“关于建立健全水循环体系的有关省厅联络会议，强调重视流域的观点，明确理解并评估水循环体系的机制，同时共有有关的信息，加强每一条流域内各主体单位的自觉努力，合适地担负各自的责任，加强合作并拟定以流域为单位的规划等”[14]。在此基础上，各种协调机制充分发挥了应有的作用，使日本“多头管水”得以顺畅运转。

1.3 以新加坡为代表的统一部门水资源管理模式

1.3.1 管理模式背景

新加坡水资源管理的一个关键做法是进行机构改革，整合所有与水有关的行政部门，形成新加坡公共事业局统一管理水资源的管理模式。2002 年以前，供水和污水处理分别由不同的部门来管理，公共事业局主管水资源管理和供水，环境部主管污水处理。为了形成水资源统一管理的模式，新加坡在 2002 年 7 月 1 日成立环境与水资源部，而把公共事业局设置为环境和水资源部的一部分。新的公共事业局的责任除水资源管理和供水外，还扩展到污水处理和回用、洪水控制和废水系统等领域，现在，公共事业局是负责与水有关事务的最主要管理机构[1]。

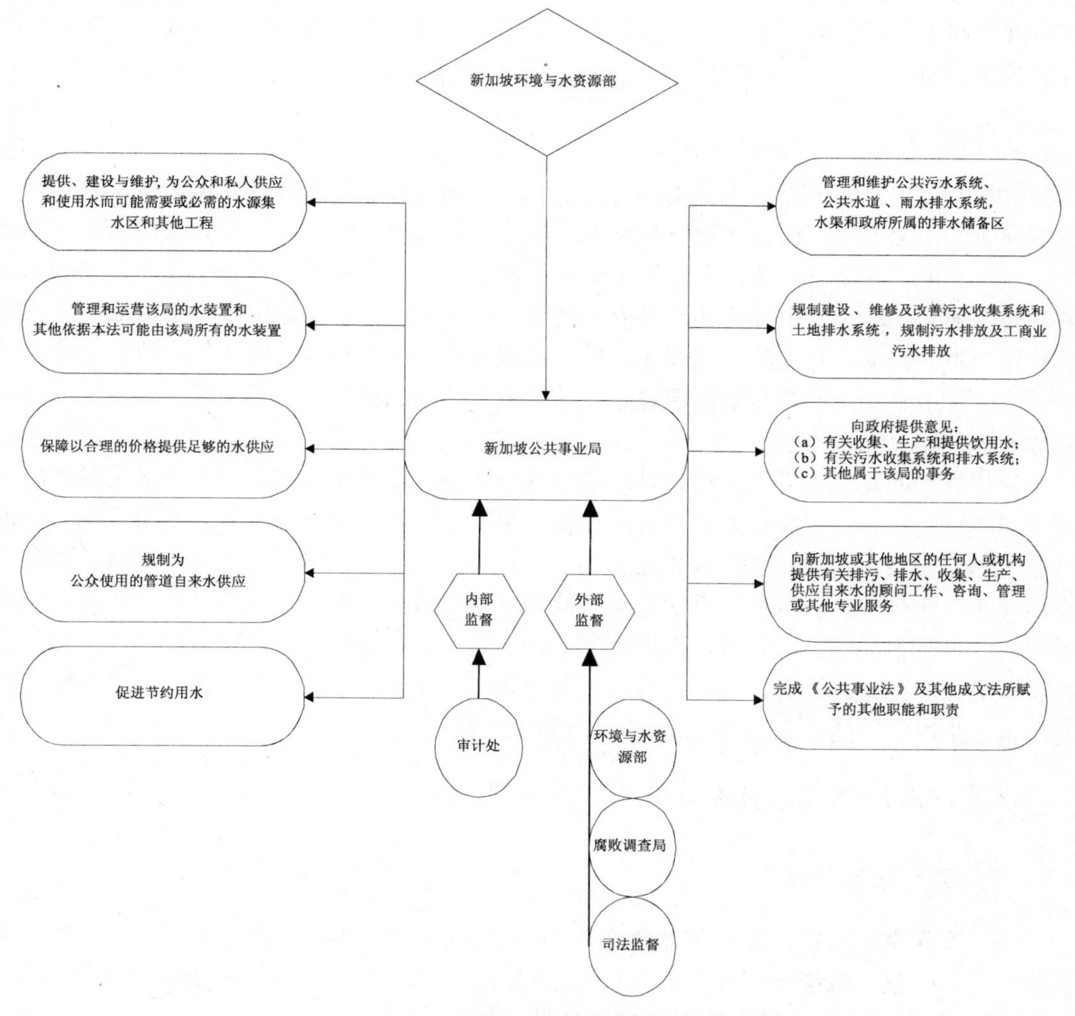

图 3 新加坡水资源管理模式

1.3.2 新加坡公共事业局统一管理水资源管理模式

作为新加坡全面负责水务管理的机构，依据《公用事业法》的规定，公用事业局在水务管理方面的职能与职责如下：①提供、建设与维护，为公众和私人供应和使用水而可能需要或必需的水源集水区和其他工程；②管理和运营该局的水装置和其他依据本法可能由该局所有的水装置；③保障以合理的价格提供足够的水供应；④规制为公众使用的管道自来水供应；⑤促进节约用水；⑥作为政府的代理人，管理和维护公共污水系统、公共水道、雨水排水系统，水渠和政府所属的排水储备区；⑦规制建设、维修及改善污水收集系统和土地排水系统；⑧规制污水排放及工商业污水排放；⑨就以下事项向政府提供意见：a. 有关收集、生产和提供饮用水；b. 有关污水收集系统和排水系统；c. 其他属于该局的事务；⑩向新加坡或其他地区的任何人或机构提供有关排污、排水、收集、生产、供应自来水的顾问工作、咨询、管理或其他专业服务；⑪完成本法及其他成文法所赋予的其他职能和职责[15]。

1.3.3 监督管理

监督管理也是新加坡水资源管理特点的一个方面。对监督者的监督是不可忽视的一个重要环节，在这方面，也是新加坡政府所关注的。有效的监督方式主要通过内部和外部两个途径来实现。在内部，首先在公用事业局内部设有内部审计处，该处由董事会领导，负责对局内部的活动调查审计。其次是内部的管理机制。这种机制包括对员工进行管理典范和管理规则的培训、有效的内控程序、对员工的定期审计和对有可能产生腐败问题的及时处理等。公用事业局的职员要定期述职，述职内容必须包括资产变动情况、投资情况和廉洁情况等方面[16]。

外部监督的途径则更多。首先是环境与水资源部，作为该局的政府主管部门负有主要的监督职责。其次是腐败行为调查局的存在。腐败行为调查局作为总理办公室下的一个部门，它的调查权力源于《预防腐败法》，并直接向总理负责。它是一个旨在预防公共部门和私营部门腐败的调查机构。再次是司法监督。新加坡有一套完善的司法制度。公众或者是市场参与者如果遇到法定机构在监管过程中有违法、违规行为，都可以向其主管部门或司法机关提起诉讼。最后，还有媒体以及各个协会、团体，如代表消费者利益的消费者协会，也都是强有力的外部监督力量[15]。

1.4 以英、法为代表的自然流域水资源管理模式

1.4.1 英国水资源管理模式

（1）管理模式背景。英国水资源经历了从地方分散管理到流域统一管理转变，实行中央对水资源的按流域统一管理与水务私有化相结合的管理体制。英国的水管理体制和欧盟《水资源管理框架指导方针》的要求最为相符[1]。

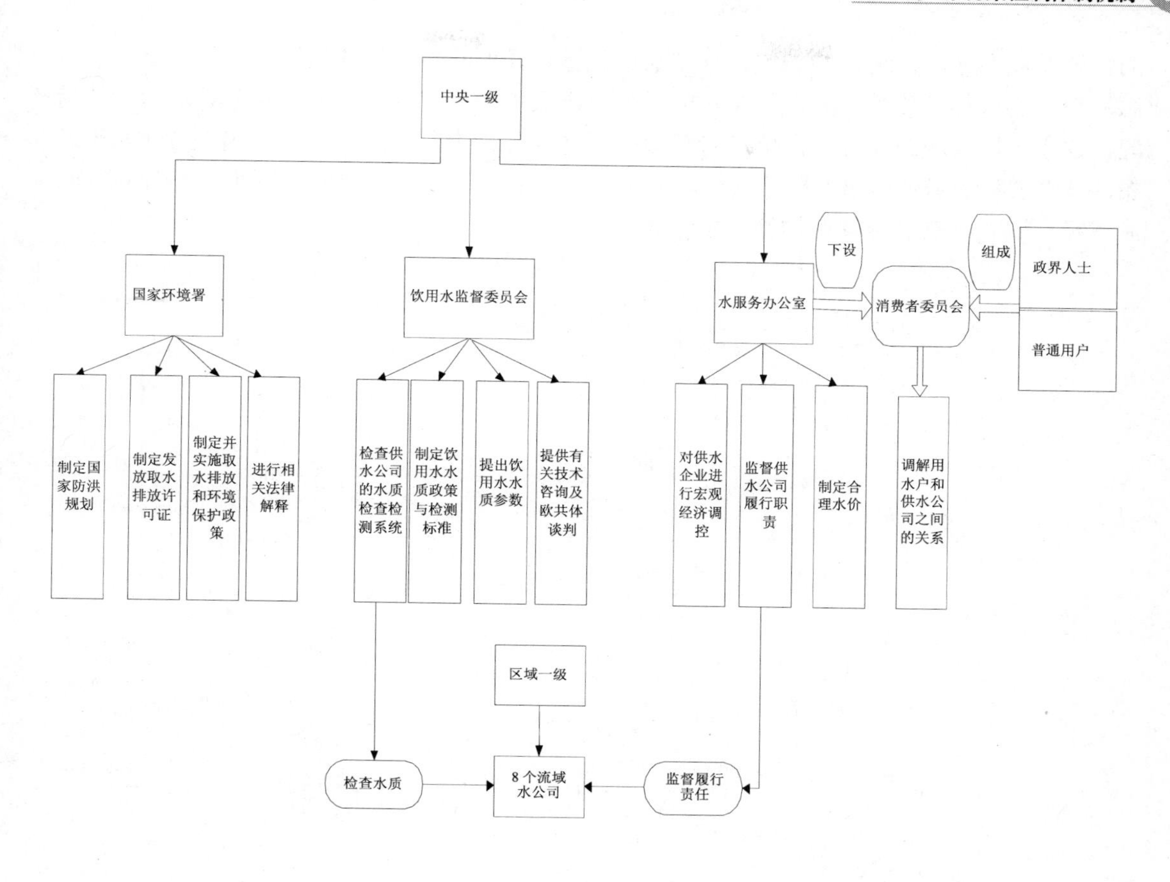

图4　英国水资源管理模式

（2）中央级水资源管理机构。中央依法对水资源进行政府宏观调控，通过环境署制定国家防洪规划，制定发放取水排放许可证，制定和实施取水排放和环境保护政策，进行相关法律解释；通过饮用水监督委员会提出饮用水水质参数，制定饮用水水质政策与检测标准，检查供水公司的水质检查检测系统，提供有关技术咨询及欧共体谈判；通过水服务办公室对供水企业进行宏观经济调控，监督供水公司履行职责，制定合理水价。水服务办公室下设消费者委员会，负责调解用水户和供水公司之间的关系，由政界人士和普通用户共同组成。

（3）区域级水管理机构。私营供水公司在分配到水权与水量的基础上，在政府和社会有关部门的指导和监督下，在服务范围内实行水务一体化经营和管理[7]。

（4）地方级水管理机构。郡、区、乡镇地方级不设水管理机构，只有地方议会负责管理排水及污水管道。为了防止水土流失，在英国农村地区成立内地排水区。该排水区由农业土地和建筑物使用者（即交纳排水税者）成立用水户协会，选举一个董事会进行管理[14]。

1.4.2 法国水资源管理模式

（1）管理模式背景。法国曾实行过以省为基础管理水资源的模式，但是随着国家工业的快速发展和城市化进程的加快，水需求迅速增长并伴随着污染的加剧，使得法国对水资源管理体制进行了改革，并在 1964 年颁布了新水法，从法律上强化全社会对水污染的治理，建立了以流域为基础的水资源管理模式。在此基础上，经过完善，法国在 1992 年颁布的《水法》中明确指出“实行以自然水文流域为单元的流域管理模式”[3]。设置国家级、流域级、地方级三级管理机构管理水资源。

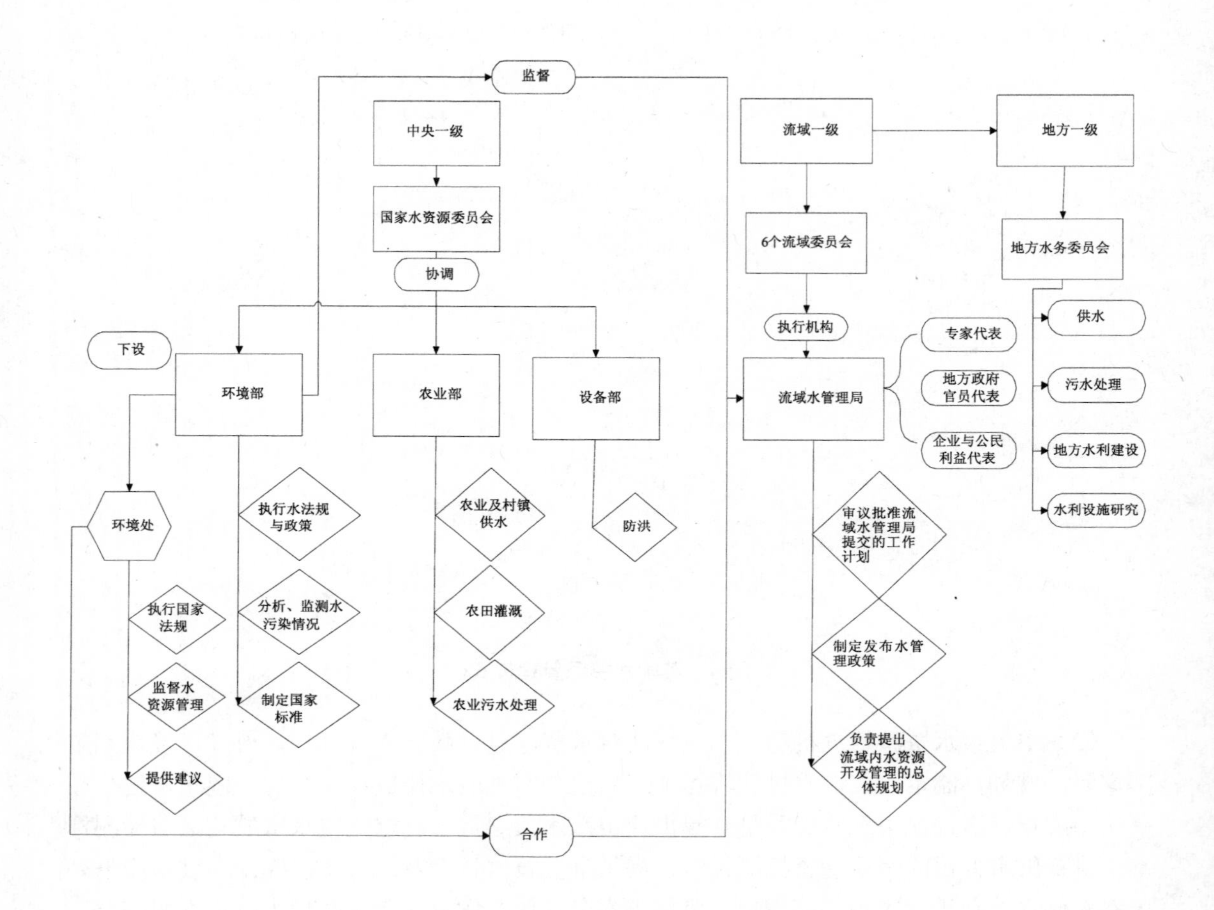

图 5 法国水资源管理模式

（2）中央级水资源管理机构。由环境保护部、农业部、设备部组成。环境保护部是法国水资源管理的统管部门，负责监督执行水法规与政策，分析、监测水污染状况，制定国家标准等。环境部下设环境处，主要执行国家有关法规，监督水资源管理，与流域水管理局合作并提供建议等。农业部主要负责农业及村镇的供水、农田灌溉和农业污水处理等。而设备部的主要职责是防洪。同时中央一级部门间的协调是通过国家水资源委员会来进行的[3]。

（3）流域级水管理机构。法国将全国划为六大流域区，每个流域分别建立流域委员会及其执行机构流域水管理局。流域委员会是决策层，流域水管理局是执行层，两者职能明确，互相监督制约。流域水管理局由代表国家利益的中央与地方政府官员代表、专家代表和企业与公民利益的用户代表组成，三方各占 1/3。这种形式使得各类用户能加入到水资源开发利用的决策过程中来，增加决策的民主性和合法性。流域委员会的职责是审议和批准流域水管理局提交的工作计划，制定发布水管理政策、负责提出流域内水资源开发管理的总体规划等。流域水管理局作为流域委员会的执行机构，是一个独立于地区和其他行政辖区的流域性公共管理机构。它接受环境部的监督。负责流域水资源的统一管理，而且在管理权限和财务方面完全自治，同时在流域内还必须执行流域委员会的指令[3]。

（4）地方级的水管理机构。地方水务委员会作为地方一级的水资源管理机构，按照法律法规和流域一级负责水资源开发管理规划，提出当地区域的水资源开发管理规划，主要负责生活供水及污水处理。

（5）监督管理。法国依据《水法》第五条要求，以流域为单位进行综合管理的政策原则，明确规定必须由流域委员会来制定流域水资源开发管理规划[17]。流域水资源开发管理规划一经批准，即成为各地方政府从事水资源开发利用保护的重要的水政策和纲领性文件。依据这些详细的法律条文，流域的水资源管理是依法有序的管理，一切水事活动均需依法办事。同时，法律明确规定了中央、流域委员会、地方省区乡镇分级管理的责任、权利和义务，各级职责明确分开，在法律赋予的权限范围内充分发挥各自的作用，若有越权或违法行为发生，则通过法律手段予以纠正或处罚[18]。

2　国内水资源管理模式研究

2.1 我国饮用水安全各部门职责研究

在我国，国家一级涉及饮用水安全的部门主要有四个，分别是国务院下属的住房和城乡建设部、水利部、环保部、卫生部。本文分别从监督、管理及其他三个角度分析其各自有关城市饮用水安全的职能。

住房和城乡建设部主管城市供水方面。从管理角度，负责全国城市供水及饮用水卫生管理工作[19-20]；从监督角度，负责全国城市供水水质监督工作[21]；除监督管理之外，住房和城乡建设部指导城市供水、节水及城镇饮用水管网配套建设[22]。

水利部主管水资源、水库方面并指导城市供水排水。从管理角度，水利部负责水库安全及水资源管理工作；从监督角度，监督水库安全、水资源专业规划的实施、水权制度建设的实施、水量分配和水资源调度工作的实施、组织取水许可和水资源有偿使用制度、区域与行业用水定额的实施及对省界水量水质的监督；除监督管理之外，水利部还负责指导水权制度建设，组织指导水量分配和水资源调度工作，组织编制水资源专业及保护规划，指导水资源信息发布，组织指导水资源调查评价监测工作，指导水资源配置、节约和保护工作，指导饮用水水源保护，组织取水许可制度和水资源有偿使用制度实施，拟定区域与行业用水定额，指导计划用水和节约用水工作、城市供水水源规划的编制和实施、城市供水排水节水相关工作及地下水资源开发利用和保护工作[23]。

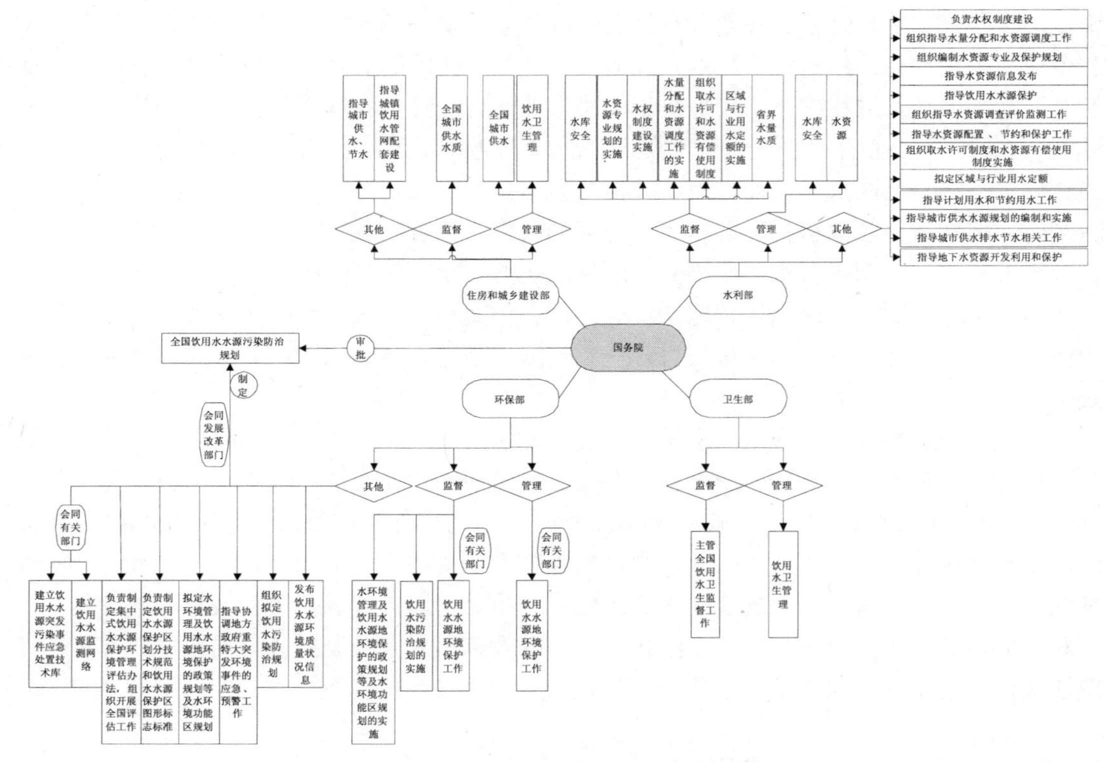

图 6　我国饮用水安全各部门职能

环保部主管水源地环境保护工作及污染治理。从管理角度，环境保护部门会同有关部门，管理饮用水水源地环境保护工作；从监督角度，环境保护部门监督饮用水污染防治规划的实施，监督水环境管理及饮用水水源地环境保护的政策规划等及水环境功能区规划的实施，会同有关部门，监督饮用水水源地环境保护工作；除监督管理之外，环境保护行政主管部门负责发布饮用水水源环境质量状况信息，组织拟定饮用水污染防治规划，指导协调地方政府重大突发环境事件的应急、预警工作，拟定水环境管理及饮用水水源地环境保护的政策规划等及水环境功能区规划，负责制定饮用水水源保护区划分技术规范和饮用水水源保护区图形标志标准，负责制定集中式饮用水水源保护环境管理评估办法并组织开展全国评估工作，会同有关部门建立饮用水水源监测网络及饮用水水源突发污染事件应急处置技术库，会同发展改革部门制定全国饮用水水源污染防治规划并经国务院审批[24]。

卫生部主管全国饮用水卫生工作。从管理角度，负责饮用水卫生管理工作；从监督角度，主管全国饮用水卫生监督工作[20]。

2.2 我国饮用水安全流域管理研究

我国目前有七大流域管理机构，分别为海河水利委员会、太湖流域管理局、淮河水利委员会、松辽水利委员会、长江水利委员会、黄河水利委员会、珠江流域水资源保护局与珠江水利委员会水文局合署。其中前六大流域管理机构是水利部所属的流域水行政管理机构，为水利部派出机构，代表水利部行使所在流域的水行政主管职能[25]；第七大流域管理机构，珠江流域水资源保护局属水利部和环境保护部双重领导，珠江水利委员会水文局是珠江水利委员会的下属机构，为有利于实现珠江流域水资源量和质的统一管理与监督，珠江流域水资源保护局与珠江水利委员会水文局于2002年合署办公。

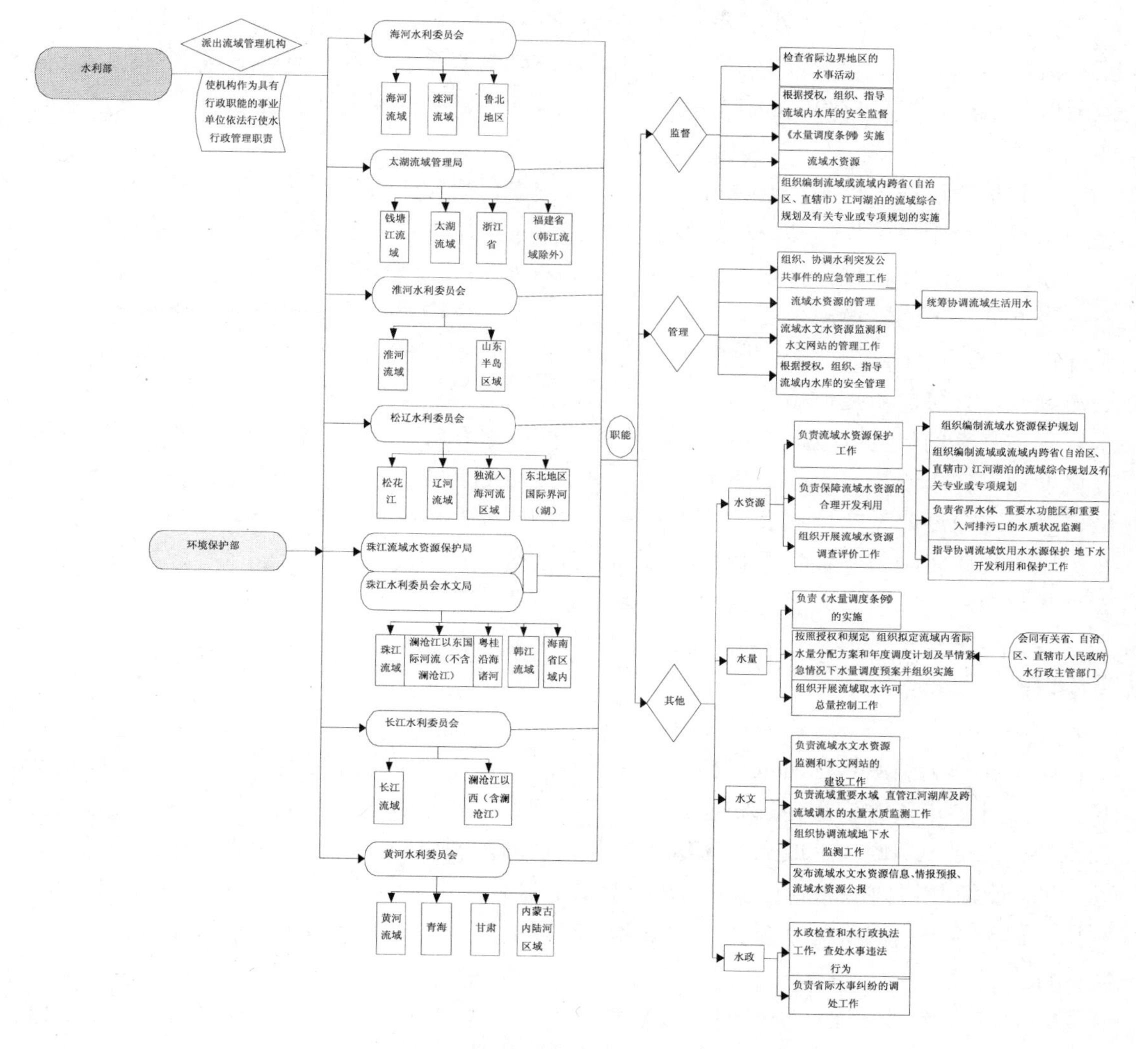

图7　我国涉及饮用水安全流域管理

海河水利委员会在海河流域、滦河流域和鲁北地区区域内行使水行政管理职责，太湖流域管理局是水利部在太湖流域、钱塘江流域和浙江省、福建省（韩江流域除外）范围内的派出机构，淮河水利委员会在淮河流域和山东半岛区域内依法行使水行政管理职责，松辽水利委员会是水利部在松花江、辽河流域和东北地区国际界河（湖）及独流入海河流区域内派出的流域管理机构，长江水利委员会在长江流域和澜沧江以西（含澜沧江）区域内依法行使水行政管理职责，黄河水利委员会在黄河流域和新疆、青海、甘肃、内蒙古内陆河区域内依法行使水行政管理职责，珠江水利委员会在珠江流域、韩江流域、澜沧江以东国际河流（不含澜沧江）、粤桂沿海诸河和海南省区域内（以下简称流域内）依法行使水行政管理职责，珠江流域水资源保护局与珠江水利委员会水文局负责珠江水利委员会职责范围内的水资源保护和水文工作。

我国七大流域属于并列的关系，主要职责方面基本一致，从以下 3 个方面来看：

（1）从监督角度。各大流域机构监督检查省际边界地区的水事活动；根据授权，组织、指导流域内水库的安全监督工作；监督《水量调度条例》的实施；监督流域水资源；监督流域或流域内跨省（自治区、直辖市）江河湖泊的流域综合规划及有关专业或专项规划的实施。

（2）从管理角度。各大流域机构组织、协调水利突发公共事件的应急管理工作；进行流域水资源的管理工作，其中包括统筹协调流域生活用水；从事流域水文水资源监测和水文网站的管理工作；根据授权，组织、指导流域内水库的安全管理工作。

（3）从除了监督管理角度的其他方面。各大流域机构负责流域水资源的合理开发利用及保护工作，组织开展流域水资源调查评价工作；负责《水量调度条例》的实施，组织开展流域取水许可总量控制工作，按照授权和规定，会同有关省、自治区、直辖市人民政府水行政主管部门，组织拟定流域内省际水量分配方案和年度调度计划及旱情紧急情况下水量调度预案并组织实施[26]；负责流域水文水资源监测和水文网站的建设工作，流域重要水域、直管江河湖库及跨流域调水的水量水质监测工作，组织协调流域地下水监测工作，发布流域水文水资源信息、情报预报、流域水资源公报；负责水政检查和水行政执法工作，查处水事违法行为，负责省际水事纠纷的调处工作。

3 建议

（1）建立水资源管理协调机构。借鉴日本经验，建立水资源管理协调机构。我国由于缺乏综合性的水资源管理协调机构，致使部门与部门之间职责相互交叉、互相争权甚至互相推诿的局面。因此，应成立国家级水资源管理的协调机构，搭建一个水资源管理部门之间沟通、交流和协商的平台。通过这个平台，协调我国水资源管理各个部门在水资源开发、利用、保护等方面的行为，为国家的整体环境规划、重大环境决策提供咨询意见，实现水资源综合管理。

（2）加强流域管理。我国的流域管理部门设置基本上都在一级流域，在二级、三级的流域管理上存在漏洞。因此，借鉴英、法两国的自然流域水资源管理模式，在一级、二级、三级流域都建立具有权威性、独立性的流域管理机构，在流域机构管理权限方面借鉴美国的流域委员会，既是行政机构又是法律实体，从而有效协调国家与地方、地方与地方在流域发展中的分歧与矛盾，使流域各地相互配合，形成整体的流域水资源管理模式。

（3）完善水资源管理监管体系。加强司法监管，借鉴日本、美国的水资源法律体系，完善水资源管理法律体系建设。借鉴新加坡的监管模式，形成内外部、多层级的监督管理模式。主要加强外部监管，形成有层次、多角度、可行的外部监管体系，弥补只在同部门、同系统内监管力度的不足。借鉴英国模式，成立符合我国水资源管理模式并且独立于各水资源管理部门的水资源监督委员会，形成独立的监管职权，更好地加强水资源管理的监管。

（4）在分析国内水资源管理模式过程中，发现国内没有形成一个完整的应急管理系统，而由于近年来饮用水安全事故频发，尤其涉及了我国几大重点流域，所以建立覆盖各个流域的完整的应急管理系统也是必要的。

参考文献

[1] 谢剑，王满船，王学军. 水资源管理体制国际经验概述[J]. 世界环境，2009（2）：14-16.

[2] 吴笑谦. 中外城市供水管理比较研究[J]. 法制与社会，2009（34）：250-251.

[3] 胡燮. 国外水资源管理体制对我国的启示[J].法制与社会，2008（5）：61-65.

[4] 张勇，常云昆. 国外水权管理制度综合比较研究[J]. 水利经济，2006，24（4）：16-19.

[5] 张平. 国外水资源管理实践及对我国的借鉴[J]. 人民黄河，2005（6）：33-35.

[6] 康洁. 美日水资源管理体制比较[J]. 海河水利，2004（6）：19-21.

[7] 景向上，刘旭，魏敬熙. 借鉴国外经验优化我国水资源管理模式[J].中国水运，2008（8）：153-154.

[8] 矫勇，陈明忠，石波，等. 英国、法国水资源管理制度的考察[J]. 中国水利，2001（3）：43-46.

[9] 周刚炎. 中美流域水资源管理机制比较[J]. 中国三峡建设，2007（3）：73-76.

[10] 廖玉芳，郭庆，曾向红，等. 中西方城市水资源管理的比较与启示[J]. 气象与减灾研究，2007（4）：47-53.

[11] 刘蒨. 日本机构改革后的水资源管理体制[J]. 水利发展研究，2003（2）：66-68.

[12] 张梓太，吴卫星. 环境与资源法学[M]. 北京：科学出版社，2002.

[13] 高福德，张华. 中日水法体系与管理机制的立法比较[J]. 黑龙江省政法管理干部学院学报，2005（5）：105-108.

[14] 中川哲志. 关于建立健全的地区水循环体系[C]. 第16届中日水资源交流会会议论文. 2001.

[15] 王镇彬. 关于新加坡公用事业局水务管理的探讨[J]. 吉林水利，2009（2）54-58.

[16] Tortajada C. Water Management in Singapore[J]. Water Resources Development，2006，22（2）：227-240.

[17] 法国水法.

[18] 万军，张慧英. 法国的流域管理[J]. 中国水利，2002（10）：164-167.

[19] 国务院. 城市供水条例. 1994.

[20] 建设部，卫生部. 生活饮用水卫生监督管理办法. 1996.

[21] 建设部. 城市供水水质管理规定. 2007.

[22] 国务院. 国务院办公厅关于印发住房和城乡建设部主要职责内设机构和人员编制规定的通知. 2008.

[23] 国务院. 国务院办公厅关于印发水利部主要职责内设机构和人员编制规定的通知. 2008.

[24] 国家环保总局. 饮用水水源污染防治管理条例（征求意见稿）. 2007.

[25] 钱翌，刘莹. 中国流域环境管理体制研究[J]. 生态经济，2010（1）：161-165.

[26] 水利部. 水量分配暂行办法. 2007.

第二篇

水污染控制战略

- ☞ 中国中长期宏观社会经济与流域水环境响应分析模型的构建及其应用
- ☞ 中国农业面源污染物排放量计算及中长期预测
- ☞ 优化分配方式，提高资金环境绩效的思考和建议
- ☞ 饮用水水源地环境管理对策研究
- ☞ 海河流域水资源与水环境管理相关政策与综合管理问题浅析
- ☞ 省际间联合治污新机制的探索——以淀山湖水污染控制为例
- ☞ 江苏省太湖流域“十二五”水污染综合治理对策
- ☞ 城市生活污水作为钢铁工业水源的可行性探讨

中国中长期宏观社会经济与流域水环境响应分析模型的构建及其应用

China Long-term Macro Socioeconomic-Watershed Water Environment Analysis Model and Its Application

赵钟楠[①]　张天柱
（清华大学环境科学与工程系，北京　100084）

摘　要：本文分析了当前中国水污染防治目标与水环境质量改善之间不对应的主要原因。结合空间可计算一般均衡模型、空间计量经济分析模型、投入产出分析模型、基于自下而上的技术评价模型等建模思路，构建了制定中国中长期水污染防治目标的分析工具——中长期宏观社会经济与流域水环境响应分析模型。利用该模型初步测算了未来社会经济发展对部分流域的水环境质量的影响结果。

关键词：社会经济-水模型　水污染防治　水环境　流域　中国

Abstract: The main reason that the China's water-pollution control target and the water quality improvement are not corresponding has been analyzed. Meanwhile，a "Long-term Macro Socioeconomic-Watershed Water Environment Analysis Model" has been developed，which is based on Spatial Computable General Equilibrium，Spatial Econometric，Input-Output Analysis and Bottom-up Technology Assessment and can support for assessing the China long-term water-pollution control target. The model has been applied in calculating some watershed water-environment in future.

Key words: Socioeconomic-hydro model　Water-pollution control　Water-environment　Watershed　China

前　言

伴随着城市化和工业化进程加速，日益严重的水环境问题正成为制约我国社会经济可持续发展的重要障碍[1-2]。虽然我国从20世纪70年代中期便展开了一系列大规模的水污染防治工作[3]，并且在“十一五”期间把COD纳入总量控制目标，但中国水环境整体态势

① 作者简介：赵钟楠，1984年9月生，清华大学环境科学与工程系博士研究生。主要研究方向：水污染防治战略与政策。地址：清华大学环境系1021室；邮编：100084；电话：010-62794144；电子邮箱：zzn02@mails.tsinghua.edu.cn。

依然严峻[4]。这固然说明水环境的改善需要一个较长时期[5]，但也说明目前的污染控制目标与水环境质量改善的关系不对应[6-7]。为此，本文构建了一个“中国中长期宏观社会经济与流域水环境响应分析模型”。该模型可用于分析未来中国社会经济发展对流域水环境质量的定量影响，从而为制定“十二五”乃至更长时间内与水环境质量改善相对应的中国水污染防治战略，提供分析工具。

1 理论模型的构建

造成水污染控制目标与水环境质量改善的关系不对应的原因主要有以下几方面。①从空间尺度来看，现有的总量控制措施采取的是“国家制定目标，各区域逐级分解”[8]的方式，国家目标是基于对未来污染物排放总量预测的基础上提出的，未考虑其与水环境改善需求的对应关系；同时，这种方式在操作过程中主观性强，且过于重视各区域的经济表现，容易造成分配结果与区域水环境改善需求之间的脱节。②从部门尺度来看，农业源的 COD、TN 排放量分别占各自排放总量的 43.7%、57.2%，已超过工业和生活源，成为对水环境影响最大的部门①，而目前农村面源尚未纳入减排体系，造成了以点源为主的减排与水环境质量改善之间的不对应。③从时间尺度来看，水环境质量同时受到流域水文条件影响，由于气候等要素的变化带来的流域水文的动态变化导致的水环境影响不容忽视[9-10]，而现有的水污染防治目标的“静态”性不能与“动态”的自然条件相联系，造成了减排目标与水环境质量之间的不对应。

因此，要实现水污染控制目标与水环境质量改善之间的对应，进而实现从“单纯注重排放总量减排”向“总量减排与水环境改善相结合”，并最终到“以水环境质量改善为约束”的防治战略转变[7]，需要从“四个维度”（见图 1）来分析“社会经济发展—污染物负荷—水环境质量”的对应关系：空间维度上，分析“国家—区域”社会经济发展目标和经济结构的关联带来的污染物排放的空间分布和转移，以及污染物负荷与流域水环境质量之间的对应关系；措施维度上，分析规模、结构、技术、工程措施的减排潜力和组合方式以实现“可持续减排能力”；在部门尺度上，将农业面源纳入，分析农业、工业、生活各自的减排潜力。这三个维度又相互关联，同时结合时间维度上的流域生态环境目标和经济发展目标，共同构成了未来中国水环境防治战略体系。

2 模型的结构与框架

通过对理论框架的分析，结合目前国内外相关的方法，通过整合空间可计算一般均衡模型（SCGE）[11, 12]、空间计量经济分析模型（SE）[13, 14]、投入产出分析模型（IOA）[15, 16]、基于自下而上的技术评价模型[17]，采用“模块化”（Module）的建模思路，构建了“中长期宏观社会经济与流域水环境响应分析模型”（COMERBAEM）。该模型的主要结构框架如图 2 所示。

① 见“全国污染源普查公报”，http：//cpsc.mep.gov.cn/jryw/201002/t20100222_185 945.htm。

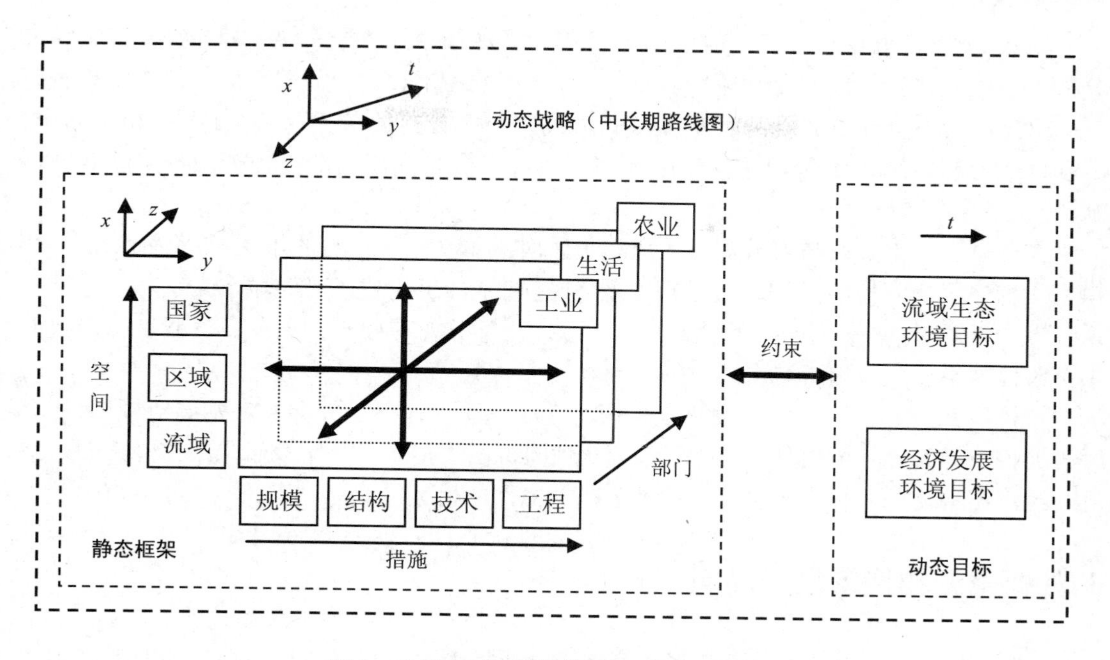

图 1 中国水污染防治战略的四维结构框架

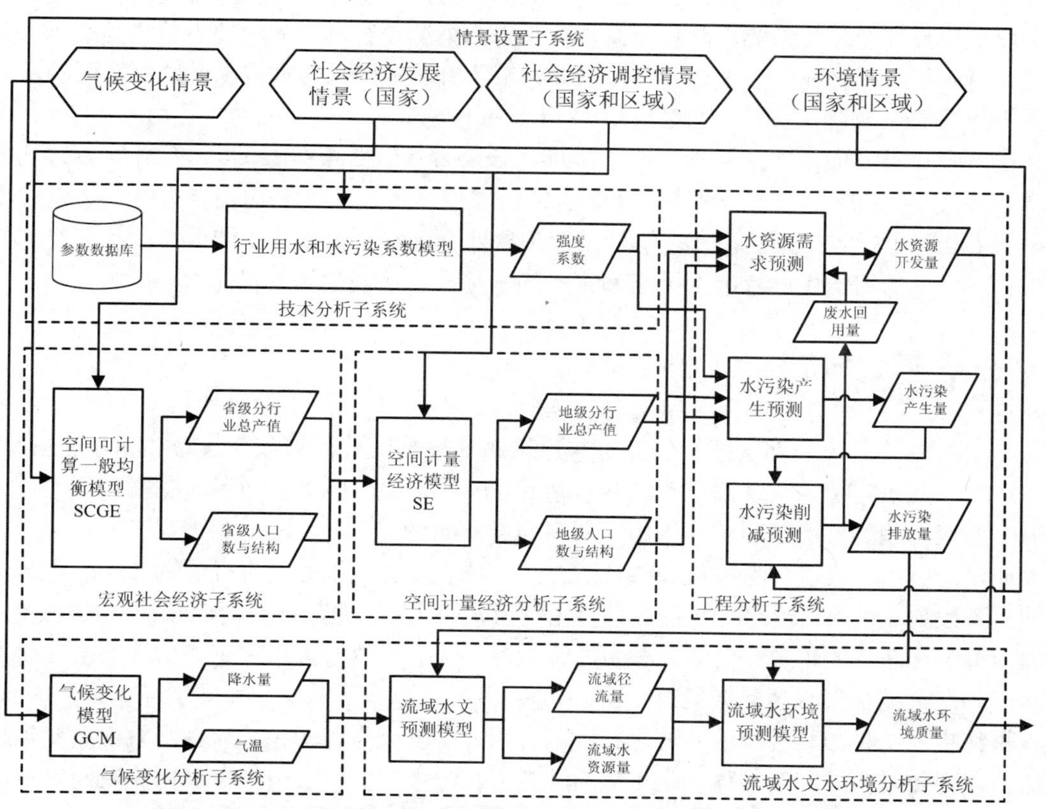

图 2 “中长期宏观社会经济与流域水环境响应分析模型”结构框架

注：▱ 表示各子系统的输出。

COMERBAEM 共包括 7 个子系统，其中“宏观社会经济子系统”和“空间计量经济分析子系统”用于分析空间尺度上国家—区域—流域由于社会经济关联而导致的污染负荷空间分布，其中涉及的部门包括了农业和生活；“技术分析子系统”和“工程分析子系统”分别用于分析技术进步带来的行业用水和水污染产排强度变化及工程措施带来的减排贡献。

在分析水污染负荷与流域水环境质量关系时，本文基于已有的水文[18, 19]和水质[20, 21]模型，构建了“流域污染物通量平衡模型”。在此基础上构建了“流域水文水环境分析子系统”，并与“气候变化分析子系统”相关联，用于分析在中长期条件下气候变化导致的水文条件动态改变对于流域水环境的影响。

该模型的输入通过“情景设置子系统”完成，输入包括“社会经济发展情景”“社会经济调控情景”、“环境情景”和“气候变化情景”四类情景，分别表示未来在经济发展速度、经济结构调控、技术升级、工程治理措施方面的情景。

3 数据来源和情景设置说明

“中长期宏观社会经济与流域水环境响应分析模型”（COMERBAEM）涉及的基础数据包括“技术分析子系统”有关各行业具体技术对应的用水和水污染产排强度参数、流域水文和水质反演模型参数等。前者以第一次全国污染源普查表中的相关参数作为基础，并通过文献调研进行补充；后者以 2003—2007 年各流域和水系的水文以及监测断面的水质数据进行反演拟合得到参数，并经过 2008 年数据检验。

在情景设置方面，本文设置了四类情景，分别为基准情景（BAU）、低情景（L）、中情景（M）、高情景（H），分别表征在社会经济发展速度、产业结构调整力度、技术进步水平、工程治理投入方面的高低。情景设置主要参考国家和区域发布的中长期社会经济发展规划、行业的清洁生产标准、国家和行业的水污染防治规划等资料。

4 部分结果及分析

利用构建的“中长期宏观社会经济与流域水环境响应分析模型”（COMERBAEM），初步测算了在设定情景下，部分流域和水系到 2030 年的主要水质指标（高锰酸盐指数、氨氮）的变化趋势。图 3 至图 6 给出了海河和黄河的情况。

通过分析可以发现，海河流域部分水系的水质在 2015 年之前将有继续恶化的趋势，而随后开始逐步缓解；黄河流域各水系变化较为剧烈，其中汾河和渭河流域的水质在 2015 年以前有继续恶化的趋势，但随后开始缓解，但黄河上中游在未来有可能出现水质恶化的趋势，并有可能带来水体类型的改变。

再将模拟结果与社会经济系统进行关联分析，可以认为海河和黄河各水系水质变化趋势的原因主要是由于产业转移，尤其是重污染企业的转移将带来污染在不同流域间以及流域内各水系之间的转移。伴随着国家级区域发展规划《关中—天水经济区发展规划》的发布实施，黄河上中游区域涉及的甘肃、陕西区域的社会经济将面临高速发展，随之而来的污染负荷增多会对黄河上中游水质带来恶化的风险；而海河北系、渭河和汾河流域所在的区域一直是各自区域内的工业和人口密集区，短期内由于工业发展和人口增加，其污染可能会继续增加，从而在短期内水质将继续恶化，但由于环境容量限制和宏观经济调控引导，该区域的工业转移以及进一步加大环境治理的投入，会带来水质的改善。

同时根据模拟结果可以看到，虽然大部分水系在2015年之后将出现水质改善的趋势，但这种改善可能不会带来水体类型的变化，这说明未来中国流域水环境的改善将是一个长期而艰巨的过程。

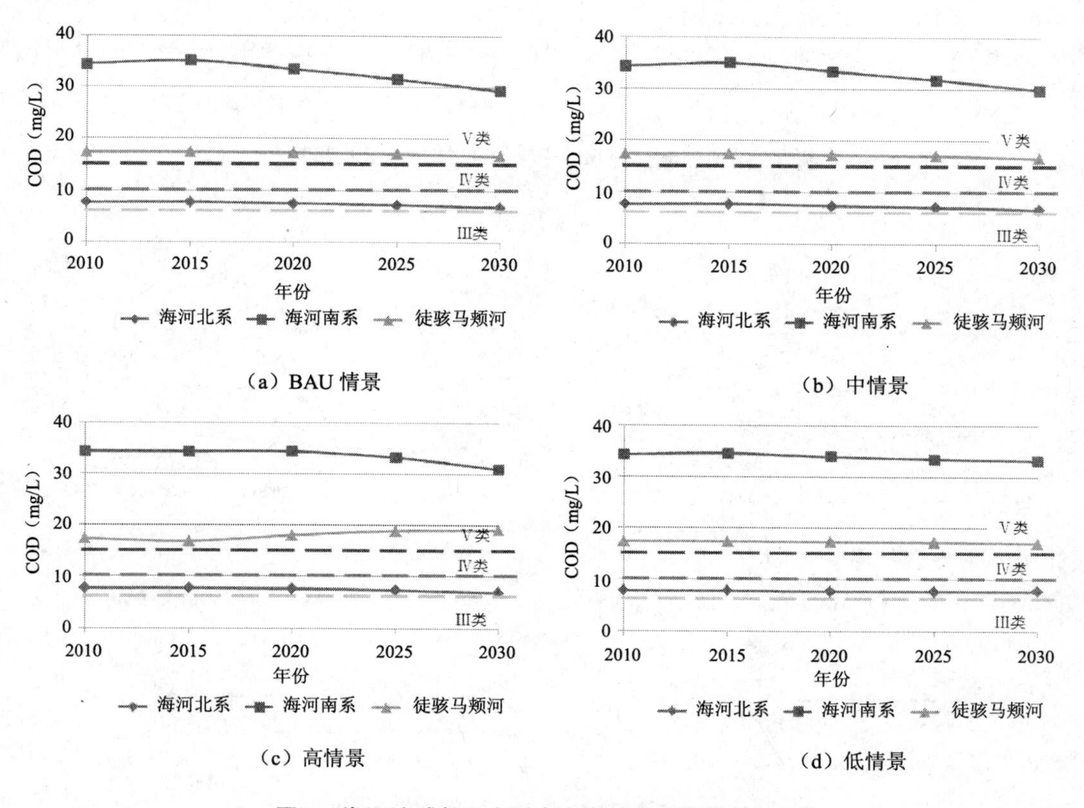

（a）BAU 情景 （b）中情景

（c）高情景 （d）低情景

图3 海河流域部分水系未来高锰酸盐指数变化趋势

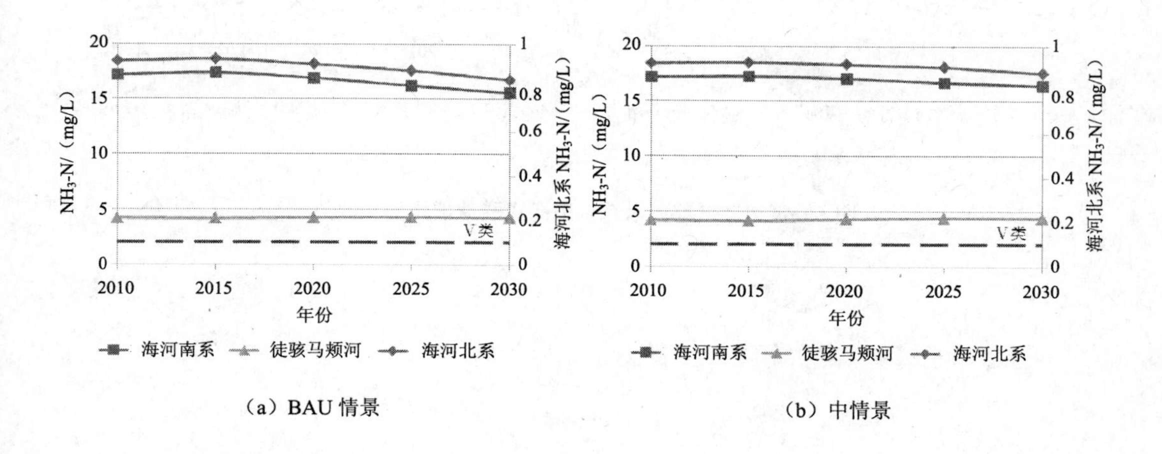

（a）BAU 情景 （b）中情景

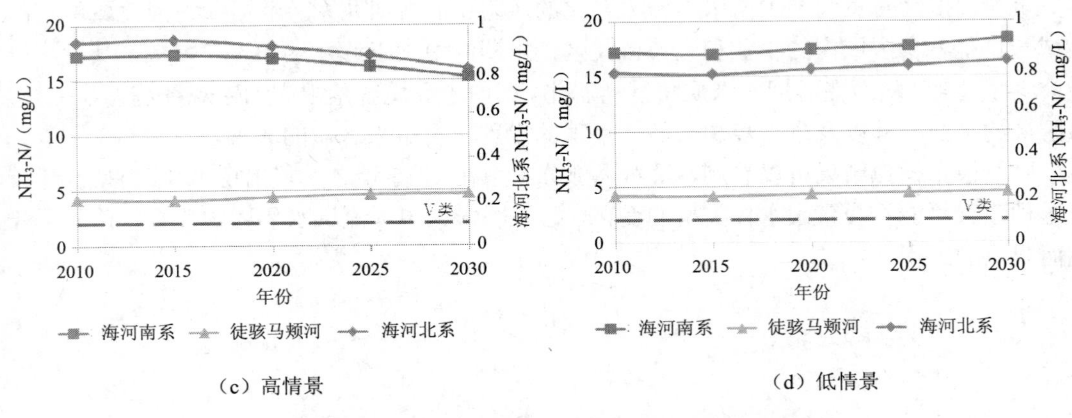

（c）高情景

（d）低情景

图 4　海河流域部分水域未来 NH_3-N 浓度变化趋势

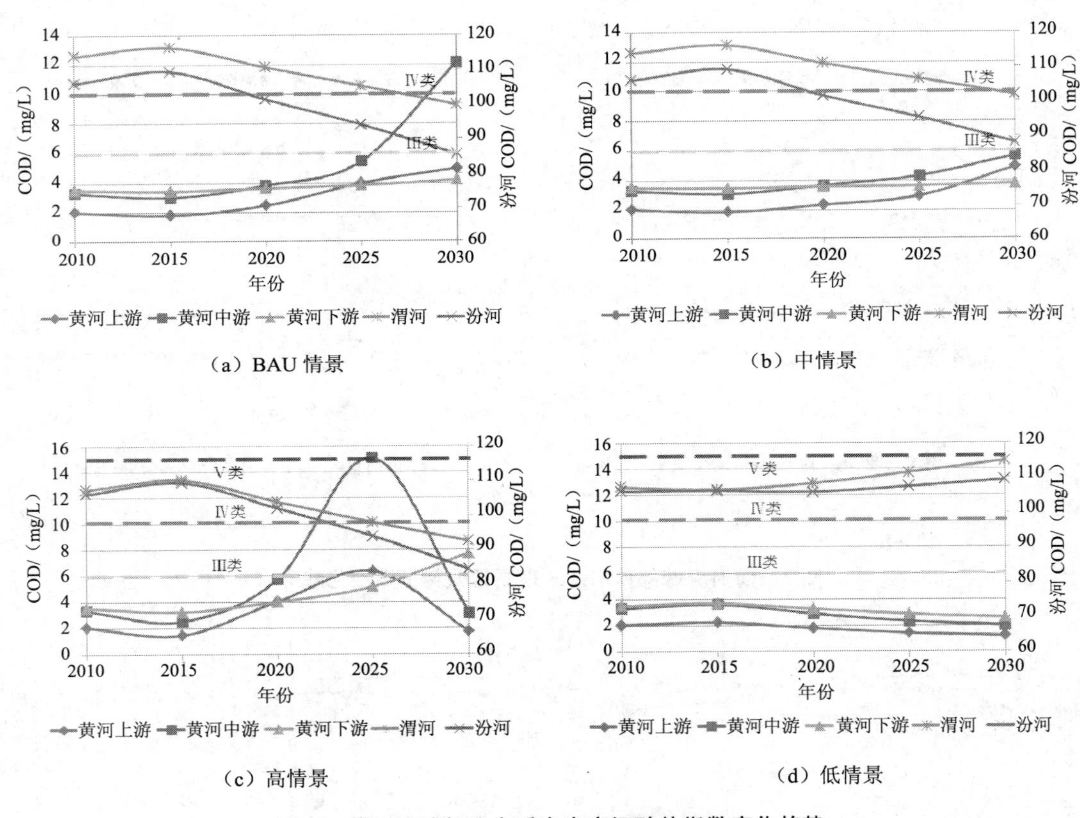

（a）BAU 情景

（b）中情景

（c）高情景

（d）低情景

图 5　黄河流域部分水系未来高锰酸盐指数变化趋势

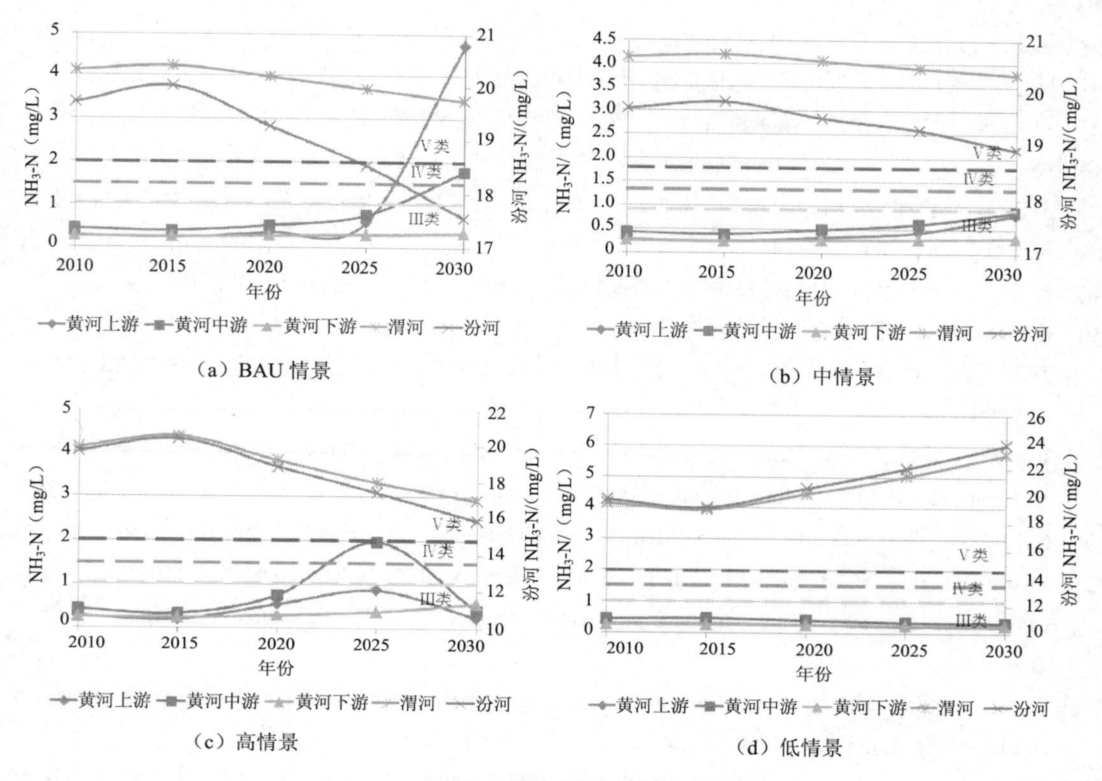

（a）BAU 情景

（b）中情景

（c）高情景

（d）低情景

图 6 黄河流域部分水系未来氨氮变化趋势

5 结论

（1）本文分析了当前中国水污染防治目标在空间尺度、措施尺度、部门尺度、时间尺度上存在的不足，提出了未来中国水污染防治目标的制定应从“四个维度”进行改进。

（2）本文构建了“中长期宏观社会经济与流域水环境响应分析模型”，该模型可以从空间、措施、部门、时间四维尺度上反映未来社会经济发展与流域水环境质量的定量响应关系。

（3）本文利用构建的“中长期宏观社会经济与流域水环境响应分析模型”，在设定的情景下，初步测算了未来国家和区域社会经济发展对海河和黄河部分水系水质的影响。结果表明，两流域的部分水系在 2015 年之前有继续恶化的趋势，而随后逐步改善，但未来黄河上中游流域水质有持续恶化的风险。

参考文献

[1] 刘宁. 共同维系人水和谐的水生态环境. http：//www.cast.org.cn/n435777/n616445/35129_1.html.

[2] 中国科学院可持续发展战略研究组. 加强水生态保护与管理[C]//2007 中国可持续发展战略报告——水：治理与创新. 北京：科学出版社，2007.

[3] 孟伟. 中国流域水环境污染综合防治战略[J]. 中国环境科学，2007（5）.

[4] 夏光. 中国水污染控制的形势与措施[J]. 水工业市场，2008（5）：19-23.

[5] 刘鸿志，卢雪云. 中外河流水污染治理比较[J]. 世界环境，2001（4）：27-30.

[6] 吴舜泽，夏青，刘鸿亮. 中国流域水污染分析[J]. 环境科学与技术，2000，23（2）：1-6.

[7] 王金南，田仁生，吴舜泽，等. “十二五”时期污染物排放总量控制路线图分析[J]. 中国人口·资源与环境，2010（8）：70-74.

[8] 初慧玲. 水污染物总量控制的发展及前景探讨[J]. 黑龙江科技信息，2009（36）：364.

[9] 徐宗学，张楠. 黄河流域近 50 年降水变化趋势分析[J]. 地理研究，2006，25（1）：27-34.

[10] 袁飞，谢正辉，任立良，等. 气候变化对海河流域水文特性的影响[J]. 水利学报，2005，36（3）：274-279.

[11] Brocker J，Schneider M. How does economic development in Eastern Europe affect Austria’s regions：A multiregional general equilibrium framework[J]. Journal of Regional Science，2002，42（2）：257-285.

[12] Miyagi T，Nishimura M，Mitui S. Measuring indirect economic impacts arising from transportation investment by a SCGE model[C]//Brebbia CA，Dolezel V. 12 th International Conference on Urban Transport and the Environment in the 21st Century. Prague，CZECH REPUBLIC：Wit Press，2006：169-180.

[13] Bockstael NE. Modeling economics and ecology：the importance of a spatial perspective[J]. American Journal of Agricultural Economics，1996，78（5）：1168-1180.

[14] Capello R. A forecasting territorial model of regional growth：the MASST model[J]. The Annals of Regional Science，2007，41（4）：753-787.

[15] Lenzen M，Foran B. An input-output analysis of Australian water usage[J]. Water Policy，2001，3（4）：321-340.

[16] Wang L，MacLean HL，Adams BJ. Water resources management in Beijing using economic input-output modeling[J]. Canadian Journal of Civil Engineering，2005，32（4）：753-764.

[17] 杜斌. 中国工业节水的潜力分析与战略导向[M]. 北京：中国建筑工业出版社，2008.

[18] 程根伟，舒栋才. 水文预报的理论与数学模型[M]. 北京：中国水利水电出版社，2006.

[19] 赵人俊. 流域水文模拟[M]. 水利电力出版社，1984.

[20] Deksissa T，Meirlaen J，Ashton PJ，et al. Simplifying dynamic river water quality modelling：a case study of inorganic nitrogen dynamics in the Crocodile River（South Africa）[J]. Water Air and Soil Pollution，2004，155（1-4）：303-320.

[21] Neilson BT，Horsburgh JS，Stevens DK，et al. Epri’s watershed analysis risk management framework（WARMF）vs. USEPA’s better assessmeent science integrating point and nonpoint sources（BASINS）[M]. St Joseph：Amer Soc Agr Engineers，2003.

中国农业面源污染物排放量计算及中长期预测①

Calculation of Emission of Diffused Pollution and Its Long-term Forecast in China

马国霞 於 方 曹 东 牛坤玉
（环境保护部环境规划院，北京 100012）

摘 要：本文利用第一次全国污染源普查数据，计算了我国 31 个省市自治区农业面源污染排放量，在此基础上，预测了 2010—2030 年农业面源污染情况。结果表明：①2007 年，我国农业面源污染物总排放量为 1 057 × 10^4 t，其中，COD 排放量为 825.9 × 10^4 t，总氮排放量为 187.2 × 10^4 t，总磷排放量为 21.6 × 10^4 t，氨氮排放量为 22.4 × 10^4 t，COD 是主要的面源污染物。②如果不加大对面源污染的治理力度，2020 年前我国农业面源污染会进一步加剧，我国面源污染需引起高度重视。③我国农业面源污染的空间差异大，东部沿海地区是我国农业面源污染物的主要排放区。

关键词：面源污染 规模化畜禽养殖 种植业 预测

Abstract: With the First National Pollution Source Census in 2007，this paper calculates the emission of diffused pollution in China's 31 provinces in 2007 and predicts the emission of diffused pollution between 2010—2030. Some conclusions are drawn as follows: ①In 2007，the emission of diffused pollution of China is 1 057 × 10^4 t. Among them，the emission of COD is 187.2 × 10^4 t，TN is 187.2 × 10^4 t，TP is 21.6 × 10^4 t，and NH_3-N is about 22.4 × 10^4 t. ②If pollution control efforts do not strengthen，the emission of diffused pollution will further exacerbate before 2020. ③The emission of diffused pollution shows spatial differentiation and Eastern coastal areas are main emission regions.

Key words: Diffused pollution Large-scale Livestock and poultry Planting Prediction

前 言

面源污染对水体的影响日益凸显，已成为水环境污染的一个重要来源。国际上最早提出面源污染是在 20 世纪 30 年代，对其全面认识和研究始于 20 世纪 60 年代[1]。到 20 世纪末，全球有 30%～50%的地表水体受到面源污染的影响[2]。中国因化肥、农药的过量施用

① 基金项目：水专项课题“中国水环境保护战略和行动方案研究”；国家自然科学基金（40801051）。
作者简介：马国霞，女，1978 年生，副研究员，主要从事空间经济与资源经济研究。电子邮箱：magx@caep.org.cn。

及大量畜禽粪便的排放，加之对农业面源污染排放的监管不足，使得中国农业面源污染的程度和广度都已超过欧美国家，并且愈演愈烈[3]。

与点源污染相比，农业面源污染具有污染发生时间的随机性、发生方式的间歇性、机理过程的复杂性、排放途径及排放量的不确定性、污染负荷时空变异性和监测、模拟与控制的困难性等特点[4]，使得农业面源污染的污染物成分、污染形成过程更加复杂，给环境污染研究、控制和治理带来更大难度。因缺乏系统、可靠的基础资料，我国对农业面源污染研究主要集中在部分流域或区域层面上[5-8]，鲜见从全国层面，分析不同区域面源污染的空间差异，并预测其未来变化趋势。

本文利用第一次全国污染源普查数据，对 2007 年我国 31 个省市自治区农业面源污染的 COD、氨氮、总氮、总磷等排放量进行了计算，并通过对规模化畜禽养殖量、农田播种面积及各相关参数预测的基础上，对我国 2010—2030 年农业面源污染进行了预测，力求为我国水资源保护规划的制定、流域污染物排放的总量控制、流域水环境容量的确定等方面提供科学依据。

1 计算方法

目前我国研究面源污染的资料较少，国内外关于农业污染物产生量和排放量的估算方法有两种：一是试验法，在当地选择有代表性的养殖场，用模拟和直接监测的方法对排出的污染物进行试验，测量其入水量，得到污染物的入水系数，然后用养分总量乘以入水系数得到入水总量，这种方法常用于微观面源排放量的计算；二是宏观预测常采用的源强估算法，它是一种基于各种面源污染的数量以及排污系数的估算方法，该方法形式简单，参数较少，应用性强。本文采用源强估算法主要对种植业和规模化畜禽养殖业的污染物排放量进行计算和预测，其中，种植业预测的指标为总氮、总磷、氨氮，规模化畜禽养殖预测的指标为 COD、总氮、总磷和氨氮；预测期是 2011—2030 年，预测时点是 2015 年、2020 年和 2030 年；预测的范围是全国 31 个省市自治区。

1.1 种植业污染物排放量

$$G_{\text{pww}}=E_{\text{pww}} \cdot S_{\text{ps}} \tag{1}$$

式中，G_{pww} 为种植业的污染物排放量，t；E_{pww} 为农田的污染物源强系数，kg/（hm^2 ·a）；S_{ps} 为播种面积，hm^2。

1.2 规模化畜禽养殖业污染物排放量

$$G_{\text{swp}(i)}=S_{(i)} \cdot R_{\text{ss}(i)} \cdot E_{\text{sww}(i)} \cdot (1-R_{\text{sl}(i)}) \cdot L_{\text{sw}(i)} \tag{2}$$

式中，$G_{\text{swp}(i)}$为不同畜禽污染物排放量，t；$S_{(i)}$为不同畜禽的养殖量，头或只；$R_{\text{ss}(i)}$为不同畜禽的规模化养殖比例，%；$E_{\text{sww}(i)}$为不同畜禽不同污染物的排泄系数，kg/[（头或只）· a]；$R_{\text{sl}(i)}$为不同畜禽污染物处理利用率，%；$L_{\text{sw}(i)}$为不同畜禽污染物流失系数，%；

i 为畜禽种类。

1.3 主要参数预测

（1）源强系数。种植业计算的污染物主要为 TN、TP、NH_3-N，这三种污染物的源强系数数据来源于第一次全国污染源普查数据。因源强系数的大小与化肥流失率成正比，预计未来农田污染流失系数呈下降趋势。2007 年我国化肥流失率为 64.4%，预测 2010 年流失率为 60%，2020 年为 55%，2030 年达到 50%。以化肥流失率为主要考虑因素，对预测年污染物源强系数进行校正计算，得出预测年 31 个省市自治区的污染物源强系数。

（2）播种面积预测。为确保粮食安全，我国提出 18 亿亩[①]耕地的红色警戒线，未来我国耕地总面积变化不会很大，但各省之间由于经济、人口和社会发展水平的差异，不同类型耕地播种面积的变化趋势有所不同。利用 1997—2008 年 12 年间播种面积数据，采用对数、幂函数形式的回归模型，分别对 31 个省市自治区的水田、旱地和园地播种面积进行了预测。

（3）排泄系数。排泄系数是指单个动物每年排出粪便的数量。畜禽的种类不同，排泄系数中的污染物含量差异也较大。在 COD 排泄系数中，奶牛为 1 713 kg/（头・a），肉牛为 874 kg/（头・a），猪为 116 kg/（头・a），肉鸡为 9 kg/（只・a），蛋鸡为 7 kg/（只・a）。同时，不同地区畜禽养殖的污染物排泄系数也有一定差异。以 COD 为例，我国奶牛排泄系数中 COD 最高的区域是河南[2 067 kg/（头・a）]，最小的是新疆[1 080 kg/（头・a）]（图 1）。因畜禽的污染物排泄系数随时间变化不大，在预测中假定其保持不变。

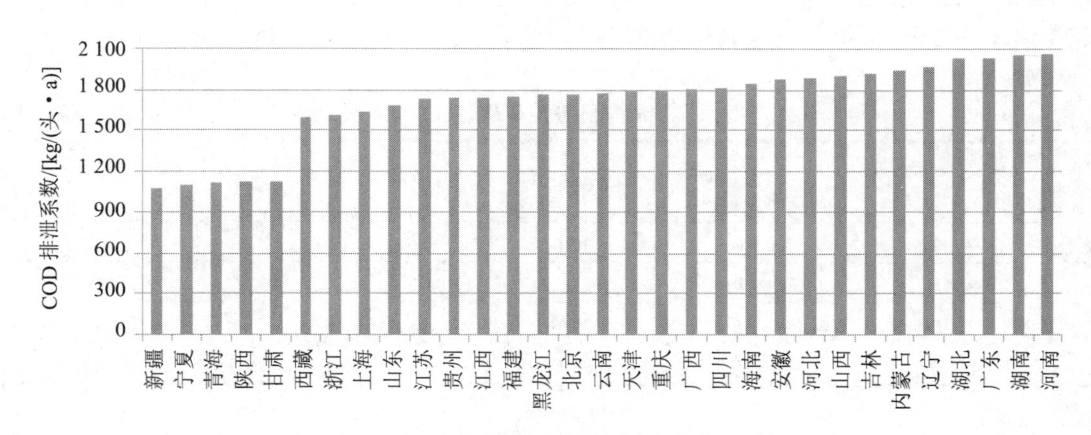

图 1 全国不同地区奶牛 COD 排泄系数

数据来源：第一次全国污染源普查。

（4）畜禽粪便处理利用率。根据第一次全国污染源普查数据，我国畜禽粪便处理利用率约为 36.7%。就区域而言（见图 2），青海的粪便处理利用率最低（13.9%），河南最高（59.6%）。随着技术的发展和我国对发展生物质能和面源污染问题的日益重视，我国畜禽粪便处理利用率将呈增加态势。根据《关于加强农村环境保护工作的意见》，2010 年，我

① 1 亩=1/15 hm^2。

国拟提高畜禽粪便处理利用率 10 个百分点，本文以此为基础，预测 2015 年、2020 年和 2030 年我国畜禽粪便处理利用率以 10%的比例在不断提高。

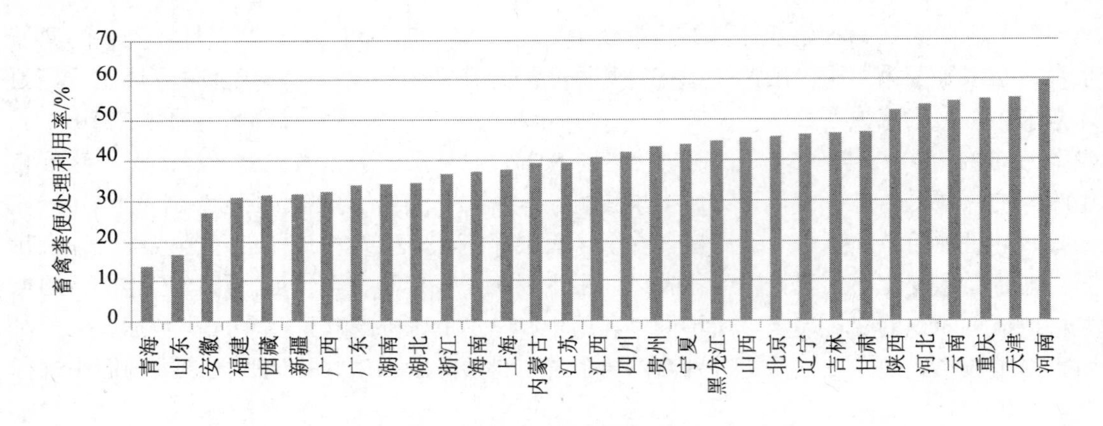

图 2 全国不同地区畜禽粪便处理利用率

数据来源：第一次全国污染源普查。

（5）畜禽规模化养殖比例。受自然资源和科技水平的约束，未来畜产品的集约化生产是必由之路，因此，未来规模化养殖的比例还会提高。结合各种畜禽现状规模化养殖比例，本文提出 2007—2010 年，猪、肉牛、奶牛、肉鸡和蛋鸡的规模化养殖比例将每年分别递增 1.5%、1.2%、1.5%、0.8%和 1.8%，2011—2020 年每年将递增 1.0%、0.8%、1.0%、0.5%和 1.5%，2021—2030 年每年将递增 0.5%、0.5%、0.5%、0.2%和 1.0%（见表 1）。

表 1 不同年份各种畜禽的规模化养殖比例 单位：%

类别 年份	猪	肉牛	奶牛	肉鸡	蛋鸡
2007	50.5	20.8	16.6	71.1	35.9
2015	54.4	22.1	17.9	73.9	39.6
2020	56.1	22.6	18.4	75.0	41.4
2030	56.9	23.0	18.7	75.5	42.7

（6）流失系数。流失系数是指畜禽粪便在堆放、冲洗过程中流失到水体中的比例。上海农学院估计的粪便流失率保持在 2%～8%[9]。上海市环境保护局的报告认为市郊畜禽粪便的流失率为 30%～40%[10]。因降雨、地形等条件的不同，不同区域的流失率有一定差异，本文结合已有研究和典型地区调查，计算出北方地区的畜禽粪便流失系数为 15%，南方为 23%[12]。

1.4 畜禽养殖量预测

畜禽养殖种类和养殖量受人们消费需求的影响，而消费需求又与经济发展水平相关。

根据发达国家的经验，当居民人均国民总收入达到 1 000 美元时，人们对牛肉和牛奶的消费量将迅速上升。2008 年中国人均国民收入已达 2 360 美元，我国牛肉和牛奶消费量已进入快速上升阶段。根据联合国粮农组织数据，中国居民对牛肉消费需求量从 1990 年的 3 g/（人・d），上升到 2005 年的 14 g/（人・d）。但与其他国家相比，我国居民牛肉消费量还相对较低，2005 年美国的牛肉人均消费量达到 116 g/（人・d），法国为 73 g/（人・d），英国为 58 g/（人・d）。同时，2005 年，我国的牛奶人均消费量为 50 g/（人・d），属于牛奶消费量较低的国家，美国的牛奶消费量为 334 g/（人・d），日本为 116 g/（人・d），印度的经济发展水平虽低于我国，但其牛奶消费量却高于我国，为 102 g/（人・d）。因此，未来一段时期内，我国牛肉和牛奶的消费量将会呈较快增加趋势。

相对其他国家而言，我国属于猪肉消费量较大的国家。2005 年，我国猪肉消费量为 101 g/（人・d），美国为 82 g/（人・d），英国为 72 g/（人・d），日本为 55 g/（人・d）。随着人们对健康饮食结构认识的提高，预计未来猪肉消费量会呈下降趋势。

2005 年，我国禽肉消费量为 31 g/（人・d），而美国禽肉消费量为 143 g/（人・d），日本禽肉消费量为 43 g/（人・d）。我国的鸡蛋消费量为 53 g/（人・d），而美国为 40 g/（人・d），韩国为 28 g/（人・d）。预计未来肉禽养殖量继续增加，蛋禽养殖量基本保持不变。

基于对我国不同种类畜禽养殖量可能变化趋势的判断，本文采用聚类类比法对我国不同种类畜禽未来养殖量进行预测。

（1）预测中国 2010—2030 年的人均 GDP。采用国家信息中心预测的经济增长（GDP）和人口数据，计算 2010—2030 年我国人均 GDP。并将预测的人均 GDP，根据世界银行提供的各国按购买力平价的人均 GDP 国际现价美元数据（PPP）进行折算，以便进行国际对比。

（2）根据世界银行提供的各国 PPP 值，遴选当前人均收入与中国 2030 年预期人均收入接近的发达国家。

（3）利用联合国粮农组织提供的各国家 1990—2005 年各年份各种肉类和鸡蛋、牛奶人均需求量数据，用 SPSS 软件进行聚类分析，判断出与中国人均收入大致相等，且牛肉、牛奶、猪肉、禽肉、鸡蛋的需求量相近的国家。聚类结果表明，在中国未来的经济水平下，居民对各种肉类、鸡蛋和牛奶消费与目前的日本、韩国和德国相近，其中，日本和韩国对肉类、奶制品的消费偏好与中国类似。

（4）以韩国、日本等国家居民对肉类、鸡蛋和牛奶人均年消费量为我国居民在预测年的消费标准，预测出未来我国每年的人均肉蛋类消费量（见表 2）。

表 2　中国各种肉类、牛奶、鸡蛋年消费量预测　　单位：kg/（人・a）

年份	牛肉	猪肉	鸡肉	牛奶	鸡蛋
2007	4.62	32.26	13.66	9.91	19.09
2015	6.21	34.68	14.60	20.08	19.71
2020	8.40	33.58	14.97	29.20	18.98
2030	10.22	32.85	15.70	36.50	18.62

根据预测的人均消费量，与预测年的人口相乘，得到未来我国各种肉类的消费量，再考虑各种肉类的进出口后，计算出未来我国各种畜禽的出栏量（见表 3），并根据存栏量和出栏量的比，把出栏量转化为存栏量。

表 3　中国不同年份各种畜禽的出栏量　　单位：万头或万只

年份	牛肉	猪肉	鸡肉	牛奶	鸡蛋
2007	4 121	56 162	721 758	456	246 431
2015	5 903	64 337	822 856	984	271 285
2020	8 247	64 373	870 963	1 478	269 766
2030	10 330	64 791	939 817	1 901	272 216

1.5 情景设定

设定了高低两种情景对面源污染的污染物排放量进行预测。第一种情景以客观发展为目标，设置污染削减率，即按照历史发展趋势，设置了高排放情景；第二种情景为高污染削减率情景，通过采取各种减排手段实现较高的水环境减排目标（见表 4）。

表 4　农业面源污染物排放量预测的情景设定

			高排放情景				低排放情景			
			2007 年	2015 年	2020 年	2030 年	2007 年	2015 年	2020 年	2030 年
种植业	总氮源强系数	水田	0.83	0.83	0.83	0.83	0.83	0.74	0.71	0.64
		旱地	0.80	0.80	0.80	0.80	0.80	0.71	0.68	0.62
		园地	0.73	0.73	0.73	0.73	0.73	0.66	0.63	0.57
	总磷源强系数	水田	0.07	0.07	0.07	0.07	0.07	0.06	0.06	0.05
		旱地	0.06	0.06	0.06	0.06	0.06	0.06	0.06	0.05
		园地	0.06	0.06	0.06	0.06	0.06	0.06	0.05	0.05
规模化养殖业	畜禽粪便处理率	猪	0.47	0.56	0.63	0.71	0.47	0.61	0.71	0.86
		奶牛	0.45	0.55	0.60	0.67	0.45	0.60	0.70	0.84
		肉牛	0.38	0.49	0.54	0.64	0.38	0.53	0.62	0.77
		蛋鸡	0.46	0.56	0.61	0.71	0.46	0.61	0.71	0.85
		肉鸡	0.46	0.56	0.61	0.71	0.46	0.61	0.71	0.86

2 我国农业面源污染物排放量现状分析

2.1 农业面源排放总量

20 世纪 70 年代以来，我国水环境急剧恶化，主要表现为地表水的富营养化和地下水的硝酸盐污染，而农业面源污染是导致水体富营养化的主要原因。种植业的总氮、总磷、氨氮，以及规模化畜禽养殖业的 COD、氨氮、总氮和总磷等污染物排放量的计算结果显示，2007 年，我国农业面源污染排放的 COD 为 825.9×10^4 t，氨氮为 22.4×10^4 t，总氮 187.2×10^4 t，总磷为 21.6×10^4 t。其中，规模化畜禽养殖业污染物排放量占农业面源污染物排放量的 84.9%，是主要的农业面源污染源。COD 全部来自规模化畜禽养殖业，总氮主要来自种植业，为 133.3×10^4 t（见表 5）。在规模化畜禽养殖业中，肉鸡和猪的污染物排放量最大，其中，肉鸡排放的污染物为 355.3×10^4 t，猪为 319.6×10^4 t，分别占规模化畜禽养殖污染物排放总量的 40%和 35.6%。

表 5 2007 年我国农业各种污染物排放量 单位：10^4t

	COD	氨氮	总氮	总磷
奶牛	26.8	0.04	1.1	0.2
肉牛	133.1	0.4	5.5	0.7
猪	282.8	5.8	26.6	4.3
蛋鸡	51.4	0.0	2.7	0.8
肉鸡	331.7	0.0	18.0	5.6
规模化养殖业合计	825.9	6.3	53.9	11.6
水田	—	8.0	41.7	3.3
旱地	—	6.7	77.7	5.5
园地	—	1.5	13.9	1.2
种植业合计	—	16.1	133.3	10.0

注：种植业没有计算 COD 排放量。

2.2 农业面源排放区域空间格局

分析我国农业面源污染的空间格局，东部地区的农业面源污染总排放量为 467.8×10^4 t，中部为 384.7×10^4 t，西部为 204.5×10^4 t，东部＞中部＞西部。从农业污染物排放强度（污染物排放量/第一产业增加值）来看，中部地区的排放强度最大，为 41.4 kg/万元，其次是东部地区，为 40.3 kg/万元，西部地区最小，为 26.8 kg/万元。农业面源污染物排放量小的前 5 个省（市、自治区）是西藏（0.4×10^4 t）、青海（1.9×10^4 t）、宁夏（3×10^4 t）、上海（3.6×10^4 t）、海南（6.8×10^4 t），而山东（128.1×10^4 t）、广东（121.7×10^4 t）、河南（81.6×10^4 t）、湖南（81.3×10^4 t）、广西（63.5×10^4 t）等是农业面源污染物排放量大的前 5 个省（市、自治区）。

2.3 农业面源排放与农业产值正相关

由环境统计年报可知，2007 年我国工业和生活的 COD 排放量分别为 511.1×10^4 t 和 870.8×10^4 t。本文计算的规模化畜禽养殖的 COD 排放量大于工业 COD 排放量，接近生活的 COD 排放量。随着工业和城镇生活点源污染得到逐步治理，农业面源污染成为我国水污染的主要矛盾。我国的农业面源污染防治工作尚处于起步阶段，利用农业增加值和农业面源污染排放量做相关分析，得出相关系数为 0.89，说明我国农业增加值高的省份，其面源污染也大。其中，吉林和广东与其他省份相比，农业污染物排放量与农业增加值的比值相对较高，分别为 67.4 kg/万元和 56.3 kg/万元（见图 3）。

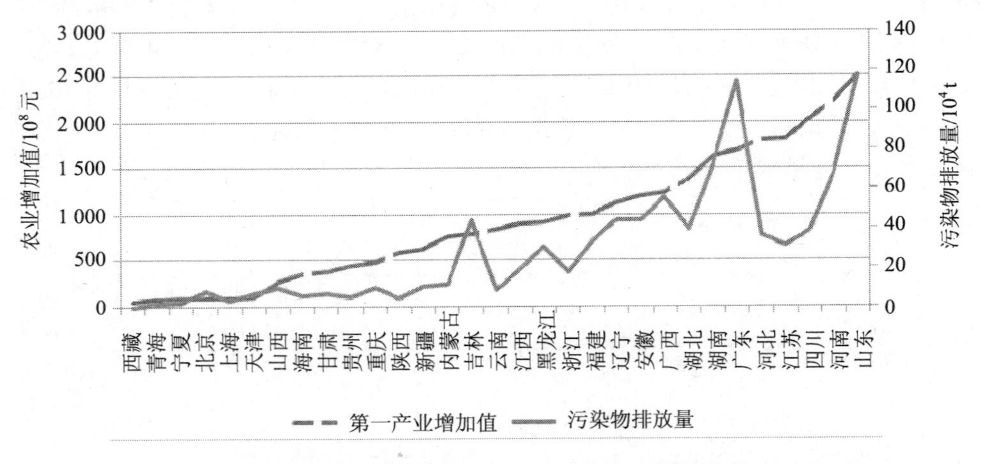

图 3　2007 年我国 31 省市自治区农业增加值和农业面源污染物排放量

3 我国农业面源污染物排放量预测结果

3.1 高低两种情景下，种植业污染物排放量都呈下降趋势

高排放情景的预测结果显示，随着我国农田播种面积的小幅下降，未来我国种植业污染物排放量呈小幅下降趋势。其中，总氮排放量由 2007 年的 133.3×10^4 t 下降到 2015 年的 130×10^4 t，2030 年为 128×10^4 t。总磷排放量由 2007 年的 10×10^4 t 下降到 2030 年的 9.7×10^4 t，氨氮排放量由 2007 年的 16.1×10^4 t 下降到 2030 年的 15.5×10^4 t。

3.2 低排放情景下，规模化畜禽养殖业污染物排放量呈下降趋势

在高排放情景下，我国规模化畜禽养殖业污染物排放量呈增加趋势。我国规模化畜禽养殖业的污染物排放量由 2007 年的 897.6×10^4 t 上升到 2020 年的 $1\,062.1\times10^4$ t，比 2007 年增加 18.3%；此后，规模化畜禽养殖业污染物排放量有所下降，2030 年下降为 931.8×10^4 t，与 2007 年相比，增加 3.8%。COD 排放量是我国规模化畜禽养殖业最主要的污染物排放量。2007 年规模化畜禽的 COD 排放量为 825.9×10^4 t，占总污染物排放量的 92%，2030

年为 866.8×10⁴ t，所占比重为 93%（图 5）。

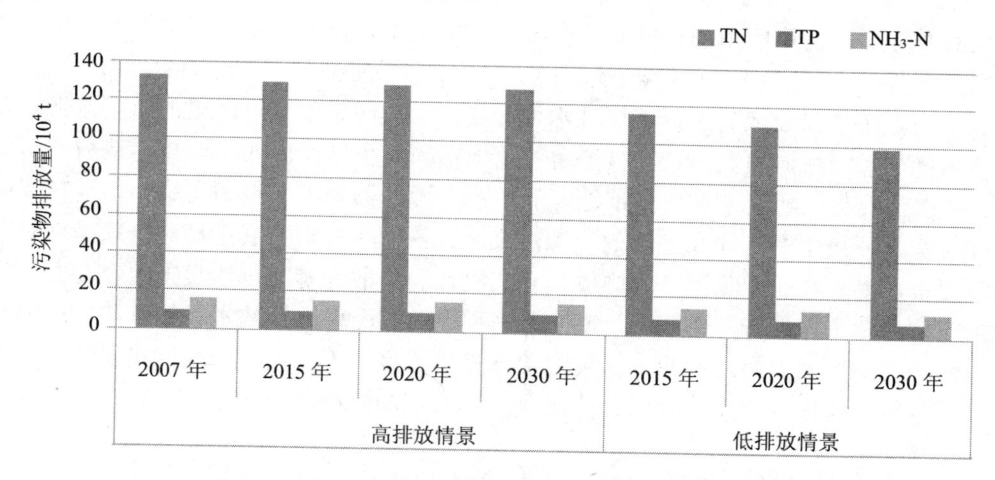

图 4　2007—2030 年种植业各种污染物排放量预测结果

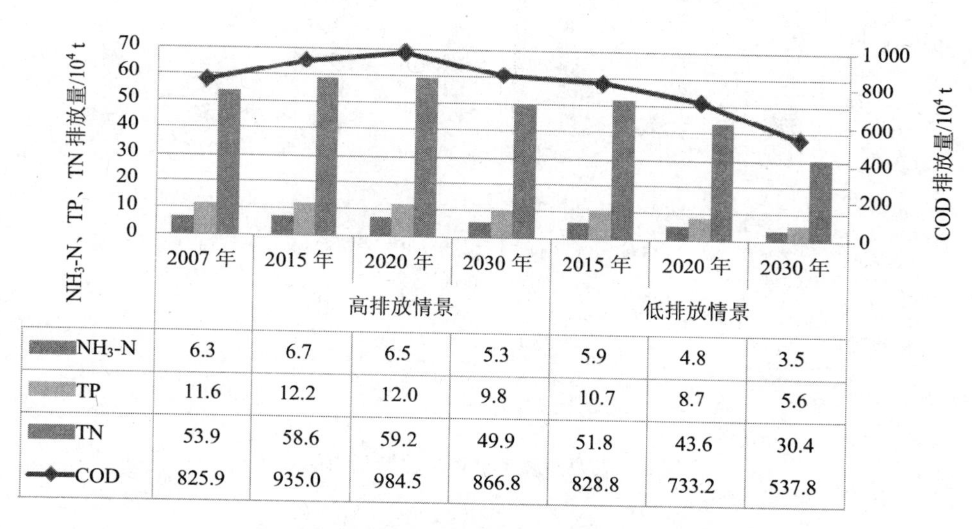

	2007 年	2015 年	2020 年	2030 年	2015 年	2020 年	2030 年
NH_3-N	6.3	6.7	6.5	5.3	5.9	4.8	3.5
TP	11.6	12.2	12.0	9.8	10.7	8.7	5.6
TN	53.9	58.6	59.2	49.9	51.8	43.6	30.4
COD	825.9	935.0	984.5	866.8	828.8	733.2	537.8

图 5　规模化畜禽养殖业各种污染物排放量预测结果

在低排放情景下，预计我国规模化畜禽养殖业污染物排放量呈下降趋势。规模化畜禽养殖业的污染物排放量 2020 年为 790.3×10⁴ t，2030 年为 577.2×10⁴ t，分别比 2007 年降低 12%和 35.7%。2030 年低排放情景比高排放情景少排放 354.6×10⁴ t，约占 2007 年排放量的 40%。随着我国生活水平的提高，未来我国牛肉和牛奶的消费量将呈增长趋势，这使得我国肉牛和奶牛产生的污染物排放量呈增加趋势，其排放量由 2007 年的 167.9×10⁴ t 上升到 2030 年的 257.8×10⁴ t，增加到 1.5 倍。

3.3 如果不加大对农业面源污染的治理，2020 年之前农业面源污染仍将加剧

在当前治理水平的高排放情景下，我国农业面源污染的污染物排放量仍将持续增加，2020 年达到拐点。农业面源污染排放量由 2007 年的 1 057×10⁴ t 增加到 2020 年的

1 216.6×10^4 t，增加 15%。此后，农业面源污染有下降趋势，2030 年为 1 085×10^4 t。如果加大对农业面源污染的治理投入，即在低排放情景下，我国农业面源污染的污染物排放量将会呈下降趋势，2030 年可能下降为 696×10^4 t，比 2007 年降低了 34%。

农业面源污染已经成为中国流域性水体污染、土壤污染和空气污染的重要来源。在中国水体污染严重流域，由农田、农村畜禽养殖地带和城乡结合部的生活排污造成的流域水体氮、磷富营养化已超过了来自城市地区的生活点源污染和工业点源污染[11]。现在我国环境治理投资主要集中在工业和生活的点源污染上，各种污染物的减排目标也只是针对工业和生活而言，由于农业面源污染物排放具有随机性和分散性等特点，我国的农业面源污染还缺少减排的政策框架和配套制度，缺乏鼓励和推动农民采纳有效实用技术和管理经验的机制。如果我国不加大对农业面源污染的治理投资力度，不加大对面源污染的管理，不从源头减少面源污染物使用量，我国面源污染的严峻形势将会进一步加剧。

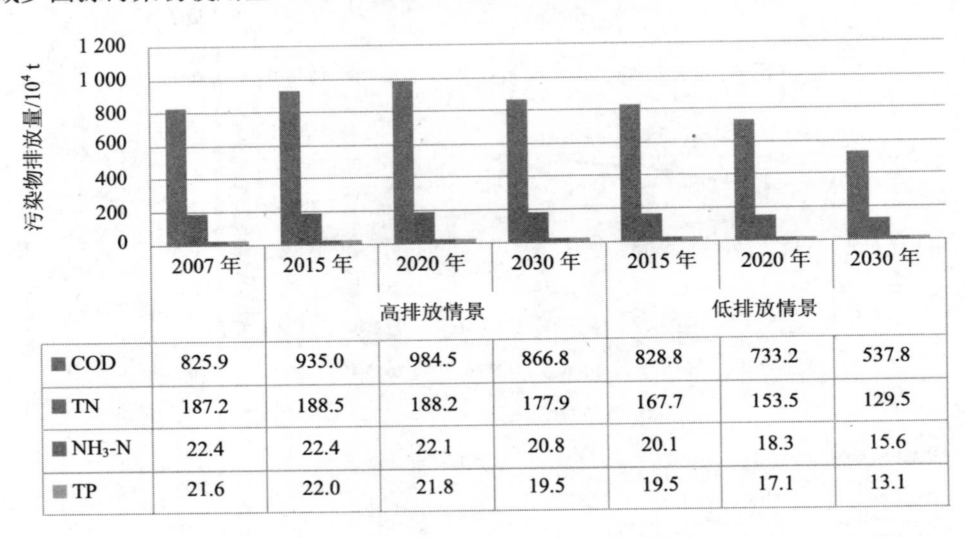

	2007 年	2015 年	2020 年	2030 年	2015 年	2020 年	2030 年
		高排放情景			低排放情景		
COD	825.9	935.0	984.5	866.8	828.8	733.2	537.8
TN	187.2	188.5	188.2	177.9	167.7	153.5	129.5
NH_3-N	22.4	22.4	22.1	20.8	20.1	18.3	15.6
TP	21.6	22.0	21.8	19.5	19.5	17.1	13.1

图 6　农业面源污染物排放量预测结果

3.4 污染物排放空间差异大，东部地区是污染物排放的主要区域

我国面源污染的污染物排放空间差异大，东部地区是主要的污染物排放区域。高排放情景下，2030 年东部沿海地区污染物排放量为 450×10^4 t，中部地区为 405×10^4 t，西部地区为 230×10^4 t。具体从 6 大区看农业面源污染的污染物排放，2030 年沿海地区为 415.5×10^4 t，长江中游地区为 218.0×10^4 t，西南地区为 150.7×10^4 t，东北地区为 134.4×10^4 t，黄河中游地区为 118.5×10^4 t，西北地区为 47.9×10^4 t。农业面源污染物排放量大的省份主要是山东、广东、湖南、河南、安徽和广西，这 6 个省（自治区）占总污染物排放量的 47%。西藏、青海、宁夏、海南、天津、陕西等是排放量小的省（市、自治区），这 6 个省（市、自治区）占总污染物排放量的 2.9%（见图 7）。

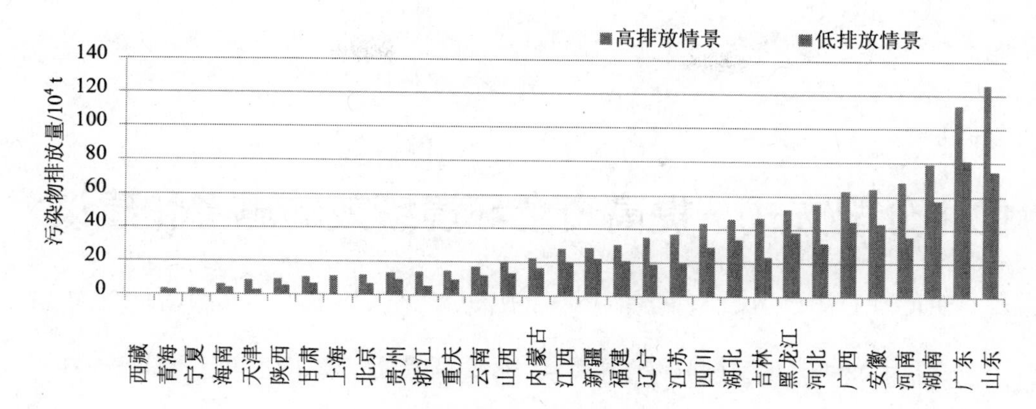

图 7　2030 年不同排放情景下的各省市自治区污染物排放量预测

参考文献

[1] Novotny V，Chesters G. 面源污染管理与控制手册[M]. 林芳容，等译. 广州：科学普及出版社广州分社，1987.

[2] Dennis L C，Peter J V，Keith L. Modeling non-point source pollution in vadose zone with GIS[J]. Environmental Science and Technology，1997（8）：2157-2175.

[3] 宋涛，成杰民，李彦，等. 农业面源污染防控研究进展[J]. 环境科学与管理，2010，35（2）：39-42.

[4] 洪华生，张玉珍，曹文志. 九龙江五川流域农业非点源污染研究[M]. 北京：科学出版社，2007.

[5] 闫丽珍，石敏俊，王磊. 太湖流域农业面源污染及控制研究进展[J]. 中国人口・资源与环境，2010，20（1）：99-107.

[6] 李卉，苏保林. 平原河网地区农业非点源污染负荷估算方法综述[J]. 北京师范大学学报：自然科学版，2009，45（5）：662-666.

[7] 王丽婧，郑丙辉，李子成. 三峡库区及上游流域面源污染特征与防治策略[J]. 长江流域资源与环境，2009，18（8）：783-788.

[8] 李庆康，吴雷，等. 我国集约化畜禽养殖场粪便处理利用现状及展望[J]. 农业环境保护，2000，19（4）：251-254.

[9] 张大弟，章家骐，汪雅谷. 上海市郊的主要非点源污染及防治对策[J]. 上海环境科学，1997，16（3）：1-3.

[10] 刘培芳，陈振楼，许世远，等. 长江三角洲城郊畜禽粪便的污染负荷及其防治对策[J]. 长江流域资源与环境，2002，11（5）：456-460.

[11] 曹东，於方，高树婷，等. 经济与环境中国 2020[M]. 北京：中国环境科学出版社，2005.

[12] 朱兆良. 由“点”到“面”治理农业污染[N]. 人民日报，2005，2（5）.

优化分配方式，提高资金环境绩效的思考和建议

Suggestion on optimizing allocation scheme，and increasing the performance of environmental investment

孙　宁　吴舜泽　赵云皓　程　亮
（环境保护部环境规划院，北京　100012）

摘　要：“十一五”期间中央环境保护专项资金下达近 91 亿元，为我国环境污染防治和监管基础能力建设提供了强有力的资金保障。随着财政资金使用改革的不断深入，财政部和环保部对中央环境保护专项资金的管理已从过去以评审为中心转变为以绩效为中心，无论在资金投向、分配方式、过程管理、绩效评估等方面都紧密围绕环境绩效这一中心开展。本文在对“十一五”期间中央环境保护专项资金分配总体情况总结归纳的基础上，分析了资金分配方式制约绩效发挥的主要问题，以改革创新资金分配方式、提高环境绩效为目的，对中央统筹法、项目申报法、因素分配法 3 种分配方式提出了若干改革优化的建议。

关键词：中央环保专项资金　分配方式　环境绩效

Abstract: During the “11th five-year plan” period，the environmental protection special funds of central government issued nearly 9.1 billion yuan，which provided a strong financial support for environmental pollution control and supervision ability. With the deepening of public funds reform，the Ministry of Finance and Ministry of Environmental Protection pay more attention to the performance of environmental protection special funds than projects，including fund input，distribution mode，process management，performance evaluation，etc. Based on the summary of environmental protection special funds of central government during “11th five-year plan” period，this research analyzed the restriction of allocation of funds mode on the performance of special funds. In addition，suggestion on optimizing the three allocation scheme，centrally planned，projects application and factors based，were outlined to improve the performance of environmental protection special funds of central government.

Key words: Environmental protection special funds of central government　Allocation scheme　Environmental performance

前　言

2003 年 7 月，国务院颁发《排污费征收使用管理条例》（国务院令第 369 号），对排污费资金收缴和使用进行改革，集中全国排污费资金总量的 10%，设立中央环境保护专项资金。“十一五”期间，中央环保专项资金是中央财政设立的用于污染防治专项资金中的主力军，对各地污染减排、环境质量的改善、区域重大环境问题的解决发挥出重要作用。提高财政资金使用绩效是当前财政资金管理和使用改革的主要方向之一，资金环境绩效的发挥是个系统工程，资金总量、资金分配方式、支持方式、评审方式、组织实施、监督管理、竣工验收等各个环节都与绩效高低有着密切关系，其中资金使用前，资金分配方式和支持方式如何设计是决定绩效发挥的前提条件和决定性因素。本文主要以提高资金使用绩效为目的，从资金分配方式和支持方式入手，分析了当前环保专项资金分配方式上存在的主要问题，探讨性提出中央统筹法、项目申报法、因素分配法 3 种分配方式以实现绩效最大化目标的改革优化建议，为国家资金和项目决策者提供参考借鉴。

1 “十一五”期间中央环保专项资金使用总体情况

根据《排污费征收使用管理条例》，中央环保专项资金重点支持重点污染源污染防治、区域性污染防治、污染防治新技术和新工艺的推广应用、国家和地方关注的重大环境问题以及财政部、环境保护部确定的其他项目，不得用于环境卫生、绿化、新建企业的污染治理项目以及与污染防治无关的其他项目。

中央环保专项资金自 2004 年设立以来，至今已下达资金近 91 亿元，支持近 1 600 个污染防治和环境监管能力建设项目，其中不包含历年因素分配法下达的 22.8 亿元资金支持的项目数量。中央环保专项资金支持项目的类型主要包括区域安全、饮用水水源地防治、环境监管能力建设、新技术新工艺示范、新农村小康环保项目以及电厂脱硫脱硝技术改造等。

中央环保专项资金支持范围有两个特点：首先，紧扣当年国家环境污染治理重点和焦点问题，如 2007 年支持的“三湖”防治蓝藻项目、奥运大气保障项目，2008 年环境应急项目，中央环保专项资金紧紧抓住了国家层面上关心的首要环境问题，五年来饮用水水源地污染防治项目和区域环境安全保障项目支持资金额达到 28.6 亿元，居支持项目类型之首；其次，在突出重点的同时，项目覆盖范围也非常广泛，不仅有工业行业污染治理项目，还涉及燃煤电厂脱硫脱硝技术改造、重金属污染、农村生活污水、畜禽养殖污染、土壤污染防治与修复、城市污水处理设施脱氮除磷、新技术示范等当前环境污染治理的重点、热点领域，表现出中央环保专项资金对环境污染治理的普遍关注。

2 “十一五”期间资金分配方式

“十一五”期间，中央环保专项资金先后采用了项目申报法、因素分配法和中央统筹法 3 种资金分配方式。项目申报法是一种传统的项目申报方式，是各地根据中央支持范围的要求组织一批项目，向国家申请资金，符合支持条件的给予支持。因素分配法是考虑一定的因素，将中央预算资金直接分配到各省，由各省财政和环保部门在一定范围内负责安排具体支持的项目。2008 年，中央环保专项资金第一次采用因素分配法，分配因素主要考虑各省上年 SO_2、COD 实际削减量以及上年各地上缴国家的排污费金额，将分配资金与减排成果和各省上缴排污费资金额挂钩。中央统筹法也是“十一五”期间财政资金分配改革中出现的新方法。为了贯彻落实党中央、国务院领导对环境污染防治重点问题的批示精神，着力解决人民群众反映强烈以及有重大影响的环境污染问题，本着“集中资金，保障重点”的原则，从中央环保专项资金中辟出一部分资金，专门支持解决上述问题的污染防治和综合整治项目，这部分资金是中央定向投向的，不由各地自由申报，这部分资金即是中央统筹法资金。

2004—2007 年，每年均采用项目申报法组织项目申报。2004—2007 年，全国共计上报 2 147 个，支持 1 288 个，资金额度达到 36.4 亿元。2008 年，采用项目申报法，支持 256 个各省申报的项目近 11 亿元资金，同时采用因素分配法下达各省资金 5 亿元，中央统筹法使用资金 1.3 亿元，主要支持湖南等遭受冰雪灾害影响严重的省份以及四川“汶川”地震灾后重大环境应急监管能力建设。2009 年，没有采用项目申报法，中央统筹法使用资金 8.55 亿元，支持了 11 个省、18 个污染综合治理项目，中央统筹法使用资金占当年资金总量的 44%，另 56%的资金采用因素分配法直接下发到各省。2010 年中央统筹法使用资金 7.56 亿元，支持 12 个省 19 个综合整治和污染防治项目、“锰三角”地区环境综合整治项目、污染场地修复项目、新安江流域生态补偿等项目，中央统筹法使用资金占当年资金总量的 42%，另 38%资金采用因素分配法分配到各省，20%的资金采用项目申报法支持中西部环境监察执法能力建设项目。

2004—2010 年 3 种资金分配方式分配的资金如图 1 所示。

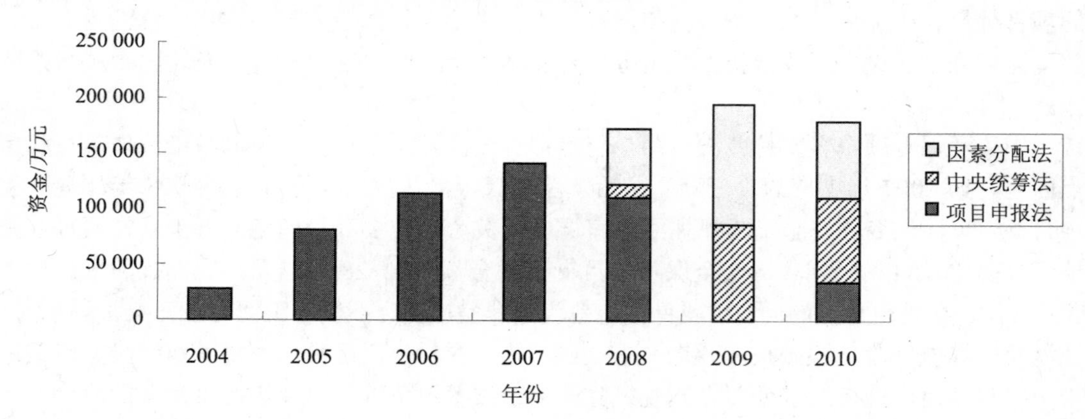

图 1　2004—2010 年不同资金分配方式的资金对比

从项目来源来看，项目申报法、中央统筹法都是一种自下而上的申报方式，各省提出支持项目的清单，国家在上报项目范围内择优支持。因素分配法的资金虽然从上到下，但具体支持的项目是由各省确定的，是一种自下而下的方式。中央环保专项资金的项目缺乏自上而下的方式，容易出现受地方申报项目牵制的问题。每年项目申报法、中央统筹法资金集中采取申请、集中评审、第三方咨询单位组织专家评审的方式进行。

3 资金分配中存在的主要问题

总体来看，“十一五”期间中央环保专项资金在资金分配方式、申报评审方式都比较传统。随着决策部门从过去以评审为中心向绩效为中心的转变，传统方式越来越不适应当前绩效发挥的需要。问题主要表现在以下 5 个方面：

（1）支持方向宽泛，缺乏一条能够串接绩效的主线。《排污费征收使用管理条例》中规定的四个方面的支持范围比较宽泛，实际工作中就像一个“筐”，污染防治项目似乎都能装进“筐”中，致使从纵向时间来看中央环保专项资金总体缺乏支持重点。各年支持项目多而散，彼此之间都很独立；项目所在地呈点状分布，对区域污染问题改善的贡献非常有限；影响民生的重大环境问题上缺乏连续投入。各年支持项目始终缺乏一条能够将项目有机串联起来、将绩效能够叠加起来的主线，资金投向存在被地方申报项目牵着鼻子走的问题。

（2）与国家环境保护规划实施的相关性不明显。国家环境保护五年规划是指导各级环保部门开展环境保护工作的指挥棒。从“十一五”规划实施评估结果来看，中央环保专项资金支持《规划》重大工程、污染防治重点技术、产业化示范和推广等方面的贡献度不高，从而使中央环保专项资金在国家环境保护主战场上的作用降低。

（3）资金投入与绩效高低的挂钩机制尚不能落实，资金门槛低。从历年情况来看，资金全部采取事先补助的方式，项目实施前就下达了资金计划，同时由于国家一直没有有效开展项目绩效评价，对各省支持资金、支持项目很难实质性与项目实施绩效挂钩，设想的资金分配与绩效挂钩机制尚不能落实。各地虽不同程度、不同范围开展过项目调查和工作总结，但与真正意义上的绩效评价还有较大差异。

（4）污染防治新技术的含金量不足，与《规划》实施现实需求有差距。2005—2008 年中央环保专项资金连续对污染防治新技术示范推广项目给予支持，支持项目数量达到 150 个。如果严格划分和判定，部分获得支持的项目的新意度不足，项目技术含金量不高。地方上报的新技术新工艺项目往往与国家层面上真正需要的新技术新工艺的需求有较大差距，与《规划》实施的现实需求脱钩问题也比较突出。资金下达时往往还要考虑各省资金的平衡性，也是导致项目质量下降的原因之一。

（5）国家绩效考核体系尚未建立，项目管理水平难以真正提高。“十一五”期间国家对支持需绩效考核目标和考核要求不明确，导致地方对项目绩效的重要性和迫切性认识不足，项目管理要求主要停留在环境保护验收阶段的达标排放上，单纯注重排放结果，对项目建设过程中技术和实施内容的变化、承担单位内部管理制度的健全程度，招投标制和监理制落实情况、建成后持续有效运行保障机制考核不足，使得项目的实施变成“一锤子买卖”，很难真正提高各级环保部门和承担单位项目管理水平，制度体系建设以及长效机制完善方面难以有较大突破。

4 改革优化资金分配方式的建议

资金分配方式是决定资金环境绩效发挥的前提和决定性因素，资金分配和投向设计不好，直接影响到绩效发挥。结合“十一五”期间存在的主要问题，建议改革方向主要集中在以下5个方面：①加强与国家环境保护五年规划的关联，全力支持《规划》重点技术、重点项目的实施；②国家每年确定一个“支持主题”，而不是过去的“支持方向”，加强国家意图的实现，改变过去被地方申报项目牵制的被动局面；③改变单纯的事前补助为事前补助和事后奖励相结合，加大“以奖代补”资金比重，凡是达到预期环境绩效目标的，给予奖励，确保环境绩效的实现；④坚持对“十二五”规划实施迫切需要的污染防治新技术示范工程予以支持；⑤改变过去将中央环保专项资金视同“唐僧肉”的思想，提高资金获得门槛，将资金变为鼓励性资金和高技术含量的资金，环境绩效完成好的项目、《规划》实施迫切需要的技术示范应用项目才能获得资金支持。

具体操作过程中，建议：

（1）“中央统筹法”采取“二上二下”，加强前期工作基础，确保资金能够切实解决突出环境问题。根据中央环保专项资金设立的目的和现实需求，中央环保专项资金还将继续采取统筹法。这类项目由于其高度的政治性和社会敏感性，必须把确保环境绩效目标的实现、解决领导关心的环境问题作为重点目标。建议操作过程中以“强化双向互动、加强技术指导、强化专家论证、扎实实施条件”为基本原则。项目申报方式可以借鉴每年中央预算部门采取的“二上二下”方式，加强中央与地方的沟通和互动。“一上”阶段，项目申报单位组织编制工作方案，明确项目范围、环境绩效目标、资金需求，明确各单个项目与总体目标之间的关系，环境保护部、财政部就工作方案与申报单位进行沟通，申报单位根据确认后的建设内容、资金额度等编制“二上”文件。“二上”阶段，加强项目论证，优化技术方案，提高项目申报材料编制质量。项目申报单位应提交符合资质要求，并经审批的可行性研究和环境影响评价报告；国家组织专家进行方案评估优化，进一步提高工艺技术的合理性、可靠性以及投资估算的准确性，明确项目建设目标。加强实施过程中的监督检查和环境目标考核，中央预算下达后，申报单位应编制实施方案，强化实施的落地性。国家组织不定期的现场检查，年底申报单位应编写项目进度报告。项目实施结束后，省级有关部门应组织竣工验收，财政部和环保部应重点对项目目标实现程度进行考核。

（2）“中央统筹法”还可采取“统一主题、定向投入”的方式，改变过去受地方申报项目牵制的被动局面。为改变过去中央环保专项资金在区域、行业、技术等方面投向过散、规模化环境效益难以体现的问题，建议拿出一定比例的专项资金采取“统一主题、定向投入、推广应用、事后奖励”的方式组织环境污染防治项目申报和管理。所谓“统一主题”，就是项目申报前由环保部、财政部共同确定好当年污染防治项目的主题内容，该主题可以是某一行业特征污染物的整治，可以是某一种技术的推广应用项目，可以是某一区域环境污染治理问题，也可以是某一专项规划确定的污染防治项目。每年申报通知中明确当年资金支持的污染防治主题及建设内容。各省申报时必须符合该规定的主题，不在定向主题范围内的不予支持。以技术条件已经基本具备但全国应用缓慢的推广应用技术项目为主。审查过程中主要考虑与对应技术要求的符合程度。可以采用“以奖代补”或者贴息的经费补助方式，以对应技术适用的规模或者环境效益确定资金补助额度。

（3）“统一主题、定向投入”中，继续支持《规划》急需的新技术示范工程建设。建议拿出部分资金，支持尚没有大量工程化应用、经过专家论证确实对全国某行业或者某种污染物治理具有整体提升和带动作用、“十二五”规划急需的“瓶颈”问题突破的技术示范工程。按照“明确技术要求、全国招标、事前补助、突破‘瓶颈’”的思路，打造精品示范工程。重点支持国内为加强导向性、打造精品工程，新技术应用示范上，此类项目总体采用项目申报法，但与传统项目申报法有明显不同，主要表现在：事先确定示范技术名称、具体技术要求，加强国家意图；向社会公开发布示范技术招标公告，明确主要技术要求和考核指标；采取公开招投标的方式，引入竞争机制；每类技术可以考虑选择 2～3 组平行示范单位，面向社会公开征集示范企业，通过评审确定承担单位；加强示范项目全过程管理。

（4）“项目申报法”支持区域性突出环境问题综合整治的标志性工程的建设。为充分调动地方环境污染治理的积极性，建议对各省群众反映强烈、严重影响人民群众生产生活的环境问题的整治和解决项目予以支持。采取“明确绩效、事后考核、效益显著、内容不限”的指导思想，每省确定支持一个项目，项目内容、操作方式、总投资不限，要求必须提前明确并上报项目建设目标和两年内项目建成后的环境绩效。国家主要对项目建成后是否达到标志性的环境绩效进行考核，项目资助额度可以采用定额法或者一定比例的因素分配法确定。

（5）建立“因素分配法”资金与绩效充分挂钩的分配新机制。根据过去因素分配资金使用和管理过程中的问题，特别是绩效不明显的问题，建议按照“分配可控，实施可管”的原则，对因素法分配资金的使用范围、方向以及资金管理体制进行研究，科学合理安排资金，改革管理模式，加大监管力度。因素分配资金总量应控制在一定范围内（如不超过当年资金总额的 30%）。资金管理过程中，各地支持项目应服务省环境保护五年规划要求，各地应将支持项目清单及资助额度报财政部、环保部备案。项目实施过程中各省环保部门应建立报告制度，以省为单位每年 2 月、3 月将项目实施情况汇总报告。建立竣工验收备案制度，加强该类项目的竣工验收，并作为年度实施情况报告的主要内容。建立监督检查和绩效考评制度，环保部、财政部加强对此类项目的监督管理并不定期检查。对因素分配项目进行绩效考评，绩效考评结果与下年度因素分配资金额度挂钩。

饮用水水源地环境管理对策研究

Environmental Protection Policies on Drinking Water Sources

张晓楠[①]
（环境保护部环境规划院，北京 100012）

摘　要：随着人口增加、工业化和城镇化进程加快，我国饮用水水源地环境保护形势越来越严峻。如何协调饮用水水源保护和经济发展之间的矛盾，促进饮用水水源地保护，保障人民饮水安全，是当前环保工作的重中之重。本文分析了我国饮用水水源地环境管理现状及存在的问题，借鉴国外饮用水水源管理经验，对我国的饮用水水源地环境管理提出了对策和建议。

关键词：饮用水水源地　环境保护

Abstract: With the increase in population, industrialization and urbanization process, China's environmental protection situation of drinking water sources became more and more severe. How to coordinate the contradiction between economic development and promoting drinking water source protection, also protecting the safety of drinking water, is currently the most important task of environmental protection. This article analyzed the status of drinking water sources and problems of environmental management by used the experience of other countries' drinking water management for reference, put forward the countermeasures and suggestions of China's environmental management on drinking water sources.

Key words: Drinking water sources　Environmental protection

前　言

胡锦涛总书记在 2005 年中央人口资源与环境工作座谈会上指出，要把切实保护好饮用水水源，让群众喝上放心水作为首要任务。《国家环境保护“十一五”规划》明确要求，围绕实现“十一五”规划确定的主要污染物排放控制目标，把污染防治作为重中之重，把保障城乡人民饮水安全作为首要任务。近年来，随着人口增加、工业化和城镇化进程加快，我国饮用水水源地环境保护形势越来越严峻，截至 2008 年，我国城镇饮用水水源地达标

① 作者简介：张晓楠，1981 年 12 月生，环境保护部环境规划院，助理研究员，从事流域污染物控制、水源地保护方面研究。地址：北京市朝阳区安外大羊坊 8 号环境规划院；邮编：100012；电话：010-84947992；传真：010-84920476；电子邮箱：zhangxn@caep.org.cn。

比例仅超过 80%。如何协调饮用水水源保护和经济发展之间的矛盾，促进饮用水水源地保护，保障人民饮水安全，是当前环保工作的重中之重。

1 我国饮用水水源地环境管理现状及存在的问题

饮水安全，是关系到国民生存和发展的根本。我国从新中国成立初期的饮水卫生防护，到后来的水源地保护至饮水安全全程管理，经历了漫长的过程。2006 年以来，原国家环保总局开展了县级以上城市（含县级市）集中式饮用水水源地环境基础状况的调查评估工作，截至 2008 年，重点调查了 1 635 个县级政府所在城镇和 655 个设市城市的 4 000 多个集中式饮用水水源地，调查反映的全国饮用水水源地环境管理情况不容乐观。

水源保护区批复率较低，保护区标志设置不规范。2007 年，仅有 60%的水源地水源保护区已批复；按照《饮用水水源保护区标志技术要求》（HJ/T 433—2008）建设规范标志设施的水源地不足水源地总数的一半，将近 40%的水源地虽建立标志与防护设施，但不规范，无标志与防护设施的水源地接近总数的 20%。

水源地监测点位设置不足，监测频次较低，难以全面表征水源地水质状况。2007 年，4 000 多个集中式饮用水水源地中有接近 10%的饮用水水源地无常规监测点，接近 70%的饮用水水源地仅设置 1 个监测点。在上述水源地的所有监测点位中，仅有 1.7%的水源地设置了自动监测点位，1/3 的监测点达到或超过 12 次/a 的频次，1/2 的监测点位监测频次为 2～11 次/a，16%的水源地监测点仅设置 1 次/a 监测或为调查临时补充监测。

部分水源地环境执法不到位，水源地应急响应机制不健全。1/3 的水源地存在违法建设项目和活动，超过 10%的水源地没有应急预案，缺乏对多种紧急事件的针对性措施，应急的快速性和机动性较差。

典型污染源未得到足够重视，水源地环境安全存在潜在威胁。2007 年，饮用水水源保护区和准保护区内的加油站数目占到全国加油站总数的 1%，还存在地下油罐、垃圾填埋场、矿山开发等典型污染源，部分水源保护区存在化工、金属冶炼等高风险污染源，一些水源保护区内还有危险品运输现象。

分析我国饮用水水源地环境保护工作的发展过程，不难看出造成这种现状的深层次原因：

（1）水源地保护相关立法规定长期不健全。1984 年颁布的《中华人民共和国水污染防治法》首次提出了饮用水水源保护区划分的概念："省级以上人民政府可以依法划定生活饮用水地表水水源保护区"，并明确了保护区内禁止从事的活动。但对于保护区划分的具体方法和操作流程并没有详细规定，也没有相应的处罚条例。1989 年，原国家环保局颁布了《饮用水水源保护区污染防治管理规定》，首次明确针对饮用水水源地提出了具体的管理规定。2002 年《中华人民共和国水法》修订颁布，明确规定"开发、利用水资源，应当首先满足城乡居民生活用水"，"国家建立饮用水水源保护区制度"，并对水源保护区内设置排污口的，明确了拆除和处罚措施。2007 年，《饮用水水源保护区划分规范》（HJ/T 338—2007）正式发布，在此之前，对于饮用水水源保护区的划分，一直没有技术层面的具体规定，各地基本考虑水源地水文地理因素，按照行政管理需求主观划分，保护区划分缺乏科学性。

而保护区的具体防护标志规范《饮用水水源保护区标志技术要求》（HJ/T 433—2008）则在2008年才颁布。2008年，《中华人民共和国水污染防治法》修订颁布，增加一章就饮用水水源和其他特殊水体的保护作出规定，强调了“国家建立饮用水水源保护区制度”，并就保护区划分的具体事宜作出了详细规定，对各级保护区内的建设、养殖、娱乐等活动作出了相应的禁止规定，对在饮用水水源保护区内设置排污口的，进一步明确了拆除和处罚措施。新修订的两部法律中都明确规定了建立饮用水水源保护区制度，将保障饮用水安全上升到法律层次，各地根据两部法律有关饮用水水源保护的具体规定制定地方措施也需要一个过程。水源地保护相关立法规定长期不健全，直接导致了饮用水水源保护区批复率低，保护区防护标志设置不规范。

（2）水源地监测预警能力不足。我国目前没有独立的水源地水质监测体系，水源地水质监测标准也纳入《地表水环境质量标准》（GB 3838—2002）和《地下水质量标准》（GB/T 14848—93）中，水质监测站的设立，多受制于地方环保能力建设的局限，2008年开展的水源地环境基础状况的调查评估工作中，没有监测数据的水源地，主要是西藏自治区的水源地和部分备用水源地。水源地监测预警机制不完善导致了水源地监测点位设置不足，监测频次较低，同时也影响了水源地应急和预警水平。

（3）执法权力不足，违法成本过低。《水法》第67条规定“在饮用水水源保护区内设置排污口的，由县级以上地方人民政府责令限期拆除、恢复原状；逾期不拆除、不恢复原状的，强行拆除、恢复原状，并处五万元以上十万元以下的罚款”。《水污染防治法》第75条规定“在饮用水水源保护区内设置排污口的，由县级以上地方人民政府责令限期拆除，处十万元以上五十万元以下的罚款；逾期不拆除的，强制拆除，所需费用由违法者承担，处五十万元以上一百万元以下的罚款，并可以责令停产整顿”。对于水源保护区内的违法排污行为，相关法律并没有赋予水源地所在地的环境保护主管部门相应的执法权力，而违法者除了缴纳罚款之外，按照《水污染防治法》第90条规定“违反本法规定，构成违反治安管理行为的，依法给予治安管理处罚；构成犯罪的，依法追究刑事责任”，对其排污行为可能或已造成的污染事故所应承担的刑事责任不明确。

2 国外饮用水水源地环境管理经验借鉴

许多发达国家在工业化进程中积累了丰富的饮用水水源地管理经验，通过法律、经济等多种手段对水源地进行保护，很好地协调了饮用水水源保护和经济发展之间的矛盾，一些具体政策和措施对我国很有借鉴意义。

（1）完善的法律法规标准体系。美国的饮用水保护基本由《安全饮用水法》提供法律基础。该法授权美国环保局建立基于保证人体健康的国家饮用水标准。该法最初于1974年通过的时候，是把水处理作为向居民提供安全饮用水的主要方法，1996年进行修改，增加一章重点强调水源的保护，保证饮用水水源地的供水安全。现行的《安全饮用水法》包括了水源保护、工作人员培训、改进公共供水系统的筹资和公众信息等多个组成部分，包含了从水源到水龙头的全过程保护。在德国，饮用水水源保护区的建立是司法程序：第一步，由水厂或国家机构提交建立水源保护区的申请报告，报告由国家专业负责机构受理；

第二步，划定水源保护区和制定保护措施；第三步，公布水源保护区初步方案；第四步，经过对提交水源保护区建立申请的水厂与保护区相关受害者之间的利益冲突进行调解，水源保护区方案由地方政府公布，成为法律文本；第五步，由国家专业负责机构负责监督执行。

（2）水源地信息公开化，增加公众监督。美国根据《安全饮用水法》的要求，供水系统每年必须向用户递交有关水质和水源的用户信心报告，当水质发生了严重的问题时，供水者必须尽快地通知用户，公众必须有参与制订水源评估计划、使用饮用水州周转基金贷款计划、州能力发展计划和州工作人员证书计划的机会。

（3）有效的资金保障体系和经济补偿措施。美国由联邦为各州提供低息贷款，资助地方水源地保护相关的项目建设。对于农业生产等环保部门没有强制监管权力的污染源，政府通过采取经济补偿措施来激励农民自愿放弃或减少养殖、种植，以减少污染排放。

3 饮用水水源地环境管理对策建议

（1）建立饮用水保护法律体系。我国目前没有统一的饮用水法，饮用水保护相关的法律法规内容分散于《水法》《水污染防治法》《饮用水水源保护区污染防治管理规定》《水污染防治法实施细则》等多个法律法规中；饮用水从水源地到水龙头，涉及水利部制定的《取水许可申请审批程序规定》、建设部制定的《城市供水水质管理规定》、建设部和卫生部制定的《生活饮用水卫生监督管理办法》等多项规定，水源地取水需执行《地表水环境质量标准》或《地下水质量标准》，供水需执行《城市供水水质标准》，饮用水需执行《生活饮用水卫生标准》，上述规定之间部分内容重复、不协调，各标准之间指标、限值不统一，迫切需要以饮用水为主线，建立从水源地到水龙头的法律体系，明确水源保护相关规定，统一各环节水质标准。

（2）建立统一的饮用水水源保护区管理机构。我国目前的水源地管理也分散于各职能主管部门之间，饮用水水源地取水需获得水行政主管部门或者流域管理机构的许可，供水主要由建设部门负责，保护区的各项管理涉及国土、农、林等多个部门的职责。应建立专门的饮用水水源保护区管理机构，统一协调各职能部门关系，对饮用水水源保护区的各项工作进行管理。国外不少国家设置类似机构，如法国在历史上也曾实行以省为基础的水资源管理，在 1964 年新《水法》颁布后，建立流域委员会和流域水资源管理局，统一规划和管理水资源；美国《安全饮用水法》（1974）规定联邦各部门的管辖权让位于水源保护区当局的管辖权。在我国饮用水水源保护区内，为了饮用水水源保护的目的，国家其他部门的管辖权应让位于饮用水水源保护区管理机构的管辖权，以提高决策效率，减少不同部门决策之间的摩擦，更有效地管理水资源。

（3）完善水源地调查评估和信息公布制度。我国的水源地调查工作自 2006 年开始起步，调查对象从重点城市、城镇、乡镇到农村，饮用水水源地调查评估工作开展四年以来，尚未全面公布过水源地调查情况。美国水源地的评估是强制的，州政府及公共供水系统定期公布水源水质情况。我国必须将饮用水水源地评估作为水源保护的一项重要措施，并将其常态化，定期公布水源监测评估状况，以满足快速发展下公众的饮水安全需求。

（4）采用经济手段促进水源地保护。我国目前水源地保护资金主要来源于国家的专项拨款，仅靠国家财力很难对全国数万个水源地进行有效、及时的保护。美国采取将联邦拨款与州配额拨款借贷给地方实施饮用水相关项目，获得的利息和本金循环使用的运作方式，截至 2007 年，各州已为 5 200 多个项目提供近 130 亿元的贷款。我国应建立从国家到地方的资金支持体系和资金运作长效机制，有效地通过经济手段促进水源地保护。对于禁止或者限制使用化肥、农药以及限制种植、养殖等措施的保护区，应当给予适当的经济补偿，同时，主动采取适当的经济补偿措施来激励农民自愿放弃或减少养殖、种植，以减少保护区内的农业面源污染排放。

（5）广泛提高公众水源保护意识。美国的政治体系决定了如果居民非自愿，很多排污行为是政府部门难以强制干预的，因此，美国政府采取了强大的宣传教育措施，引导公众自愿自觉减少污染物排放，保护水源地。我国的水源地虽然是国家或集体所有，但也要加强宣传教育工作，让公众了解保护饮用水安全是一项艰难和代价高昂的工作，从而提高其水源保护意识。同时，广泛发放宣传手册，让公众知道在保护水源方面能做些什么以及他们所做工作的价值，引导公众采取合理的生产行为，全面促进饮用水水源保护。

参考文献

[1] 环境保护部. 全国饮用水水源地基础环境调查及评估报告——城镇部分. 2009.

[2] 李建新. 德国饮用水水源保护区的建立与保护[J]. 地理科学进展，1998（4）：88-97.

[3] 万军，张惠英. 法国的流域管理[J]. 中国水利，2002（10）：164-167.

[4] 巩莹，刘伟江，朱倩，等. 美国饮用水水源地保护的启示[J]. 环境保护，2010（12）：25-29.

[5] 袁记平. 我国饮用水保护立法研究[D]. 河海大学硕士论文，2004.

海河流域水资源与水环境管理相关政策与综合管理问题浅析

Analysis of Haihe River Basin Water Resources and Environment Management Policies

余向勇
（环境保护部环境规划院，北京　100012）

摘　要：本文从水资源宏观管理和配置制度、水资源保护和管理制度、水污染防治和水环境管理制度3个方面分析海河流域现有水资源和水环境管理相关政策，并提出了实现流域综合管理存在的一些如跨部门功能区划等问题。

关键词：水资源管理　水环境管理　流域综合管理

Abstract: The article in the water resources allocation system，macroeconomic management and protection of water resources management system and water pollution，water and environmental management system in Haihe River valley analyses available water resources and environmental management and related policies to achieve integrated watershed management across sectors such as a functional divisions.

Key words: Water resource management　Water environmental management　Integrated management in basin

前　言

流域是人类文明的发祥地，也是人口、经济与城市集中区，现代社会中，水资源与水环境对经济社会的发展更具有重要的意义。然而，人类长期的生息运作，使得水资源系统不断发生巨大变化，导致资源结构恶化，短缺矛盾加剧，环境污染加重，生态环境日趋脆弱，自然灾害剧增，湖泊及流域上下游、部门之间的利益冲突和矛盾日益尖锐。

流域水资源和水环境管理现行相关政策主要体现在水资源规划、水环境规划、工程建设与管理、防洪与抗旱、水资源保护与水污染防治、水资源配置、用水管理、水行政执法、公众参与等方面，主要包括水资源宏观管理和配置制度、水资源保护和管理制度、水污染防治和水环境管理制度三个方面。

1 水资源宏观管理和配置制度

（1）水资源规划制度。水资源规划是水资源配置、保护、管理和开发利用的基础。水资源规划制度是指编制全国水资源开发利用近期和中长期规划，流域综合规划和水资源规划、水中长期供求规划、水资源配置方案、水功能区划、河流水量分配方案、旱情紧急情况下的水量调度预案等，建立编制水资源配置方案和河流水量分配方案的管理制度。《中华人民共和国水法》第十四条、第十五条、第十七条作了相关规定。

（2）水资源开发利用与保护制度。水资源开发利用与保护制度是水资源的可持续利用制度，是指既要加快水资源的开发利用，优化配置水资源，又要注重水资源的节约与保护，提高水资源的利用效率。水资源开发利用与保护制度具体包括：环境影响评价制度、“三同时”制度、水资源保护基金制度、纳污总量控制制度、取水许可制度、供水分配制度、河道管理制度、航道利用的水资源保护制度、渔业资源开发的保护制度、水土保持制度等。

（3）取水许可和水资源有偿使用制度。取水许可制度贯彻了开发利用与保护、水量水质一体化管理的原则，明确了各级水行政主管部门在审批取水许可、发放取水许可证方面的权属管理地位。《水法》第七条、第四十八条，《取水许可和水资源费征收管理条例》作了相关规定。

（4）水资源论证制度。水资源论证制度是以水资源的条件与经济布局相适应，实现水资源承载能力与经济规模相协调，以水资源为基础来指导水资源的合理开发与有效配置的重要制度，也是贯彻落实中央对水利工作的部署，深化取水许可制度，加强水资源管理，探索水权、水市场理论，科学确定取水权人的初始水权，建立高效、透明、规范的行政许可审批的重要制度保障。《水法》第二十三条规定，国民经济和社会发展规划以及城市总体规划的编制、重大建设项目的布局，应当与当地水资源条件和防洪要求相适应，并进行科学论证。2002 年 3 月 24 日，由水利部、国家计委联合颁布了《建设项目水资源论证管理办法》，并于 2002 年 5 月 1 日正式实施，这是我国继确立环境影响评价制度之后，在资源领域确定的又一项水资源开发利用影响评价，标志着我国水资源论证制度的建立。

（5）水中长期供求规划制度。水资源规划是开发、利用、节约、保护水资源和防治水害的重要依据。长期以来，水资源规划的制定和执行一直没有得到应有的重视。2002 年新《水法》第十四条确立了水中长期供求规划制度。水中长期供求规划应当依据水的供求现状、国民经济和社会发展规划、流域规划、区域规划，按照水资源供需协调、综合平衡、保护生态、厉行节约、合理开源的原则制定。

（6）流域水量分配方案制度及旱情紧急情况下水量调度预案制度。流域水量分配方案制度是水资源的一种优化配置制度。《水法》第四十五条规定，调蓄径流和分配水量，应当依据流域规划和水中长期供求规划，以流域为单元制定水量分配方案。由于我国水资源在时间上分布不均，旱灾频繁，《水法》规定要制定旱情紧急情况下水量调度预案。

（7）年度水量分配方案和调度计划制度。年度水量分配方案和调度计划制度是对水资源的分配进行预测和调整的制度。《水法》第四十六条规定，根据批准的水量分配方案和年度预测来水量，制定年度水量分配方案和调度计划。

2 水资源保护和管理制度

（1）水资源保护规划制度。水资源保护规划制度是为了应对我国日趋严重的水资源匮乏和水环境污染给社会、经济的可持续发展构成的威胁而制定的科学、合理的水资源保护规划，以实现水资源的高效利用和有效保护的制度。水资源保护规划是实现水资源有效保护的重要前提，水功能区划、功能区水环境保护目标及水体纳污能力是水资源保护规划中三项极为重要的基础性内容。

（2）总量控制与定额管理相结合制度。用水总量控制与定额管理相结合是为了促进流域水资源的优化配置、合理利用，促进节水而制定的制度。我国《取水许可和水资源费征收管理条例》第七条规定："实施取水许可应当坚持地表水与地下水统筹考虑，开源与节流相结合、节流优先的原则，实行总量控制与定额管理相结合。"

（3）计划用水、超定额用水累进加价制度。计划用水与定额管理制度是在建立科学合理用水定额的基础上，对用水单位实行定额计划用水管理，超定额计划累进加价的制度。收取超计划用水加价水费，是国家节约资源强有力的手段。《水法》第四十九条规定："用水应当计量，并按照批准的用水计划用水。用水实行计量收费和超定额累进加价制度。"

（4）江河、湖泊水功能区划制度。水功能区划制度是以水资源的开发与保护为目标，确定江河、湖泊水功能区，制度规定水行政主管部门或者流域管理机构应当按照水功能区对水质的要求和水体的自然净化能力，核定水域纳污能力，向环保部门提出水域限制排污总量意见。规定国家建立饮用水水源保护区制度。为了管理和控制排污口，规定在江河、湖泊新建、改建或者扩大排污口，应当经过有管辖权的水行政主管部门或者流域管理机构同意。《水功能区管理办法》第四条、第五条作了相关规定。

（5）饮用水水源地保护区制度。饮用水水源地保护区制度是为了加强饮用水水源地的保护，严格执行水源地分级保护管理而制定的相关规定。《饮用水水源保护区污染防治管理规定》对地表水源、地下水源的保护和管理作了相关规定。

（6）水质监测与通报制度。水质监测制度是对功能区监测点进行定期水质监测，及时准确掌握水质信息的制度。水功能区水质监测情况通报制度是为了保障群众对水文信息的知情权，定期向社会发布水质信息的制度。《水功能区管理办法》第十二条规定，县级以上地方人民政府水行政主管部门和流域管理机构应组织对水功能区的水量、水质状况进行统一监测，建立水功能区管理信息系统，并定期公布水功能区质量状况。发现重点污染物排放总量超过控制指标的，或者水功能区水质未达到要求的，应当及时报告有关人民政府采取治理措施，并向环境保护行政主管部门通报。

（7）排污口设置与排污总量控制制度。排污总量控制制度是国家对污染物的排放实施总量控制的法律制度。在此概念中，"总量"一词指的是在一定区域和时间范围内的排污量总和或一定时间范围内某个企业的排污量总和。排污口设置与排污总量控制制度是控制污染物排放的有效办法。我国《入河排污口监督管理办法》第三条、第九条作了相关规定。

3 水污染防治和水环境管理制度

（1）水污染防治规划制度。《中华人民共和国水污染防治法》第三章水污染防治的监督管理，规定了水污染防治规划的编制、排污收费、污染物申报、环境影响评价制度及各部门的主要职责与义务。如第十条规定了“防治水污染应当按流域或者按区域进行统一规划”。

（2）排污申报登记制度和排污许可证制度。排污申报登记制度是指排污单位应当就其所拥有的污染物排放设施、处理设施和在正常作业条件下排放的污染物的种类、数量和浓度以及与防治此种污染的有关技术资料，向所在地环境保护行政主管部门申报，并由所在地环境保护行政主管部门进行审查、登记的制度。排污许可证制度是由主管环境保护工作的行政机关，以证书形式，允许排污单位进行排污，非经允许进行排污即为违法行为的制度。《水污染防治法》第十四条、《环境保护法》第二十七条作了相关规定。

（3）排污收费制度。排污收费制度是从水质方面考虑的一种水资源补偿制度，是指一切向环境排放污染物的单位和个体生产经营者，应当依照国家的规定和标准，缴纳一定费用的制度。排污收费是“污染者负担”原则的具体体现，是使环境问题外部经济内部化的有效方法，是目前各国在水环境保护法中所普遍规定的一种经济手段。《水污染防治法》第十五条、《环境保护法》第二十八条作了相关规定。

（4）水环境监测制度。水环境监测是依照水的循环规律（降水、地表水和地下水），对水的质与量以及水体中影响水生态与环境质量的各种人为和天然因素进行监测。水环境监测制度的建立，有利于维护跨行政区域河流交接断面的水环境，防止水污染。

（5）水环境影响评价制度。水环境影响评价是指对建设项目、区域开发计划及国家政策实施后可能对水环境造成的影响进行预测和估计。水环境影响评价包括接纳项目生产废水和生活污水排放的地表水体和项目所在地域的地下水水质。

（6）“三同时”制度。“三同时”制度是指新建、改建、扩建的基本建设项目和技术改造项目、自然开发项目以及一切可能对环境造成污染和破坏的工程建设项目，其防治污染和其他公害的设施必须与主体工程同时设计、同时施工、同时投产的制度。“三同时”制度是我国防止新污染源出现，贯彻“预防为主”方针的一项重要法律规定。“三同时”制度也是我国出台最早的一项环境保护基本法律制度。

（7）限期治理制度。限期治理制度是指对长期超过标准排放污染物，造成环境严重污染而又未进行治理的单位或区域，由有关人民政府规定出一定的限期，限定在期限内完成治理任务，达到治理目标的制度。如在规定的期限内没有完成治理任务或者没有达到治理目标，将受到一定的处罚。

（8）生产工艺和设备淘汰制度。工业污染是环境污染最主要的来源。总结我国治理工业污染的经验和国外环境保护的发展趋势，对工业污染的排放控制仅仅停留在“末端治理”已远远不够，必须从源头上防治和减少工业污染，加强对生产全过程的管理，使污染物大部分消灭在生产过程中即实现清洁生产，建立新的工业污染预防体系，对严重污染环境的落后生产工艺和设备实行淘汰制度。这一制度的核心内容是推动企业提高管理水平、生产工艺、技术和设备水平，提高能源和资源的利用率，从根本上解决工业污染问题。对落后生产工艺和设备实行淘汰制度是我国环境保护的一项重要法律制度，《水污染防治法》《固体废物污染防治法》《大气污染防治法》《环境噪声污染防治法》都作了规定。

（9）污染物总量控制制度。水污染物排放总量控制制度，是指在特定的时期内，综合经济、技术、社会等条件，通过采取向排污源分配水污染物排放量的形式，将一定空间范围内排污源产生的水污染物的数量控制在水环境允许限度内而实行的污染控制方式及其管理规范的总称。这种控制方法是针对水污染物浓度控制存在的缺陷（没有将污染源的控制和削减与当地的水环境目标相联系，区域内各排放单位排放的污水只要达到国家或地方规定的排放标准，就可以合法排放），在污染源密集情况下无法保证水环境质量的控制和改善提出来的，它比浓度控制方法更能满足环境质量的要求，对水污染的综合防治、协调经济与环境的持续发展具有积极、有效的作用。

（10）突发水污染事件处置制度。对于不可预测的水污染危机，通过建立突发水污染事件应急处理系统加以管理。突发水污染事件应急处置制度包括突发事件处置预定方案、应急事件快速反应机制和必要的物资储备。《水污染防治法》第二十八条规定，排污单位发生事故或者其他突发性事件，排放污染物超过正常排放量，造成或者可能造成水污染事故的，必须立即采取应急措施，通报可能受到水污染危害和损害的单位，并向当地环境保护部门报告。船舶造成污染事故的，应当向就近的航政机关报告，接受调查处理。

传统的水资源管理体制存在管理不顺等弊端，无法统筹管理城乡水资源、水质与水量的关系，难以有效控制水污染，必须改革现行水资源管理体制，加快水资源管理机制创新，推行区域水质和水量、城乡水资源的统一管理。对海水淡化、污水资源化和雨水综合利用等需要制定相关的条例，引入市场经济体制，建立透明的补贴机制和合理的价格机制、高效并统一的区域管理体制，从政策、制度和经济上解决海河流域下游地区的水资源和水污染严重问题。

4 海河流域水资源保护与水污染防治的相关政策缺乏衔接

从根本上来讲，水资源保护与水污染防治的目标是统一的，相互间需要很好地协调，不能截然分开。而对于海河流域，水资源保护与水污染防治目前还是各自为政，相关管理政策不能很好衔接，严重影响了水资源保护和水污染防治工作的开展。具体表现在：

（1）水功能区与水环境功能区划分不一致。在海河流域，一方面，根据水资源保护的需要，对水功能区进行了划定；另一方面，根据水环境保护的需要，对水环境功能区进行了划定。海河流域水功能区和水环境功能区的划定依据和管理方式皆不相同，不仅使管理工作复杂化，同时也造成了管理资源的浪费。

（2）水量和水质管理脱节。由于缺乏水量与水质统一管理的相关政策规定，海河流域部分地区只注重水量管理，忽视水质管理，以致取水户的退水水质达不到规定的水质标准，污染了下游水体的水质，引发了省际水污染纠纷。

（3）污染源管理与水体保护缺乏有效衔接。针对海河流域的污染源管理和江河水体保护，都有相应的政策，然而污染源管理政策与水体保护政策并没有很好地衔接起来，未能针对江河水体保护有效地实施污染源管理。

（4）取水许可与排污许可的审批未能有效结合。目前，海河流域的取水许可和排污许可还是由水利和环保两个行政部门分别审批的，尚未能将取水总量、排污总量、水环境容量与排水污染物的浓度、水体水质有机地结合起来以形成相互间的制约关系，难以从源头上遏制污染和保证水环境的健康。

（5）流域水资源与水环境监测网络缺乏统一规划，站点布局不合理。目前，水利部在海河流域设立了水资源监测中心，建立了流域水资源监测网络；环保部门则在海河流域设立了 7 个自动监测站，建设了流域水环境监测网络，以对流域的水环境进行监测。水利部门与环保部门的监测网络缺乏统一规划，站点重复建设，造成资源浪费。

（6）流域水资源与水环境监测方法和适用标准不一致，信息共享程度低。目前，海河流域水资源与水环境监测所遵循的技术规范不一样，造成了各种水质评价结果存在不同程度的差异，数据交换和信息共享存在问题。

（7）监测结果尚未实现统一发布。目前，海河流域水资源监测结果和水环境监测结果尚未实现统一发布，其中，水利部门负责海河流域水资源监测信息的发布，环保部门负责海河流域水环境监测信息的发布，信息一致性、可比性差，不利于流域水资源保护的决策和公众监督。

参考文献

[1] 施宏伟，叶亚妮. 西方水资源与水环境管理模式演进及其有效性评析[J]. 生态经济：学术版，2007（1）：369-373.

[2] 吴光红，刘德文，丛黎明. 海河流域水资源与水环境管理[J]. 水资源保护，2007，23（6）：80-83.

[3] 钟玉秀，刘洪先，韩栋. 海河流域水资源与水环境综合管理机构改革战略研究[J]. 水利发展研究，2009（11）：1-6.

省际间联合治污新机制的探索
——以淀山湖水污染控制为例

The Mechanism Exploration of the Inter-provincial Joint Pollution Control—a Case Study of Dianshan Lake Water Pollution Control

张 新[①] 王如琦 彭丽娜

（上海市水务规划设计研究院，上海 200232）

摘 要：淀山湖是一个位于上海和江苏两地交界的湖泊，也是上海市黄浦江上游水源地支流——斜塘的来水水源之一，水量占11%，水质为Ⅴ类，甚至劣Ⅴ类。近年来，作为内陆湖泊的淀山湖屡次发生水污染事件（蓝藻水华），对地区城乡人民生产、生活用水产生严重影响。本文在分析地区水污染现状和问题的基础上，提出了为改善淀山湖水环境，苏沪两地加强省际间宏观层面的政治协商、管理层面的水行政协商、地方层面的利益协商等机制，并提出了实施建议，以促进跨省市边界区域联合治污新机制的形成。

关键词：省际联合 治污 新机制 控制 淀山湖 水污染

Abstract: Dianshan Lake，located in the boundary of Shanghai and Jiangsu province，donates 11% water flow of Xie tang which is the tributary of Huangpu River. Dianshan water quality is Ⅴ class，or even worse than Ⅴ class sometimes. Recently，the Dianshan inland lake was reported the repeated occurrence of water pollution incidents which dramatically influenced the water use of people. The paper result is based on the analysis of the water pollution status and problems. The approaches to improve the lake water environment were proposed，which include the mechanism of political consultation between Shanghai and Jiangsu province，CCAQ between administrators，the interests consultation between local levels. Moreover，the implementations of the approaches were also put forwarded to promote the formation of a new mechanism of trans-provincial boundary of regional joint pollution control.

Key words: Regional joint of trans-provincial boundary New mechanism Control Pollution of Dianshan Lake

---

① 作者简介：张新，1980年6月生，上海市水务规划设计研究院，工程师。专业：市政工程；地址：上海市徐汇区天钥桥路1170号；邮编：200232；电话：021-54101933-225；手机：13512139019；传真：021-64568674；电子邮箱：zhangxin0611@gmail.com。

前　言

淀山湖位于上海市和江苏省的交界处，涉及江苏省昆山市的千灯、锦溪、淀山湖和周庄四镇，以及上海市青浦区的朱家角、金泽和练塘三镇，范围约 604.9 km^2，其中，江苏部分为 264.5 km^2，上海部分为 340.4 km^2。

淀山湖地区是太湖流域下游苏沪省际边界典型的平原河网地区，河湖交错，水网密布，相互连通，多年来为流域、区域的经济发展作出了巨大贡献。近年来，随着区域经济社会的快速发展，水资源开发利用程度加大，淀山湖的水污染日趋严重，水生态环境日趋恶化，水事纠纷时有发生，迫切需要进一步加强流域管理机构、江苏省和上海市水行政主管部门、环境保护行政主管部门之间的沟通、协商与合作，从而改善淀山湖蓝藻水华的联合治污工作，为地区社会经济的平稳健康发展提供支撑和保障。

1 淀山湖水污染现状

淀山湖位于太湖流域上海市和江苏省的边界，31°04′～31°12′N，120°54′～121°01′E，面积为 604.9 km^2。淀山湖属于受潮汐影响的吞吐性浅水湖泊，换水周期 29 天左右，平均水深 2.1 m。进出淀山湖的河流 59 条，其中主要入湖河流有千灯浦、朱厍港、急水港、元荡，主要出水河道为拦路港和淀浦河。拦路港连接上海市黄浦江上游重要的一条支流——斜塘，其来水量占黄浦江上游水源地来水的 11%，对黄浦江上游水源地影响不可忽略。

近年来，淀山湖的水质恶化趋势明显，基本处于劣Ⅴ类，其出水水质为Ⅳ类，主要超标项目为氨氮、高锰酸盐指数、五日生化需氧量等有机污染指标。1997 年至今均为中度富营养化水平。1985 年 9 月，淀山湖首次暴发大面积蓝藻“水华”，历时达 15 天之久，当时上海区域 90%湖面出现绿色被膜。以后，每年均有不同程度的蓝藻“水华”现象出现。2000 年后，淀山湖水体富营养化程度急剧增大，发生藻类水华的频率为 1999 年前的 2～3 倍。2007 年，淀山湖大规模暴发蓝藻，占据全湖近 80%的水面，全湖叶绿素 a 平均值达 172.7 mg/m^3，其中湖南区点位最高，达 651.9 mg/m^3；2008 年，蓝藻“水华”暴发程度低于 2007 年，蓝藻“水华”最大面积占据全湖近 40%的水面，全湖叶绿素 a 平均值为 32.9 mg/m^3，其中，湖北区点位最高，为 115.3 mg/m^3。以上数据说明，淀山湖富营养化非常严重，已经完全具备蓝藻“水华”暴发的生境条件。

2 淀山湖规划水质目标

根据国务院 2010 年 5 月批准的《太湖流域水功能区划（2010—2030 年）》，淀山湖作为太湖流域内重要的边界湖泊，划为缓冲区。缓冲区为协调省际间矛盾突出的地区间用水关系以及在保护区与开发利用区相接时，为满足保护区水质要求需划定的水域。由此，淀山湖的水功能区以国家层面定义下来。

为保护黄浦江上游水源地，《太湖流域水功能区划（2010—2030 年）》将淀山湖的规划水质目标确定为Ⅱ～Ⅲ类。

图 1 为太湖流域水功能区一级区划图——黄浦江及其上游支流部分。

图 2 为太湖流域水功能区水质目标图——黄浦江及其上游支流部分。

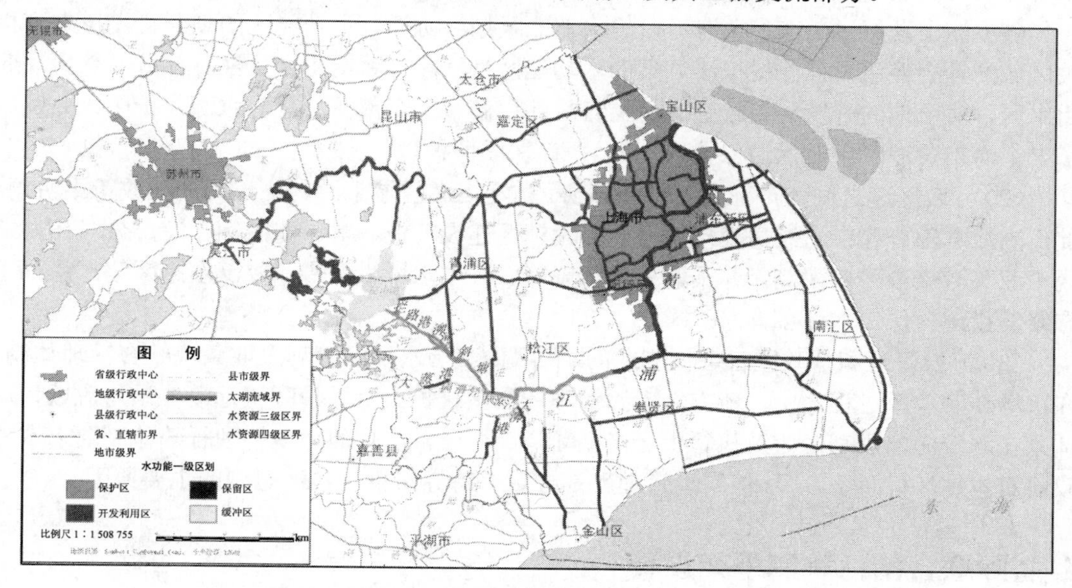

图 1　太湖流域水功能区一级区划图——黄浦江及其上游支流部分

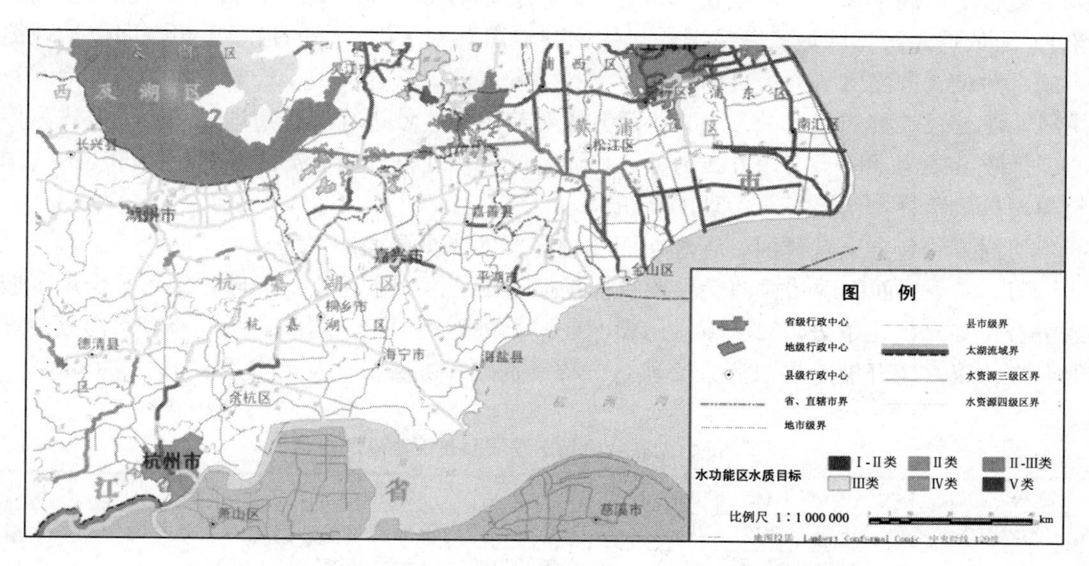

图 2　太湖流域水功能区水质目标图——黄浦江及其上游支流部分

3 水污染治理的主要问题

淀山湖地处上海、江苏的边界地区，根据行政属地管理要求，水资源管理和水环境保护在行业、区域之间处于分割状态，由此导致水环境治理形势十分复杂。淀山湖蓝藻“水华”防治问题，是一个复杂的社会经济管理问题，涉及上海、江苏及流域层面的产业结构、水资源管理体制、行政区管理体制等多方面的冲突，具体表现为：

（1）淀山湖周边江苏、上海界内的水功能区划不协调。水功能区的划分直接影响到相关区域的社会经济发展。根据江苏省的水功能区划，江苏将淀山湖（江苏部分）划为渔业用水区，对土地的开发利用较强。而上海将淀山湖（上海部分）划为水源保护区，并发布了《上海市黄浦江上游水源保护条例》，严格加以保护。

（2）行政区划之间的产业发展结构不协调。淀山湖区域上游与下游间产业政策不协调。淀山湖江苏部分存在沿湖房地产开发、环湖镇区建设工业区等。淀山湖上海部分对环湖地区工业等污染源严格限制，并采取入湖前置库、近岸水域生态带、控藻生态区等一系列生态修复措施，保护水环境。

（3）流域管理和行政区管理体制之间不协调。我国水资源管理采取条块结合管理体制。在市场体制改革进程之中，地方水资源管理的自主权扩大，于是区域行政体系与流域管理体系在水资源的规划制定及执行上会产生矛盾。同时，现行的环境管理行政体制要求本地政府对本地环境负责，“环保属地管理”是导致“跨界污染”愈演愈烈的主要原因。

4 省际联合治污机制框架设计

结合淀山湖水体污染的现状，以国务院新近颁布的《太湖流域水功能区划（2010—2030年）》为依据，根据区域实际情况，尽快调整淀山湖水污染治理的指导思想，即以治理淀山湖水污染（蓝藻水华）为目标，以落实科学发展观，联合治污、长效治污、科学治污为主线，通过行政方式、市场方式和协商方式对淀山湖区域进行综合治理，以协商方式为核心、行政方式为手段、市场方式为补充，通过流域管理机构和苏沪两地各相关部门的共同努力，形成跨界水污染综合治理的新机制。

协商方式包含宏观层面、管理层面和地方层面 3 个层面的协商。

（1）宏观层面的政治协商的主要目标是把淀山湖区域水污染治理问题纳入淀山湖区域经济合作与一体化中去，对区域水污染产业进行规划和调整，达成一系列跨界水污染治理的合作协议，为开展跨界水污染治理提供政策基础。协商主体及内容见表 1。

表 1　淀山湖联合治污宏观层面政治协商的内容

序号	协商主体	协商内容
1	上海市政府	从国家流域环境管理的角度，提出对太湖和淀山湖联合治污的意见和建议，并进行指导； 从上海、江苏经济社会发展和合作的高度，将淀山湖区域水污染治理问题纳入其中； 协商达成一系列跨界水污染治理的框架协议，为开展跨界水污染治理提供政治基础
2	江苏省政府	
3	环保部（华东环境保护督查中心）	
4	水利部（太湖流域管理局）	

（2）管理层面的水行政协商的主要目标是落实国务院新近颁布的《太湖流域水功能区划（2010—2030 年）》，建立淀山湖区域协调的水功能区划和统一的水污染预警与应急机制。协商主体及内容见表 2。

表 2 淀山湖联合治污管理层面水行政协商的内容

序号	协商主体	协商内容
1	上海市水务局 上海市青浦区政府	从两省一市区域环境与经济合作的高度，将淀山湖区域水污染治理作为区域环境与经济合作的重要内容； 具体制定和实施一系列跨界水污染治理的协议，为开展跨界水污染治理提供行政层面的交流沟通渠道； 加强联合治污的环境能力建设，包括共同的监测平台、数据共享等方面
2	江苏省水务局 苏州市政府	

（3）地方层面的利益协商的主要目标是加强沟通，缓解矛盾，自我达成解决协议。可考虑在两地水资源管理部门或环保部门帮助下成立某一形态的协商组织。此组织在矛盾激化阶段可转化为上级部门干预调处的对象机构，使矛盾调处可以迅速展开；在矛盾协商后期可以作为执行监督机构。协商主体及内容见表 3。

表 3 淀山湖联合治污地方层面利益协商的内容

序号	协商主体	协商内容
1	上海市青浦区水务局 沿湖各乡镇政府、企业、公众	从沿湖乡镇经济社会发展与环境保护合作的角度，具体落实和执行淀山湖联合治污的各项措施； 根据实际情况，充分反映沿湖各乡镇政府、企业、公众的利益诉求和意见，提出联合治污的对策建议，探索多种形式的合作方式
2	苏州市水务局 沿湖各乡镇政府、企业、公众	

5 具体实施建议

鉴于淀山湖处于太湖流域内江苏和上海两地交界处，特殊的地理位置决定了淀山湖水污染治理需要纳入太湖流域水环境综合整治的范畴。建议以管理层面的水行政协商为突破口，以宏观层面的政治协商为基础，以地方层面的利益协商为补充，针对淀山湖水污染（蓝藻水华）进行综合治理。作为突破口的管理层面水行政协商，建议协商的初步内容为以下五个方面。

（1）建设淀山湖水污染（蓝藻水华）治理综合信息共享平台。加强淀山湖水污染（蓝藻水华）的信息共享，建立覆盖淀山湖区域（江苏、上海两地）的信息平台。

（2）加强淀山湖水污染（蓝藻水华）治理的联合研究。在联合治污信息共享平台的基础上，江苏、上海两地联合研究淀山湖蓝藻水华产生的规律和主要影响因子，提供分阶段的防治措施。

（3）协调统一环淀山湖区域水功能区划分。在淀山湖区域产业政策协调的基础上，以防治淀山湖蓝藻水华和水体污染为目标，江苏、上海两地相关部门协调统一淀山湖周边的水功能区划。

（4）联合制定防治淀山湖蓝藻水华的法律法规及技术规范性文件。为长效防治淀山湖蓝藻水华，建立淀山湖水资源保护协作制度、技术支持与科技合作制度等制度，作为淀山湖联合治污机制的有效支撑。针对淀山湖水体污染情况、水功能区划，制定淀山湖水资源规划和水环境保护规划等技术规范性文件。

（5）完善省际间联合治污机制的资金保障。建议联合治污的资金筹措需在太湖流域环境综合治理的框架下，针对水污染（蓝藻水华）问题，建立江苏、上海两地的多元化筹资渠道，在政府进一步加大投资力度的基础上，强化市场运作和社会参与，拓宽融资渠道。治污资金除了对治污项目及企业的投资外，还应适当对当地居民进行直接补贴。

6 展望

我国是一个幅员辽阔，水资源丰富的国家，各地区、流域间类似淀山湖的情况还有很多，本文仅结合当地实际情况，对省际间加强多层面协商，共同为地区水环境治理作出有益的贡献。

参考文献

[1] 程曦，李小平. 淀山湖氮磷营养物长期变化规律及其对藻类增长影响研究[J]. 上海环境科学，2008，27（1）：9-16，36.

[2] 程曦，李小平. 淀山湖氮磷营养物 20 年变化及其藻类增长响应[J]. 湖泊科学，2008，20（4）：409-419.

[3] 王丽卿，张军毅，王旭晨，等. 淀山湖水体叶绿素 a 与水质因子的多元分析[J]. 上海水产大学学报，2008，17（1）：58-64.

[4] 宋永昌，王云，戚仁海. 淀山湖富营养化及其防治研究[M]. 上海：华东师范大学出版社，1992.

[5] 王金南，葛察忠，张勇，等. 中国水污染防治体制与政策[M]. 北京：中国环境科学出版社，2003.

[6] 毛新伟，徐枫，徐彬，等. 太湖水质及富营养化变化趋势分析[J]. 水资源保护，2009，25（1）：48-51.

江苏省太湖流域“十二五”水污染综合治理对策

Countermeasure of Water Pollution Comprehensive Treatment to the Basin of Taihu Lake in Jiangsu Province during Twelfth Five–Year Plan

蒋永伟[①]　吴海锁　姜伟立　边　博　庄新文
（江苏省环境工程重点实验室，江苏省环境科学研究院，南京　210036）

摘　要：江苏省太湖流域局部污染严重、主要入湖河流污染负荷高、内源污染长年累积、生态系统退化严重，“十二五”期间水污染治理仍面临巨大压力，本文提出以流域水质改善为目标，以湖体富营养化控制为重点，通过“理”（总结太湖治理经验教训，分析太湖目前主要环境问题）、“调”（流域产业结构调整与优化）、“治”（点源控制与面源控制相结合、外源截污与内源污染削减并重）、“用”（水资源优化配置与调度）、“保”（生态修复与水体生境改善）、“管”（水环境管理政策方案）并举的创新性水环境综合治理对策，结合一系列工程实施和政策保障，最终达到改善太湖水质的目的。
关键词：太湖流域　水污染综合治理　对策　“十二五”　江苏省

Abstract: Based on the existing pollution status such as serious local contamination, high pollution load of main inflow rivers, long term accumulated endogenous pollution, and severe deterioration of ecosystem, water pollution control of Taihu Lake basin in Jiangsu province still faces enormous pressure during Twelfth Five-Year period. This paper, aiming for basin water quality improvement and focusing on eutrophication control, proposed innovative countermeasures of water pollution comprehensive treatment composed by “Literature Review and Analysis” (summarization of pollution control experience, analysis of current main environmental issues of Taihu Lake), “Restructure” (adjustment and optimization of industrial structure), “Control” (combination of point and non-point source pollution control, equal attention on extraneous pollution interception and endogenous pollution reduction), “Utilization” (optimal allocation and diversion of water resource), “Protection” (ecological restoration and water body habitat improvement) and “Management” (policy plan of water environment regulation), coupled with a series

① 作者简介：蒋永伟，江苏扬州人，1984年生，江苏省环境科学研究院，助理工程师。研究方向：水污染控制及生态环境规划；地址：南京市凤凰西街241号，江苏省环境科学研究院科研部616；邮编：210036；电话：13770714061，025-86535962；传真：025-86535962；电子邮箱：yzjyw0619@yahoo.com.cn。

of project measures and policy support，to achieve the goal of water quality improvement of Taihu Lake.

Key words: Basin of Taihu Lake　Water pollution comprehensive treatment　Countermeasure　twelfth five - year plan　Jiangsu province

前　言

太湖流域地跨苏、浙、沪、皖三省一市，是长江三角洲的核心区域，总面积约 36 895 km^2，其中，江苏省约 1.95 万 km^2。太湖流域农业生产基本条件好，产业集聚、人口密集，是我国人口最稠密、经济最发达的地区之一，2009 年江苏省太湖流域常住人口 2 223 万人，GDP 总量 16 510 亿元。

自 20 世纪 90 年代以来，流域内经济社会快速发展，污染物排放量不断增加，湖泊污染因素不断增多。太湖平均水体水质由以Ⅱ类水为主下降到劣Ⅴ类；富营养化程度也由 15 年前的轻度富营养化水平升至中度富营养化水平。虽然江苏省、浙江省、上海市加大了水污染治理力度并取得一定成效，但水环境恶化趋势仍未得到有效遏制。2007 年 5 月底，太湖北部水域蓝藻暴发，导致无锡市水源地水质污染，严重影响了当地近百万群众的正常生活，引起社会广泛关注。

党中央、国务院高度重视太湖流域水污染治理，多次指示要坚持不懈地把太湖整治好。“十二五”及之后一段时间，江苏省太湖流域水污染综合治理应坚持以流域水质改善为目标，以湖体富营养化控制为重点，通过“理”（总结太湖治理经验教训，分析太湖目前主要环境问题）、“调”（流域产业结构调整与优化）、“治”（点源控制与面源控制相结合、外源截污与内源污染削减并重）、“用”（水资源优化配置与调度）、“保”（生态修复与水体生境改善）、“管”（水环境管理政策方案）并举的创新性水环境综合治理对策，结合一系列的工程措施和政策保障，最终达到改善水质的目的。

1 太湖主要环境问题梳理

经过“十一五”阶段的治理，太湖水质得到一定程度的改善，2009 年太湖有 7.6%水域水质为Ⅳ类，18.5%为Ⅴ类，73.9%为劣Ⅴ类，水质相比上年有所好转；主要指标高锰酸盐指数（COD_{Mn}）年均值 3.98 mg/L、氨氮（NH_3-N）0.32 mg/L、总氮（TN）2.26 mg/L、总磷（TP）0.062 mg/L，均有不同程度下降；2009 年太湖全湖平均富营养化指数为 60.9，也比上年有所降低，全湖处于中度富营养状态，其中，贡湖、湖心区、胥湖和南部沿岸区（南部）处于轻度富营养状态，其余湖区处于中度富营养状态[1]。现状主要环境问题如下。

（1）湖体局部污染严重，主要污染物指标尤其是 N、P 指标浓度较高。太湖湖体水质污染在空间上呈现出由北向南、由西向东逐渐变好的趋势，西北部湖区竺山湾及太湖西岸湖区北部水质最差，总体劣于Ⅴ类，对北部水源地水质安全构成威胁。2009 年监测数据表明：竺山湾及太湖西岸 COD_{Mn} 监测值在 2.90～22.35 mg/L，平均值 9.80 mg/L，为Ⅳ类；NH_3-N 在 0.16～2.57 mg/L，平均值 0.92 mg/L，为Ⅲ类；TN 在 1.65～15.71 mg/L，平均值 5.18 mg/L，超Ⅴ类标准 1.59 倍；TP 在 0.10～0.68 mg/L，平均值 0.31 mg/L，超Ⅴ类标准

0.55 倍。太湖污染主要表现为与 N、P 等营养盐污染相关的富营养化现象[2]。

（2）入湖污染负荷高，超过湖体水环境容量。2009 年太湖流域主要河流达到Ⅱ类水质标准的占 1.2%，Ⅲ类占 5.7%，Ⅳ类占 18.6%，Ⅴ类占 20.1%，劣Ⅴ类占 54.4%。江苏省主要入湖河流大港河水质达Ⅱ类，乌溪港为Ⅳ类，漕桥河、殷村港、社渎港、官渎港为Ⅴ类，武进港、直湖港、太滆运河、洪巷港、陈东港、大浦港水质劣于Ⅴ类。1998—2007 年多年平均 NH_3-N、TN、TP 污染物入湖量分别为 2.14×10^4 t、3.70×10^4 t 和 1 673 t，年均增长 2.48%、2.57%和 0.72%，远超湖体水环境容量，主要入湖河流多年平均入湖污染负荷贡献见表 1[3]。

表 1　江苏省主要入湖河流多年平均入湖污染负荷贡献

河流名称	占江苏入湖污染负荷比例/%		
	NH_3-N	TN	TP
望虞河	6.90	8.60	8.12
小溪港	3.48	2.60	2.02
梁溪河	1.09	0.80	0.61
直湖港	3.65	2.65	1.79
武进港	10.10	9.38	7.18
太滆运河	11.30	10.70	12.70
漕桥河	3.33	3.31	4.01
太滆南运河	20.10	17.80	19.70
社渎港	3.59	2.39	1.27
官渎港	1.20	1.50	0.88
洪巷港	3.07	4.31	3.26
陈东港	15.10	15.60	18.00
大浦港	6.08	6.60	6.34
乌溪港	2.04	2.31	2.29
合计	91.03	88.55	88.17

（3）内源污染严重，内源释放量大。太湖内源负荷相当大，底泥蓄积量大约 18.57 亿 m^3，主要集中在西岸和梅梁湾一带[4]。这些底泥沉积物有机质及 N、P 营养盐含量高，竺山湾表层底泥有机质平均含量为 2.67%，TN 为 0.192%，TP 为 0.046%；梅梁湖底泥有机质含量 1.660%±0.039%，TN 含量 0.187%±0.007%，TP 含量 0.062%±0.003%[5]。强烈的风浪扰动使得湖底的沉积物与水体的营养盐交换频繁，能够快速补充水华蓝藻暴发期间的营养盐需求。

（4）生态系统退化严重。湖体尤其是西北部湖区水生植物分布范围小且种类少，浮游植物物种单一，蓝藻门的微囊藻属成为绝对优势种。太湖西岸多为直立硬质驳岸，使得原有的芦苇分布区大量萎缩；梅梁湾除了沿岸带断断续续地分布着一些芦苇，大部分水域无大型水生植物分布，是一个典型的藻型湖区[6]。太湖原水生植物优势种马来眼子菜、荇菜在太湖西北部已分布较少。太湖梅梁湾的多次采样调查仅检出 6 门 35 种浮游植物，水华蓝藻高发季节，梅梁湾蓝藻门铜绿微囊藻数量占到浮游植物总数量的 90%以上，成为绝对优势种群[7]。

2 江苏省太湖流域“十二五”综合治理对策

分析江苏省太湖流域主要环境问题可知，有效控制污染源，尤其是氮磷等污染源是太湖富营养化治理的重要前提。“十二五”期间，应优先确保饮用水安全，坚持点源控制与面源控制相结合、外源截污与内源污染削减相结合、污染控制与生态修复相结合、污染控制与引排工程相结合、目标总量与总量控制相结合、产业结构调整与环境管理政策相结合。

2.1 优先确保饮用水安全

饮用水安全保障是太湖流域水环境综合治理最紧迫的任务，关系到流域人民群众的日常生活和社会安定。目前太湖仍是无锡、苏州等城市的重要供水水源地，并承担向下游上海等地区水源地供水的任务。江苏省太湖流域部分饮用水水源地尤其是河网地区水质污染现象依然存在，水源地水质恶化的风险仍然存在。2009 年，南泉水厂、锡东水厂水源地总磷为Ⅳ类，总氮为Ⅴ类。环太湖地区大部分自来水厂深度处理能力不足，在水源地水质遭受突发性污染时，供水水质安全缺乏充分保障，太湖富营养化导致的蓝藻水华暴发不仅影响制水工艺正常运行，还严重影响管网水水质[8, 9]。此外，部分城市备用水源建设不足，供水水源单一，区域供水联网工程建设不到位，饮用水安全应急能力不足。

“十二五”期间，针对饮用水水源地安全保障，应进一步优化水源地布局，实施水源地改造与保护建设工程；进一步完善多水源供水体系，实施区域联网供水工程；进一步确保供水水质达标，实施自来水厂强化处理和深度处理工艺改造工程；进一步完善和落实应对供水危机的各类预案，开展饮用水安全监测系统和预警系统建设，确保饮用水安全。

2.2 坚持点源控制与面源控制相结合

“十五”以来，江苏省陆续颁布了《纺织染整工业水污染物排放标准》（DB 32/670—2004）、《化学工业主要水污染物排放标准》（DB 32/939—2006）、《太湖地区城镇污水处理厂及重点工业行业主要水污染物排放限值》（DB 32/T1072—2007）等地方标准。对照新标准，对纺织染整、化工、造纸、钢铁、电镀、食品制造六大行业工业企业及城镇污水处理厂陆续实施了提标改造，目前太湖流域重点监控工业企业排放达标率达到 97%，点源污染基本得到控制，但点源污染仍不容忽视，点源污染物的排放对水环境影响仍较大，2007 年太湖流域重污染区工业和城镇生活污水 COD、NH_3-N、TN、TP 排放量贡献分别为 70.03%、66.62%、64.92%和 61.45%。

面源污染控制也是流域富营养化治理的重要内容[10]。据金相灿等[11]研究表明，来自面源农业生产和农村生活污染 TP 排放占 24.47%，而 TN 达到 54.1%，见表 2。

表2　太湖地区营养盐污染物排放情况

污染源	TN		TP	
	排放量/（t/a）	所占比例/%	排放量/（t/a）	所占比例/%
重点行业工业废水	12 545	15.77	591	10.44
生活污水	19 948	25.07	3 394	59.96
农村（生产、生活面源）	43 037	54.10	1 385	24.47
湖滨带生活污染	21	0.03	3	0.05
湖面降水	2 760	3.47	60	1.06
降尘	421	0.53	33	0.58
船舶	22	0.03	2	0.04
水土流失	800	1.00	192	3.39
合计	79 554	100	5 660	100

面源污染的控制没有取得突破性进展，导致N、P排放量居高不下，水体富营养化现象日益加重。一方面，太湖流域人多地少的矛盾使得土地利用率达到很高程度；另一方面，农家肥、有机肥还田的比例越来越低，而化肥施用量一直处于较高水平，养殖业产生的畜禽粪便既不能得到有效农用，又不能及时有效处置，特别是中小规模的养殖户，分布分散，难以有效管理[12]，此外农村生活污水处理设施的建设也相对滞后，造成农村生活污水不经处理直接向水体排放的比例越来越高[13]。

"十二五"期间应坚持点源污染控制与面源污染防治相结合，继续强化对点源的治理，实施污水处理厂新扩建、污水收集管网完善、污水深度处理回用、工业企业稳定达标治理及中水回用等工程，有效降低点源污染排放量。同时大力推进农业面源污染的治理，开展农田面源污染治理工程，大力发展有机农业，调整优化种植结构，开展无公害农产品生产全程质量控制，全面推广农业清洁生产技术，减少化学氮肥、化学农药施用量；开展畜禽养殖废弃物处理利用工程，按照"减量化、无害化、资源化、生态化"要求，进一步提高畜禽养殖污染治理的技术水平，重构养殖业发展和废弃物综合利用模式；实施水产清洁养殖工程，通过实施池塘循环水养殖技术示范，整治围网养鱼，控制流域内水产养殖对太湖水体的影响；实施农村生活污水生物生态处理与垃圾污染控制等工程，以实现农业面源污染的控源减负与水质改善的目标。

2.3 坚持外源截污与内源污染削减相结合

底泥沉积物是内源污染的主要来源，沉积在底泥中的N、P等营养盐在适当的条件下进入水体，造成水体的二次污染，某些有毒有害物质的释放甚至会造成水源地水质污染[14-16]。有研究表明，沉积物内源在风浪的扰动下，会释放出成倍于受扰动前浓度的磷[17, 18]。根据太湖底泥理化性质试验分析以及计算公式得出：仅竺山湾及太湖西岸年平均内源释放COD、TN、TP就分别达4100 t、647.8 t和23.0 t。

到2010年，已累计完成了湖区近40 km^2、1 161万m^3的清淤量。由于内源释放对富营养化的长期影响，在外源逐步得到控制的情况下，必须高度重视内源负荷的削减。"十二五"期间，针对底泥沉积严重、有机污染物含量高、"湖泛"多发湖区，实施生态清淤与淤泥处理处置、规模化蓝藻打捞与资源化利用等工程；针对底泥淤积严重的主要入湖河流、支流支浜，实施底泥疏浚工程，实现内源负荷的安全削减。

2.4 坚持污染控制与生态修复相结合

污染物控制是太湖流域富营养化治理的根本途径，然而，富营养化水体治理的最终目标在于控制湖泊的富营养化进程并使湖泊生态系统恢复到可持续利用的稳态。因此，在逐步实现控源截污和清除内源污染的同时，以流域水生态系统完整性为目标，开展流域水生态系统的综合修复。生物[19]、生态[20, 21]及其组合形式[22-24]的水体修复，对于改善水质、恢复水体自净能力发挥着重要作用。

“十五”以来，太湖流域加强了生态系统修复工作。结合湖岸整治，建设了环湖生态林、农田林网、“四旁”绿化；建成了长广溪等湿地公园。“十二五”期间针对流域湖荡湿地和湖滨带生态严重受损，截流阻污能力下降等关键问题，综合集成既有生态修复技术，开展流域生态系统综合修复，实施湖荡湿地保育与生态修复、入湖河流湿地修复、湖滨带湿地修复等工程，逐步实现健康完整的流域水生态系统，保障湖泊水体满足生态功能要求，实现湖泊水环境质量显著改善。

2.5 坚持污染控制与引排工程相结合

2002 年实施的“引江济太”工程，通过望虞河从长江引水，通过太浦河向下游增加供水，通过水资源的统一管理及优化调度向流域沿湖地区和流域下游地区供水；同时，利用工程措施调度雨洪资源，加快了流域水体流动，提高了水体自净能力，改善了流域水环境。8 年来共调引长江水 147 亿 m^3，其中，入太湖 65 亿 m^3，入河网 82 亿 m^3[25]。“引江济太”工程使得受水区望虞河、太浦河和黄浦江上游河网水环境状况得到明显改善[26, 27]，在化解 2003 年黄浦江重大燃油污染事故危害，特别是 2007 年应对因蓝藻暴发造成的无锡供水危机中也发挥了重要作用。2007 年无锡供水危机爆发一周内，随着“引江济太”调水工程的进行，无锡贡湖水厂水源地溶解氧和氨氮等水质指标从劣Ⅴ类转变为Ⅲ类，小湾里水厂和锡东水厂水质也有好转。表明引江济太调水工程对应急改善太湖局部湖区水质、保障太湖供水安全具有重要意义[28]。

从长江引水提高了受水区水体的稀释能力，同时，水体流速的提高增大了水体的自净能力。由于当前监测在区间封闭性、时间连续性方面受到限制，根据现有实测资料，对稀释作用及自净作用各自对水质改善的贡献这一问题进行深入分析尚存在较大难度，还需进一步研究。但在“十二五”期间，引排工程对于应对突发性的水质污染事故，仍将发挥重要作用。

2.6 坚持目标总量与容量总量控制相结合

目前太湖流域污染物总量控制是以目标总量控制为主的水质管理技术体系，其特点是可达性清晰[29]。目标总量控制以来虽然太湖治理取得了初步成效，但太湖水环境质量仍没有得到根本性改善，根本原因在于流域污染物排放总量仍大于水体自净能力，没有在真正意义上将水质目标与污染物控制紧密联系起来，因此，难以满足太湖富营养化治理的需要，也难以满足我国未来水环境管理的需求[30]。

“十二五”期间，江苏省太湖流域水环境管理迫切需要从目标总量控制向容量总量控制转变，从单纯的化学污染控制向水生态系统保护的方向转变。即在明确水环境安全基准的基础上，正确评估太湖流域环境容量——生态环境安全承载力，科学地实施污染物总量控制，研究建立流域污染物安全容量评估和污染物总量控制技术体系[31]，把削减污染物总量作为太湖治理的核心任务，解决当前目标总量控制条件下污染物总量持续减排与水质未见明显改善之间的矛盾。近期内坚持目标总量与容量总量相结合，并逐步过渡到容量总量控制。

2.7 坚持产业结构调整与环境管理政策相结合

产业结构调整减排、环境管理减排和工程减排同为太湖流域水污染物减排的三大重要举措，产业结构调整和环境管理同时也是实现源头减排的重要措施。

太湖流域是东部沿海的重要制造业中心，受传统产业格局限制、经济利益驱使、市场变化的影响，制造业中重工业比重依然偏高，高水耗、高污染企业数量多，而轻污染和无污染的新兴产业和高科技产业比重偏低，加上近年形成与发展的各类开发区、工业集中区的主导产业不够突出，高水耗、高污染的纺织印染、化工、钢铁、造纸行业增长率高于其他制造业，使得工业产业结构性矛盾更加突出，产业结构的规模调整迫在眉睫。同时，随着太湖流域容量总量控制技术体系的逐步建立，势必也会形成总量倒逼产业结构调整的趋势。

“十二五”期间，通过环境管理体制与保障机制强化太湖流域水环境管理，通过环境保护和污染物减排来促进产业结构的调整和经济发展方式的转变。严格排放标准体系，针对重点行业制定更为严格的污染物排放标准，适时制定农业面源污染控制标准；完善相关法规，理顺涉水部门管理体制，完善法律责任；提升环境监管能力，强化环境执法，打破部门分割和地方保护，杜绝重复监管、相互推诿和转嫁污染等现象。

3 结语

当前江苏省太湖流域污染物排放量仍远远大于环境容量，富营养化状态指数居高不下。基于前期的治理经验，“十二五”期间江苏省太湖流域水污染综合治理应遵循“统筹兼顾、突出重点”的原则，重视“理”的作用，巩固“治”和“用”的成果，加大“保”的投入，进一步突出“调”与“管”的作用，有所为，有所不为。太湖水环境综合治理将是一项复杂而艰巨的系统工程，湖体生态系统的修复也是长期的过程，任重道远，在采取上述综合治理对策后，预期“十二五”末的水质能明显改善，其治理经验可为其他流域水环境治理提供借鉴。

参考文献

[1] 水利部太湖流域管理局. 太湖健康状况报告2009[R]. 上海：水利部太湖流域管理局，2010.
[2] 朱广伟. 太湖富营养化现状及原因分析[J]. 湖泊科学，2008，20（1）：21-26.
[3] 马倩，刘俊杰，高明远. 江苏省入太湖污染量分析（1998—2007年）[J]. 湖泊科学，2010，22（1）：29-34.
[4] 罗潋葱，秦伯强，朱广伟. 太湖底泥蓄积量和可悬浮量的计算[J]. 海洋与湖沼，2004，35（6）：491-496.
[5] 雷泽湘，谢贻发，刘正文. 太湖梅梁湾不同沉积物对3种沉水植物生长的影响[J]. 华中师范大学学报：自然科学版，2006，40（2）：260-264.
[6] 胡志新，胡维平，张发兵，等. 太湖梅梁湾生态系统健康状况周年变化的评价研究[J]. 生态学，2005，24（7）：763-767.
[7] 孟顺龙，陈家长，胡庚东，等. 2008年太湖梅梁湾浮游植物群落周年变化[J]. 湖泊科学，2010，22（4）：577-584.
[8] 孙伟华. 蓝藻暴发期水源水污染特征及饮用水安全保障技术研究[D]. 上海师范大学生命与环境科学学院，2009.
[9] 秦伯强，王小冬，汤祥明，等. 太湖富营养化与蓝藻水华引起的饮用水危机——原因与对策[J]. 地球科学进展，2007，22（9）：896-906.
[10] 国家环境保护总局. “三河”“三湖”水污染防治计划及规划[M]. 北京：中国环境科学出版社，2000.
[11] 金相灿，叶春，颜昌宙，等. 太湖重点污染控制区综合治理方案研究[J]. 环境科学研究，1999，12（5）：1-5.
[12] 闫丽珍，石敏俊，王磊. 太湖流域农业面源污染及控制研究进展[J]. 中国人口·资源与环境，2010，20（1）：99-107.
[13] 蒋永伟. 梯式生态滤池处理山区农村生活污水的技术开发研究[D]. 东南大学能源与环境学院，2009.
[14] Granéli W. Internal phosphorus loading in Lake Ringsjön[J]. Hydrobiologia，1999（404）：19-26.
[15] 孙小静，秦伯强，朱广伟，等. 持续水动力作用下湖泊底泥胶体态氮、磷的释放[J]. 环境科学，2007，28（6）：1223-1229.
[16] 朱广伟，秦伯强，张路，等. 太湖底泥悬浮中营养盐释放的波浪水槽试验[J]. 湖泊科学，2005，17（1）：61-68.
[17] Søndergaard M，Kristensen P，Jeppesen E. Phosphorus release from resuspended sediment in the shallow and wind-exposed Lake Arresø，Denmark[J]. Hydrobiologia，1992，228：91-99.
[18] 范成新. 滆湖沉积物理化特征及磷释放模拟[J]. 湖泊科学，1995，7（4）：341-350.
[19] 李继洲，程南宁，陈清锦. 污染水体的生物修复技术研究进展[J]. 环境污染治理技术与设备，2005，6（1）：25-30.
[20] 宋祥普，邹国燕. 浮床水稻对富营养化水体中氮、磷的去除效果及规律研究[J]. 环境科学学报，1998，18（5）：489-493.
[21] 孙文浩，俞子文，余叔文. 城市富营养化水域的生物治理和凤眼莲抑制藻类生长的机理[J]. 环境科学学报，1989，9（2）：188-195.

[22] 宋海亮，吕锡武，李先宁，等. 投放底栖动物强化水耕植物过滤法的净水效果[J]. 中国环境科学，2007，27（1）：58-61.

[23] Schorer M，Eisele M. Accumulation of Inorganic and Organic Pollutants by Biofilms in the Aquatic Environment[J]. Water，Air，and Soil Pollution，1997，99：651-659.

[24] Gulati R D，van Donk E. Lakes in the Netherlands，their origin，eutrophication and restoration：state-of-the-art review[J]. Hydrobiologia，2002，478：73-106.

[25] 水利部太湖流域管理局. 太湖治理发挥多重效益促进流域发展[J]. 中国水利，2009（18）：196-197.

[26] 翟淑华，张红举，胡维平，等. 引江济太调水效果评估[J]. 中国水利，2008（1）：21-23.

[27] 吴浩云，胡艳. 引江济太调水试验工程对黄浦江上游水环境的影响分析[J]. 河海大学学报：自然科学版，2005，33（2）：144-147.

[28] 周小平，翟淑华，袁粒. 2007—2008 年引江济太调水对太湖水质改善效果分析[J]. 水资源保护，2010，26（1）：40-43.

[29] 梁博，王晓燕. 我国水环境污染物总量控制研究的现状与展望[J]. 首都师范大学学报：自然科学版，2005，26（1）：93-98.

[30] 孟伟，张楠，张远，等. 流域水质目标管理技术研究（Ⅰ）：控制单元的总量控制技术[J]. 环境科学研究，2007，20（4）：1-8.

[31] 孟伟，刘征涛，张楠，等. 流域水质目标管理技术研究（Ⅱ）：水环境基准、标准与总量控制[J]. 环境科学研究，2008，21（1）：1-8.

城市生活污水作为钢铁工业水源的可行性探讨

Discussion about the Application of the Civil Waste Water in the Iron and Steel Industry

金亚飚[①]
（宝钢工程技术集团有限公司，上海　201900）

摘　要：近年来，我国钢铁工业处于高速发展阶段，其巨大的用水需求势必对地区的用水带来巨大的压力。如何合理地解决日益增长的钢铁工业用水需求与城市生活用水需求之间的矛盾，需要加以细致地研究。从总体角度对钢铁工业用水和城市生活用水之间的关系作了初步分析，就城市生活污水作为钢铁工业水源的可行性进行了探讨，供参考。

关键词：钢铁工业　城市生活污水　应用

Abstract: In recent years，with the developments of the iron and steel industry，more and more water demands cause tremendous pressure to the civil. How to make balance between the iron and steel industry and the civil is discussed. The application of the civil waste water (the new water resource) in the iron and steel industry is discussed，and for reference.

Key words: Iron and steel industry　Civil waste water　Application

前　言

中国的人均淡水资源拥有量仅为世界平均水平的 1/4。多年来，中国很多地区的水资源短缺、水污染严重的问题日益突出。随着我国工业化、城市化进程的加快，水资源短缺已经成为制约经济发展的“瓶颈”，影响到城市的可持续发展以及公众健康和生活水平。

近年来，我国钢铁工业处于高速发展阶段。随着科学技术进步，不断采用各种先进的工艺、技术装备和加强对用水、节水的管理，我国钢铁工业用水量已从高速增长逐步转变为缓慢增长。但从用水量总体而言，钢铁企业的用水量仍很大，水资源短缺也已经成为我国部分地区钢铁企业生存和发展的制约因素。

① 作者简介：金亚飚，1975 年 12 月生，宝钢工程技术集团有限公司，给排水专业主任工程师，高级工程师。地址：上海市宝山区铁力路 2510 号宝钢工程技术集团有限公司；邮编：201900；电话：021-66786678-3132；手机：13651770822；传真：021-56605643；电子邮箱：jinyabiao@baosteel.com。

在合适的城市建设大型联合钢铁企业，可直接带动整个城市的崛起，直接影响其经济地位和未来的发展，具有举足轻重的作用。目前，国内即将兴建新的大型联合钢铁企业，其年产量均在 1 000 万 t 以上。但即便是按照吨钢耗新水量为 2.5 m^3/t 的国内先进指标，大型联合钢铁企业其年总用新水量也将达到 2 500 万 m^3。而根据国家相应规范，特大城市居民生活用水定额最高也仅为 180～270 L/（人·d），其巨大的用水需求势必对地区的城市生活用水带来巨大的压力。如何合理地解决日益增长的钢铁工业用水需求与城市生活用水需求之间的矛盾，需要加以细致地研究。

与民争水，不应成为钢铁企业满足其自身用水需求的措施；钢铁企业也不应作为一个单纯的污染大户、耗水大户屹立于城市之中。和谐发展，协调发展，注重环保，应是钢铁企业水系统设计时所需要注重的。

本文从总体角度对钢铁工业用水和城市生活用水作了初步的分析，就城市生活污水作为钢铁工业水源的可行性进行了探讨，供参考。

1 城市生活污水的特点

城市生活污水来源，主要是人们日常洗刷、洗澡、洗衣用水、排泄物及冲洗水等方面。城市生活供水的 80%都转化为污水，城市生活污水主要为有机物，目前生物处理方法已经非常成熟。

城市市政污水处理厂出水水质一般执行《城镇污水处理厂污染物排放标准》（GB 18918—2002）二级标准。

表 1 基本控制项目最高允许排放质量浓度（日均值） 单位：mg/L

序号	基本控制项目	二级标准
1	化学需氧量（COD）	100
2	五日生化需氧量（BOD_5）	30
3	悬浮物（SS）	30
4	动植物油	5
5	石油类	5
6	阴离子表面活性剂	2
7	总氮（以 N 计）	—
8	氨氮（以 N 计）	25（30）
9	总磷（以 P 计）	3
10	色度（稀释倍数）	40
11	pH	6～9
12	粪大肠菌群数/（个/L）	104

2 钢铁工业用水分析

钢铁工业生产过程中水的作用主要有：设备和产品的冷却，热力供蒸汽，除尘洗涤和工艺用水（如连铸喷雾、轧钢除磷等）以及直流冲渣、冲洗地坪等。

2.1 钢铁工业用水分类

钢铁工业按用水水质来分，可分为工业新水、纯水、软化水、生活水、回用水、敞开式净循环水、密闭式纯水或软化水循环水、浊循环水等。其中，工业新水、纯水、软化水、生活水等水质要求高，敞开式净循环水、密闭式纯水或软化水循环水、浊循环水等为循环使用的水体，回用水水质要求较低。

2.2 目前钢铁企业常规用水方式介绍

钢铁企业工业新水主要用于敞开式循环水系统的补充水。纯水、软化水主要用于密闭式循环冷却水系统的补充水以及锅炉、蓄热器等的用水。回用水主要用于冲洗地坪、场地洒水、设备轴封冲洗水、煤气水封补水、冲渣等，也有作为浊循环水系统补充水使用的。

密闭式纯水或软化水循环水常用于炼铁、炼钢、连铸等单元如炉体、氧枪、结晶器等关键设备的间接冷却，循环水基本与外界隔绝，以确保水质。敞开式净循环水常用于炼铁、炼钢、连铸、热轧、制氧、冷轧等单元工艺设备的间接冷却及作为板式换热器的冷媒水。浊循环水系统常用于炼铁、炼钢、连铸、热轧等单元的煤气清洗、冲渣、火焰切割、喷雾冷却、淬火冷却、精炼除尘等。在循环水系统中，常采用敞开式净循环水系统的强制排污水作为浊循环水系统补充水。

按照目前钢铁企业的常规用水方式，已经贯彻了串级用水的方式。即工业新水用于净循环补充水，净循环排污水用于浊循环补充水，全厂回用水为最差水体，用于对水质要求较低的用户。

2.3 钢铁工业用水量分析

从用水量分析来看，钢铁工业用水主要是指工业新水用水，钢铁企业吨钢新水耗水量主要是指工业新水用量。如果能降低工业新水用量，可直接降低钢铁行业对外界的用水需求。

3 钢铁工业污水特点及目前常见的回用方式

3.1 钢铁工业污水的特点

钢铁工业循环用水量占总用水量的比例往往在95%以上，其工业污水也主要来源于浊循环水系统的排污水（敞开式净循环水系统的排污水一般作为浊循环水系统的补充水，冷轧、焦化工业废水等特种工业污水通常单独处理）。工业污水中含悬浮物、杂质、油等，另外其含盐量较高，就浓缩倍数而言，通常可达到工业新水的 5～6 倍（本文以氯离子含量来计算水系统的浓缩倍数及含盐量的变化），这是工业污水重要的特点，也是影响其回用的重要因素。

3.2 钢铁企业工业污水的主要污染物分析

钢铁企业全厂工业污水一般采用以下水质参数：浊度、COD、硬度与碱度、油类、盐类等。

表 2 列举了国内几个钢厂工业污水的主要水质参数。

表 2 国内钢厂工业污水水质参数举例

水质参数项目	钢铁厂甲	钢铁厂乙	钢铁厂丙	钢铁厂丁
pH	7～8	7.8～8.8	11～14	6～9
浊度/NTU	30～40（最大到 100）	37～244	45	200
电导率/（μS/cm）	＜3 300	614～669	—	2 000
SiO_2/（mg/L）	18	—	9	—
总硬度/（mg/L）	1 200（最大到 2 200）	194～282	325	500
钙硬度/（mg/L）	1 100（最大到 2 000）	148～214	207	330
碱度/（mg/L）	130	50～120	171	200
硫酸根/（mg/L）	540	—	878	—
氯化物/（mg/L）	280（最大到 700）	—	464	300
铁/（mg/L）	3～6	4.88～18.8	0.36	0.4
油/（mg/L）	5～10	0.133～1.244	—	10
COD/（mg/L）	30～40（最大到 60）	30.44～107.9	114.2	150

3.3 钢铁工业污水目前常见的回用方式

目前工业污水回用的常见方式为将工业污水收集后处理制成回用水、脱盐水、软化水或纯水等用于生产。

3.3.1 工业污水经过普通处理成回用水

工业污水经过常规水处理工艺（如混凝、沉淀、除油、过滤等）处理后制成回用水，原工业污水中的悬浮物、杂质、油等均得到了有效的去除，但其含盐量并没有降低，其含盐量远高于工业净循环水和浊循环水。

3.3.2 工业污水经脱盐制成脱盐水、软化水及纯水

脱盐水、软化水及纯水，常用于钢铁企业炼铁、炼钢、连铸等单元关键设备的间接冷却密闭式循环水系统以及锅炉、蓄热器等的补充用水。随着全膜法水处理系统造价和运行成本的日益降低，超滤加二级反渗透工艺，已广泛应用于钢铁企业脱盐水的制取。

3.3.3 工业污水回用方式的发展趋势——将工业污水脱盐制取工业新水

节能减排是整个国家的战略目标，钢铁工业作为重点能耗行业之一，是节能减排的重点。节约工业新水用量，减少工业污水的排放量，是钢铁企业水系统所追求的目标。节能减排既节省了大量珍贵地表水和地下水资源，降低生产成本、降低吨钢新水耗量，同时又

是钢铁企业在其发展过程中作为保护环境和防治污染不可推卸的责任与义务。即将实行的新版《钢铁工业水污染物排放标准》对现有企业和新建企业的工业污水排放提出了更为严格的要求，对于烧结、炼铁、炼钢单元，提出了总排口零排放的要求。

工业污水经过普通水处理工艺（如混凝、沉淀、过滤等）处理后制成的回用水，原工业污水中的悬浮物、杂质、油等均得到了有效的去除，但其含盐量并没有降低，只能用于烧结、炼铁、炼钢、轧钢等工艺单元的直流喷渣或是浇洒地坪等，无法用于循环水系统的补充水，而直流喷渣或是浇洒地坪这部分的用水量是相当有限的。将工业污水制成脱盐水、软化水及纯水等用于生产，这部分水量也仅占工业污水量的很小一部分。因此，将全部工业污水脱盐制成工业新水，将成为未来发展的趋势。

工业污水回用脱盐制取工业新水，将产生约占工业污水量 40%左右的浓盐水（这部分浓盐水也只能用于直流喷渣或是浇洒地坪），并且在生产过程中已经有大量的水被蒸发，因此，工业污水制取的工业新水，从水量角度，只能满足约 40%的生产需求量，仍需另行补充大量工业新水。

3.3.4 钢铁工业污水用于制取工业新水的不足

目前国内大型钢铁企业，如首钢、济钢、太钢等，均建设了工业污水采用双膜法制取脱盐水回用的水处理设施。从实际运行效果来看，在不同程度上存在着系统污堵快、清洗频繁以及由于频繁清洗造成的反渗透脱盐率下降、频繁更换保安过滤器滤芯等现象。

这主要是由于进入脱盐深度处理系统的原水含有油及一定的 COD 造成的。据统计，由这些有机物造成的反渗透系统故障占全部系统故障的 60%～80%。一般反渗透膜要求进水油的含量应低于 0.5 mg/L，COD 不大于 20 mg/L（采用低污染膜）。

由于工业污水经过常规处理后，其出水的 COD、油含量虽然很难满足反渗透要求，但已经处于低值，COD 含量一般为每升水几十毫克，油含量一般为 1～5 mg/L，因此，采用生化处理或是气浮法等均难以取得令人满意的效果。针对上述情况，一般在现有工业污水常规处理后，采取活性炭过滤等方法加以解决。

4 城市生活污水作为钢铁工业水源的可行性

4.1 从水量上判断城市生活污水作为钢铁工业水源的可行性

根据“十一五”规划的污水处理目标，到 2010 年城市污水处理率要达到 70%，年处理污水约 280 亿 m^3。

从生活污水处理总量而言，城市生活污水完全可以作为钢铁工业水源，作为钢铁工业用水的可靠保证。

由于钢铁工业本身所产生的污水即便全部脱盐制取工业新水或纯水、软化水等，从水量上而言，是远远不能满足生产需求的。因此，将城市生活污水作为钢铁工业的可靠水源，用于制取工业所需用水，是非常合理的。

4.2 从水质上判断城市生活污水作为钢铁工业水源的可行性

从水质指标来看，经过城市污水处理厂处理后的生活污水，首先，完全可以直接作为钢铁行业的回用水使用，用于直流冲渣和冲洗地坪等。其次，将城市生活污水与钢铁企业本身所产生的工业污水相比较，更容易通过预处理使之满足脱盐工艺进水的要求。这主要是因为城市生活污水所含油类为植物性油，对反渗透膜影响较小；城市生活污水的可生化性也好，可以通过进一步的生化处理方法降低COD和BOD含量。油和COD对于反渗透系统而言，影响巨大，也是目前钢铁企业工业污水采取双膜法脱盐回用所面临的主要问题。

4.3 从经济投资角度判断城市生活污水作为钢铁工业水源的可行性

对于钢铁业本身而言，鉴于环保要求的日益增强，已经在企业建有污水废水处理站以及后续的深度脱盐处理设施。按钢铁企业本身用水的需求量引入城市生活污水作为水源，虽然会增加企业内部水处理站的一次性投资和长期的运行费用，但企业本身可省去大笔从城市引水的费用，另外，原先的工业新水处理站也可省去。从总体来说，仍然是比较合适的。

另外，更重要的一点，随着国家对水资源控制的日益严格，钢铁业要发展，必须极大地降低对新水的依赖性。如果钢铁行业能为本地区的环境保护作出积极的贡献，那其本身发展所受的限制也会放宽。

5 建立大串级用水的设想和建议

钢铁企业水系统现普遍采用循环-串级供水体制，限制工业新水的直流用水，以实现工业水系统的节能减排。但这只是企业内部一种小范围内的节水方式。企业内的串级用水仍无法改变钢铁业为耗水大户这一现状。

如果城市生活污水回用能在钢铁行业普遍采用，既能缓解钢铁企业的用水压力，同时也能大大降低城市生活用水的压力，更多的上游水资源可以直接用于城市的发展。另外，将城市污水作为钢铁业的水源，可以将钢铁业从与城市争水转到城市用水的下游用户，既可以极大地减少对上游新水的需求量，也是城市生活污水一个较好的用途。将钢铁行业从一个耗能大户、污染大户转变为一个污水接受体，消耗城市污水。

6 总结

将城市生活污水作为非传统水源，深度处理回用于钢铁工业，可以解决生产发展与供水的矛盾，保障工业用水需求，实现钢铁工业的可持续发展，同时也能保障城市生活用水的需求，促进城市的可持续发展。

第三篇

水环境管理政策与评估

水污染防治政策体系评估

Water Pollution Control Policy System Analysis

宋国君[1]　朱　璇[1]　韩冬梅[1,2]

（1. 中国人民大学，北京　100872；2. 河北大学经济学院，保定　071002）

摘　要： 水污染防治政策体系是指直接或间接以控制水污染物排放为目标的政策总和。包括所有相关的法律、法规、部门规章和规范性文件等。本文从污染源分类和政策作用环节等角度对现有的水污染防治政策进行分类和梳理，依据政策评估的一般模式以及政策体系的评估原则，对现有水污染防治政策体系进行系统的分析，指出我国目前的水污染防治政策以工业污染源为控制重点，城市地表径流和农业面源与农村污染源控制方面仍存在较大的政策空白，垃圾填埋渗滤液尚没有明确的管理部门和管理手段；以末端控制政策为主，排污收费等末端控制的政策受到较多的重视，源头控制和过程控制的政策仍然重视不够；作为水污染防治政策体系的核心政策——排污许可证制度缺乏规范的设计而难以实施；政策手段粗放，政策间协调性不足；政策的效果和效率性缺乏科学的评估方法。需要加快完善水污染防治政策体系，弥补政策缺位，尽快建立规范的排污许可证制度并加强政策间的协调与整合。

关键词： 水污染防治　政策体系　体系评估方法

Abstract: Water pollution control policy system is the combinition of policies which are directly or indirectly aim at controling water pollutant discharge，including laws，regulations，departmental rules and legislative documents. This paper lists the water pollution policies according to the classfication of pollution sources and policy control periods. And the paper points out that industrial pollution control is the focus of most pollution control policies，and the urban runoff，landfill leachate and agricultural non-point source pollution lack regulation. Also，the policy pay more attention on terminal control，the process control is less concentrated. As the core policy of water pollution control policy，pollution permit system is hard to implement because of the inefficient design. The policy methods of water pollution control are not well-designed and the coordination among policies is not enough. Another point is that the policy evaluation is not demanded in any regulation. Thus，the paper insists accelerating the improvement of water pollution control policy system，making up for the absence of policy，establishing a standardized pollution permit system and strengthening policy coordination and integration.

Key words: Water pollution control　Policy system　Evaluation method

前　言

水污染防治政策体系是指直接或间接以控制水环境污染物排放为目标的政策总和[1]。目前，相关学者对我国的水污染防治政策进行了总结。凌江梳理了我国水污染防治政策的重点、难点和主要任务[2]。鲍强梳理了我国水污染防治法规体系，总结了“七五”、“八五”期间的水环境保护目标[3]。宋国君等系统评估了淮河水环境保护政策[4]。蔡宝峰梳理了松花江流域、辽河流域的水污染防治政策[5]。

水污染防治政策体系评估是指对水污染防治政策的规范领域、法律位阶等做出系统的评估。不同学者对于环境政策评估进行了研究和界定[6, 7]。但环境政策体系评估方面的研究和文献还很少。孔荣从政策手段、政策综合性角度对我国环境政策体系做出了简要评价[8]。李康从分解与整合、针对性、协同作用、稳定性与可变性等角度提出政策体系设计的原则[9]。目前，关于环境政策评估的文献或侧重于单项政策的评估，或侧重于政策法规的梳理，对政策体系总体进行系统评估的研究很少。本文针对水污染防治政策，对其政策体系进行系统地评估，并且提出环境政策体系评估的原则，是对相关方面研究的补充。

1 水污染防治政策体系框架

本文所指的水污染防治政策包括全国人民代表大会或其常务委员会通过的相关法律、国务院通过的相关行政法规和中央政府各部门通过的相关部门规章。

1.1 水污染防治政策体系目标分析

水污染防治政策体系的目标是界定水污染防治政策的依据，也是分析水污染防治政策与其他水环境保护政策间关系的基础。水污染防治政策的最终目标是保护国家水体水质的物理、化学和生物性质的完整性。影响水质的因素，除了污染物入河量外，还有河流水量和生态系统健康。因此，除水污染防治政策外，水体保护目标还受到水量保护政策和生态系统保护政策的影响。本文主要讨论水污染防治政策，不涉及水量保护政策和生态系统保护政策。

水污染防治政策的控制对象是排污者。水污染防治政策的目标界定为在维护或改善水体水质的前提下，以边际减排的模式控制排入天然水体的污染物浓度和总量（入河量）。

入河量控制目标可以进一步分解为点源排放控制和非点源排放控制。点源排放量控制可以分为工业点源排放控制和市政点源排放控制；非点源排放控制一般包括农业和农村面源排放控制，城市地表径流排放控制和航运污染控制。除了点源排放与非点源排放外，水体内源污染（底泥污染）也对水体水质有影响。污染源的排放控制是指对特定污染源在特定时间特定地点的排放浓度、排放量的控制。

水污染防治政策及相关政策的目标如图 1 所示。

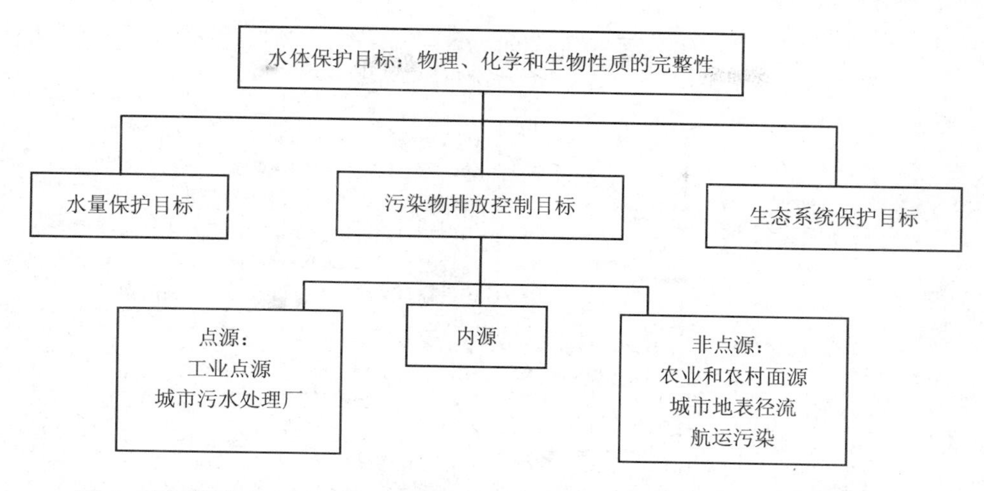

图1　水污染防治政策目标与水量控制政策目标、水体生态保护政策目标之间的关系

1.2 水污染防治政策体系

一般来说，按照政策手段，环境政策可以分为命令控制型政策、经济刺激型政策和劝说鼓励型政策[1]；按照政策效力，环境政策可以分为法律、行政法规和部门规章；按照政策作用的环节，可以分为源头预防、过程控制和末端控制。

本文从污染源、作用环节、管理制度、政策位阶四个角度对水污染防治政策做了分类。水污染防治政策体系包括工业点源污染控制政策、市政点源污染控制政策和非点源污染控制政策。

工业点源污染控制政策又可分为源头预防、过程控制、末端控制三类政策。源头预防政策包括环评、“三同时”竣工验收、环境规划等；过程控制政策包括清洁生产和循环经济；末端控制政策包括废水达标排放、排放许可证、排污收费等。以上各项制度分别由具体的法律、行政法规、部门规章等法规进行规范。工业点源控制政策如图2所示。

市政点源污染控制政策可进一步分为污水处理厂排放控制政策、垃圾填埋场废水排放控制政策，如图3所示。

非点源污染控制可分为农业与农村污染源控制、城市地表径流污染控制和航运污染控制。农业与农村污染源控制政策可进一步分为种植业污染控制政策、养殖业污染控制政策和农村生活污染控制政策。农村生活污染控制包括生活污水处理和生活垃圾收集。农村生活垃圾在有些地区被直接排入河道，或经雨水冲淋进入河道，因此，生活垃圾是农村地表水污染源之一。非点源污染控制政策如图4所示。

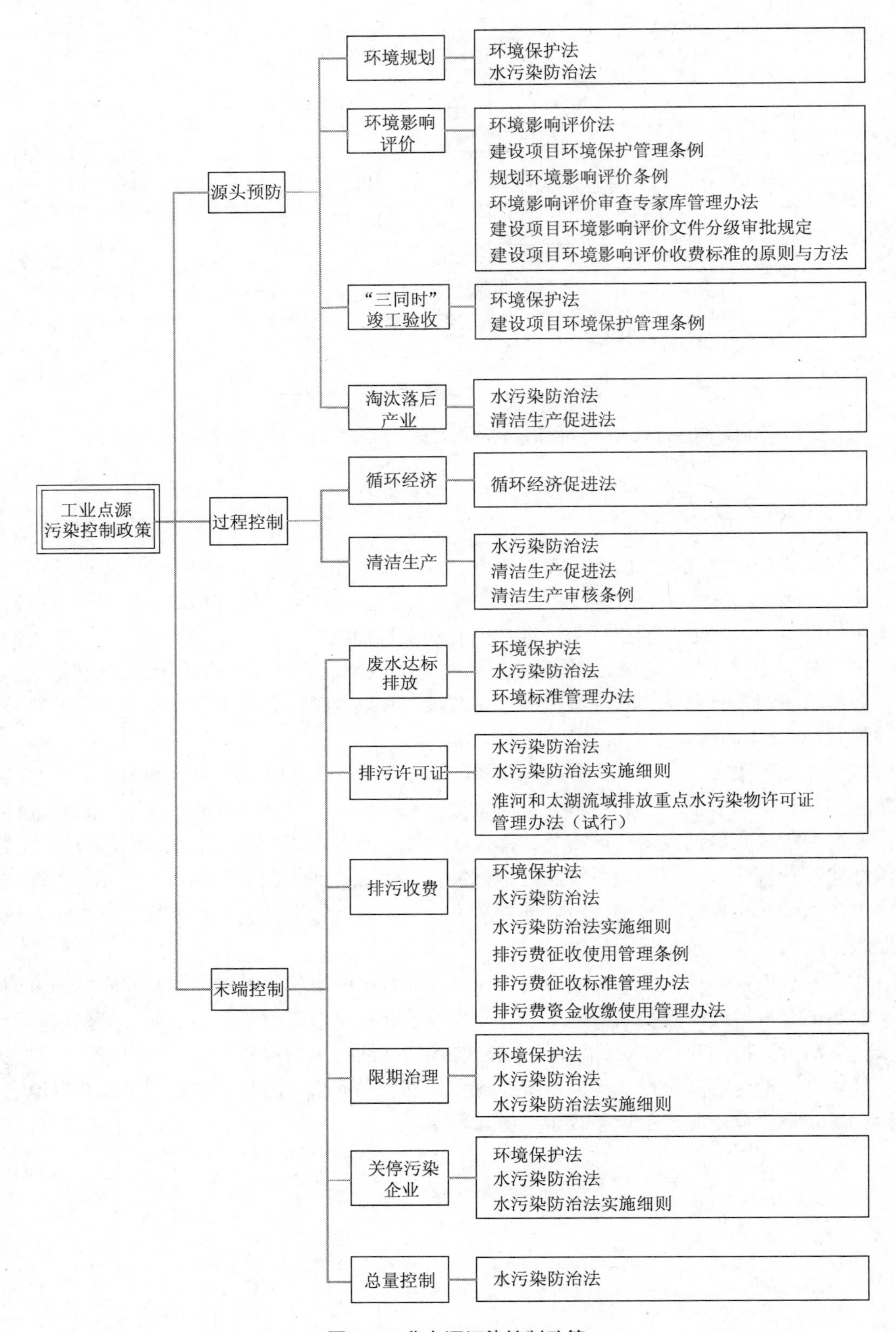

图 2　工业点源污染控制政策

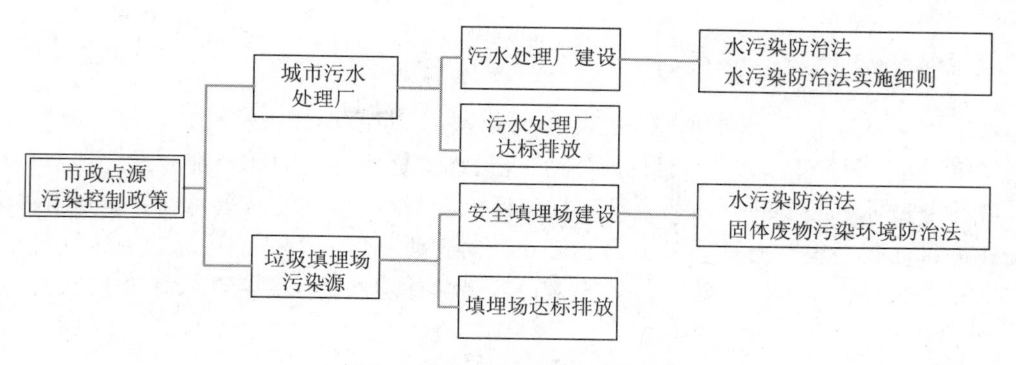

图 3　市政点源污染控制政策

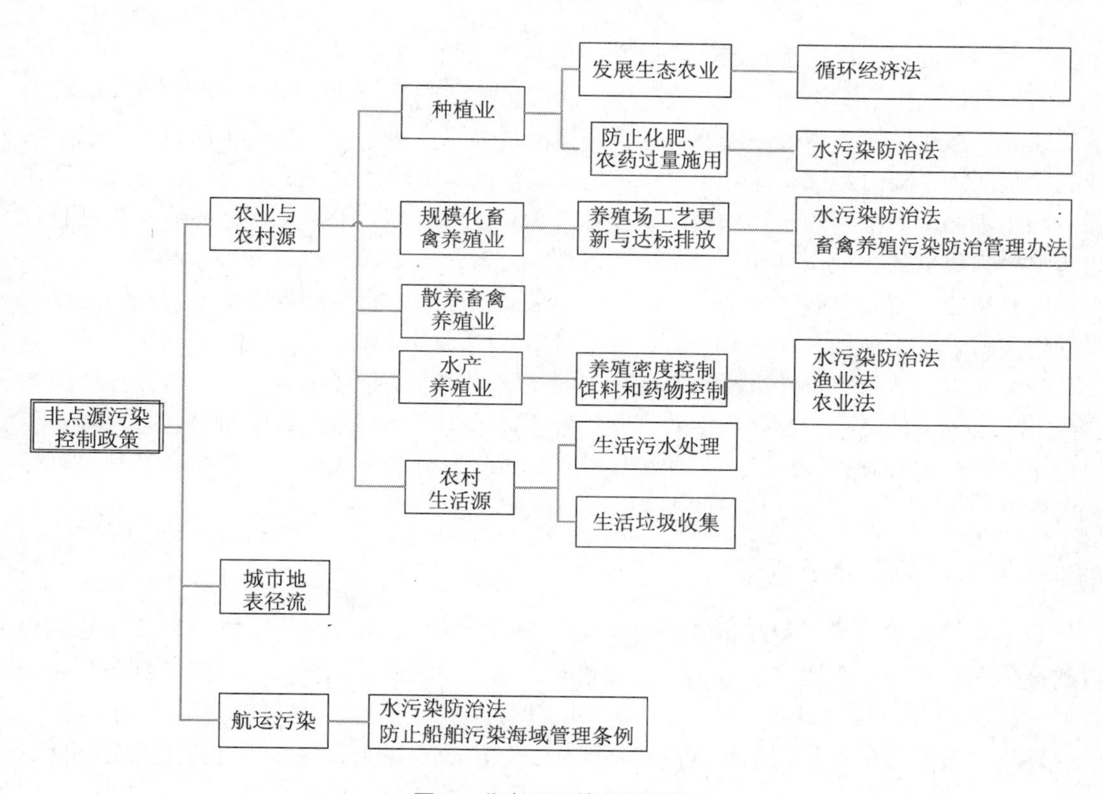

图 4　非点源污染控制政策

2 水污染防治政策体系评估原则和方法

本文认为水污染防治政策体系的评估应当从以下四个角度进行考虑：政策体系目标的评估；政策体系的评估；政策手段的评估；政策效果的评估。水污染政策体系的评估原则也包括以上四个方面。

2.1 政策体系目标的评估原则

政策体系目标的评估原则包括完整性、准确性、系统性。完整性是指政策目标应当包括最终目标、环节目标、行动目标；为实现最终目标所必需的环节都应设定环节目标；为实现环节目标所必需的行动都应设定行动目标。目标的准确性是指目标界定是否清晰，环境保护目标应当说明何种环境要素在何处、何时达到何种标准。目标的系统性是指各层次目标之间是否是方向一致的，一般来说，更具体层次的目标应当反映上层目标的主要方面。

2.2 政策体系的评估原则

政策体系的评估原则包括层次性原则、全面性原则和完整性原则。

（1）政策效力的层次性原则。政策效力的层次性原则是指政策体系应当由不同位阶的政策组成。按照法律效力等级，环境保护法律法规体系也可以划分为七个层次：宪法、法律、行政法规、部门规章、规范性文件、技术规范以及国际环境保护条约[10]。环境政策体系应当由不同效力级别的法规构成，既包括效力级别高、规定环境保护基本行动的法律，也包括效力级别低、规定具体行动范围、方法的行政法规、部门规章和技术规范。

（2）规范领域的全面性原则。规范领域的全面性原则是指环境政策体系要覆盖主要类型的污染源，如工业点源、市政点源、非点源等。

（3）作用环节的完整性原则。作用环节的完整性原则是指环境政策应当覆盖环境问题产生的主要领域或环节。对产品生命周期的各个环节都要有相应的政策进行管理，即对环境问题进行全过程管理。包括污染的源头管理、过程管理和末端管理。每个环节都要有相应的管理政策，不能有管理环节的缺失。

2.3 政策手段的评估原则

政策手段指引导或促使政策管理对象采取期望行为的具体措施[11]。本文以政府管制程度的高低对环境政策手段进行分类。按照政府管制程度的从高到低，环境政策划分为命令控制、经济刺激和劝说鼓励三类。

环境政策手段的评估原则包括确定性原则、经济效率原则、持续改进原则和公平性原则。

确定性原则是指政策制定者对政策对象的行为及政策的结果是否有明确的预期。一般而言，命令控制手段运用标准或规定直接作用于控制的对象，当惩罚和监管力度足够时，即具有确定性。经济刺激手段通过改变市场信号来间接影响、调节政策对象，其结果受到市场等很多其他因素的影响，确定性较低。劝说鼓励手段运用宣传教育改变政策对象的思想观念，不具有强制性，并且缺少明显的经济刺激，其结果具有很大的不确定性。

经济效率原则是指环境政策手段实现目标的效率，意味着能否以尽可能低的成本达到政策目标。

持续改进效率衡量环境政策手段产生效果的深化程度，即能否对个人及组织产生持续的刺激，促使其不断降低环境损害，达到更高的标准。

公平性标准考虑政策手段实施后在不同主体间的分配效果，能否实现纵向公平和横向公平。

2.4 政策效果的评估原则

政策效果的评估原则是指政策的效果应当受到监督和评估，并且以政策的形式固定下来。环境政策体系应当对“生态—水质—排放—管理”这一污染物产生和发生作用的全过程进行监督和评估。对于生态、水质和排放，环境政策应当提出监测规定，制定评估方案，以生态、水质和排放的改善情况来判断污染控制的效果。对于环境保护管理，相关政策也应当提出管理绩效评估方案。

2.5 政策体系评估的方法

政策体系评估主要采用对照和比较的方法。例如，对政策体系目标的评估，即根据本文 1.1 节提出的水污染防治政策体系目标，将现行政策的目标与理想中的目标进行对照，判断有无不一致的情况。对于目标的准确性评估，根据本文提出的“何环境要素、何时、何地、达到何种标准”的模式，将现行政策的目标表述与以上四种要素进行对照，判断现行政策的目标表述是否有某个要素的缺失。

3 水污染防治政策体系评估

3.1 政策体系目标评估

根据相关法律的主要内容，本文认为：《水法》及其法规是水量保护的主要政策；以《水污染防治法》为主体，包括《农业法》《渔业法》《清洁生产促进法》《循环经济促进法》等在内的法律法规体系构成水污染防治政策体系；我国没有生态保护的专门法律，《水法》《农业法》《森林法》《渔业法》《野生动物保护法》等法律法规都涉及生态保护的内容，可以认为以上法规构成现行的生态保护政策。

《水污染防治法》以“防治水污染，保护和改善环境，保障饮用水安全”为目标；《水法》以“合理开发利用和保护水资源，防治水害，充分发挥水资源的综合效益”为目标；《渔业法》以“加强渔业资源的保护、增殖、开发和合理利用……促进渔业生产的发展”为目标；《森林法》以“保护、培育和合理利用森林资源，加快国土绿化，发挥森林蓄水保土、调节气候、改善环境和提供林产品的作用”为目标；《野生动物保护法》以“保护、拯救珍贵、濒危野生动物，保护、发展和合理利用野生动物资源，维护生态平衡”为目标。

表 1 水污染防治政策及相关政策目标

水体保护目标					
理想目标			现行政策目标		
物理、化学和生物性质的完整性			缺失		
水量保护政策		生态保护政策		水污染防治政策	
理想目标	现行政策目标	理想目标	现行政策目标	理想目标	现行政策目标
保护水量，满足生态、污染物扩散的需要	合理开发利用和保护水资源，防治水害，充分发挥水资源的综合效益	以保护生物，保护生物栖息地，维持生态系统功能为目标	“保护渔业资源”“保护森林资源”“保护濒危野生动物”	在维护或改善水体水质的前提下，以边际减排的模式控制排入天然水体的污染物浓度和总量	防治水污染，保护和改善环境，保障饮用水安全

本文根据水污染防治及水环境保护的需要，设定出水量保护、生态保护和水污染防治政策的目标以及水环境保护的最终目标，并与现行法律的目标进行比较，见表 1。根据表 1，我们可以发现：

（1）缺乏政策最终目标。根据本文提出的水环境保护政策体系目标框架，水环境保护政策的最终目标应当是保护水体的物理、化学、生物性质的完整性。在现有的政策体系内，各部法律各自为政，并没有形成一个统一的体系，也没有提出政策体系的最终目标。

（2）缺乏以保护生态环境为目标的水量保护目标。《水法》的目标是“合理开发和保护水资源”，兼有开发与保护的双重目的，并不是从保护水生态、满足污染物扩散的角度来保护水量。

（3）缺乏统一的生态保护目标。生态保护方面的法律非常分散，从各自的资源利用角度提出立法目标，如“保护渔业资源”“保护森林资源”“保护濒危野生动物”等，并没有一部法律以保护生态系统的完整性、保护生物及其栖息地为目的。

生态保护方面的法律局限于自然资源的单行法，主要以重在利用的自然资源单行法为特征，没有意识到环境资源问题的整体性和连续性[12]。

（4）水污染防治政策目标表述不清晰。根据本文提出的目标框架，水污染防治政策的目标应当是在维护或改善水体水质的前提下，以边际减排的模式控制排入天然水体的污染物浓度和总量。而《水污染防治法》的目标界定较为模糊，以“防治水污染，保护和改善环境，保障饮用水安全”为目标，没有明确提出控制污染排放的浓度和总量，也没有说明排放限制应当考虑减排成本，优先在成本最小的领域实现减排。

（5）缺乏各污染源控制目标。水污染防治政策体系的目标应当包括最终目标、环节目标和行动目标。可以认为对各污染源的排放控制是水污染防治的具体行动，应当设定各污染源的排放目标。对于污染源的控制可以具体到时间、空间、控制程度，其目标应当包括“何种污染物、何时、何地、何种标准”。目前，《水污染防治法》只是在工业水污染防治、城镇水污染防治、农业和农村水污染防治、船舶污染防治方面界定了污染者应当承担的义务，并没有针对工业污染源、市政污染源等提出污染控制的目标。

3.2 政策体系评估

3.2.1 层次性评估

中国水污染防治政策已经形成了比较完善的政策体系，从政策的权威层次来看，有法律、行政法规、部门规章三个层次组成。《环境保护法》规定了中国环境保护的基本原则和制度；规定把环境保护纳入国民经济和社会发展计划；规定实行经济发展和环境保护相协调，预防为主、防治结合、综合治理等原则；规定实施环境影响评价制度、“三同时”制度、排污收费制度等。《水污染防治法》是针对水污染防治的专门法律，针对各类污染源提出了较为详细的控制行动和要求。以《水污染防治法》为核心，水污染防治政策体系包括横向的与水污染防治相关的和适用的各种法律法规，包括《固体废物污染环境法》《清洁生产促进法》《循环经济促进法》等，以及纵向的水污染防治方面的法律、法规、部门规章。

对于水污染控制的主要管理制度，环境影响评价制度形成了比较完善的法规体系，包括《环境影响评价法》《建设项目环境保护管理条例》《规划环境影响评价条例》《环境影响评价审查专家库管理办法》等法律、行政法规、部门规章。排污收费制度也形成了较完善的法规体系，包括《环境保护法》和《水污染防治法》中的相关规定，《排污费征收使用管理条例》《排污费征收标准管理办法》和《排污费资金收缴使用管理办法》等法规和规章。环境影响评价制度与排污收费制度之所以能够长期稳定开展，与其完善的法规体系不无关系。

其他管理制度的法规层次相对较单一，往往以法律的一般性规定为主，缺乏专门规章，比如淘汰落后产业政策、循环经济政策、限期治理政策、总量控制制度等。水污染控制的核心制度——排污许可证制度，也仅由《水污染防治法》和《水污染防治法实施细则》作出一般性规定，缺乏专门的全国范围的规章条例。

3.2.2 全面性评估

工业污染源作为污染控制的主要领域受到了一定重视，法规较完备，手段以命令控制为主。根据本文界定的工业污染源控制政策体系，如图 2 所示，规范工业污染源控制的政策包括《水污染防治法》《环境影响评价法》《循环经济促进法》《清洁生产促进法》4 部法律，《水污染防治法实施条例》《建设项目环境保护管理条例》等 5 部行政法规，《环境标准管理办法》《排污费征收标准管理办法》等 8 件部门规章。相对于城市和农业、农村污染源控制政策，工业污染源控制政策的法规体系较健全。从政策手段角度看，工业污染源控制包括 9 项命令控制制度、2 项劝说鼓励制度和 1 项经济刺激制度。说明我国的工业水污染控制仍是以命令控制为主。

市政污染源控制存在一定的政策空白。控制城市生活污染源的政策包括《水污染防治法》《固体废物污染环境防治法》2 部法律和《水污染防治法实施细则》1 部行政法规，如图 3 所示。对于污水处理厂，《水污染防治法》规定地方政府应当建设城镇污水处理设施及配套管网，污水处理厂的运营主体对处理厂出水水质负责，但没有明确要求处理厂废水实现达标排放。对于垃圾填埋场，《水污染防治法》规定其采取防渗漏等措施，也没有要求填埋场废水实现达标排放。

对于非点源污染控制，农业与农村污染源控制政策手段效率低，农村生活源控制存在政策缺位。农业与农村污染源控制政策包括《水污染防治法》《渔业法》《农业法》《循环经济法》等法律，《畜禽养殖污染防治管理办法》等法规，如图4所示。对于种植业污染，我国一方面倡导发展生态农业，采用节水、节肥、节药的耕作方法，另一方面要求控制化肥、农药的施用，鼓励测土配方，施用有机肥。然而，随着化肥农药污染问题越来越凸显，现有的以劝说鼓励为主的政策手段显然是不足的。

对于规模畜禽养殖场，相关政策要求养殖场配备污水治理设施，实现废水达标排放。对于散养畜禽养殖业，在其养殖密度超过最高载畜量的情况下将对生态环境造成危害，但是我国对于散养养殖户污染的控制政策尚属空白。

目前相关法规中没有关于城市地表无序径流的规定，城市地表无序径流的管理相对空白。

对于底泥污染，底泥清淤作为一项生态工程，是以工程项目的方式进行管理的，主要依据各项规划中治污计划的安排进行。对于底泥污染源的清理，缺乏相应的法规规定。

3.2.3 过程完整性评估

由图2可以看出，工业污染源控制的源头预防与末端控制管理制度较多，过程控制管理制度较少。对工业污染源，我国实施了环境规划、环境影响评价、“三同时”竣工验收、淘汰落后产业等源头预防制度；涉及源头预防制度的法律4部，法规2部，部门规章3件。

工业污染源的末端控制制度包括废水达标排放、排放许可证、排污收费、限期治理、关停污染企业、总量控制等；对以上制度作出规定的法律2部，法规2部，部门规章4件。

在污染过程控制方面，目前我国仅实施了循环经济制度和清洁生产制度，实施了《清洁生产促进法》和《循环经济促进法》2部法律及《清洁生产审核条例》1部行政法规。

可以看出，末端控制仍然是工业水污染控制的主要政策，源头预防政策也占有一定比重，过程控制政策明显薄弱。《清洁生产促进法》和《循环经济促进法》的出台体现了全过程管理的思想，是环境管理工作中的一大进步，体现了污染治理从末端控制到过程控制的转变。但是以上两部法律的配套法规不足，操作性有待提高，限制了法律作用的发挥。

3.3 政策手段评估

3.3.1 命令控制手段评估

中国已实施的命令控制手段包括环境规划、环境影响评价、“三同时”竣工验收、排污许可证、达标排放、关停、污染限期治理、污染总量控制等。我国的命令控制手段是以强化行政管理为特点的，实行自上而下的行政强制管理。为了使命令控制手段取得更好的效果，需要从控制目标出发，筛选和明确主要的制度，提高立法的质量和效率，更加注重制度间的衔接，建立健全监测监督和惩罚机制，保证正常的执行效果。一般而言，命令控制手段确定性强，相对于经济刺激手段经济效率较低，持续改进性不及经济刺激手段和劝说鼓励手段。

（1）环境影响评价和“三同时”竣工验收政策评估。环评和“三同时”制度有法律依据，有处罚标准，有审批权限，政府执行能力强，政策有很强的确定性。由于是事先控制，其经济效率高于其他的命令控制手段。在持续改进方面，不如经济刺激手段和劝说鼓励手段。由于所有的建设开发项目都纳入了政策范围，一视同仁，满足政策的公平性要求。

（2）污染限期治理政策评估。污染限期治理制度有合适的法律依据，有处罚标准，政策的执行能力较强。但是，限期治理决定权由当地政府而不是环保部门掌握，可能受到相关干系人的影响，政策的执行能力可以进一步提高。总体而言，污染限期治理的确定性较好，但是经济效率相对不高，公平性和持续改进性不够好。

（3）污染总量控制政策评估。通常情况下，总量控制制度与许可证制度、限期治理制度配合使用。从总体来看，污染总量控制制度还处于起步阶段，缺乏专门法规。

（4）排污许可证政策评估。首先，我国的排污许可证制度的相关法规尚不完整，从法律规定来看，仅就污染物的排放规定了申报登记要求，对于具体执行细则尚需进一步规定。其次，惩罚力度相对较小，对于没有使用排污许可证的企业，无法形成威慑力。最后，其执行能力尚待加强，适用范围有限。

3.3.2 经济刺激手段评估

水污染防治方面的经济刺激手段主要是排污收费制度。排污收费制度的目标是通过对排污者的排污行为征收一定费用，促使其减少或消除污染物的排放，我国的排污收费将部分费款返还给企业进行污染治理。

把排污收费收取的资金返还给企业是违背庇古税原理的。企业缴纳的排污费是对其排污行为造成的损失负责任，如果将其返还给企业，则实际上企业没有负责任，或基本没有对已经产生的排放负责任，是在给排污费的效果“打折”。

相比较而言，污水处理费更符合庇古税的原理。而且污水处理费的征收成本很低，在征收水费的同时征收，没有额外成本，经济效率高。并且征收污水处理费对居民节约用水也有刺激作用，体现了经济刺激性政策最主要的特点，是一项比较有成果的经济刺激政策。

经济刺激手段的应用受到市场的制约，只有在市场发育比较成熟的情况下才能适用。相比于命令控制手段，经济刺激手段的确定性较差，作用时间也难以确定，不适用于一些紧迫的、危害巨大的环境问题。

3.3.3 劝说鼓励手段评估

在水污染防治政策体系中，劝说鼓励手段包括清洁生产、环境宣传教育、公众参与、考核表彰等。劝说鼓励手段的强制性弱，强调预防性，政策执行成本低，持续改进效果好。

在我国，清洁生产以供给驱动代替了需求驱动，并不是企业主动实施清洁生产，而是政府部门要去实施[13]，清洁生产政策没有充分发挥出劝说鼓励作用。相对于命令控制政策，清洁生产政策的确定性较差，如果政策设计得当，应当具有较好的持续改进性。

3.4 政策效果评估

缺乏政策效果评估的相关法规，没有形成政策效果评估的制度。目前，相关政策没有提出政策评估的要求，对于政策评估的程序、方法也缺乏规定。

评估的信息基础较差，缺乏生态评估和管理绩效评估方面的信息。从“生态—水质—排放—管理”这一评估过程来看，目前，水污染防治政策体系对于水质标准、污染源排放控制方面政策较多，对控制链的两端——水生态、水污染管理方面的政策比较欠缺。水生态方面缺乏相关的监测法规，管理信息的收集、汇总和分析也缺乏相关规范。

目前的水污染防治政策体系有一系列法规对水环境质量标准、水质监测作出规定，如《水污染防治法》《水污染防治法实施细则》等法规以及《地表水环境质量标准》《地下水质量标准》等环境标准。相对而言，生态的监测缺乏监测标准，相关法规中只是一般性地提出“减少生态破坏”(《水污染防治法》)、“保护水资源……改善生态环境”(《水法》)、“渔业资源的保护和增殖”(《渔业法》)，没有将生态保护作为政策目的和规范重点，也没有提出监测制度和检查方法。

对于水污染排放管理，目前的政策偏重对管理行动的规定，对于管理的信息来源、评估机制缺乏规定。现有政策对于信息整合与处理、储存方面缺乏规定，没有建立起部门间的信息交流机制，水污染防治相关信息为政府各部门分散掌握，信息的管理支持作用难以充分发挥。现有政策对于水污染防治管理的绩效评估缺乏规定，政府的管理行为得不到系统地评估，管理的效果得不到反馈，不利于管理行动的调整和改进。

4 结论和建议

4.1 结论

（1）目标不高、目标不成体系、目标表述有问题。水污染防治政策体系缺乏最终目标，现有法律仅提出“保护和改善环境”，距离“保护水体的物理、化学、生物性质的完整性”的最终目标仍有一段距离。现有法律体系没有明确提出保护水量和保护生态系统的目标，使得最终目标的支持不足，没有构成完整的目标体系。现有政策的目标表述较模糊，目标界定过于概括，难以考核和评估，也没有体现出以控制污染物排放为目标的特点。

（2）政策体系基本建成，存在部分缺位。已经基本形成以法律、行政法规、部门规章为主的水污染防治政策体系，实施了环评、“三同时”、环境规划等环境管理制度，政策体系基本建成。但是在主要污染源和政策作用环节方面也存在政策缺位，农业与农村污染源控制政策不足，农村污染控制政策基本空白；市政污染源控制力度不足，污水处理厂的达标排放、垃圾填埋场渗滤液的处理缺乏政策规范。政策控制环节以末端控制为主，源头预防也形成一系列管理制度，但是过程控制政策较少，过程控制政策的操作性有待提高。

（3）政策手段粗放，缺乏系统。已形成命令控制、经济刺激、劝说鼓励三类政策手段，但是政策手段的设计不足，实施粗放，有些政策没有体现出政策手段的特点，没有实现政策的预期效果。许可证制度作为命令控制手段的核心政策，政策体系不健全，实施性有待提高，也没有与其他排放控制手段如排污申报、限期治理实现协同作用，造成排放控制手段的系统性不足。

（4）政策效果缺乏证明。相关政策中缺乏对于政策效果评估的规定，政策效果评估的信息来源、评估程序和方法等的规定都处于空白。从“生态—水质—排放—管理”的评估要素来看，生态评估和管理行动评估缺乏信息基础。并且，水质信息和排放信息为各部门所掌握，信息交流机制尚未建立，限制了信息的可得性，影响了评估的质量。

4.2 建议

（1）完善生态保护立法。完善生态保护立法，确立“保护生态完整性和生态多样性”的立法目的。生态保护立法需要打破目前生态要素分割的立法框架，以保护生态系统完整性、维持和修复生态系统功能为目的立法，相关法规的控制重点需要根据生态系统存在的问题确定。

（2）健全排污许可证制度。制定全国性的排污许可证实施办法，规范许可证的实施操作。加强许可证制度与排污申报、排污收费、限期治理、超标排污罚款等排放管理制度的协调，通过许可证制度的建立形成点源排放管理的制度体系，加强各项点源管理政策手段的协调性。

（3）完善非点源排放控制政策。制定相关法规，规范农业与农村水污染防治。健全绿色有机农业的鼓励机制，实行更为有效的农药、化肥控制手段，全面控制种植业污染。结合目前广泛推行的农村社区建设，制定相关法规，提出农村生活污水治理要求与治理方案，规范农村生活垃圾的收集清运处理制度。

参考文献

[1] 宋国君，等. 环境政策分析[M]. 北京：化学工业出版社，2008：29，158.
[2] 凌江. 我国水污染防治的政策与措施重点及几点建议[J]. 环境保护，1998（9）：5-7.
[3] 鲍强. 中国水污染防治政策目标和技术选择[J]. 环境科学进展，1993（1）：3-23.
[4] 宋国君，谭炳卿，等. 中国淮河流域水环境保护政策评估[M]. 北京：中国人民大学出版社，2006.
[5] 蔡宝峰. 关于松花江水污染防治政策措施的思考[J]. 中国环境管理，2009：18-19.
[6] 罗柳红，等. 关于环境政策评估的若干思考[J]. 北京林业大学学报，2010（9）：123-126.
[7] 宋国君，马中，姜妮. 环境政策评估及对中国环境保护的意义[J]. 环境评价，2003：34-37，57.
[8] 孔荣. 西部地区生态建设的环境政策体系研究[J]. 农业环境与发展，2008（5）：1-4.
[9] 李康. 环境政策学[M]. 北京：清华大学出版社，2000：49.
[10] 张根大. 法律效力论[M]. 北京：法律出版社，1999：180-181.
[11] 王满船. 公共政策制定——择优过程与机制[M]. 北京：中国经济出版社，2004：180-181.
[12] 薛成有. 国际生态保护法发展及对青海生态保护实践的启示[J]. 青海师范大学学报，2010（5）：51-56.
[13] 章承林. 对我国清洁生产政策机制的初步探讨[J]. 湖北生态工程职业技术学院学报，2005（1）：27-28.

中国水排污许可证制度框架设计

Framework Design of Discharge Permit System in China

宋国君[1,①]　孟　伟[2]　韩冬梅[1,3]　王军霞[1,4]　开根森
（1. 中国人民大学环境政策与环境规划研究所，北京　100872；2. 中国环境科学研究院；
3. 河北大学经济学院；4. 中国环境监测总站）

摘　要：排污许可证制度是一个"打包"的制度，起到点源守法文件和监管平台的作用。水排污许可证制度框架的设计以促进点源的"连续达标排放"为目标，将点源按外部性大小进行分类分级管理，建立由中央政府承担更多责任的许可证管理体制；以提高许可证管理的确定性为目标的管理机制设计包括信息机制、资金机制、监督问责机制等；建立注册环境管理工程师制度满足实施排污许可证对专业人才的需求；加强以排污许可证制度为核心的政策整合，提高相关政策间的协调，减少冲突，提高政策效率。

关键词：排污许可证　制度框架　注册环境管理工程师

Abstract: Discharge permit to the pollution sources is a "packaged" system, which plays a compliance document and monitoring platform for the point source. Waste Discharge Permit System framework is designed to promote the point source of "continuous compliance to discharge standards" as the goal. Classified managements of point sources are according to their external size; the central government should assume more responsibility in the management system; permit management mechanism design including information management mechanisms, financial mechanisms, supervision and accountability mechanisms; establish a Registered Environmental Management Engineer System to meet the implementation of the discharge permit requirements for professionals; reinforce the permit system as the core policy integration, improve coordination between the relevant policies, reduce conflicts and improve policy efficiency.

Key words: Discharge permit　System framework　Registered environmental management engineer

---

① 作者简介：宋国君，男，1962年生，中国人民大学环境学院环境经济与管理系教授，博士生导师，环境政策与环境规划研究所所长。研究领域：环境与自然资源经济学、环境政策分析、环境管理、环境规划、节能减碳政策分析、能源管理等。地址：北京海淀区中关村大街59号，中国人民大学环境政策与环境规划研究所；邮编：100872；电话：010-62512045；手机：13910720279；电子邮箱：songgj@public3.bta.net.cn。

前　言

目前已有的许可证制度的研究都是零星或者片面地从某些方面进行简单的介绍，对于许可证制度的框架，基本没有系统的研究。陈冬提出，完善许可证的形式，有关许可证的内容，应增加有关被许可人的监测和报告的义务等内容；完善许可证的实施与保障机制，完善有关信息公开、听证程序以确保公众参与，赋予公民诉权，确立环境公益诉讼制度等，以加强许可证的司法实施机制[1]。蒋洪强等认为要加快推进排污许可证制度的实施：一是制定完善实施排污许可证制度的法规及配套的行政办法；二是加强排污许可证的监督和证后管理；三是强化与其他相关环境管理制度的衔接，如与环境影响评价制度衔接，与限期治理制度结合，与排污收费制度结合，与总量控制制度结合等[2]。李蕾提出实施排污许可证制度需要尽快解决排污许可证发放范围与条件、分级审批管理、持证排污者的权利和义务、环保部门对排污者监管及法律责任等方面的问题[3]。本文提出了中国水污染物排放许可证制度框架，希望加快我国排污许可证制度的研究和建设。

1 排污许可证制度的界定

1.1 排污许可证制度的定位和目标

排污许可证制度是点源排放控制政策体系的核心手段，排污许可证是企业的守法文件和监管部门的执法文书，规范的排污许可证制度是促进管理进步的最重要措施，排污许可证制度实施的有效性有赖于管理体制的完善。

排污许可证制度的最终目标是水体健康（水质达标）及受体得到保护；中间目标是入河排放量控制；直接目标是促进点源的“连续达标”排放[4]，提高排放量削减的确定性。其管理核心是将排污者应执行的有关国家环境保护的法律、法规、政策、标准、总量削减目标责任和环保技术规范性管理文件等要求具体化、形式化，明确地体现到每个排污者的排污许可证上[5]。

1.2 污染物排放标准是排污许可证制度实施的核心

排放标准可以分为基于技术的排放标准和基于环境容量的排放标准。执行许可证制度的关键，就是制定恰当的排放标准和规定具体义务[6]。排放标准在许可证制度中通过具体的监测方案来实施。

针对含有某些特定污染物的城镇污水处理厂和工厂废水的排放标准，是从处理该种废水的技术是否有应用、处理效果、处理费用等角度考虑制定的，叫做基于技术的排放标准，一般是国家依据现有可得最佳技术规定的污染物排放浓度限值[7]。这种标准的形式通常是比较简单的废水类型加上排放限度，规定污染源排放不得高于该限值。基于技术的排放标准具有适时更新的机制，随着处理技术的进步，工业技术本身的发展和工业单位生产工艺对用水的改进，定期更新、越来越严，以使其作为企业技术进步的持续推动力。

基于水质的排放控制是对点源更加严格的排放管理要求。基于水质的排放标准随着废水排放受纳水体的现状和用途而有变化。如果在某些时期，点源“达标排放”仍然不能保证水质目标，在不提高排放标准的基础上，在特定时期，基于环境容量确定入河量削减目标，然后按照一定的原则将削减量分配到具体的点源，从而达到水体质量要求。如美国的国家排放许可证审查发放过程中，先要以基于技术的标准计算允许排放限度，如果不能达到各州水质标准的要求，就必须要以基于水质的标准另行计算排放限度。通常经基于水质的标准计算的排放限度都会非常严格。如美国 TMDL（日最大排放负荷）将时间尺度缩短到日。

本文只研究基于技术排放标准的许可证（以下简称排污许可证）。

2 排污许可证制度设计的理论依据和设计原则

2.1 理论依据

（1）外部性理论。水污染防治存在跨行政区的外部性的特征。上游城市的水质状况直接影响着下游城市的水质；而上游城市投入成本治理水污染，直接受益的是下游城市。在以上两种情况下，下游城市既不为良好的水质支付成本，也不因为恶劣的水质获得补偿。

环境污染的外部性，在环境监管中表现为地方政府缺乏治理污染的积极性，管理失灵。市场经济体制下区域间的经济发展差距逐渐扩大，地区间利益冲突显性化——地方政府在继续代表中央全局利益的同时更多地代表了地方利益，并成为本级政府利益和部门利益的承载者。自利性所带来的影响与结果是地方政府更加关注本行政区的经济发展速度、社会福利水平和环境状况，也更有积极性创造地方 GDP 和财政收入，而对诸如跨行政区的流域水污染治理等涉及全局或其他地区的利益则显得很冷漠[8]。以跨界水污染纠纷为代表的一系列环境规制政策实践表明，政府对于环境外部性的规制并不总有效，即环境规制失灵。当前地方政府环境规制失灵的原因主要是：中央环保政策的制定忽略了地方政府的“经济人”理性，忽略了环境规制的外部性，也忽略了地区差异[9]。

（2）环境政策手段设计理论。按照政府直接管制程度的从高到低，环境政策划分为命令控制、经济刺激和劝说鼓励三类[5]。排污许可证制度是典型的命令控制型环境政策手段。命令控制型政策手段的实施条件[5, 10, 11]：命令控制型政策手段必须有相关的环境保护法规为依据；命令控制型政策手段需要充分的信息做支撑；命令控制型政策手段的实施有赖于政府严格的监管。

（3）博弈论。博弈论的基本出发点是具有个体理性的经济人追求自身利益的行为[12]。在环境管理中存在着排污者、地方政府和中央政府间的博弈。企业追求自身利润最大化，环境政策对企业排污行为的规制影响到企业的利润，理性的企业将通过各种方式规避对其利润的负面影响；中央和地方政府之间也存在着信息不完全的委托代理关系，需要靠政策机制的设计对地方政府的“经济人”理性进行引导和规制。因此，中央政府在进行政策设计时，必须考虑企业和地方的反应，使各方在追求自身利益最大化的过程中也推进政策目标的实现。

2.2 设计原则

（1）法规的权威性和协调性原则。以法律法规的形式确认排污许可证制度的合法性和权威性，这是许可证制度实施的保障。许可证制度要与其他环境管理政策相互协调，避免矛盾与重复。

（2）管理体制的合适性原则。基于外部性进行管理体制设计，有效实现外部性内部化，减少社会福利损失，提高管理效率。

（3）处罚机制合适性原则。处罚机制是许可证制度实施的保障之一，处罚必须明确而严格，过罚相当，同时要便于执行。

（4）执行能力相匹配原则。即要保证许可证制度的可行性，制度设计与监管、问责能力以及企业的承受和执行能力相匹配。

（5）长远设计、近期效果和逐步完善原则。排污许可证制度的设计，要保证在现有水平下管理效果是最佳的，并随着管理能力和需求的提高，制度可以持续改进。

（6）基于现有管理体制和法律基础。本研究所设计的排污许可证制度，与我国现有的环境管理体制不冲突，也不涉及修改现有的法律。

2.3 国际经验

排污许可证制度在美国等发达国家被作为水污染物排放控制的重要管理手段，而且取得巨大成效。在 1972 年美国联邦水污染控制法中，建立了国家污染物排放禁止系统许可证[①]。规定除非有国家排放许可证明确允许，否则任何在地表水域的点源污水排放都是违法的。当时全美国约有 65 000 个城镇污水处理厂和有一定规模的工业单位直接排放到地表水域，这些点源排污户很快地就被置于排放许可证的管制之下。在控制了这些主要的点源排污户之后，国家排放许可证管辖的对象进一步扩展，包括了对环境影响较小的排污户，甚至某些面源污水的排放。到 2006 年，在某些地区（加利福尼亚州洛杉矶地区），即使自来水厂也必须要有国家排放许可证才能从它们的饮用水管道或水井排放由于操作需要产生的废弃水；居民住宅建筑为保护地基而抽取的地下水也都需要有排放许可证才能排放到地表水体（包括通过雨水管道到地表水体）。NPDES Permit 的实施，大幅度提高了执法督法的强度，使美国的水环境污染控制取得很大的成果。美国绝大部分直接排放到地表水体的点污染源在相对短期内得到了初步的控制，很少再出现随意排放、严重污染水环境的现象。

3 排污许可证制度框架的设计要点

排污许可证制度的主要目标是促进点源“连续达标排放”，许可证制度框架的设计要点均围绕这个目标展开。

① National Pollutants Discharge Elimination System Permit，常简称为 NPDES Permit。

3.1 许可证制度的管理范围

理论上，一切排向天然水体的污染源均应遵守排放标准，达标排放。许可证制度政策特点决定了它主要适用于对点源排放的控制。因此，一切排放污水的点源均包括在许可证制度的管理范围内。

3.2 点源的分类和分级

点源：排向天然水体的点源；排向城市污水处理厂的点源（这是预处理系统）。排向天然水体的点源包括大点源和小点源。

本文按照不同的分类标准，对点源做出以下分类，如图 1 所示。

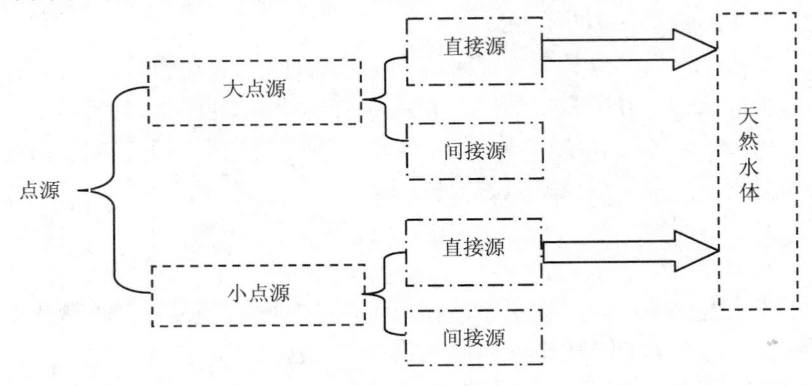

图 1　点源分类分级示意

（1）按照污染源的规模，分为大点源和小点源。这种划分方式是基于管理成本费用有效性的考虑，也参照了全国污染源普查工作办公室的分类方法。一般来说，大点源的生产规模和排放强度都比较大，监管大点源进行污染减排的费用有效性高于小点源。污染源规模大小的划分界限，根据污染源管理能力确定。随着管理能力的变化进行调整，当管理能力提升时，可以将规模划分线调低，从而扩大污染源控制范围，当管理能力不足时，则将规模划分线调高，通过缩小控制范围，集中控制重要的污染源，在既定能力下，寻求最佳的管理效果。

（2）按照污染物是否直接排向天然水体，分为直接源和间接源。这种划分方式考虑污染物的排放量与水体污染的相关性。直接源是指直接向天然水体排放污染物的点源；间接源是指并不直接向天然水体排放污染物，而是向污水处理厂或者排污沟排放污染物的点源，间接源的排放并不直接对水体造成污染。

直接排向天然水体的点源对水体的直接影响大，应该与间接源的管理相区别。大点源和小点源排放控制的费用有效性不同，在管理的重要性和严格程度上，也应该有所区分。

3.3 管理体制设计

（1）建立点源排放许可证的分级分类管理体制。根据外部性和点源的分类和分级，排污许可证制度的管理体制框架设计如图 2 所示。

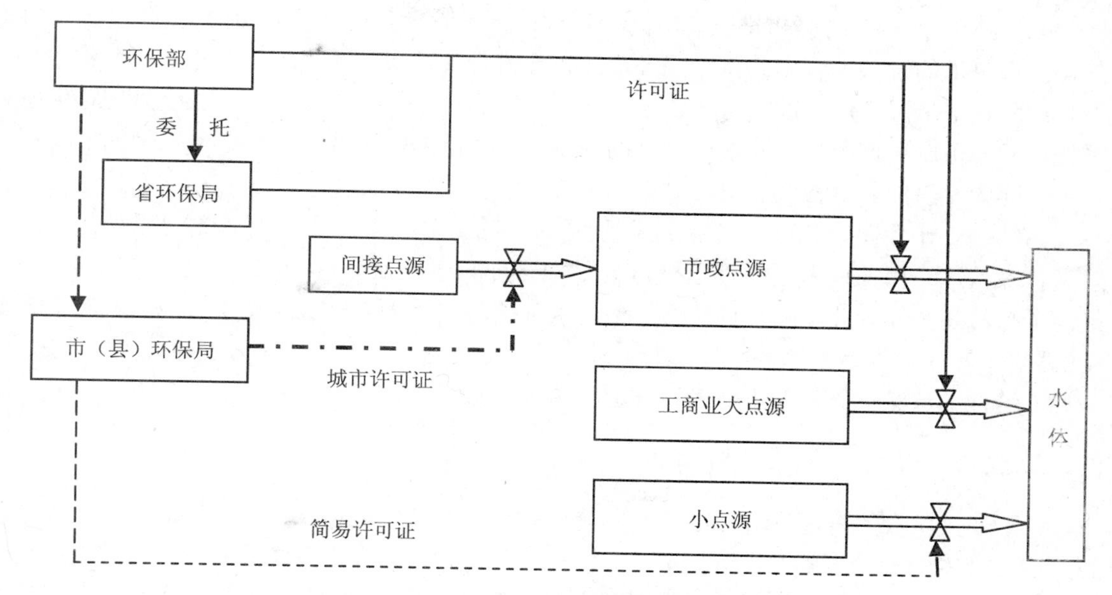

图 2　排污许可证制度的管理体制框架示意

环保部负责发放所有点源的排污许可证。考虑到环保部的直接执行能力，工商业大点源和市政点源可通过委托代理合同委托省级环保部门发放“排污许可证”，小点源可委托市（县）环保部门发放“简易许可证”，环保督查中心作为环保部门主要的监督检查力量。其中，市政点源包括污水处理厂、垃圾处理厂和一些未截留排污沟。虽然，一些污水处理厂和垃圾处理厂并不是直接由政府投资建设和营运的，而是部分或者全部委托私人负责，但是，鉴于污水处理厂在城市水污染物处理方面的作用以及对城市水环境保护的重要性，政府部门仍然应当对城市污水处理厂的建设和正常运行承担重要的责任。未截留的排污沟也应当视为污染源，由政府部门负责管理。

直接源的排污许可证发给独立法人，并且具体到各个污染处理设备；市政点源的排污许可证发给地方政府首长。

排放到污水处理厂的间接源，执行预处理标准，目标是保证排向城市污水处理厂的污水符合城市污水处理厂的入水水质要求，保证污水处理厂运行的稳定性。城市许可证的发放委托地方政府负责，需经过环保部的审核批准，并由环保部定期进行检查。对于有城市排水许可证的城市，可将排水许可证和排污许可证合并。

环保部与省级环保部门以一定形式（如签署合同）建立委托代理关系，委托省环保局对大点源和市政点源排污许可证行使管理权。在建立委托代理关系时，应明确环保部和省环保局的具体职责，相互之间的关系，尤其应当明确省环保局如何进行许可证的管理工作，包括管理的具体内容、具体要求以及如果未按照规定完成管理任务时的处罚。另外一项非常重要的内容是，明确资金机制，即环保部以什么样的形式，按照怎样的原则支付省环保局管理资金。

环保部与市（县）级环保部门同样按照上述形式建立委托代理关系，委托市（县）级环保部门管理小点源的排污许可证。

（2）中央政府在许可证制度管理中须承担更多的责任。环保部负责包括所有点源在内的排污许可证的发放和管理。将管理环节前移至具体的污染点源，加强监管的可操作性。一旦出现违证情况，环保部门可以依法对违证企业进行处罚，直至制止违法行为。对于被委托机构，可以根据委托合同进行相应的问责。这样就缩短了委托代理链条，降低了政府机构之间的交易成本，提高了许可证实施的效率和效果。

为解决工作面向地域过宽与中央环保部门控制能力有限的矛盾，环保部可以委托省政府具体操作，环保部保留最终管理权和检测核查的权力。其次，资金和核查机制的建设，提高了执法能力。企业上缴管理费用，由环保部统一划拨管理资金，克服了地区发展不平衡的影响。许可证制度对核查机制进行明确规定，可以克服地方管理能力差异较大的问题。最后，这样的政策设计，并不涉及修改已有法律，不具有法律上的障碍。

3.4 管理机制设计

（1）实施机制。排污许可证制度的实施要有足够的技术支撑和人力支持。技术支撑包括许可证文本的设计导则、申请指南，审核规范。人力支持方面要求政府有专门的人员负责许可证申请的受理，许可证汇报的整理审查，排污许可证的发放、变更、吊销、撤回等行政性事务，同时可以组织或者委托专业人员开展必要的技术审核。持证单位要有专业技术人员执行排污许可证的要求，并按规定上报相关资料和信息。充分利用网络等先进的管理手段提高行政效率也是需要考虑的要素。

（2）信息机制。按照信息的一般传输过程，将信息机制分为以下几个环节：信息收集、信息处理、信息传递、信息储存、信息利用（决策和公开）和信息评估。①在信息收集环节，要保证信息来源的广泛性和信息的代表性。包括持证单位的基本信息，主要由持证单位提供；点源排放状况和管理信息，来源有持证单位的记录、政府的检查和监督性监测、公众监督等；区域排放信息，这是排污许可证制度实施效果评估的重要信息，可从政府部门的入河口监测和断面监测获得。②对于信息的处理，要有技术规范，要与管理相衔接，要充分考虑统计学原理。③信息的评估贯穿信息机制的始末，涉及多个环节。信息评估主要是对信息质量进行控制，评估思路是利用不同来源的数据相互验证，通过数量运算和逻辑推理分析排放信息的可靠性，对排放信息进行质量控制。

（3）稽核问责机制。包括两个方面，许可证主管部门对持证单位的问责，上级部门对下级部门的问责。监督性监测方案是监督的主要手段，目的是用抽测的方式监督持证单位的排放行为，与问责机制相结合，对持证单位形成威慑力。为了提高执行的效率，保证监测数据的代表性，监督性监测方案要进行设计。问责是制度贯彻落实的保障措施。排污许可证制度涉及点源排放控制的各个环节，问责机制设计也要针对不同环节进行设计，并按照违法程度的不同，给予相应的处罚。

（4）处罚机制。处罚机制的设计是排污许可证制度中的重要环节，目的是对潜在的违法行为造成威慑力，保证制度的顺利实施。处罚机制的设计包括三个方面：①环保部对省环保局的监督和处罚。委托代理合同是实施处罚的主要依据，目的是监督省环保局发放和管理许可证的工作绩效。②省环保局对污染源的监督和处罚，对污染源违反许可证规定的所有行为进行处罚，大大提高企业的违法成本。③环保部对注册环境管理工程师的处罚。

如发现注册环境管理工程师有弄虚作假的行为，根据情节严重可对其进行警告、通告、资格证书的降级、吊销等处罚。

3.5 建立注册环境管理工程师制度和监测市场

注册环境管理工程师类似台湾的环境工程技师，可以受许可证管理部门的委托帮助其进行许可证申请文件及其申报资料的审查，也可帮助企业核算和整理申请许可证所需的数据和资料。企业申请或变更许可证时，重要文件必须经过环境管理工程师的审核和签字。

对企业来说，实施排污许可证制度，将对企业环境管理的质量提出更高的要求，需要配备大量的环境管理专业人员。严格许可证的规范性要求将大大敦促企业加强环境管理的能力。考虑到各个企业自身的情况差别，可以依据许可证的发放范围对企业配备专业环境管理人员进行要求。对于具有一定生产规模的重点控制行业企业，要求企业必须配备一定数量具有专业资质的注册环境管理工程师，对于规模以下的非重点行业的企业或环境影响较小，持有简易许可证的点源，则要求必须配备专业管理人员，但允许自行选择或者雇用具有专业资质的环境管理人员或通过培训提高企业原有员工的环境管理水平。

在形式上，可以单独建立注册企业环境管理工程师制度，也可以增加环境工程师或环评工程师的职责范围，由环保部负责相应的资格申请、授予及管理工作，并定期对其进行培训。

3.6 以排污许可证制度为核心的政策整合

排污许可证制度实施以后，必须与现有的环境政策手段相互衔接和协调，避免出现重叠或者冲突，影响环境管理的效果和效率。

相关的政策手段有环评、“三同时”、排污申报、排污收费、限期治理、总量控制、环境信息管理、环境保护技术政策等。

（1）环评制度和“三同时”制度与许可证制度的衔接。环评和“三同时”可以作为发放许可证的限制条件，只有通过环评和“三同时”的排污单位，才可以申请发放《排污许可证》，试运行期间如有需要可发放《临时排污许可证》。

（2）排污收费改为许可证的管理费用。实施排污许可证制度后，持有许可证的企业不需再缴纳排污费。原有的排污收费制度可以改为征收许可证管理费。按照实际排放量分几档征收，降低征收成本。收取的费用全部进入中央财政专门资金账户，按许可证发放数量进行下拨，用于许可证的实施和管理。

（3）总量控制目标依靠许可证制度实施。将总量控制要求载入许可证。基于地表水质（环境容量）的排放（总量，入河量）控制可以在此基础上逐步开展。

（4）限期治理制度通过许可证制度实施。对于暂时未到达标准要求的排污单位，在限期治理的期间发放《临时排污许可证》。在规定期限内达到标准要求，则可以申请换发《排污许可证》；如果超过规定期限仍不能达到标准的，不发放《排污许可证》，按照无证排污处理。

（5）排放监测依据监测方案实施。排污许可证中载明排放监测方案，分为企业的自我监测和监管部门的监督性监测。企业需要提交排放监测记录；监管部门依据监督性监测方案实施监管，提高排放监测实施效果。

（6）排污申报是许可证的基本内容。排污企业申请许可证时需按要求进行相关内容的申报，申报内容经核查后写入许可证。

（7）许可证作为环境统计的依据。环境统计是许可证执行的结果。按照排污许可证中的数据进行统计，重点统计直接排向天然水体的点源，提高环境统计的及时性、代表性和规范性。

参考文献

[1] 陈冬. 中美水污染物排放许可证制度之比较[J]. 环境保护，2005（12）：75-77.

[2] 蒋洪强，王金南，葛察忠. 中国污染控制政策的评估及展望[J]. 环境保护，2008（6B）：15-19.

[3] 李蕾. 推进排污许可证制度逐步实现“三个过渡”[J]. 环境保护，2009（7）：10-12.

[4] 宋国君. 中国“达标排放”政策的实证及理论探讨[J]. 上海环境科学，2001（12）：574-576.

[5] 宋国君，等. 环境政策分析[M]. 北京：化学工业出版社，2008：29，32，101.

[6] 金瑞林. 国外环境法中的几项基本制度[J]. 国外法学，1981（6）：51-58.

[7] 田仁生，王业耀，李宇军. 我国水污染物排放标准体系调整的比较探讨[J]. 上海环境科学，2002（8）：481.

[8] 李胜，陈晓春. 跨行政区流域水污染治理的政策博弈及启示[J]. 湖南大学学报：社会科学版，2010，24（1）：45-49.

[9] 易志斌. 地方政府环境规制失灵的原因及解决途径[J]. 城市问题，2010（1）：74-77.

[10] 赵玉民，朱方明，贺立龙. 环境规制的界定、分类与演进研究[J]. 中国人口·资源与环境，2009（6）：85-90.

[11] 张学刚. 外部性理论与环境管制工具的演变与发展[J]. 改革与战略，2009，25（4）：25-28.

[12] 谢识予. 经济博弈论[M]. 上海：复旦大学出版社，2002.

污染减排措施绩效分离研究

Separation of Measures Performance on Emission Reduction in China

于 雷 万 军 徐 毅 贾杰林
（环境保护部环境规划院，北京 100012）

摘 要：应用二分类 Logistic 回归分析方法，进行我国污染减排措施绩效分离研究。结论表明，截至“十一五”中期（2008 年年底），工程减排、结构减排和管理减排措施都对污染减排起到促进作用；其中，以集中式污水处理为代表的工程减排措施促进作用最大，相比而言，结构减排和管理减排措施对污染减排的支撑作用还有待加强。

关键词：二分类 Logistic 回归 污染减排 措施 绩效分离

Abstract: Measures performance on emission reduction was separated by using Binary Logistic regression. The results showed that pollution control projects, supervision & administration and industrial restructuring had improved emission reduction. Pollution control projects played a key role, especially central treatment of urban sewage and industrial sewage, while supervision & administration and industrial restructuring played a supporting role.

Key words: Binary Logistic regression Emission reduction Measure Performance separation

前 言

“十一五”期间，我国提出主要污染物减排约束性指标，要求到 2010 年，全国化学需氧量排放量比 2005 减少 10%。通过工程治理、结构调整和监督管理三类减排措施，截至 2009 年年底，COD 排放总量比 2005 年下降 9.66%，有望于 2010 年完成目标。目前，减排绩效分析多是针对三类措施或者行业领域减排量的汇总分析，对各项具体减排措施的绩效分离研究较少，基于统计学的分析验证研究也较缺乏。本文采用二分类 Logistic 回归模型，从统计学系统验证的角度，对各项具体措施绩效进行分离研究，为污染减排战略政策和任务措施的优化提供支撑。

1 研究对象和边界

1.1 研究地区

由于我国减排工作是各级行政区分级实施，因此，研究地区选择，实际是选择适合评估的行政区级别，基于如下考虑：

（1）从研究产出需求看，本研究主要为国家决策服务。

（2）从减排实施特点看，国家层面对各省（自治区、直辖市）进行考核。

（3）从数据质量保证看，相比市级统计数据，省级统计数据完整，国家环境统计数据包含了全国及各省（自治区、直辖市）的减排措施相关权威数据。

综上所述，以我国省级行政区为主要研究对象，数据来源以环境统计数据为准，考虑西藏统计数据存在多项空白影响模型精度，研究范围以其余 30 个省（自治区、直辖市）为准。

1.2 研究时间边界

由于各省减排目标比例是不一致，差异很大，因此，对比研究较适合在纵向展开，即每个省份两个年度之间进行对比，评估各省任务是否在规定期限内完成，因此，研究时间边界的确定，实际是确定起始年和末尾年，主要基于如下考虑：

（1）从研究数据的可获得性看，国家环境统计数据目前可获得 2005—2008 年各省相关数据。

（2）从减排实施进展及效果看，2006 年是摸索阶段，2007 年开始逐渐步入正轨，大部分制度在 2007 年开始得到有效实施，因此，末尾年应为 2007 年或 2008 年为宜。

（3）起始年和末尾年的关系可分为两种情况，一是前后年之间对比（如 2008 年与 2007 年对比），二是非前后年之间对比（如 2008 年与 2005 年对比）；前者对比标准难以确定，后者由于 2008 年是“十一五”规划实施的中期节点，可采用“时间过半、任务过半”的评价标准。

综上所述，选择 2005 年和 2008 年作为评估起始年和末尾年。

2 研究方法

2.1 模型选择

Logistic 回归分析模型最初是应用于医学研究上，随着模型的不断完善和进步，广泛地应用在人口、社会学研究上[1]。

许多社会科学的观察结果都是分类的变量，而不是连续的。如医学上，研究对象只有生病与不生病两种情况，不会产生连续的结果。在分析这类分类变量时，常用对数线性模型，当对数线性模型中的一个二分类变量被当作因变量并定义为一系列自变量函数时，对数线性模型就变成了 Logistic 回归模型，因此，Logistic 回归分析模型是对数线性模型的一种特殊形式[2]。

与医学类似，国家对省级政府污染减排考核结果分完成与不完成两种情况。按照因变量分类数量，Logistic 回归模型可分为二分类模型与多分类模型[3]。因此，选用二分类 Logistic 回归模型，在精确度和实用性方面比较适用于减排绩效分离，结果也容易解释。

2.2 模型基本原理

二分类 Logistic 回归分析模型中，因变量是二分类，即 Y=1 或 0，自变量是一系列的连续变量，用于探讨自变量与因变量之间的关系[4]。

将事件发生的条件概率标注为 $P(Y_i=1|X_i)=P_i$，就能得到下列 Logistic 回归模型：

$$P_i=\frac{1}{1-\mathrm{e}^{-(\alpha+\beta_i X_i)}}=\frac{\mathrm{e}^{(\alpha+\beta_i X_i)}}{1+\mathrm{e}^{(\alpha+\beta_i X_i)}} \tag{1}$$

式中：P_i —— 第 i 个案例发生事件的概率，它是由一个解释变量 X_i 构成的非线性函数；

X_i —— 自变量；

α 和 β —— 分别为回归截距和回归系数。

通过转换，可将该非线性函数转变为线性函数。

首先，定义不发生事件的条件概率为：

$$1-P_i=1-\frac{\mathrm{e}^{(\alpha+\beta_i X_i)}}{1+\mathrm{e}^{(\alpha+\beta_i X_i)}}=\frac{1}{1+\mathrm{e}^{(\alpha+\beta_i X_i)}} \tag{2}$$

事件发生概率与事件不发生概率之比为：

$$\frac{P_i}{1-P_i}=\mathrm{e}^{(\alpha+\beta_i X_i)} \tag{3}$$

该比值被称为事件的发生比，发生比一定为正值，因为 $0<P_i<1$，所以发生比没有上界。将发生比取自然对数就能够得到一个线性函数：

$$\ln\left(\frac{P_i}{1-P_i}\right)=\alpha+\beta_i X_i \tag{4}$$

将 Logistic 函数做自然对数转换为 log*it* 形式，也称作 Y 的 log*it*，即 log*it*(Y)，log*it*(Y) 有许多可利用的线性回归模型的性质。根据该模型的数据输出即可得到各个 X 对于 Y 的回归系数，即贡献度。

3 分析过程和结果

分析的大致过程是首先筛选措施指标，确定自变量和因变量，并应用 Excel 软件对因变量数据进行预处理，即进行正态化和标准化处理；之后应用 SPSS 软件对因变量指标进行相关性分析，以排除多重共线性。在正式模型分析中，对保留下的因变量指标数据依次进行单因素回归和多因素回归分析，结合减排工作实际解释模型结果，提出结论建议。

3.1 措施指标筛选

措施指标的选取，实际是确定环境保护工作中与减排相关的任务措施，主要原则如下：

（1）可以通过引用环境统计资料获得连续数据。

（2）可直接或间接产生减排量的直接措施，部分环境管理指标不纳入（如排污申报）。

（3）指标代表措施的任务量、规模和相应投资，而不是处理率、减排量等由于措施实施形成的效果性指标。

（4）指标要具有代表性，确保相对独立，不能重复选取。

具体指标分为三级：一级指标为大类措施，即工程、结构、管理三大类措施；二级指标为具体领域，如污水的分散处理、集中处理；三级指标为直接措施，如废水治理设施数/能力。

梳理可获得的环境统计数据，共计 17 个三级指标。从理论上来讲，这些指标代表的环保行为或多或少都对 COD 减排有直接促进作用，详见表 1。

表 1 水环境 COD 总量减排指标体系

一级指标	二级指标	三级指标
1 工程措施	1.1 分散处理	X_1：废水治理设施数/套
		X_2：废水治理设施治理能力/（万 t/d）
		X_3：污染治理项目（治理废水）本年完成投资合计/万元
		X_4：废水治理设施运行费用/万元
	1.2 集中处理	X_5：城市污水处理厂数/座
		X_6：污水处理厂设计处理能力/（万 t/d）
		X_7：本年运行费用/万元
2 管理措施	2.1 在线监测	X_8：废水污染物在线监测仪器套数/套
	2.2 限期治理	X_9：当年完成限期治理项目数/项
		X_{10}：当年完成限期治理项目投资额/万元
	2.3 排污许可证	X_{11}：已发放排污许可证数/个
	2.4 环境影响评价	X_{12}：执行环境影响评价的项目数/个
	2.5 “三同时”	X_{13}：实际执行“三同时”项目数/项
		X_{14}：实际执行“三同时”项目环保投资/亿元
	2.6 排污收费	X_{15}：排污费开单户数/个
		X_{16}：排污费征收金额/万元
3 结构措施	3.1 淘汰落后生产能力	X_{17}：关停并转迁企业数/个

3.2 变量定义

定义自变量 X 为“十一五”前三年各项措施实施合力，具体表述实际为 2006—2008 年各三级指标统计值的和，各自变量序号同表 1，如下式：

$$X_i=X_{i2006}+X_{i2007}+X_{i2008} \tag{5}$$

定义 COD 减排绩效为是否在规定的时间节点完成国家下达的削减量，则因变量 Y 定义为截至 2008 年年底，各省减排成效是否达到预定目标，以“时间过半、任务过半”标准确定。Y=1 表示该省完成一半减排任务，Y=0 表示该省未完成一半减排任务。对于“十一五”减排比例要求为零的省份，排污量增加即认为未完成任务，反之亦然。各省 Y 值见表 2。

表 2　模型中各省 COD 减排绩效值

省　份	2010 年比 2005 年降低/%	2008 年比 2005 年降低/%	Y 赋值	省　份	2010 年比 2005 年降低/%	2008 年比 2005 年降低/%	Y 赋值
北　京	14.7	12.7	1	河　南	10.8	9.7	1
天　津	9.6	8.8	1	湖　北	5	4.9	1
河　北	15.1	8.5	1	湖　南	10.1	1.2	0
山　西	13.2	7.3	1	广　东	15	8.9	1
内蒙古	6.7	5.7	1	广　西	12.1	5.3	0
辽　宁	12.9	9.3	1	海　南	0	−6.0	0
吉　林	10.3	8.0	1	重　庆	11.2	10.1	1
黑龙江	10.3	5.5	1	四　川	5	4.3	1
上　海	14.8	12.3	1	贵　州	7.1	1.9	0
江　苏	15.1	11.9	1	云　南	4.9	1.6	0
浙　江	15.1	9.5	1	陕　西	10	5.1	1
安　徽	6.5	2.5	0	甘　肃	7.7	6.3	1
福　建	4.8	4.0	1	青　海	0	−3.6	0
江　西	5	2.6	1	宁　夏	14.7	7.8	1
山　东	14.9	11.9	1	新　疆	0	−5.9	0

3.3 数据前处理

使用模型进行回归分析之前，必须先对数据进行正态检验，若有变量通不过正态检验，则应对其进行转化，达到正态分布状态[5]。用 SPSS 软件对这 17 个指标进行正态检验，检验结果中 Skewness 的绝对值大于其标准误差的 1.96 倍表示其与正态分布有显著差别[6]。

K-S 检验结果表明，X_{11}、X_{12}、X_{13}、X_{14}、X_{16} 为非正态分布。此次研究中，考虑到 X_{11}、X_{12}、X_{13}、X_{14}、X_{16}（包括 X_{15}）是间接促进污染削减的措施，舍弃这些指标。而由于其他指标全满足正态分布，省去了正态化转换。

3.4 相关性分析

对各指标进行相关性分析，以排除多重共线性[7]。考虑研究样本量较小，因而取较高的相关系数临界值，即分析结果中皮尔逊相关系数若大于 0.8，则删除其一。

分析结果表明，存在相关性指标列包括：X_1 与 X_4、X_6、X_7、X_8；X_3 与 X_{10}；X_4 与 X_5、X_6、X_7、X_8；X_5 与 X_6、X_7、X_8；X_6 与 X_7、X_8；X_7 与 X_8。

结合工作实际，相关性分析的引申结论如下：

（1）X_1 与 X_4 高度相关的同时，与 X_2 和 X_3 不高度相关，这意味着，工业污水治理设施能力提升的同时，运行没有得到同步的提高。

（2）X_3 和 X_{10} 高度相关，可能是由于两指标有相互交叉关系。

（3）X_4 和 X_7 高度相关，说明工业和生活污水治理设施的运行得到了同步的提升。

（4）X_5、X_6、X_7、X_8 高度相关，说明总体而言，“十一五”以来，生活污水治理设施建设推进和运行能力提升基本上是平衡的。

以上高度相关的指标中，都应在删除其中某一个之后才能进入回归分析模型[8]。但是具体删除哪个指标要看其与其他指标间的相关性比较和单因子回归分析结果，并且结合实际与专业知识进行筛选排除。

综合考虑，优先保留比较直接反映实际污染物去除量的指标，淘汰 X_1，同理，X_4、X_5、X_6、X_7、X_8 中，保留 X_7；X_3 比 X_{10} 更能全面地反映工业治污情况，且 X_{10} 是一个多要素相关指标（含有大气相关治理工程的因素），淘汰 X_{10}，保留 X_3。

经相关性分析，保留的指标为 X_2、X_3、X_7、X_9、X_{17}。

3.5 单因子回归分析

选择自变量的工作通常从检查每个自变量与反应变量之间的二元关系着手[9]。对于连续变量，通常通过拟合 Logistic 回归模型来取得变量的显著性检验[10]。如果一个自变量在其简单关系的检验中有 $P<0.25$ 的，都应该考虑与其他重要变量一起作为多元模型的候选变量[11]。本模型中，各因子分别以强制进入方式进入回归分析模型。检验结果表明，X_2 的相关性显著程度 Sig.值（P 值）为 0.470□ 0.25，说明该自变量与因变量的相关性是不可信的——排除 X_2。结合专业知识与相关性系数考虑，留下 X_3、X_7、X_9、X_{17} 进入多元模型分析。

3.6 多因子回归分析

分别使用强制进入法、向前逐步进入法对以上指标和减排绩效 Y 进行回归分析。使用强制进入法时，4 个指标均进入模型，但是模型 P 值非常大，接近 1，说明结果置信度太低。运用向前逐步进入法，采取 Wald 检验法，使模型的进入水平 entry = 0.05，剔除水平 removal=0.1。检验结果 P 表示的是事件 H_0 成立的概率，由于 H_0 表示的是指标与最终结论相关性不好，因此，概率 P 越小越好。本研究中要求 $P<0.1$，表明指标与结论相关性较好；同时要求 Wald＞3，表明统计结果可信。

模拟分析结果表明，只有 X_7 能进入回归模型，P 值为 0.061，Wald 值为 3.522，满足设定条件。X_3、X_9、X_{17} 无法进入回归模型。

可见，本年运行费用（万元）（城市和工业区集中式污水处理装置）措施非常有效，是唯一一个进入多元回归的指标。这说明，以集中污水处理为代表的工程减排措施在总量减排中发挥了最大的作用。指征结构减排和管理减排的三项指标未能进入多元回归，说明这两方面的减排措施没有对减排形成足够的支撑。

4 结论与建议

（1）单因子回归表明，以分散式污水处理、集中式污水处理为代表的工程减排措施，限期治理为代表的管理减排措施和以关停并转为代表的结构减排措施都在不同程度上促进减排。

（2）多因子回归表明，生活/工业集中式污水处理对减排绩效的影响最大，相比而言，分散式工业污水处理、限期治理和关停并转对减排绩效的影响相对较小。未来减排，应由目前偏重工程减排，向工程、管理和结构减排并重转变。

（3）通过相关性分析可知，我国工业污水治理设施能力提升的同时，运行水平没有得到同步的提高，应强化工业污水分散式治理。

（4）限期治理和关停并转对减排绩效影响较小，一是该两项措施形成的减排量相比工程减排偏少，二是由于在减排核查工作中，对其减排量的认定可能较为严格，也对落实于环统中的量有影响。

参考文献

[1] 黄爽，安胜利. 应用 SPSS 软件进行 Logistic 回归分析[J]. 数理医药学，2001（14）：548-549.

[2] 赵宁，俞顺章. Logistic 回归分析中的一些应用问题[J]. 陕西医学院学报，1994（25）：26-30.

[3] 李丽霞，郜艳晖，周舒冬. 二分类、多分类 Logistic 回归模型 SAS 程序实现的探讨[J]. 数理医药学，2007，20（4）：431-433.

[4] 王济川，郭志刚. Logistic 回归模型——方法与应用[M]. 北京：高等教育出版社，2001：2-3.

[5] 黄海，罗友丰，陈志英. SPSS 10.0 for Windows 统计分析[M]. 北京：人民邮电出版社，2001：203-204.

[6] 刘丽娜，徐凌中，王兴州，等. 农村居民就诊机构的选择及影响因素分析[J]. 中国卫生经济，2006，25（9）：26-27.

[7] 郭鹏飞，张罗漫，熊林平. 华东某地区军队人员门诊服务利用及影响因素分析[J]. 第二军医大学学报，2004，25（10）：17-20.

[8] Shimazaki Yoichi，Akisawa Atsushi，Kashiwagi Takao. A model analysis of clean development mechanisms to reduce both CO_2 and SO_2 emissions between Japan and China [J]. Applied Energy，2000（66）：311-324.

[9] 王建生，赵青霞. 居民储蓄的 Logistic 分析[J]. 河北企业，2007（8）：14-15.

[10] 胡屹，徐飚，赵琦. 苏北农村地区县级医院门诊慢性咳嗽患者就医行为和医疗可及性的影响因素探讨[J]. 中华流行病学，2004，25（8）：650-654.

[11] 李强，刘步平，刘凌云. 中医专业大学生网上行为影响因素的 Logistic 回归分析[J]. 中医药管理，2008，16（3）：187-188.

水污染防治政策的绩效分离研究
——以中国环境管理新 5 项制度为例

A Study on the Performance Separation of Water Pollution Control Policies—Taking 5 New Environmental Management Systems in China for Example

陈劭锋[①] 严晓星 刘 扬
（中国科学院科技政策与管理科学研究所，北京 100190）

摘 要： 衡量政策的有效性或者政策对目标对象的影响程度是政策效果评估的重要内容。本文提出了一种命令控制型政策绩效分离的方法，并以 1989 年我国实施的环境管理新 5 项制度为例，评估了其对工业废水减排的贡献程度。实证分析结果表明，这 5 项制度总体上对我国 1981—2008 年工业废水累计减排量的贡献在 38.7%～67.3%，最有可能的结果为 43.3%。

关键词： 水污染防治政策 政策评估 绩效分离 环境管理新 5 项制度

Abstract: It is an important component of effect evaluation for us to measure effectiveness of a policy or to what degree the implement of a policy could contribute to target object. This paper has proposed a methodology for performance separation of command and control policies，and evaluate their contribution to the reduction of industrial waste water discharges taking 5 new environmental management systems enacted in 1989 as a whole for example. The results indicate that these systems totally could have a contribution degree ranging from 38.7 to 67.3 percent of the total accumulated reduction of industrial waste water discharges during 1981—2008 in China and the most probable result is 43.3%.

Key words: Water pollution control policy Policy evaluation Performance separation 5 new environmental management systems

① 作者简介：陈劭锋，1972 年 12 月生，中国科学院科技政策与管理科学研究所副研究员，主要从事可持续发展理论与评估方向的研究。地址：北京市中关村东路 55 号 8712 信箱；邮编：100190；电话：010-62542614；手机：13683588328；传真：010-62624549；电子邮箱：sfchen@casipm.ac.cn。

前 言

政策评估就是根据决策目的，运用科学的方法对政策的有效执行和最终结果进行评估[1]。政策评估的内容涵盖了方案评估、政策系统与政策过程评估、政策效果与效率评估等多个层次或方面。其中，政策效果和政策效率评估是公共政策评估的重要内容，甚至是整个政策评估工作的着眼点和核心。政策效果评估也称政策影响，是指公共政策实施后对政策客体状态的改变。其目的在于通过一定的方法确定某项政策是否发挥了作用，以及在多大程度上发挥了作用，并进一步了解政策措施与政策影响之间的因果关系，为政策控制、政策修正和政策优化提供基本的依据[2]。而确定政策的因果关系是政策评估的重要环节。但是公共政策往往是在复杂的社会政治环境中运行的，每一项政策对目标对象的影响力，可能由政策本身引起的，也可能由其他政策或非政策环境因素引起的，并且政策的努力与政策效果之间具有一定的时滞性，这就决定了政策评估的复杂性特点。因此，理想的政策效果评估，应能尽量排除政策本身之外的因素干扰，以显示政策真正的影响力。

作为公共政策的重要组成部分，环境政策评估也不例外，甚至相对其他政策评估更为复杂。因为除具有其他政策共同的基本特征外，环境政策涉及的领域或范围更广，不仅涉及环境系统本身，而且也涉及社会经济领域。目前，我国已初步形成了较完整的环境政策框架体系。但是由于我国的环境管理模式脱胎于计划经济体制，从整体上看，我国的环境政策体系以行政、法律手段为主，比较注重政府管制的作用，效率比较低下。对于环境政策或制度的评估尤其是命令控制型政策评估主要限于定性或经验评估[3]，而对这些政策发挥的程度或最终效果究竟有多大则鲜有定量研究，这就涉及政策绩效的分离问题。本文试图发展一种定量评估方法，对水污染防治政策尤其是命令控制型政策的绩效进行分离，以反映政策的有效性或政策的影响程度。

1 政策绩效分离的定量评估方法

政策评估的基本定量方法通常有前后对比法、成本法、计量模型、评分法、系统分析法等。在这些方法中，可供政策绩效分离的方法归结起来大体有如下几类：前后对比法、回归分析法、因素分解法、综合集成法和系统分析法。

1.1 前后对比法

前后对比法是政策分析的基本方法，它是将政策实施前后的有关情况进行对比来判断政策效果。该方法通过大量参数的对比，使人们对政策执行前后情况的变化一目了然。该方法主要有四种方式：简单“前—后”对比分析（对政策实施前后两个时间点的数据直接进行对比以说明政策实施效果的大小）、“投影—实施后”对比分析（根据政策实施前时间序列数据建立政策对象定量模型并预测政策实施后的数值，然后与政策实施后的实际数值比较以反映政策效果）、“有—无”政策对比分析（在政策执行前和后两个时点上，分别就有政策和无政策两种情况进行前后对比，然后比较两次对比结果）、“控制对象—实验对象”

对比分析（找两组水平相同的政策对象，一组采用政策，而另一组不采用政策进行的对比实验，进而对实验组和控制组前后结果进行比较来反映政策效果）。但是前后对比法各有不同的优点和缺陷。如简单“前—后”对比分析法没有对数据前后的影响因素进行识别，这些因素不仅仅是该项政策的作用，可能还有其他的干扰因素，因此，政策评估的精度较低。“投影—实施后”对比分析法排除了部分干扰因素，但是往往难以获得连续的长期的时间序列资料。“有—无”政策对比分析法完全滤除了非政策因素的影响，能较精确地测度出政策的实际效果，但是对时间点的选择有严格要求，且单纯的政策效果在实际观察中不太直观。“控制对象—实验对象”对比分析法的优点是实验组和控制组在政策执行前起点完全一致，政策效果通过对比，可以直观、准确地反映出来，其缺点是评估条件和技术性要求较高，实施有一定的难度[4]。

1.2 回归分析法

回归分析法主要分析效果指标与含政策变量在内的单个或多个变量之间的相互关系，以评价各种政策对效果的影响。当变量为一个时，则为一元回归，而变量为多个时，则为多元回归分析。如果政策变量可以在连续区间上取值时，则可以通过选取相关的模型，评价政策的作用。当政策变量为属性变量时，可以在模型中将其作为虚拟变量处理，即对政策变量根据其存在与否分别赋予 1 和 0 值，从而解释这类政策变量对目标的影响。虚拟变量尤其适用于分类型数据[5]。而一元回归和多元回归根据变量的具体形式，又可以细分为线性回归和非线性回归分析。

1.3 因素分解法

分解分析是把一个总量指标分解成多个事先设定的待研究指标，它首先要定义一个与被分解指标有关的“主函数”，通过这个主函数，可以计算分解后的各指标变动对被分解指标变动的影响程度[6]。在分析人类活动对环境的影响上，IPAT 方程[7]是一个典型的分解概念模型。该模型认为人类对环境的影响是人口、富裕度和技术因素综合作用的结果，并通过三者的恒等式使得计算这三种因素对环境的影响或贡献成为可能。在 IPAT 等式基础上还可以进一步细分，形成多种分析方法，包括迪氏指数、拉氏指数、帕氏指数、Fisher 指数、LMDII、AMDI 等分解方法[6]，从而将总量指标分解为产出效应、结构效应和强度效应。但是分解方法的政策含义并不清晰或者难以体现政策效应，因为政策效应往往与其他效应关联在一起。

1.4 综合集成法

由于从不同角度，对同一事物可能获得不同的认识，即“横看成岭侧成峰”，因此，要形成完整全面的认识，则需要采用综合集成方法。综合集成法是一种自上而下和自下而上相结合的建模方法。该方法由陈劭锋等[8]尝试提出，其基本思路是首先遴选影响结果的可能变量因素，然后考察自变量与因变量之间的关系并采用相关的曲线进行拟合，保留各曲线的变量项并假定各因素之间存在一次交互作用，最后，建立各因素的复合多维模型以及采用逐步回归法求解交互作用项系数，从而可以揭示变量的贡献程度。该方法特点是充分考虑了各因素对结果的影响趋势和特点以及各因素之间的交互作用，在一定程度上类似于趋势面分析方法，但是更强调自下而上，理论上适合于任何情形的变量分析，但是当变量为多个时，应用起来十分复杂，而且对样本量的要求更高。

1.5 系统分析法

系统分析法用于剖析系统行为与影响变量之间存在的复杂作用关系。可以进行绩效分离的系统分析方法大体包括灰色关联分析法、结构方程模型以及系统动力学法。

灰色关联分析法适用于作用对象受多个变量的影响，而作用过程具有一定的随机性、模糊性、不确定性和不稳定性特点时的情形。该方法将这些作用关系视为一个既含有已知信息又包含未知信息的灰色系统，利用因子间的几何接近，诊断和确定各因子对系统主体行为的直接或间接的贡献或影响程度[9]。

结构方程模型主要用于分析多个变量之间的关联或依存关系，由测量方程和结构方程构成。测量方程反映显变量和隐变量的关系，结构方程反映隐变量的关系。结构方程的思想来源于路径分析和证实性因子分析。路径分析是一种分析系统因果关系的技术，特别是用于存在多个原因、多个结果或者变量间存在间接影响关系的情形[10]。模型的解释通过直接效应、间接效应等效应来实现。直接效应反映原因变量对结果变量的直接影响。间接效应反映原因变量通过影响一个或者多个中介变量对结果变量产生的影响。

系统动力学模型主要是通过 DYNAMO 仿真语言，在计算机上对真实系统进行仿真模拟，以研究系统的结构、功能和行为之间的动态关系，包括分析和处理高阶次、非线性、多重反馈的复杂时变系统的有关问题，从整体出发寻求改善系统行为的机会和途径。其主要结果均表现为未来一定时期内各种变量随时间而变化的曲线。

2 水污染防治政策绩效分离方法选择

2.1 评估政策选择

水污染物排放受到人口、经济增长、经济结构、技术、政策等多种因素的影响和作用。而政策只是影响水污染物排放的因素或变量之一，并且有可能对其他因素或变量产生直接或间接的影响。为了反映和分离出水污染防治政策的效果，我们以 1989 年出台的环境管理新 5 项制度为例开展研究。

1989 年 4 月，国务院召开第三次环境保护会议，提出积极推行深化环境管理的环境保护目标责任制、城市环境综合整治定量考核制度、排放污染物许可证制度、污染集中控制和限期治理 5 项新制度和措施，对新上项目坚决实行“三同时”，不增加新污染源，对老污染源有计划、有步骤分期加以解决。环境保护目标责任制涉及明确的环境质量目标、定量化的监控手段和考核奖惩办法等。在城市环境综合整治定量考核制度中，保护水体和大气是重点，而保护饮用水水源和控制烟尘污染则是重点中的重点。排放污染物许可证制度则以改善环境质量为目标，以污染物总量控制为基础，规定排污单位许可排放污染物的种类、排放量以及排放去向，其中包括水污染物的排放。污染集中控制制度涉及的废水污染控制方式包括以大企业为骨干实行企业联合集中处理、同等类型工厂互相联合对废水进行集中控制、对特殊污染物污染的废水实行集中控制以及工厂对废水进行预处理后送到城市综合污水处理厂进行进一步处理。污染限期治理制度包括对污染严重的某一区域、某个水域的区域性限期治理，针对某个行业污染的行业性限期治理以及对污染严重的排放源进行的污染源限期治理。这些制度直接或间接地影响到水污染物排放。

但是，1989 年 3 月国务院出台了《国务院关于当前产业政策要点的决定》。在关于产业结构调整中的“重点支持项目”中，把生产类的纸浆、纸和纸板、电镀产品，基本建设类的纸浆、纸及纸板、焦化产品、低热值燃料以及技术类的纸浆、纸及纸板、皮革和皮革制品、电镀工艺等列入国家鼓励和重点支持的产品发展名录中。该政策一出台，国务院各部委就纷纷制定了有关贯彻执行相应的意见和办法，使得 20 世纪 90 年代初全国的造纸、电镀、皮革、印染、焦化等行业企业如雨后春笋般涌现出来并得以迅速发展，最终导致全国各地环境污染泛滥成灾[11]。1996 年，国务院出台了《关于环境保护若干问题的决定》，开始取缔和关停造纸、电镀、皮革、印染、焦化等“十五类小型企业”，意味着该政策的终结。因此，我们也同时将该项经济发展政策纳入考虑之列。

可以预期，这两大类政策对水污染排放增长分别起到了促进和抑制作用。但是，由于这些政策变量不能连续取值，故只能将其作为虚拟变量处理。

2.2 评估方法选择

本研究拟采用基于环境影响方程的指数分解法与多元回归模型相结合的方法。由于数据可得性的限制，我们选取工业废水排放量代表水污染物排放指标。

根据 IPAT 方程，一个国家或地区的工业废水排放量由该国家或地区人口、经济发展和技术因素所决定。即：

$$I = P \times A \times T \tag{1}$$

式中，I—— 工业废水排放量；

P—— 人口；

A—— 人均 GDP；

T—— 单位 GDP 的工业废水排放量。

设起始年份的工业废水排放总量为 I_0，人口总量为 P_0，人均 GDP 为 A_0，单位 GDP 工业废水排放量为 T_0。截止年份对应的指标分别为 I_1，P_1，A_1，T_1。那么可以通过式（2）和式（3）分别计算人口增长、经济增长和技术变化对工业废水排放总量的贡献程度。即：

$$\frac{I_1}{I_0} = \frac{P_1A_1T_1}{P_0A_0T_0} = \frac{P_1A_0T_0}{P_0A_0T_0} \times \frac{P_1A_1T_0}{P_1A_0T_0} \times \frac{P_1A_1T_1}{P_1A_1T_0} \tag{2}$$

$$I_1 - I_0 = P_1A_1T_1 - P_0A_0T_0 = \left(P_1A_0T_0 - P_0A_0T_0\right) + \left(P_1A_1T_0 - P_1A_0T_0\right) + \left(P_1A_1T_1 - P_1A_1T_0\right) \tag{3}$$

式中，$\frac{I_1}{I_0}$ —— 工业废水排放增长指数，对应的（$I_1 - I_0$）表示工业废水排放总量变动的绝对数量；

$\frac{P_1A_0T_0}{P_0A_0T_0}$ —— 人口增长指数，对应的（$P_1A_0T_0-P_0A_0T_0$）表示因人口增长导致的工业废水排放总量变动的绝对数量；

$\frac{P_1A_1T_0}{P_1A_0T_0}$ —— 经济增长指数，对应的（$P_1A_1T_0-P_1A_0T_0$）表示因经济增长导致的工业废水排放总量变动的绝对数量；

$\frac{P_1A_1T_1}{P_1A_1T_0}$ —— 广义技术进步指数，对应的（$P_1A_1T_1-P_1A_1T_0$）表示因广义技术进步所导致的工业废水排放总量变动的绝对数量。

鉴于广义技术进步受到结构调整、技术进步和政策的综合作用，在分离出人口增长、经济增长和广义技术进步对工业废水排放贡献基础上，以广义技术进步导致工业废水的累计减排量为因变量，结构因素、环境管理新 5 项制度以及产业结构调整政策因素为自变量，采用多元回归模型进一步分析，从而获得政策的效果及其贡献。

3 环境管理新 5 项制度绩效分离实证分析

以全国整体的工业废水排放量作为研究对象，时间序列为 1981—2008 年。1981 年为起始年份。GDP 按 1978 年价格计算。主要数据来源于文献[12-13]。用式（3）可以计算工业废水排放强度变化导致的工业废水累计减排量，其随时间的变化趋势如图 1 所示，在此基础上，分 3 种情形讨论环境管理新 5 项制度对工业废水累计减排量的贡献。

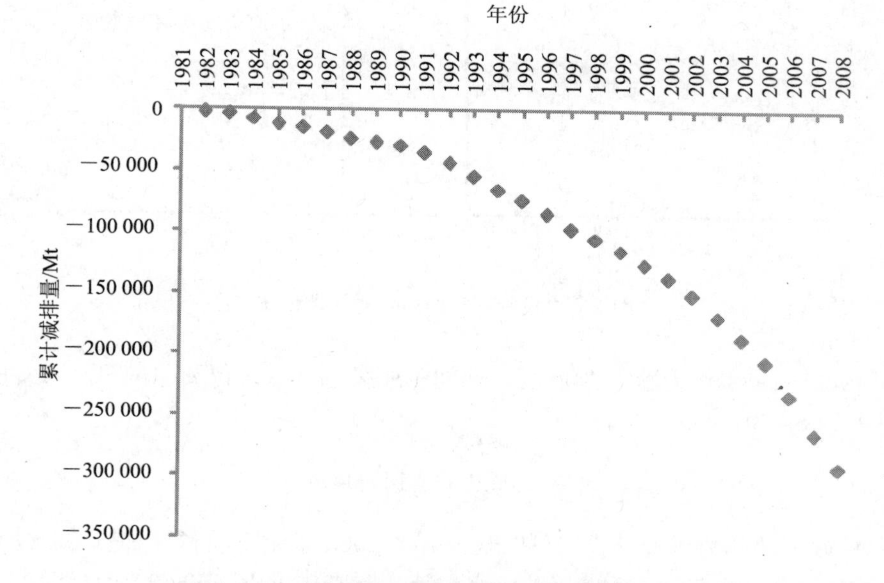

图 1 工业废水累计减排量随时间的变化趋势

3.1　情形 1：仅考虑新 5 项制度的绩效分离

在不考虑其他因素的影响时，假定强度变化导致的工业废水累计减排量（y）仅受新 5 项制度（x）的作用，即：

$$y = \beta_0 + \beta_1 x + \varepsilon \tag{4}$$

由于该制度是从 1989 年开始实施，因此，在 1989 年以前，x 取值为 0；在 1989 年之后，x 为 1。估计的回归方程为：

$$y=-11\,803.67-112\,312.9x \qquad R^2=0.36，DW=0.142 \tag{5}$$

这表明在有政策的情况下，工业废水累计减排量比无政策情况下的减排量平均多 112 312.9 Mt，该减排量约占 1981—2008 年总减排量的 38.7%。该模型存在 1 个变量，拟合度较低，只能解释工业废水累计减排量一小部分，计算结果有可能低估新 5 项制度的作用。

在此情形下，还可采用“投影—实施后”对比评估法[4]进行评估，即将无环保政策时的趋势线外推到有环境政策的某一时点上，将所得到的投影与政策执行后的实际状态进行对比，即可确定政策的实际效果，如图 2 所示。

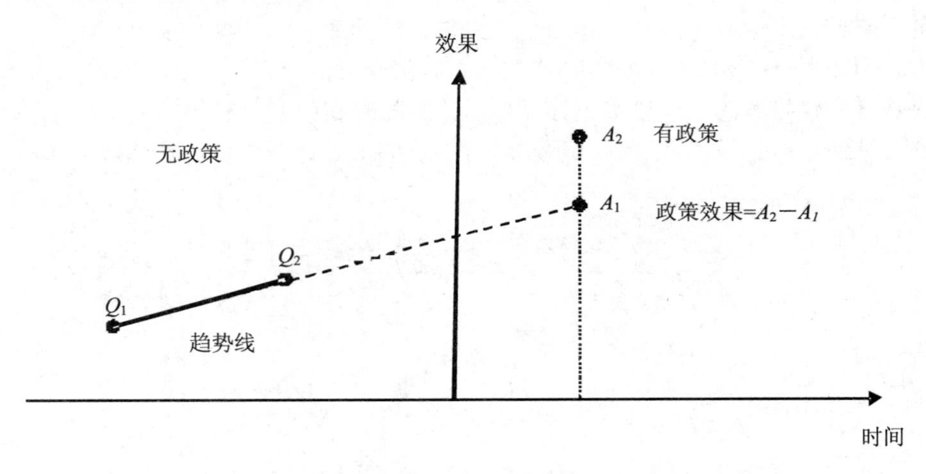

图 2　“投影—实施后”对比评估法

由于 1982—1988 年无新 5 项制度，期间工业废水排放累积变动量随时间变化的趋势线（见图 3）拟合为：

$$y=-3\,620\,t+7\,147\,047 \tag{6}$$

根据式（6）的趋势进行外推，可以获得截至 2008 年无 5 项制度时的工业废水累计减排量为 94 913 Mt，而有政策后的工业废水累计实际减排量为 290 50 8Mt，即可认为新 5 项制度的实际减排效果为 195 595 Mt，如图 3 所示。这一减排量约占总减排量的 67.3%。

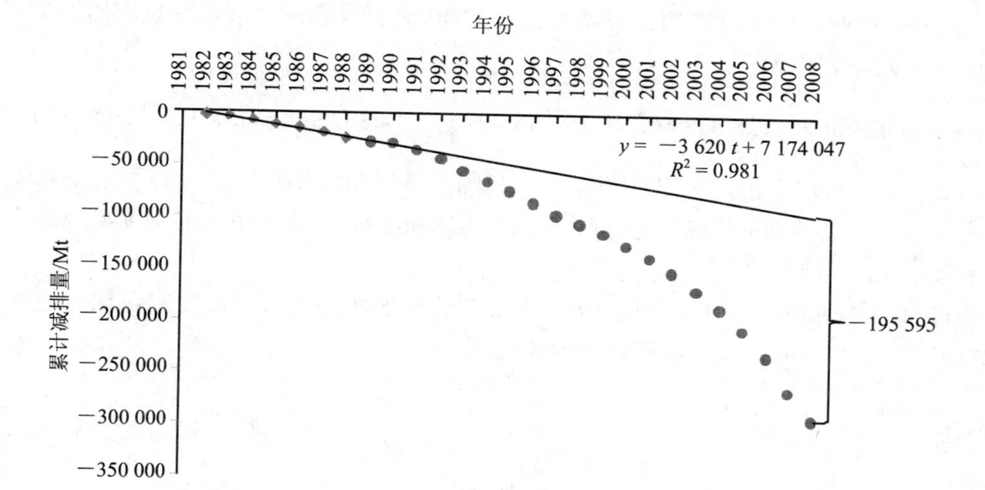

图 3　工业废水累计减排量随时间的变化趋势以及有无政策前后对比

由于无政策前时间序列数据较短，如果外推，误差较大，加之工业废水减排量有可能还受到其他因素的作用，因此，该评估结果明显偏大。

3.2 情形 2：有结构调整政策时的新 5 项制度绩效分离

考虑两个政策变量的情形。第一个政策为新 5 项制度（设为 x_1）。自 1989 年出台，延续至今。即 1989 年之后，x_1 变量的值为 1，其余时间段为 0。第二个政策为结构调整政策（设为 x_2）。该政策 1989 年出台，在 1996 年取消。该政策变量值 1989 年以前为 0，1989—1995 年取 1，1996 年后为 0。采用的多元线性回归模型为：

$$y = \beta_0+\beta_1 x_1+\beta_2 x_2+\varepsilon \tag{7}$$

估计的回归方程为：

$$y = -9\,069.721\,239-154\,935.694\,x_1+121\,787.521\,x_2 \quad R^2=0.68,\ DW=0.299 \tag{8}$$

从式（8）可以发现，新 5 项制度对工业废水排放有抑制作用，而结构调整政策则对工业废水排放起到推动作用，这与预期的判断一致。这模型说明当产业结构政策存在时，相当于多增加 121 787.521 Mt 工业废水排放量，与此同时，实施新 5 项制度可减排 154 935.694 Mt 工业废水量，占工业废水累计减排总量的比例约为 53.3%。

3.3 情形 3：包含产业结构因素和结构调整政策在内的新 5 项制度绩效分离

在情况 2 基础上，进一步考虑到产业结构因素，可采用多元回归模型：

$$y = \beta_0+\beta_1 x_1+\beta_2 x_2+\beta_3 x_3+\varepsilon \tag{9}$$

式中：x_1——新 5 项制度；

x_2——结构调整政策；

x_3——产业结构因素，用工业增加值占 GDP 比例来表征。政策变量取值同情形 2。

估计的回归方程为：

$$y = 548\,093.860 - 125\,838.662\,x_1 + 89\,648.794\,x_2 - 14\,387.968\,x_3 \quad R^2=0.74, DW=0.31 \quad (10)$$

从式（10）可以看出，1982—2008 年，我国经济结构调整总体上向有利于工业废水减排的方向转变。新 5 项制度减排贡献量为 125 838.662 Mt，对该期间工业废水减排的贡献率约为 43.3%。

通过以上 3 种情形估计，我国 1989 年实施的新 5 项环境管理制度对我国工业废水减排的贡献在 38.7%～67.3%，最有可能为 43.3%。

4 结论

本文提出了一种把 IPAT 指数分解法与多元回归模型相结合的“二级分离”政策绩效评估方法，使得命令控制型环境政策效果定量评估成为可能。并以中国环境管理新 5 项制度整体为例，对我国水污染防治政策的绩效开展了实证研究。结果表明，1981—2008 年，中国环境管理新 5 项制度对我国工业废水累计减排量的贡献在 112 313～195 594 Mt，约占该时期工业废水累计减排总量的 38.7%～67.3%，其中最有可能的减排贡献量和贡献率分别为 125 839 Mt 和 43.3%。

5 致谢

本文得到国家水体污染控制与治理科技重大专项——“水污染防治管理政策集成与综合示范研究”课题（编号：2009ZX07631-03-06）资助，特此感谢。

参考文献

[1] 理查德·D·宾厄姆，克莱尔·L·菲尔宾格. 项目与政策评估——方法与应用（第二版）[M]. 朱春奎，杨国庆，等译. 上海：复旦大学出版社，2008.

[2] 贠杰，杨诚虎. 公共政策评估：理论与方法[M]. 北京：中国社会科学出版社，2006.

[3] 中国科学院可持续发展战略研究组. 2008 年中国可持续发展战略报告——政策回顾与展望[M]. 北京：科学出版社，2008.

[4] 廖筠. 公共政策定量评估方法之比较研究[J]. 现代财经，2007，27（10）：67-70.

[5] 罗伯特·S·平狄克，丹尼尔·L·鲁宾菲尔德. 计量经济模型与经济预测[M]. 钱小军，等译. 北京：机械工业出版社，1999.

[6] Ang B W. Decomposition analysis for policymaking in energy：which is the preferred method[J]. Energy Policy，2004（32）：1131-1139.

[7] Ehrlich P，Holdren J. Impact of Population Growth[J]. Science，1971（171）：1212-1217.

[8] 陈劭锋，刘全友，陆中臣，等. 黄土高原多沙粗沙区侵蚀产沙的多维临界研究[J]. 生态学报，2007，

27（8）：3277-3285.

[9] 兰玉杰. 我国粮食生产系统的灰色辨识与动态关联分析[J]. 农业现代化研究，1997，18（4）：246-249.

[10] 易丹辉. 结构方程模型方法与应用[M]. 北京：中国人民大学出版社，2008.

[11] 汪劲. 中外环境影响评价制度比较研究——环境与开发决策的正当法律程序[M]. 北京：北京大学出版社，2006.

[12] 国家环保局. 中国环境统计资料汇编 1981—1990[M]. 北京：中国环境科学出版社，1994.

[13] 中华人民共和国国家统计局. 2009 中国统计年鉴[M]. 北京：中国统计出版社，2009.

基于模糊层次分析与区间综合评价耦合的流域水环境保护绩效评估方法①

The Construction of Local Government Water Environmental Performance Evaluation Based on the Fuzzy Comprehensive Evaluation

王大鹏② 王亚华

（清华大学公共管理学院，北京 100084）

摘 要：地方政府绩效评估指标是地方政府绩效评估内容的具体体现，是开展地方政府绩效评估的基本前提。绩效评估指标具有强烈的行为引导功能，它明确并强化了评估对象的工作要点和努力方向。本文围绕地方政府水环境保护绩效考核指标体系构建展开研究，在指标体系权重确定方面采用模糊层次分析法与区间综合评价耦合方法，兼顾评价主体（通常为上级环保部门）和评价对象（通常为下级政府）在这一问题上的不同立场，更好地调动评价对象参与环境绩效评价的积极性。研究中采用的评价指标权重的确定具有可操作性，便于实际测算和制订发展目标。

关键词：模糊层次分析法 区间综合评价 水环境绩效 指标体系 权重

Abstract: Constructing local government performance evaluation index system is the foundation of performance evaluation. Government performance evaluation as the important content of deepening reform of the administrative system and a scientific tool of promoting changes in the functions of local government. This paper is concerned with the construction of government performance evaluation system based on fuzzy comprehensive evaluation. This method gives attention to both the subject and the object of evaluation as well as to promote the management performance of local government and advance the innovation of government management and so on.

Key words: Fuzzy comprehensive evaluation Water environmental performance Indicator system Weighting factor

---

① 项目来源：国家重大水专项子课题项目“水环境管理责任机制设计与试点研究”（2009ZX07632-001-02）。

② 作者简介：王大鹏，男，1980年生，清华大学公共管理学院博士后，助研。研究方向：资源环境与可持续发展、数量经济。地址：北京市清华大学公共管理学院216室；电话：13810394118，010-62798367；电子邮箱：dpwangtju@yahoo.com.cn。

前 言

长期以来以 GDP 增长率为核心的目标责任体制，使一些地方不顾本地资源、环境的承受能力盲目发展，水环境污染日益严重，直接影响到社会经济的可持续发展。当下以水环境资源保护为主题的目标责任制开始在绩效考核中扮演越来越重要的角色。目前水环境保护目标责任制主要是将总量控制指标逐级分解落实到基层，力图全国污染物排放总量按计划逐年削减。然而，实践中环保目标责任制的实施效果并不尽如人意，社会经济发展和环境问题的不断变化决定了水环境保护具有强烈的时空动态性。水环境保护措施能否切实发挥重要功能，与是否有充分合理的环境保护绩效评价体系与评估配套机制紧密关联。以淮河流域为例，自 1994 年国务院决定对淮河流域水体污染实施重点治理至今已有 16 年，目前淮河水质仍属中度污染（高于《目标责任书》确定指标），污染局面长期难以得到整体改观。实际情况表明，上述规定和要求具有原则性和概括性的特点，但可操作性不强。主要表现为：绩效评价相对固定，不能及时应对组织战略调整和外部因素的变化；人为主观因素在绩效评价中会带来评价误差；绩效评价过程中，下级政府因为参与较少、沟通欠缺，同时指标刚性较大，产生对绩效评价结果的不满。因此，设计一套以提高环境保护绩效的及时性、客观性、准确性以及被评价单位满意度为目的的评价方法，对改革与完善我国环保目标管理体制具有重要的理论与现实意义。

目前对于环境绩效评价的研究，主要可以归纳为环境评价指标体系构建、指标权重与管理实践、绩效评价体系与环境绩效的关系 3 个方面。在研究方法上，呈现出多样化特征，基于定性阐述基础上的定量研究成为研究的主流。在评价体系构建与权重确定方面多采用因子分析、多元回归、层次分析法（AHP）、数据包络分析（DEA）、结构方程模型（SEM）、多层线性模型（HLM）、生命周期评估（LCA）等研究方法以及 Hermann 等（2006）在整合生命周期评估（LCA）、层次分析法（AHP）和环保绩效指标的基础上，提出的一种环境绩效评估方法——“COMPLIMENT”法。

本文在广泛收集已有文献资料，同时结合典型地区调查和实地访谈的基础上，构建基于模糊层次分析（FAHP）与区间模糊综合评价耦合的流域水环境保护绩效评估方法，并以淮河流域为例做了初步的应用。本文提出的评估方法的特点是：①改变以往以总量控制为核心的目标体系，结合综合管理、客户服务、未来发展三方面内容构建综合评价指标；②采用以客户评价模糊修正专家评价的方法确定指标权重；③实际指标评价采用区间模糊综合评价方法。

1 模糊层次分析法与区间模糊综合评价耦合的环境绩效评价体系

1.1 模糊层次分析法

传统的 AHP 方法使用往往是从评价主体角度来评价权重的，由于评价主体的侧重点与倾向不同，在评价权重的确定问题上往往会忽视评价对象的实际问题，造成评价对象在评价实施中的对立情绪。而本文所选用的模糊评价方法可以从评价主体与评价对象两个层面确定评价权重，调和评价主体与评价对象在这一问题上的矛盾。

本文首先分别以环境绩效评价主体（通常为上级环保部门）和评价对象（通常为下级政府）组建指标体系方案决策小组，采用 AHP 方法确定绩效评价体系指标权重。具体步骤为：

（1）建立递阶层次结构。

（2）计算单一准则下元素的相对重要性（单层次模型）。例如，当 A_i 与 A_j 相比，决策者认为 A_i 比 A_j 明显重要，我们记 $r_{ij}=5$，然后进一步确定决策者的判断属于第二种情况，则得到区间标度（5－1/6，5＋1/6）。构造一个判断矩阵 $\boldsymbol{A}=[a_{ij}]$。这里：

$$\underline{a}_{ij}=\begin{cases} r_{ij} & \text{确定} \\ r_{ij}-\delta & \text{基本确定} \\ r_{ij}-2\delta & \text{可能} \end{cases}$$

$$\overline{a}_{ij}=\begin{cases} r_{ij} & \text{确定} \\ r_{ij}+\delta & \text{基本确定} \\ r_{ij}+2\delta & \text{可能} \end{cases}$$

且 $a_{ij}=1/a_{ji}$，$(\underline{a}_{ij},\overline{a}_{ij})=(\frac{1}{\overline{a}_{ji}},\frac{1}{\underline{a}_{ji}})$

然后，计算矩阵关于其最大特征根的特征向量。我们设 $\boldsymbol{AW}=\lambda_{\max}\boldsymbol{W}$，这里 $\lambda_{\max}$ 为最大特征根，$\boldsymbol{W}$ 为对应的特征向量。与实数矩阵相似，我们可以用幂法来求解特征向量。

（3）计算各层次上元素的组合权重（层次总排序）。

（4）评价层次总排序计算结果的一致性。

可以得到两组不同权重的环境绩效评价矩阵，一组为评价主体设定为 $\boldsymbol{A}$，另一组为评价对象设定为 $\boldsymbol{B}$。

权重调整是本研究的核心问题，直接关系到评估方案的合理性。本文通过建立在模糊关系方程基础上的模糊层次分析方法，对上述两组不同权重的环境绩效评价方案进行调整。首先在评价对象设定的环境绩效评价方案权重基础上，建立修正反馈模型，并采用消去法求解方程。设评价主体设定的权重矩阵为 $\boldsymbol{A}$，调整后的权重矩阵为 $\boldsymbol{Y}$。具体步骤：

（1）确定评价主体的因素评价矩阵和评价对象的因素评价矩阵 $\boldsymbol{S}$。

（2）建立模糊关系方程 $\boldsymbol{R}\times\boldsymbol{A}=\boldsymbol{S}\times\boldsymbol{Y}=$（$b_1$，$b_2$，…，$b_n$）$\boldsymbol{T}$，令

$$\boldsymbol{S}'_{ij}=\begin{cases} b_i & (S_{ij}>b_i,\forall j) \\ 1 & (S_{ij}\leqslant b_i,\forall j) \end{cases}$$

矩阵 $\boldsymbol{S}'$ 称为 $\boldsymbol{S}$ 的上铣矩阵。将 $\boldsymbol{S}'$ 逐列取最小求得一个行向量 $\boldsymbol{Y}_0$，称其为模糊关系方程的上铣。

（3）对 $\boldsymbol{S}$ 的每一行而言，将 $\boldsymbol{S}$ 中小于该行相应常数项的数值均改为 0，而将其他数值均改为相应的常数项，所得矩阵称 $\boldsymbol{S}''$ 称为 $\boldsymbol{S}$ 的平铣矩阵，即

$$S''_{ij}=\begin{cases}0 & (S_{ij}>b_i,\forall j)\\ 1 & (S_{ij}\leqslant b_i,\forall j)\end{cases}$$

（4）将平铣矩阵 $\boldsymbol{S''}$按上铣 Y_0 逐列检查，$\boldsymbol{S''}$中大于 $\boldsymbol{Y}_0$ 中相应列的元素均改为 0，所得矩阵 $\boldsymbol{S}_0$ 称为 $\boldsymbol{S}$ 的截齐矩阵。

（5）解的存在性判断：若截齐矩阵 $\boldsymbol{S}_0$ 的各行均存在非 0 数，则原方程有解，且为上铣 $\boldsymbol{Y}_0$，否则无解。

（6）调整权重：若有解，对 $\boldsymbol{Y}_0$ 归一化即得调整后的权重 $\boldsymbol{Y}$。若无解，评价对象层与评价层的意见不可调和，令评价对象层重新调解其因素评价矩阵 $\boldsymbol{S}$，重复以上步骤调整权重。

1.2 区间模糊综合评价

考虑到在评价的实施阶段，我们得到的评价结果可能包含于一个区间之内，而不是精确的，这里将引入区间模糊评价概念。设一对实数 $a_1,a_2\in\mathbf{R}$，如果满足条件 $a_1<a_2$，则令 $A=[a_1,a_2]=\{t\in\mathbf{R}/a_1\leqslant t\leqslant a_2\}$，称为一个实数区间或区间。实数区间的全体用 $I(\mathbf{R})$来表示。一个实数 $x\in\mathbf{R}$ 可以被认为是 $I(\mathbf{R})$中一个特殊的区间$[x,x]$，称为点区间。

区间 $A=[a_1,a_2]$和区间 $B=[b_1,b_2]$之间的距离表示为

$$d(A,B)=\max\{|a_1-a_2|,|b_1-b_2|\}$$

区间 $A=[a_1,a_2]$的绝对值定义为

$$|A|=d(A,[0,0])=\max\{|a_1|,|a_2|\}$$

区间 $A=[a_1,a_2]$的宽度定义为：$W(A)=a_2-a_1$。

区间 $A=[a_1,a_2]$的中心定义为：$m(A)=(a_1+a_2)/2$。

如果一个矩阵的元素是区间，那么我们称之为区间矩阵，表示为

$$\boldsymbol{A}=\begin{bmatrix}A_{11} & A_{12} & \cdots & A_{1n}\\ A_{21} & A_{22} & \cdots & A_{2n}\\ \cdots & \cdots & \cdots & \cdots\\ A_{m1} & A_{m2} & \cdots & A_{mn}\end{bmatrix}$$

$$W(\boldsymbol{A})=\max_{ij}(A_{ij})$$

$$\|\boldsymbol{A}\|=\max_{i}\sum_{j}|A_{ij}|$$

设 $\boldsymbol{A}$ 为一个区间矩阵。如同在实数矩阵中一样，一个区间向量 $\boldsymbol{X}$ 称为 $\boldsymbol{A}$ 的特征向量，如果 $\boldsymbol{X}\neq 0$，且 $\boldsymbol{AX}$ 是 $\boldsymbol{X}$ 的倍数，即存在一个$\lambda\in\boldsymbol{R}$，使

$$\boldsymbol{AX}=\lambda\boldsymbol{X}$$

（1）对任意初始正区间向量

$$X^{(0)}=(x_1^{(0)},x_1^{(0)},\cdots,x_n^{(0)})$$
$$=\left(\left[\underline{x}_1^{(0)},\overline{x}_1^{(0)}\right],\left[\underline{x}_2^{(0)},\overline{x}_2^{(0)}\right],\cdots,\left[\underline{x}_n^{(0)},\overline{x}_n^{(0)}\right]\right)$$

$$k=0$$

（2）计算

$$m_0=\left\|\boldsymbol{X}^{(0)}\right\|=\max_i\left|x_i^{(0)}\right|=\max_i\left|\overline{x}_i^{(0)}\right|$$
$$y^{(0)}=\frac{1}{m_0}\cdot\boldsymbol{X}^{(0)}$$

（3）迭代

$$\boldsymbol{X}^{(k+1)}=\boldsymbol{A}\boldsymbol{Y}^{(k)}$$
$$=\left(\sum_{r=1}^{n}A_{ir}y_r^{(k)}\right)=\left(\sum_{r=1}^{n}\left[\underline{a}_{ir},\overline{a}_{ir}\right]\left[\underline{y}_r^{(k)},\overline{y}_r^{(k)}\right]\right)$$
$$=\left(\sum_{r=1}^{n}\underline{a}_{ir}\underline{y}_r^{(k)},\sum_{r=1}^{n}\overline{a}_{ir}\overline{y}_r^{(k)}\right)$$

$$m_{k+1}=\left\|\boldsymbol{X}^{(k+1)}\right\|=\max_i\left\{\overline{x}_i^{(k+1)}\right\},y_{k+1}=\frac{\boldsymbol{X}^{(k+1)}}{m_{k+1}}$$

（4）检查，如果$\left\|\boldsymbol{X}^{(k+1)}-\boldsymbol{X}^{(k)}\right\|=\max_i\left|x_i^{(k+1)}-x_i^{(k)}\right|\geqslant\varepsilon$，则 $k=k+1$，返回（3）；反之，继续下一步。

(5)归一化$\boldsymbol{Y}^{(k+1)}$

$$\boldsymbol{W}=\frac{\boldsymbol{Y}^{(k+1)}}{\frac{1}{2}\sum_{i=1}^{n}\left(\underline{y}_i^{(k+1)}+\overline{y}_i^{(k+1)}\right)}$$
$$\lambda_{\max}=m_{k+1}$$

这里，$\boldsymbol{W}$ 就是我们需要的区间模糊判断矩阵$\hat{\boldsymbol{R}}=(r_{ij})_{n\times m}$；计算模糊算子的模糊合成$\hat{\boldsymbol{S}}=\hat{\boldsymbol{A}}\times\hat{\boldsymbol{R}}$，归一化得 $S=(S_1, S_2, \cdots, S_n)$；最后，对差、较差、一般、好、很好五个等级分别赋予1、2、4、6、8的分值，则得到矩阵 $\boldsymbol{P}=(1, 2, 4, 6, 8)\boldsymbol{T}$，综合测评分数为$\boldsymbol{X}=\hat{\boldsymbol{S}}\times\boldsymbol{P}$。

2 应用实例：淮河水环境保护的绩效评估

2.1 淮河地区水环境绩效评价指标体系

在深入研究我国地方水环境保护现状以及未来对水环境保护要求的基础上，借鉴国际上常用的环境保护绩效考核的评判方法、指标和标准，引入平衡计分卡的思想，从水污染控制、水环境管理、饮用水安全情况和水环境保护可持续性 4 个维度建立地方政府水环境保护绩效考核评价指标体系。通过对现有的与水环境保护有关的指标进行识别、分析和测算，研究选择了四项综合性指标（一级指标），九项二级指标及二十项具体指标（三级指标）作为定量评价的指标，评价指标体系框架见表 1。其中部分一级指标是由若干项分解指标综合计算得到；这些分解指标能够更为详尽地反映地方政府水环境保护绩效评价指标各个方向。上述方面构成了本研究对地方政府水环境保护绩效的评价体系，但除此项指标之外，还有一些常用的指标能够反映地方政府水环境保护发展状况，研究虽然未将其列为具体指标，但部分这类指标仍可作为参考辅助指标在地方政府水环境保护绩效评价中予以参考，本文对这些指标不详细论述。

表 1　地方政府水环境保护绩效评价指标体系

一级指标	二级指标	三级指标
水污染控制	总量控制	COD 入河量及削减率
		氨氮入河量及削减率
		总磷入河量及削减率
	水质达标率	省界断面水质目标综合达标率
		地下水域水质达标率
	废水处理	工业废污水排放达标率
		工业废污水循环利用率
		城市污水集中处理率
水环境管理	水环境监管	不符合国家产业政策的企业或生产线关闭
		水污染物排放许可证发放
	能力建设	水污染防治工作组织领导
		水污染防治工作考核制度完善
		水环境信息发布
		水质在线监控装置安装及运行
饮用水安全	城市供水	主要饮用水水源地水质达标率
		城市用水普及率
	农村供水	农村饮用水安全率
水环境保护可持续性	环保工程建设	环境基础设施建设资金占总固定资产投资比
		规划治污项目完工率
	水生态保护	生态环境用水占总用水比例

2.2 确定绩效评价体系指标权重

研究采用专家问卷调查的方式收集权重评价数据，根据淮河水环境保护的实际情况，同时结合上述模糊层次分析的要求设计调查问卷，问卷收集方式采用专家集中会议方式现场完成。问卷对象分为两组，组别一为专家组，共发放问卷 12 份，回收调查问卷 12 份，有效问卷 12 份，专家对象包括相关部委高层管理人员，淮河委员会高层管理人员，环境规划院高层管理人员及研究员，安徽省环科院高层管理人员，某环保企业高层领导，高校及科研机构教授及研究员；组别二为对照组，共发放问卷 30 份，回收调查问卷 23 份，其中有效问卷 22 份，对象以相关部委企业基层人员，科研单位基层研究人员为主。

所得专家组对应评价矩阵为[0.042，0.042，0.033，0.054，0.038，0.027，0.013，0.028，0.067，0.048，0.022，0.025，0.027，0.025，0.115，0.558，0.148，0.047，0.047，0.094]***T***，对照组对应评价矩阵为[0.028，0.024，0.023，0.051，0.047，0.027，0.018，0.025，0.053，0.066，0.028，0.038，0.037，0.031，0.105，0.067，0.160，0.032，0.043，0.099]***T***。代入模糊关系方程，归一化后可得调整后权重矩阵 ***Y***=[0.037，0.036，0.030，0.053，0.041，0.027，0.015，0.027，0.062，0.054，0.024，0.029，0.030，0.027，0.112，0.394，0.152，0.042，0.046，0.096]***T***。

从评价结果来看，专家组对于水污染控制、水环境管理、饮用水安全和水环境保护可持续性的评价权重分别为 0.277、0.214、0.321 和 0.188。其中，对于饮用水安全和传统的水污染控制给予了较多的重视，而水环境可持续性作为新加入的评价指标也得到了较高的权重，接近水环境管理。而从对照组[0.243，0.253，0.332，0.174]来看，相对管理人员，一般民众更重视与生活切实相关的饮用水安全，对水环境管理的重视反而高于环境管理人员。同时一般民众对于老生常谈的总量控制关注较少，对于水环境的可持续性缺乏重视。

3 结论

在评价标准的制订上，需要进行大量的资料收集整理工作和归纳分析工作，方能制订科学合理的评价标准。本文采取定性与定量相结合的方式综合考虑地方政府水环境保护水平与程度，设置指标体系。易于操作的指标宜通过量化指标反映，形象性的指标宜于定性反映。同时研究采用了模糊层次分析方法对评价指标权重进行设定，注重了评价主体与评价对象的一致性，便于最大限度激发评价对象参与水环境绩效评价体系的积极性。评价指标权重的确定具有可操作性，便于实际测算和制订发展目标。在此基础上可建立完整的绩效管理办法和实施程序，同时采用绩效反馈等方式进一步完善该考核体系。

参考文献

[1] 范柏乃. 政府绩效评估与管理[M]. 上海：复旦大学出版社，2007.

[2] 郭俊华. 英国政府综合绩效评估的经验及其启示[J]. 当代财经，2007（9）：113-117.

[3] 倪星，等. 政府绩效的公众主观评价模式：有效，抑或无效？——关于公众主观评价效度争议的述

评[J]. 中国人民大学学报，2010（4）：108-116.

[4] 邱法宗，张霁星. 关于地方政府绩效评估主体系统构建的几个问题[J]. 中国行政管理，2007(3)：38-41.

[5] 孟华. 政府绩效[M]. 上海：上海人民出版社，2006.

[6] 王建民. 中国地方政府机构绩效考评目标模式研究[J]. 管理世界，2005（10）：67-73.

[7] 吴建南，等. 中国地方政府创新的动因、特征与绩效——基于“中国地方政府创新奖”的多案例文本分析[J]. 管理世界，2007（8）：43-51.

[8] 周志忍. 政府绩效评估中的公民参与：我国的实践历程与前景[J]. 中国行政管理，2008（1）：111-118.

[9] Meier K J，O'Toole L J，Boyne G A，et al. Strategic management and the performance of public organizations：testing venerable ideas against recent theory[J]. Journal of Public Administration Research and Theory，2007，17：357-377.

[10] Milward H B，Provan K G. A manager's guide to choosing and using collaborative networks[M]. Washington，DC：IBM Center for the Business of Government，2006.

[11] Poister T H，Streib G D. Elements of strategic planning and management in municipal government：status after two decades[J]. Public Administration Review，2005，65：45-56.

集中饮用水水源地污染防治项目绩效评估指标体系的构建

Performance Evaluation Index System Construction of Concentrated Drinking Water Sources Pollution Control Project

孙 晖[1,①] 杨玉楠[1] 康洪强[1] 程 亮[2] 孙 宁[2] 吴舜泽[2]

（1. 北京航空航天大学化学与环境学院，北京 100191；
2. 环境保护部环境规划院，北京 100012）

摘 要：当前我国集中饮用水水源地污染问题比较突出，严重影响了居民的饮水安全，国家和地方对饮用水水源地保护日益重视并逐步加大投资力度，集中饮用水水源地污染防治项目是中央环保专项资金的支持重点。虽然展开了多项水源地污染防治项目，但项目实施过程中缺少有效的监督和科学的评估体系，项目的执行效果差强人意。为提高饮用水水源地污染防治项目的投资使用效率，切实解决我国的饮用水水源地污染问题，开展绩效评估工作势在必行。本研究针对集中饮用水水源地污染防治项目绩效评估体系的构建，在参阅文献和项目调研的基础上，从指标体系的设计、指标的选择和优化、体系的建立、指标权重的确定等方面进行了研究，构建了四个指标层的绩效评估体系，共设计了 22 个分指标，从项目整体与部分、投入与产出、过程和目标等方面，比较完善地对集中饮用水水源地污染防治项目的绩效进行了定性与定量相结合的评估和考核。研究结果对于反馈和提高项目资金使用效率，规范环保投资项目管理有着重要意义。

关键词：饮用水水源地 污染防治 绩效评估 指标体系 构建

Abstract: Currently，the concentrated drinking water sources pollution was more prominent，which seriously affected the drinking water safety of residents. Government attached great importance to drinking water source protection and gradually increased investment，and concentrated drinking water sources pollution control project was the key unit which central environmental protection special fund supported. Although a number of drinking water sources pollution control projects were carried out，there

---

① 作者简介：孙晖，男，1986 年生，山东临沂人，硕士。研究方向：环境管理与环境生物技术。电话：13401123871；电子邮箱：garysunhui@ 163.com。

were lack of effective monitoring and scientific assessment system during project implementation，and the project results were not satisfactory. To improve the investment efficiency of drinking water sources pollution control project，and earnestly solve the pollution problem of drinking water sources，performance evaluation was imperative. Based on the literature and project research，this study focused on the performance evaluation system construction of drinking water sources pollution control project，the research was carried out from the design principles，index options，index optimization，index system construction，determination of index weight and other aspects. Four indicator layers and 22 indicators were constructed in the performance evaluation system，which reflected the performance of the drinking water sources pollution prevention projects from the whole and the part，the input and output，the process and goals，the qualitative and the quantitative. The research results made great significance to feedback and improve efficiency of funds using，and normalize the management of environmental investment projects.

Key words: Drinking water sources Pollution prevention Performance evaluation Index system Construction

前　言

饮用水水源地是指提供居民生活及公共服务用水取水工程的水源地域，包括河流、湖泊、水库、地下水等。目前我国饮用水水源地合格比例为 75.3%[1]，相对而言，经济水平较高、人口密度较大的区域水源地合格率更低。人类的长期生产活动中，受工业废水、生活污水、规模化养殖污水、生活垃圾、农田营养成分径流流失等点源和面源污染叠加影响，全国性的湖库富营养化、地表和地下水水质恶化等饮用水水源地环境污染问题不断发生，严重影响了人们的生活，也制约了区域经济的可持续发展。因此，饮用水水源保护是保障人民身体健康的头等大事，胡锦涛和温家宝也曾多次强调“要让人民喝上干净的水，切实保护饮用水水源地，保障群众饮水安全”。自 2004 年起，环保部和财政部集中全国 10%的排污费，设立了中央环保专项资金，其中，集中饮用水水源地污染防治项目是专项资金的支持重点。此外，地方政府也逐步加大环保投资力度，积极开展并引导企业和金融机构对集中饮用水水源地污染进行治理和投资。随着国家和地方对饮用水水源地保护的日益重视，相关环保投资项目正如火如荼地展开。但近年来的执行效果却差强人意，项目实施过程中缺少有效的监督和科学的评估体系，因此，为提高饮用水水源地污染防治项目的投资使用效率，切实解决我国的饮用水水源地污染问题，开展绩效评估工作势在必行。

开展集中饮用水水源地污染防治项目的绩效评估，可以提高环保投资效率，提升环境管理水平，及时反馈问题，积极完善项目的建设与运行。要科学有效地进行绩效评估工作，必须要有一套完善可行的评估指标体系，构建科学合理的指标体系是整个绩效评估工作的核心，也是评估目标实现的关键。集中饮用水水源地污染防治项目绩效评估指标体系的构建包括指标体系的设计、指标的选择和优化、指标体系的建立和指标权重的确定。科学的指标体系才能确保绩效评估的合理性[2]。本研究在参阅文献和项目调研的基础上，构建了四个指标层的绩效评估体系，共设计了 22 个分指标，从项目整体与部分、投入与产出、过程和目标等方面比较完善地对集中饮用水水源地污染防治项目的绩效进行了定性与定量相结合的评估和考量。以期达到反馈和提高项目资金使用效率，规范环保投资项目管理的目的。

1 指标体系的设计

1.1 指标体系的设计原则

指标体系是对评估的目的、意图和意愿进行定量和定性的科学表达。在建立集中饮用水水源地污染防治项目绩效评估指标体系时，要尽可能地收集一切有用的数据，通过分析，研究其能否全面反映项目绩效各个方面的特性。随着评估工作的深入，还要不断地进行检验、补充或删除，以期建立一套科学完整的指标体系。在进行指标体系设计时应遵循以下原则：

（1）科学性原则。评估体系的建立必须要有科学依据，具体指标的选择应该能够比较客观和真实地反映出项目的现状和综合效果，注意定性和定量指标间的联系，全面反映评估目标的内涵，明确指标的意义，便于计算、处理和分析。

（2）主要因素原则。指标体系需充分考虑可操作性，指标体系并非越大越多越好，指标过多会削弱主要因素；数据的取得应具有可靠性和代表性，尽量采用现行条件下的主要因素，并且具有可比性和可操作性。

（3）相对独立性原则。每个设立的指标都应反映出项目绩效特定的属性，各指标间应尽量排除兼容性，保证指标之间的独立性。

（4）真实性原则。为避免因数据采集失真而造成的错误评估，在指标体系的设计中尽量考虑可量化的指标，对于定性指标也要给出客观判断的标准，避免人为因素的误导，保证数据的真实性。

1.2 指标的选择

影响集中饮用水水源地污染防治项目绩效的因素是多方面的，评估的指标也是多样化的，指标选择的合理性影响着评估的效果，目前我国使用较广的指标选择方法有分析法、频度统计法、综合法、交叉法及指标属性分组法等[3]。①分析法是构建评价指标体系最基本、最常用的方法，它将评价目标划分成不同组成部分并逐步细分，直到每一部分都可以用具体的统计指标来描述和实现。②频度统计法是对相关项目的评估报告进行频度统计，选择那些使用频度较高的指标。③综合法是指对存在的指标群按照一定的标准进行聚类，适用于对现行评估指标体系的完善与发展。④交叉法是指通过二维或三维甚至多维的交叉，派生出一系列的统计指标，最终形成指标体系。目前大部分专家和学者使用的方法为分析法或将分析法与其他方法结合使用，也有学者使用因子分析法、聚类分析法等数理统计方法。本研究采用专家咨询法、主成分分析法筛选指标，建立指标体系。

1.3 指标的优化

集中饮用水水源地污染防治项目绩效评估指标的选择过程中，往往存在指标种类杂、数量多、指标量化困难、指标重复的问题[4]。要对指标进行进一步优化与筛选，以选择出更加符合项目实际情况、更具代表性的指标，用尽量少的指标全面、准确地体现出项目的绩效水平。指标体系的优化包括两个部分：单项指标优化和指标体系整体优化。单项指标优化是对整个指标体系中的每一个指标的可行性、正确性进行分析。指标体系整体优化是检查指标之间的协调性、整体必要性、整体齐备性。

目前指标体系的优化工作主要依靠专家咨询来进行，指标的进一步筛选还可应用多元统计分析中的判别分析、聚类分析、动态聚类、极小广义方差法、主成分分析法、极大不相关法、离差法等作定量筛选[5-6]。为提高指标计算的智能化、避免专家的个人偏见、节省人力，可以采用数理统计与专家咨询法结合的方式来进行最终指标体系的确定。但是，直接由专家进行选择分析仍是最为方便、快捷的方法。故本研究采用层次结构的指标体系，使用专家咨询法对集中饮用水水源地污染防治项目的指标体系进行优化。优化内容为检查评估目标的分解是否出现遗漏，有没有出现目标交叉而导致结构混乱的情况。重点是对平行的节点进行重叠性与独立性的分析，检查是否存在平行的某一个子目标包含了另一个或几个子目标的部分内容。若出现这种包含关系，采用归并处理或是分离处理。最终使得各层次指标和项目的目标能够比较吻合。

2 指标体系的建立

集中饮用水水源地污染防治项目旨在保证我国居民生产生活饮水安全。在设计指标时，应综合考虑项目涉及的各个层面，着重分析项目的实际效果和预期目标的差异。经过资料收集与调研[7-9]，初步设计四层绩效评估指标，即总目标层、准则层、指标层和分指标层四个等级。第一层次，总目标层 1 个。该层主要明确集中饮用水水源地污染防治项目评价指标体系的总方向。第二层次，准则层 3 个。该层主要确定新农村环保项目绩效评估的角度和内容，着重从管理绩效、社会经济绩效和环境绩效等方面设置指标。第三层次，指标层 8 个。表示项目实施带来的管理、经济、社会、环境绩效等变化的原因和动力。第四层次，分指标层。采用可以获得的指标，对指标层的指标给予直接的度量，共设计分指标 22 个。

2.1 管理绩效指标

管理绩效是指集中饮用水水源地污染防治项目实施过程中管理者为达到项目目标而付诸的行为和表现。该类指标以项目管理者和项目执行状况为评估对象，对项目管理工作情况进行动态检查、监督和评估考核。管理绩效指标主要考核项目的合规性、资金管理的有效性、建设进度的合理性、建设质量的合格性以及设备采购的规范性等内容。着重从项目前期的申请、审批、资金到位情况，中期的项目建设施工、财务管理、工程质量控制，后期的项目完成和验收情况等进行分析，对项目绩效的成因和项目与预期目标的偏差程度进行评估。

管理绩效指标体系反映和描述管理者在项目执行中的综合行为，应从项目整体与部分、投入与产出、过程和目标等方面进行考虑。项目的合规性指标包括申报合规性与项目建设过程的合规性。资金管理水平指标包括环保资金到位率、政府支出与总投资比例、资金与预算相符程度[10-11]。项目建设质量指标包括项目进度完成率、工程质量合格品率。设备采购绩效指标包括采购节约率、采购合格率[12-14]。管理绩效指标体系设计和各指标的分值确定说明见表 1。

表 1 管理绩效指标体系设计

<table>
<tr><th>三级指标</th><th>四级指标</th><th>计算方法</th><th>说明</th><th>专家打分</th></tr>
<tr><td rowspan="6">项目合规性</td><td rowspan="3">项目申报合规性分析</td><td rowspan="3">依据专项资金申请指南、相关法规、项目申报和立项材料、举报线索、群众调查问卷等</td><td>项目申报过程符合规定，申报资料齐全，申报信息符合事实——90</td><td></td></tr>
<tr><td>项目申报过程基本符合规定，申报资料基本齐全，申报信息基本符合事实——75</td><td></td></tr>
<tr><td>项目申报过程存在违规现象，申报资料不齐全，申报信息与事实不符——50</td><td></td></tr>
<tr><td rowspan="3">建设过程合规性分析</td><td rowspan="3">依据相关技术规范、财务报表、审计报告、举报线索、群众调查问卷等</td><td>建设过程无违规现象——90</td><td></td></tr>
<tr><td>无影响项目执行结果的违规现象——75</td><td></td></tr>
<tr><td>存在对项目执行结果产生恶劣影响的违规现象——50</td><td></td></tr>
<tr><td rowspan="3">资金管理水平</td><td>专项资金到位率</td><td>$分值=\frac{专项资金实际拨付额}{专项资金预算总额}\times 100$</td><td>核实专项资金实际拨付额与预算额</td><td></td></tr>
<tr><td>政府支出占总投资比例</td><td>$分值=\left(1-\frac{实际执行比例}{申请书中的比例}\right)\times 100$</td><td>申请书中政府支出占总投资比例</td><td></td></tr>
<tr><td>资金与预算相符程度</td><td>$资金与预算相符程度=\left(\frac{实际投资额}{计划投资额}-1\right)\times 100$</td><td>核实实际投资额与计划投资额</td><td></td></tr>
<tr><td rowspan="2">项目建设质量</td><td>项目计划进度完成率</td><td>分值=项目理论工期/项目实际工期×100
项目进度分前期、初步设计、在建、设备安装调试、竣工验收五阶段，对应分值 5、4、3、2、1</td><td>项目实际状态分值与项目计划对应数值相减除以 5 得到数值 a，将 $1-a$ 与 100 相乘得到项目分数</td><td></td></tr>
<tr><td>工程质量合格品率</td><td>$分值=\sum\frac{单项工程合格数量}{该类工程数量}\times 权重\times 100$</td><td>验收各项工程并核实合格数量</td><td></td></tr>
<tr><td rowspan="2">设备采购绩效</td><td>采购节约率</td><td>$采购节约率=\frac{预算金额-实际金额}{采购预算金额}\times 100$</td><td>核实采购预算金额与实际采购金额</td><td></td></tr>
<tr><td>采购产品合格率</td><td>$分值=\frac{合格的采购产品花费金额}{采购总金额}\times 100$</td><td>验收并核查采购产品的合格状况与金额</td><td></td></tr>
</table>

2.2 社会经济指标

集中饮用水水源地污染防治项目产生的社会影响是至关重要的，项目评估也应着重强调项目与社会的相互适应性，中央环境保护专项资金属于公共投资的性质也决定了社会影响在其整个绩效评估过程中的重要地位。进行社会影响评估时，首先要将当地居民饮水安全和满意程度作为最主要的考核内容。同时，应增加公害事件评估等内容。

集中饮用水水源地污染防治项目也属于经济投资项目，追求经济效益最大化也是环保项目的目标之一。良好的经济效益对项目的运行和减轻地方政府与企业的负担具有重大作用。集中饮用水水源地污染防治项目直接的经济效益主要来自自来水供给、污水回用、节约的能源等收益。本研究选择能源与水资源回收率、排污费的减少率、污染赔偿费的减少率、单位投资改善污染区域面积等指标作为经济效益评估指标，社会经济绩效指标的设计和各指标的打分说明见表 2。

表 2　社会经济绩效评估指标体系设计

三级指标	四级指标	计算方法	说明	专家打分
社会影响	当地居民受益满意程度	分值=被调查满意人数/被调查居民总数×100	核实被调查居民总数和满意人数	
	公害事件评估	依据专家评价意见、新闻媒体报道、举报线索和群众调查问卷等	无公害事件发生，环境状况优良——90	
			无重大公害事件发生，环境状况一般——75	
			有危害人体健康的公害事件发生——50	
经济效益	能源与水资源回收率	$\text{能源与水资源回收率}=\dfrac{\text{节约能源节省的费用/回收的水资源量}}{\text{原消耗能源费用/生产用水量}}\times 100$	核查原消耗能源费用、生产用水量、节约能源节省的费用和回收的水资源量	
	单位投资改善污染区域面积	$\text{单位投资改善污染区域面积}=\dfrac{\text{改善区域的面积}}{\text{投资总额}}\times 100$	核实改善区域的面积与投资总额	
	排污费的减少率	$\text{排污费减少率}=\dfrac{\text{排污费费用减少值}}{\text{原缴纳排污费费用}}\times 100$	核实项目执行前后排污费用	
	污染赔偿费的减少率	$\text{污染赔偿费减少率}=\dfrac{\text{污染赔偿费减少值}}{\text{项目执行前污染赔偿费金额}}\times 100$	核实项目执行前后污染赔偿费	

2.3 环境绩效指标

集中饮用水水源地污染防治项目作为一个典型的环境污染治理项目，它产生的环境绩效是项目评估的核心与关键，也是最重要的绩效考评对象。参照 ISO 14031 环境绩效管理体系中的环境绩效指标[15]及“十一五”城市环境综合整治定量考核指标实施细则[16]，本研究从集中饮用水水源地污染防治项目产生的环境影响和项目运行工艺两方面进行绩效分析。

环境影响层面主要是指项目投产运行后带来的环境改善，选择水源地环境质量改善水平、水源地污染物处理率、水源地功能区划达标率、主要污染物排放削减率等指标来表征项目的环境影响绩效水平。项目的工艺决定运行效果和饮用水水源地的防治情况，选择排放稳定达标率、应急预案的完善程度、二次污染控制等。环境绩效指标体系设计和打分说明见表 3。

表 3　环境绩效评估指标体系设计表

三级指标	四级指标	计算方法	说明	专家打分
环境影响	环境质量改善水平	$分值=\frac{治理前污染物浓度}{治理后污染物浓度}\times 100$	核实治理前后污染物浓度	
	水源地污染物处理率	$处理率=\frac{处理量}{需处理量}\times 100$	核实治理前后污染物处理量	
	水源地功能区划达标率	$分值=\frac{水源地功能区划达标面积}{目标水域面积}\times 100$	核实水源地功能达标面积和水域总面积	
	污染物排放削减率	$污染物减排率=\frac{污染物减排量}{治理前污染物排放量}\times 100$	核实治理前后污染物排放量	
工艺分析	应急预案的完善程度	依据专家经验、运行效果、相关设计标准	应急预案完备，可操作性强，具备应对突发事件的能力，运行稳定，耐冲击能力强——90	
			应急预案较完备，可操作性较强，具备一定的应对突发事件的能力——75	
			应急预案不完备，不具备应对突发事件的能力——50	
	排放稳定达标率	$分值=\frac{排放物达标天数}{运行总天数}\times 100$	核实达标天数和运行总天数	
	二次污染控制	依据专家经验、运行效果、相关设计标准	工艺设计先进，满足相关设计标准，可完全控制二次污染现象的发生——90	
			工艺设计满足相关设计标准，可有效控制二次污染——75	
			工艺设计存在缺陷，不能有效控制二次污染——50	

2.4 指标权重的确定

目前，指标权重的确定方法有数十种之多。根据计算数据时原始数据不同可以分为主观赋权法、客观赋权法两种。主观赋权法主要有专家咨询法、层次分析法、特征值法等，这类方法的特点是能较好地反映评价对象所处的背景条件和评价意图，但各个指标权重系数的准确性有赖于专家的知识和经验，具有较大的主观随意性。客观赋权法主要有熵权系数法、主成分分析法、因子分析法、标准差系数法等，该方法虽然利用比较完善的数学理论与方法，但忽视了决策者的主观信息，而此信息有时在评估中非常重要。

集中饮用水水源地污染防治项目评估指标体系有较多的定性指标，难以量化，即使能够量化，也很难用一个数据来表达。层次分析法是一种定性与定量相结合的多属性决策分析方法，在分析结构复杂和方案较多的问题上表现出较大的优越性。本研究采用层次分析法确定指标权重，见表 4。指标的权重值为层次分析法确定的建议值，具体的绩效评估应根据项目收集的数据和信息资料对各指标的权重进行修正，然后通过专家打分法，得出各个指标的分值，最后将权重与分值进行乘积、再加和，即可得到项目的总绩效值，进而评价和分析项目绩效结果[17]。

表 4　集中饮用水水源地污染防治项目绩效评估指标体系

一级指标	二级指标	三级指标	四级指标	指标权重（建议）	专家打分	项目绩效得分	备注
集中饮用水水源地污染防治项目	管理绩效	项目合规性	申报合规性	0.067 3			各指标的权重乘以对应的分值（专家打分法），然后加和即为项目的总绩效值
			建设过程合规性	0.134 5			
		资金管理水平	专项资金到位率	0.089 4			
			政府支出占总投资比例	0.019 5			
			资金与预算相符程度	0.051 2			
		项目建设质量	项目计划进度完成率	0.006 0			
			工程质量合格率	0.014 8			
		设备采购绩效	采购节约率	0.027 4			
			采购产品合格率	0.000 3			
	社会经济绩效	社会影响	当地居民受益满意度	0.051 3			
			公害事件评估	0.051 3			
		经济效益	能源与水资源回收率	0.036 0			
			单位投资改善污染区域面积	0.009 0			
			排污费的减少率	0.015 0			
			污染赔偿费的减少率	0.025 0			
	环境绩效	环境影响	环境质量改善水平	0.059 3			
			水源地污染物处理率	0.133 8			
			水源地功能区划达标率	0.092 1			
			主要污染物排放削减率	0.042 4			
		工艺分析	应急预案的完善程度	0.043 8			
			排放稳定达标率	0.022 5			
			二次污染控制	0.008 1			
总绩效值	3	8	22	1			

3 结论与建议

本研究在参阅文献和项目调研的基础上，从指标体系的设计、指标的选择和优化、指标体系的建立、指标权重的确定等方面研究了集中饮用水水源地污染防治项目绩效评估体系的构建，设计了 4 个指标层，共 22 个分指标，并利用层次分析法对各指标的权重进行了初步确定，其中建设过程合规性和水源地污染物处理率两项指标的权重较大，均在 0.1 以上，说明项目在建设过程中的合规性和运行后的污染物处理效果尤为重要，此外，项目的申报合规性、专项资金到位率、环境质量改善水平、公害事故评估、公众受益满意度等指标的权重均在 0.05 以上，也较为重要；各指标的权重高低反映了项目绩效的影响大小，应根据具体项目，重点因素重点评估，最终根据各指标的权重和专家打分法计算出每个指标的项目绩效值，然后加和即为整个项目的总体绩效值，绩效值越高，说明项目从申报、建设到运行的执行效果都良好，环保投资效率高。构建集中饮用水水源地污染防治项目绩效评估体系，开展绩效评估工作，对于反馈和提高项目资金使用效率，规范环保投资项目管理都有重要意义。针对指标体系构建和绩效评估工作的开展，本研究建议如下：

（1）继续加大投资力度，开展集中饮用水水源地污染防治项目。

（2）建议通过法律的、经济的和行政的措施，加强对集中饮用水水源地污染防治项目的监管和评估力度。

（3）完善集中饮用水水源地污染防治项目绩效评估制度、相关配套政策和法律保障。

（4）进一步修正并完善集中饮用水水源地污染防治项目绩效评估指标体系。

（5）加强数据的收集与积累，建设数据分析和共享平台，提高数据收集的信息化水平。

参考文献

[1] 叶本利，张丽双．我国地表水和饮用水水源地的污染防治与控制．中国环境科学学会学术年会论文集[C]．2009：841-844.

[2] Rosina Moreno，Enrique Lopez-Bazo，Manuel Artıs. Public infrastructure and the performance of manufacturing industries：short and long run effects [J]. Regional Science and Urban Economics，2002，32：97-121.

[3] 赵峰．国有煤矿创新指标体系的建立及其应用研究[D]．太原理工大学，2004：38-78.

[4] Chu A. T. W，Kalaba R E，Spingarn K. A Comparison of Two Methods for Determining the Weights of Belonging to Fuzzy Sets [J]. Journal of Optimization Theory and Application，1979，27：531-538.

[5] Rietveld L C，Haarhoff J，Jagals P. A tool for technical assessment of rural water supply systems in South Africa [J]. Physics and Chemistry of the Earth，2009，34（2009）：43-49.

[6] Levine P，Pomerol M J，Saneh R. Rules Integrate Data in a Multicriteria Decision Support System [J]. IEEE Transactions on SMC，1990，20（3）：678-685.

[7] 王念彪．水土保持试点示范项目绩效考评指标体系研究[J]．中国水利，2007，16：17-20.

[8] 于飞．环境基础设施投资项目费用效益分析研究[D]．大连理工大学，2006：2-49.

[9] 夏立明．论我国政府投资项目管理主体[J]．天津工业大学学报，2003，22（3）：19-23.

[10] 陆健明．环保投资优化法确定水污染物总量控制目标的研究[D]．浙江大学，2001：1-64.

[11] 贾中．公共投资效益审计研究[D]．天津大学，2007：32-38.

[12] 王治，王宗军．政府采购绩效的多层次多目标模糊综合评价[J]．武汉理工大学学报：信息与管理工程版，2006，28（8）：90-94.

[13] 涂荟喙．我国政府财务报告改革研究[D]．西南财经大学，2007：22-47.

[14] 李莹．意愿调查价值评估法的问卷设计技术[J]．环境保护科学，2001，27（108）：25-27.

[15] International Organization for Standardization. ISO 14031：1999（E）. 1sted. ISO 14031-environmental management：environmental performance evaluation guidelines[S]. 1999.

[16] 吴建南，章磊，阎波，等．公共项目绩效评价指标体系设计研究——基于多维要素框架的应用[J]．项目管理技术，2009，7（4）：13-17.

[17] 杨玉楠，康洪强，孙晖，等．中央环境保护专项资金项目绩效评估指标体系研究[J]．环境污染与防治，2010，32（7）：100-102.

城市供水系统突发事件应急管理研究

Research on Emergency Management of Urban Water Supply System

刘芳蕊[1,①] 杜 红[1] 李 继[2] 范 洁[1]
（1. 深圳市深水龙岗水务集团有限公司，深圳 518115;
2. 哈尔滨工业大学深圳研究生院，深圳 518000）

摘 要：城市供水作为重要的公共基础设施，是居民正常生活、经济稳定发展和工业安全生产的重要保障，然而，被称为生命线的城市供水系统受到各种因素影响，导致供水突发事件频发，供水安全受到普遍关注。本文通过分析城市供水系统突发事件的原因和供水系统突发事件应急管理现状，从“一案三制”的应急管理理念角度，重点从城市供水应急管理法制、体制、机制和应急预案等方面对供水突发事件的应急管理进行研究，进而提出具体建议。

关键词：供水系统 突发事件 应急管理

Abstract: Urban water supply system, as an important public infrastructure, is an significant guarantee for normal life of residents, steady development of economic and safety production of industrial. However, urban water supply called the lifeline occurred emergency accidents frequently caused by various unexpected reasons. The safety of urban supply is concerned by the whole society. Based on analysis of the emergency reasons and the situation of emergency management, focus on urban water supply emergency management legal system, management system, operation mechanism and emergency plans research, and some suggestions are made for emergency management.

Key words: Urban water supply system Unexpected incidents Emergency management

前 言

目前，供水安全问题受到了广泛关注，得到了国家和政府的高度重视，特别是城市供水的安全保障问题。据调查显示[1]，自 2005 年年底松花江水源污染事件以来，我国共发生 400 多起水污染事故，平均 2～3 天便发生一起与水有关的污染事故。“十一五”以来，与

① 作者简介：刘芳蕊，1982 年 1 月生，硕士，深圳市深水龙岗水务集团中级工程师。专业领域：市政工程；地址：深圳市龙岗区龙兴大道深水龙岗水务集团；邮编：518115；电话：0755-28611757；电子邮箱：liufangrui_water@ 163.com。

水有关的突发事件频发。2006 年 9 月 8 日，湖南省岳阳县城饮用水水源地新墙河发生水污染事件，8 万居民的饮用水安全受到威胁和影响。2007 年太湖蓝藻暴发，2007 年 5 月 29 日开始，江苏省无锡市城区的大批市民家中自来水水质突然发生变化，并伴有难闻的气味，无法正常饮用，市民抢购纯净水，瓶装纯净水价格飙升，造成日常生活秩序的紊乱。2007 年 7 月 2 日，江苏省沭阳城区生活供水水源遭到严重污染，水流出现明显异味，城区供水系统被迫关闭，城区 20 万人吃水、用水受到不同程度影响。2008 年，我国突发环境事件达 135 起，其中威胁老百姓饮用水安全的达 46 起[2]。2009 年 7 月，赤峰市水污染事件造成数千人入院治疗；2010 年 7 月，震惊全国的紫金矿业污染事件，尤为引人注目，受影响的不只是上杭及龙岩市其他县份的居民，7 月 18 日，广东省环保厅向福建省环保厅发出紧急公函称，汀江下游的广东梅州市水域受到污染；2010 年 8 月，吉林通化因洪灾致全市停水，断水长达 100 小时，33 万人面临饮水难问题；2010 年 8 月，广东陆丰市大安镇水质含锰超标 12 倍，陆丰饮用水告急；2010 年 11 月，郑州市该年度内已有 5 天 2 爆，1 年 3 爆的主干管爆裂事件，给城市正常社会秩序造成了很大影响，引起了多家媒体和社会广泛关注……频发的城市供水突发事件影响社会稳定和环境安全，必须加快建立和完善供水行业应急管理机制，加强我国供水系统突发应急管理成为当务之急。

1 我国供水系统应急管理现状与存在的问题

1.1 我国供水系统应急管理现状

我国应急管理机制起步较晚，2002 年 5 月广西壮族自治区南宁市应急联动系统正式运行，成为我国最早的城市应急管理体系[3]。中国应急管理体系建设的起点[4]是抗击“非典”斗争，由此开启了中国全面推进应急管理体系建设的“政策之窗”，“非典”疫情让中国付出了代价，也给了中国深刻的警示和启迪，让中国切实认识到增强忧患意识、加强应急管理工作的极端重要性。2003 年 7 月，胡锦涛在全国防治“非典”工作会议上指出：“我国突发事件应急机制不健全，处理和管理危机能力不强；一些地方和部门缺乏应对突发事件的准备和能力。要高度重视存在的问题，采取切实措施加以解决。”他特别强调：“要大力增强应对风险和突发事件的能力，经常性地做好应对风险和突发事件的思想准备、预案准备、机制准备和工作准备，坚持防患于未然。”2003 年 9 月 15 日，温家宝在国家行政学院省部级干部“政府管理创新与电子政务”专题研究班讲话时提出：“要加快建立健全各种应急机制，提高政府应对各种突发事件的能力。”[5]此后，中国开始了全面加强应急管理工作的积极探索。2005 年 2 月 25 日，国务委员兼国务院秘书长华建敏受国务院总理温家宝委托，向十届全国人大常委会第十四次会议报告应急预案编制工作，并表示：“全国应急预案框架体系已初步形成。”[6]截至 2005 年年底，全国应急预案编制工作已基本完成，包括国家总体应急预案、25 件专项应急预案、80 件部门应急预案，共计 106 件，基本覆盖了中国经常发生的突发事件的主要方面[7]，其中国务院部门应急预案中包含住房和城乡建设部的《城市供水重大事故应急预案》。

在我国城镇供水安全保障与应急体系研究方面，2003 年就由建设部科技司立项，中国城镇供水协会承办，由上海给水管理处、中国水协科技委、企管委和天津自来水公司、北京自来水集团参加，在调查研究的基础上，提出了“城镇供水安全保障与应急体系研究报告”。按照常备不懈，统一指挥，分区负责的原则，当前各地初步建立了以供水企业为主体的城镇供水应急体系，包括成立应急指挥机构，制定应急预案和建立技术、物资和人员保障系统[8]。

1.2 我国供水系统应急管理存在的问题

在我国，一直存在着环保部门和水利部门在水环境和水资源管理上的矛盾，导致管理对象和管理范畴的交叉与重叠，影响水体污染保护的效能[9]。所以，应通过法律或制度安排确定中央相关部门在水体污染事件处置中的主从地位，明确责任对象，实施有针对性的监督。在组织管理体制方面，对供水应急指挥体系建设重视不够，政府各部门间缺乏有效的组织应对和协调配合机制，在缺乏专门的法律、法规，没有依法形成在各级政府领导下、各有关部门和全社会各有关方面共同参与的安全防范体系，对企业的安全监管也缺乏相应的法律依据，政府部门的监管职责不到位。

各城市供水系统应急组织体系存在临时性、模糊性、协调不畅等问题。由于责权利界定不清，缺乏综合性协调机构，多龙治水、上下不畅，不同地区和部门在信息、资源、人力调动上不能共享，难以有效整合，这不仅导致各种设备和人力资源重复投入或大量闲置，也使得在突发事件发生时各地区、各部门职责不明，甚至互相推诿，最终致使丧失最佳抢险救灾时机。

（1）各地方供水突发应急预案未能充分突出行政主管部门的主导地位，导致在实际的各种指挥不集中，难以贯彻执行。

（2）在预案中部门职责规定不清晰，存在相互推诿、各自为政的现象，大大降低了应急反应的速度和效率。

（3）现有的管理机制缺乏灵活性，协调组织起来比较困难。

（4）一些应急预案内容粗略笼统、在运用上可操作性差、缺乏协调性、缺乏有效的落实，预案的制定和修改没有充分联系实际，影响了预案的有效实施，一旦出现应急事件往往过分依靠临场发挥，人力、物力、技术力量和资金难以全部按要求及时到位，各方面的行动难以协调地开展和协调。

2 城市供水系统突发事件的特征与因素

供水系统突发事件具有地域性、延伸性、不确定性、紧迫性等特征。我国目前的城市供水网络是相对独立的供水系统，由供水管网断裂等非原水水质出现的突发事件仅限于某一地区，但同时又具有延伸性或流域性，由水源水质引起的污染事件可能会引起多个地区、相邻几个城市或整个流域甚至全国都受到影响。由于城市供水对城市正常秩序的维持有着极其重要的作用，不确定性的供水系统突发事件的处置具有紧迫性。

引发供水突发事件的因素比较多，而且错综复杂，有系统内部的和外部的，也有自然的和人为的，归纳起来，有 4 种基本的因素，即人为因素、环境因素、供水系统自身因素和管理因素。人为因素包括蓄意的破坏或恐怖主义，人为行动常用的破坏手段有以下几种方式：破坏供水系统中的设备和构筑物，破坏泵站等处的设备，破坏水池、管道，使水流水压衰减，供水中断；生物或化学污染，把微生物制剂或有毒化学物品投入供水系统；电脑入侵，频繁入侵自来水公司的计算机系统、供水调度系统、地理信息系统等，窃取敏感信息，使服务活动错误百出，或使供水系统完全停止。环境因素包括由自然灾害如地震、洪水、暴风雨等引起的供水系统无法工作的状态。供水系统自身因素包括机器设备的不安全因素、供水设备的年久失修、管网抢修事故、消毒药品发生严重泄漏等。管理因素是指在管理制度，或者在管理的过程中存在一定的缺陷，从而导致突发事件的发生，如由于门禁制度执行不严，使不法分子进入水厂搞破坏活动。

3 供水突发事件应急管理机制

2006 年 7 月，《国务院关于全面加强应急管理工作的意见》指出，要“构建统一指挥、反应灵敏、协调有序、运转高效的应急管理机制”。应急管理机制建设的目的，是实现从突发事件预防、处置到善后的全过程规范化流程管理。根据中华人民共和国主席令（第六十九号）《中华人民共和国突发事件应对法》的相关规定，结合供水突发事件应急管理工作流程，把我国城市供水突发事件应急管理机制研究分成了七部分。

3.1 预防与应急准备机制

城市供水系统应急预防与应急准备应包括供水系统的安全评估、供水系统的详细信息、齐全的通讯录、技术力量储备、预案的制定与培训等。

在供水行业中的应急准备计划要考虑整个供水系统的脆弱性即风险评估，开展突发性供水事故隐患调查，重点开展各种防范工作，对整个供水系统存在的安全隐患和薄弱环节进行分析评估，对发生突发事件的后果出现的可能性做出进一步评估。

供水系统的详细信息包含本供水系统的服务人口、用水结构、管网分布图、水源水厂位置、工艺流程、总设计图纸和设施竣工图（包括泵房、储存设施、水处理设施、加压泵站、压力调节阀门的位置、设备操作说明、维修方式等）、设施规划、操作指南、SCADA 和 GIS 系统和过程控制系统操作、现场员工名单和岗位职责、化学药品储存和泄漏影响分析等。

各城市水务主管部门和供水系统应建立一个齐全的通讯录，包括当地政府应急部门、水务主管部门、水质监测部门、疾病防控部门、供水企业等，并且保证应急响应部门及负责人必须每周每天 24 h 能够找到，通讯录信息包括姓名、办公电话、家庭电话、手机，并且必须要有轮班领导的通讯信息。供水企业要建立通信录，应包括优先客户如医院、托儿所、学校、工业大用户、重要企业和部门等通信联系方式。

各城市水务主管部门或供水系统应建立由规划设计院、水质检验部门、设有有关专业的大学和科研机构、供水企业技术人员组成的专家技术组，要建立一支高效精干、技术精良的队伍，在供水突发事件发生时，专家技术组应根据指挥小组的要求研究分析事故的信息和有关情况，为应急决策提供建议、咨询和技术支持，在应急响应中，缺乏技术支持是导致应急处理失败的重大因素，或者会导致更严重的后果。

应急的准备还包括预案的宣传和培训，制定好的预案要让响应部门及参与人员和部门熟悉预案，在事故发生时，响应部门和参与人员才知道该如何做、做什么，如果将之束之高阁，在实际应急处理中，预案就没有起到其作用。

3.2 监测与预警机制

城市供水系统应建立供水调度系统和地理信息系统，这些系统应具有快速定位、查询和应急决策支持的功能。需监测的内容应包括：①原水各主要取水口水质；②主要水源地水质、水情监测；③水厂进厂水和出厂水水质；④供水管网流量、水压适时监测；⑤主要阀门的监控；⑥对供水热线信息进行甄别，对重要信息进行跟踪监测。

根据供水监测系统提供的监测信息，对城市供水水源与水质出现或可能出现异常时及时发出警报或预警，供水预警包括供水工程及运行异常预警和水厂、输配水管网水质及水压异常预警，对水量、水质和水压运行信息实时监测，在出现异常时，应及时诊断并发出警报。若发现是疑似水质污染，有可能影响到群众身体健康的，要发布预警信息，预警信息应包含供水突发事件的类别、起始时间、可能影响的范围、危害程度、紧急程度和发展态势、警示事项以及应采取的相关措施和发布机构等。预警信息的发布应由各地方水务行政主管部门发布，预警信息应根据事态的发展进行信息调整或解除，并负责做好解释工作和舆论引导。

3.3 先期处置机制

预警信息发布后，供水企业作为第一响应单位应根据事件的情况做出有效响应，并采取先期处理措施，对突发事件有效地处置，控制事态的发展，在对事件做先期处置的同时，将事件信息报告上一级指挥机构或水务主管部门。

3.4 信息沟通机制

要建立和当地应急响应部门的合作网络，合作部门包括当地应急指挥中心、环境保护部门、疾病控制部门、邻近区域供水企业、专家咨询机构等部门。制定快速沟通的程序，在突发情况时，媒体、客户或其他人会有很多问题，如果不及时回答客户和媒体的问题，会严重影响事件的发展，要形成当地应急响应的合作网络，建立和客户、媒体的关系。

现场的信息传递要按照规范的方式传递，并做好备份，信息的报送、报告应做到及时、客观、真实，不得迟报、谎报、瞒报、漏报。发生地突发事件情况应向上一级人民政府报告，必要时，可以越级上报。任何对危机情况的瞒报、谎报和拖延报告都会延误甚至丧失应对危机的有效时机，造成更大的危害，付出更大的代价。

3.5 指挥协调机制

供水突发事件处理的核心是以水务行政主管部门为主导，由供水企业、环境保护部门、疾病防控中心、当地应急指挥中心、邻近区域供水企业、专家咨询机构等部门组成。在应急突发事件中，事件的处理会涉及多个协调部门，如交通部门、城市管理部门、质量技术监督部门、贸易工业部门等由当地应急指挥中心综合协调，各部门间应建立应急联动协调机制，联合展开突发事件应对工作。各部门应在各自的职责范围内紧密联系，共同应对突发事件。

3.6 应急保障机制

物质保障方面，对于供水行业的物资保障主要从工艺设备、管网管材、机械机电设备等方面，应建立现有资源清单，规范管理应急资源在常态和非常态下的分类与分布、生产和储备、运输与配送等，实现对应急资源供给和需求的综合协调和与优化配置。

通信保障方面，建立通信网络，使各级有关人员能迅速正确地接到应急信息，电话最大限度地保持畅通，值班电话要 24 小时有人接听，确保信息准确、及时。

人力保障方面，建立起的应急响应指挥系统，明确人员职责，对人员按预案进行职责分工，明确任务、职责、联系方式，应急预案启动后，由现场进行调动。

供水保障方面，在供水紧缺的情况下，应首先保障居民生活、医院、学校、机关、食品加工、宾馆和餐饮的用水，联系邻近供水企业，调运应急供水车送水。要明确得到饮用水的途径，联系当地桶装水、矿泉水和纯净水厂家，对成品水适当调剂和分配，按照城区情况，设置固定取水点和流动供水点。政府应对成品水价进行监督，稳定市场秩序。安装、购置小型集中式供水设施、移动式净水设备、水质净化装置等。限制或停止建筑、洗车、绿化、娱乐、洗浴行业用水，控制工业用水。

3.7 调查评估机制

在突发事件中应急体制、应急协调机制和各环节执行的好坏及有待提高的地方，在突发事件中，往往存在应急处理响应起不到作用，应该查找其原因，并修改和修订响应协调机制，尽量避免资源的重复和低效率响应。每次供水突发事件发生后，需要对已发生的事件和行为进行分析总结，突发事件、应急事件处理工作，应实行奖励与责任追究制度。

4 城市供水突发事件应急预案

应急预案就是针对可能发生的突发事件，为迅速、有效、有序地开展应急行动，政府组织管理、指挥协调应急资源和应急行动的整体计划和程序规范。应急预案要求在辨识和评估潜在的重大危险、事故类型、发生的可能性、发生过程、事故后果及影响严重程度的基础上，对应急管理机构与职责、人员、技术、装备、设施（备）、物资、救援行动及其指挥与协调等预先做出具体安排，用以明确事前、事发、事中、事后各个进程中，谁来做、怎样做、何时做以及相应的资源和策略等。一般来说，一个完善的预案体系应包括预案制定管理、预案评估管理、基于预案的辅助决策技术等，同时预案的制订应该具有针对性、可行性、及时性和全面性等特点。

5 建议

（1）要加强立法，确立城市供水安全运行监管和相关制度，使政府部门的安全监管和供水企业的安全运营管理及应急事件处理等均有法可依。

（2）城市供水应急体制方面，应建立属地管理、分级负责、统一领导、综合协调的应急管理体制。

（3）供水应急管理机制应从预防与应急准备、监测与预警、先期处置、信息沟通、指挥协调、应急保障、调查评估等环节将管理方法和措施制度化。

（4）供水应急预案制定应根据城市供水现状，具有可操作性，能切实迅速、有效、有序解决突发供水事件，从而使政府应急管理工作更为程序化、规范化。

参考文献

[1] 陈显利，徐野，李沈平，等. 加强我国供水安全保障能力建设的建议[J]. 中国给水排水，2009，25（14）：25-27.

[2] 2008 年环保部直接调度处理突发环境事件 135 起. 中国新闻网[2009-03-18].

[3] 吴玉萍，胡涛，赵毅红. 我国环境污染突发事件应急管理亟待完善[J]. 中国发展观察，2006（1）：31-33.

[4] 钟开斌. 回顾与前瞻：中国应急管理体系建设[J]. 政治学研究，2009（1）：78-79.

[5] 温家宝在国家行政学院省部级干部研究班讲话强调：深化行政管理体制改革　加快实现政府职能转变[N]. 人民日报，2003-09-16.

[6] 沈路涛，邹声文，张宗堂. 面对灾难，我们应该沉着应对——我国突发公共事件应急预案框架体系透视. 北京新华社[2005-02-25].

[7] 钟开斌. 回顾与前瞻：中国应急管理体系建设[J]. 政治学研究，2009（1）：78-88.

[8] 刘志琪. 城镇供水日常安全保障与应急体系亟待建立[J]. 市政・水务，2006（1）：54-55.

[9] 王金南，葛察忠，张勇. 中国水污染防治体制与政策[M]. 北京：中国环境科学出版社，2003.

农村水环境保护评估方法及案例研究①

Assessment Method on Rural Water Environment and Case Study

宋国君②　刘天晶　冯　时　金书秦
（中国人民大学环境政策与环境规划研究所，北京　100872）

摘　要：掌握充分可靠的农村水环境信息是进行农村水环境保护评估的前提，但我国绝大部分农村水环境信息处于空白状态。现有的水环境信息监测统计方法本身具有成本较高、准确性较低等问题，更难以适应农村水环境污染来源广、时空分散、复杂多样、随机性强、影响因子多的特性。本文提出了用社会学问卷调查方法评估农村水环境状况的思路，并在河南省颍河流域进行了尝试与探索，通过对调查获取的信息与现有的信息进行比较分析，最终发现采用问卷调查的方法能够获取较为全面、高质量的水环境信息，且在经济上是可行的。

关键词：水环境　评估方法　问卷调查

Abstract: To assess water environment in rural area，the premise is to get adequate and reliable information. Currently，there is a vacancy in monitoring and collecting of China's rural water environment information. Existing monitoring methods have a lot of restrictions，since the sources of water pollution in rural areas is very broad，which has some features，such as dispersion in time and space，complexity，diversity，randomness，etc. Thus it is quite costly and unefficient to get rural information in traditional way. This paper presents a new assessment method，which is based on the sociological survey methods，and conducted a case study in Ying River Basin in Henan Province. After information comparative analysis，the conclusion is that we can obtain a more comprehensive and objective information on the water environment with the questionnaire survey method，which is also economically feasible.

Key words: Water environment　Assessment method　Questionnaire survey

① 基金项目：国家科技重大专项“水体污染控制与治理”资助，水污染防治管理政策集成与综合示范研究，2009ZX07631。

② 作者简介：宋国君，男，1962年生，博士，教授，博士生导师。研究方向：环境政策分析与评估、环境规划、环境管理、环境经济学和可持续发展评估；电子邮箱：songguojun@ruc.edu.cn。

前　言

农村水环境是指分布在广大农村的河流、湖沼、沟渠、池塘、水库等地表水体、土壤水和地下水体的总称[1]。农村水环境是农村大地的脉管系统，是全国水环境的重要组成部分，既对雨洪旱涝起着调节作用，又是农业生产和农村生活的基础。近几十年来，随着现代农业、乡镇工业的快速发展和城镇化进程的加快，我国农村的水环境急剧恶化，给农业生产带来了严重的负面影响，也已经危及广大农民的身体健康、农村经济社会的可持续发展和生态安全。此外，农村地区的水环境污染与城市水污染密切相关，不充分、及时地解决农村水环境问题，仅片面对城市水污染进行控制，无法从根本上解决我国整体水环境污染问题。

解决农村水环境问题的前提就是掌握我国农村水环境的充分可靠的信息，在信息获取的手段上同时要考虑到农村信息的分散性特点，力图费用少效果好，数据的质量应当能够帮助相关人员对农村水环境状况做出准确的评估。

1 农村水环境保护信息和评估

目前水环境保护评估的信息主要包括监测信息、期刊、著作、研究机构的调查报告以及记者的采访报道信息。在统计监测信息中，环境部门的数据是主要的来源，包括《中国环境统计年报》、环保系统污染源监测报告等；相关部门数据作为补充，主要有各流域水资源公报、水利部门水质监测报告、《中国渔业生态环境状况公报》《中国农业年鉴》《中国卫生统计提要》《中国林业发展报告》等；此外，各省市的统计年鉴、经济年鉴、人口年鉴提供背景信息。

但是，由于中国污染防治投资几乎全部投到城市中，农村水环境信息收集和评估工作严重滞后。由于我国目前没有建立农村水环境监测体系、缺少监测统计资料，全国有 4 万多个乡镇，其中绝大部分没有环保基础设施，在全国 60 多万个行政村中，绝大部分水环境信息还处于空白状态，不能对农村水环境状况进行全面、定量的评价[2]。

目前对于农村水环境信息的掌握基本限于宏观层次排放量估算，如化肥、农药的施用对地表水、地下水、土壤中相关污染物含量贡献的估算[3]，农业面源污染对重要流域水体中氮、磷污染的贡献等[4]。由于支撑这些估算结果的数据不全面，研究者们即使估算出一个大体数字，也无法充分地说明问题，提不出有效的建议。

现有的统计监测方法也不适用于我国广大农村地区。①农村水环境污染来源广，而且具有时空分散、复杂多样、随机性强以及影响因子多的特性，难以保证通过监测等手段获取信息的准确和全面；②现有的监测断面信息可靠性有待提高，如增加监测断面数量，购置连续监测设备，提高监测频率需要大量的资金和人力投入；③高质量的信息本身要求从不同角度、不同渠道获取信息。而目前的水环境保护信息来源单一，且相关部门间仍无法实现信息共享，难以相互比较认证。

综上所述，我们需要探索其他信息搜集的方法以满足农村水环境管理和保护的需求。

社会学中的问卷调查方法已经非常成熟，问卷的设计、抽样方法、数据处理方法等已经形成较完善的体系，而且在教育、医学、法律等领域都有较多的应用。通过问卷调查方法获取信息尽管精确度有所降低，但是因为调查数据将主要作为监测统计数据的补充，因而不会影响信息的质量，并且由于信息的提供主体就是受环境影响的主体，因而提出的建议将更具有可操作性。另一方面，这种方法成本很低并注重环境政策利益相关者的参与，反映受体对环境质量变化的感知，不但可以了解一些环境政策对评估区域的影响，也可以了解评估区域利益相关者对环境政策及其要素的反应。

目前仅有极少数的研究采用问卷调查的方式获取水污染防治的有关信息，如丁宗凯等采用问卷调查的方法收集了一些水污染方面的信息，如主要污染源与公众对污染事件的处理方式等[5]。胡天蓉等采用了问卷调查（实地调查和报纸、网络调查相结合）为主、访谈调查和专家咨询为辅的方法对淮河/太湖流域公众对水污染情况的认知情况、获取信息途径、公众参与途径等内容进行了调查[6]。但这些研究并不是以政策评估为目的，而且信息不够全面。本文依据宋国君提出的水环境政策评估框架[7]提出了用于农村水环境状况评估的方法。

2 农村水环境保护评估与信息收集方法

农村水环境保护评估与信息收集应该包括以下几个方面。

2.1 生态和受体状况评估

环境政策的最终目标是改善环境质量，保证受体安全和保持生态系统健康。评价受体安全的指标一般包括人群由于环境影响（如空气、饮用水）等导致的发病率、死亡率等情况。数据信息可以通过卫生医疗部门统计资料获得，同时也可进行居民问卷调查直接获得居民的发病情况信息。通常生态状况的评价一方面可以反映水环境质量的状况和变化情况，如水中生物状况；另一方面可以反映出环境自身降解水污染物的能力，如河岸湿地、植被的过渡带的状况。

2.2 水环境质量评估

流域水环境质量保护的最高目标是所有河段在全年365天均达到水质目标。因此，对水环境质量的评估应当从不同的时间维度与空间维度进行，并且要在不同尺度进行评估。例如，在时间维度上，最为粗线条的就是评估环境质量的年际变化，进而是月、日、小时等尺度；在空间维度上，通常有断面、河长、河段等尺度，如先按照流域内的水质监测断面的总体达标（或者水质类别）描述流域水质状况；按照河流长度描述水质状况；按照河流（河段）描述水质状况等。

直接反映环境质量状况的统计数据包括环境监测数据，间接反映环境质量状况的信息主要是通过受到目标环境影响的人群、动物和植物等受体对环境的感受和反应获取。

2.3 污染排放控制评估

入河水污染物量是否降低是水质改善的关键因素，因此，污染物的排放是水环境政策直接的控制目标。污染排放控制的效果可以反映出政策的直接效果。排放控制评估的主要任务是对不同污染源（如工业污染源、农业源、城市生活污染源等）的排放控制效果进行评价，包括排放量、排放浓度、排放规律等。数据的来源通常包括统计监测数据和公众对污染源排放情况的定性描述。

2.4 污染控制行动评估

污染控制行动指的是为了减缓环境质量状况恶化的势头或是改善环境质量状况，相关干系人所采取的所有相关的减少污染排放活动的总和。评估的主要任务是判断污染控制行动是否实现其目标，效果如何，并分析行动的效率进行成本—效益分析，从行动中找出存在的问题，分析可能的原因，提出一定的政策建议。污染控制行动是环境政策实施的最直接体现，主要是针对污染源展开的。因此，污染控制行动评估的内容以污染源类型为标准进行分类比较合适。以评估水污染防治政策为例，水污染防治行动可以分为工业污染源防治行动，城市生活污染源防治行动，农业非点源污染防治行动，生态保护行动，饮水工程行动，管理行动等。

2.5 政策的回应性评估

水环境政策的回应性是指政策的制定实施要有效地回应社会需求，满足政策干系人的诉求。水环境政策回应性评估的指标包括：①政策目标是否反映水污染防治政策干系人的利益诉求；②水污染防治政策是否就水污染状况采取积极的、有针对性的污染防治措施；③水污染防治政策效果是否满足了政策干系人的利益诉求；④水污染防治政策是否为政策干系人反馈信息提供及时有效的信息传递渠道；⑤水污染防治政策制定和执行机关是否对政策对象和社会公众的反馈做出及时和认真的回应。

具体到农村水环境保护，需要了解村民对目前水质、管理的满意程度；了解村民对未来水质、生态改善程度的要求；了解村民对水污染问题是否有充分的解决途径；了解村民对于具体农村水环境管理是否有参与意愿等。

3 案例研究

3.1 问卷框架

本文以河南省颍河流域为案例，依据评估思路，运用问卷调查的方法收集了较全面的农村水环境信息，问卷设计的框架如图 1 所示。

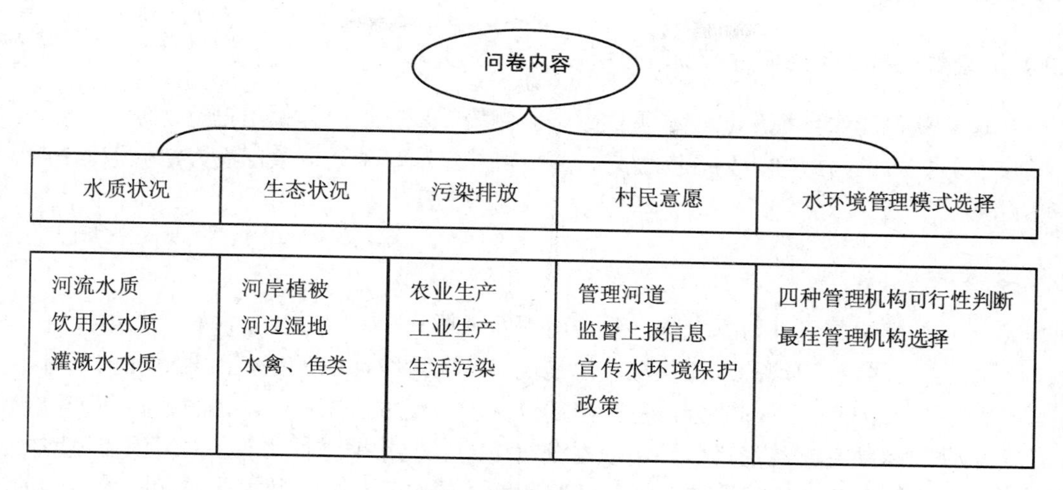

图 1　问卷设计框架

3.2 抽样和问卷回收情况

调查对象选择河南省淮河流域沿河村民，采用目标抽样方法[8]。按 1.0%～1.5%的比例抽样，从河南省颍河流域的 9 656 个村庄中抽取 120 个村庄，每个村发放 4～5 份问卷，共发放 550 份调查问卷。考虑到调查对象的知识水平、理解能力等因素，问卷调查采用调查员访谈式，以保证能获得足够可靠的信息。

回收 549 份问卷，经过对主观题进行分类、删除无效问卷、缺失值处理以及河流名称归类等初步整理后，最终保留有效问卷 524 份，覆盖开封、漯河、郑州、周口、许昌、平顶山 6 个地级市的 126 个村庄。样本的比例为 1.3%，每个问题的回答率均大于 97%。

3.3 问卷分析内容

3.3.1 相关性分析

选择一些重要的变量如水质和污染排放、满意度等进行相关性分析，从而从逻辑上验证问卷信息质量。

3.3.2 描述统计分析

主要针对所调查的颍河流域进行大尺度总体分析，得出水质、生态、污染源排放管理、参与意愿及管理机构选择等的频数信息。

3.3.3 上下游水质状况分析

该部分是针对村级尺度的河流水质分析，具体的分析方法是将水质情况进行分值为 5～0 的打分，将每个村的分数取平均分，将颍河流域村庄的相对位置标在地图上，比较接近的村合并成同一点，将每个区域集团的水质分数计算出来，根据河流上下游关系列出分数，从而分析河流上下游的水质规律。

3.3.4 调查数据与二手数据进行比较分析

将调查获得的水环境信息与二手数据、监测统计数据、媒体报道进行比较分析，从不同角度检验信息的一致性；如存在差异，分析可能原因，验证调查问卷方法获取农村水环境信息的可行性。

3.4 主要结论

水质总体情况与统计数据基本一致，而断面水质状况差异较大。调查问卷中根据河流水的用途获得了各村河流的水质状况，但是现有的监测统计信息只有监测断面的信息，无法具体到村庄。因此，该部分分析包括两部分：①河流水质总体情况比较：将调查问卷中各支流的总体水质数据与河南省环境质量公报中的水质数据进行比较；②河流监测断面水质状况比较：将河南省颍河流域目标责任监测断面的水质与调查数据中监测断面上游的各点水质的平均值进行比较。

3.4.1 河流水质总体比较情况

根据调查结果所计算的各条支流的水质得分可知：沙河水质最好（3.03），沙颍河其次（2.57），再次是颍河（1.42），水质最差的是贾鲁河（1.38），且 61.45%的村民认为近年来河流水质情况基本没有改善。而河南省 2005—2008 年环境质量公报对颍河流域水质的描述见表 1：总体上水质状况没有明显变化，其中，沙河、北汝河水质级别保持优或良，颍河为中污染，贾鲁河、双洎河为重污染。可见，调查问卷所得到的颍河流域一级支流的水质情况与环境质量公报中水质状况基本一致。

表 1 河南省环境质量公报中颍河支流水质状况

年份	沙河、北汝河		颍河		贾鲁河、双洎河	
	水质	与上年相比	水质	与上年相比	水质	与上年相比
2005	优或良	无明显变化	中污染	无明显变化	重污染	无明显变化
2006	优或良	无明显变化	中污染	无明显变化	重污染	双洎河污染程度明显减轻，贾鲁河有所加重
2007	优或良	无明显变化	中污染	无明显变化	重污染	双洎河污染程度有所减轻，贾鲁河基本无变化
2008	优或良	无明显变化	中污染	无明显变化	重污染	双洎河污染程度有所加重，贾鲁河明显减轻

注：来源于河南省环境质量公报。

3.4.2 河流监测断面水质状况比较

对河流监测断面的水质状况进行比较的方法：①根据 2009 年河南省地表水环境责任目标断面水质周报数据，每四周选择一期，进行等距抽样，共获得 13 期水质数据；同时按照分数越高水质状况越好，劣Ⅴ水质得 0 分，分数依次增加，Ⅰ类水质 5 分的规律计算水质得分。②将各监测断面代表的河流区间的调查数据平均水质得分计算出来。③将监测数据与调查数据进行比较，得到监测断面对应水质状况比较，见表 2。

表 2 河流监测断面水质状况比较

监测断面名称	河流名称	监测数据水质得分	调查数据水质得分
中牟陈桥	贾鲁河	0	0.5
扶沟摆渡口	贾鲁河	0	2.075 875
西华大王庄	贾鲁河	0.1	1.956 3333
白沙水库	颍河	4	1.968 75
临颍吴刘闸	颍河	3.3	1.363 777 8
西华址坊	颍河	1.3	1.42
舞阳马湾	沙河	1.8	2.595 833 8
西华程湾	沙河	2.7	3.019 722 5
沈丘纸店	沙颍河	1.1	1.918 207

注：根据 2009 年河南省地表水责任目标断面水质周报整理获得。

由表 2 可见，监测断面数据与调查数据之间所表示的水质情况并非完全一致，原因可能有：①调查问卷所获得的水质信息主要基于人们的感受，如通过颜色、气味、水中生物情况加以久居河边的生活经验进行判断，而科学监测数据的水质状况主要是以 COD、氨氮浓度等指标表征的。由于两种方法衡量的角度不同，可能得到不同的结果。②监测断面的数据为单一点数据，而调查数据为河流上若干点数据的平均值，因此，可能存在差异。③调查的水质数据是村民对几年来水质的总体判断，而与之比较的监测数据仅获得了 2009 年一年的数据，尽管根据之前的分析知道颍河流域水质总体状况近几年变化不明显，但是具体几个断面变化可能很大，因此数据可能存在一定差异。而正因为调查数据与监测数据之间由于衡量角度、时间空间尺度不同可能存在一定差异，从信息的质量和全面性角度考虑，更加需要采用不同的方法获得信息。

河流河岸生态情况信息填补了现有统计数据空白。通过调查问卷获得河南省颍河流域农村河流河岸的较全面的生态信息，包括河流中水禽鱼类情况，河岸湿地、植被、树林情况，河流淤泥垃圾情况，河岸固化情况，河流水量情况。而现有的统计信息中没有这些数据。污染源排放状况的调查与媒体报道大致相同，弥补了统计数据的不足。

3.4.3 乡镇企业污染排放

被调查的村庄中有 22.71%附近没有乡镇企业，对于附近有工厂的村庄，仅有 6.17%的村民指出附近的工厂废水排放前经过处理且出水水质较好且稳定，19.75%的村民指出工厂废水经过处理排放但出水时好时坏，33.33%的村民指出工厂废水存在偷排直排现象，有 40.74%的村民指出工厂废水基本不处理直接排放。目前统计监测数据中没有小型乡镇企业的信息。根据一些媒体记者在河南境内对淮河的最大支流沙颍河进行实地采访，发现沙颍河污染仍然十分严重，许多企业将排污管道直接插入河中，河面上漂浮着厚厚的白沫和成团的垃圾，散发出刺鼻的臭气，与调查中许多村民的陈述一致。

3.4.4 畜禽养殖污染排放

当地村民普遍认为村庄附近畜禽养殖场有2/3的粪便都未经处理直接排放。目前现有的文献指出，2004年全国禽畜粪便产生量约28亿t，而畜禽粪便的还田率仅为30%～50%，未经安全处理的畜禽粪污直接排放或任意堆放，造成氮、磷污染所致的水体富营养化，严重污染地下水和地表水环境，导致广大农村地区饮用水出现安全问题[9]。而统计监测数据中这部分也为空白。

3.4.5 农村生活污染排放

根据问卷统计结果，62.98%的生活垃圾随处堆放，14.89%的垃圾被倾倒入河里，13.36%的垃圾进行其他处理，如燃烧、堆肥等，仅有8.78%的垃圾有人收集。人畜粪便中有70%进行还田处理，15.78%用于发酵沼气，6.65%有人收集，8.37%的人畜粪便随处倾倒，其他处理方式占到2.10%。可见，河南省颍河流域主要的农村生活污染是固体垃圾，这些信息在统计资料中无法得到。

3.4.6 农业生产污染排放

根据调查，河南省颍河流域沿岸村民秸秆主要经粉碎后还田，有26.72%的秸秆堆放在田头或湖边。农业肥料结构中，化肥占绝大的比例。尽管政府大力鼓励测土配方施肥以及进行农药化肥施用科学培训，但是，83.21%的村民指出当地没有测土配方化肥出售，且仅有1.15%的村民反映经常有化肥和农药的相关培训指导，与现有的资料相符。

3.4.7 农村水环境管理状况

我国农村水环境管理体制不够完善，且经济、文化水平限制着农民管理农村环境的能力和意识。同时，我国农村实行自治制度，农村的水环境管理需要积极调动农村居民的积极性，否则采用工业点源污染的管理模式，即便乡镇一级环保机构比较完善，在面对地广人稀的农村和时空分散的面源污染时，也会因成本过高而力不从心。本调查中涉及了关于农村村民参与水环境管理的意愿以及管理机构的偏好选择，大部分农民对于采取村民与政府共治的模式管理水环境问题表示支持，这可为今后政策的制定和管理的具体实施提供基础。而这些信息是现有的资料中无法获得的。

4 结论

4.1 问卷调查获取的信息全面系统，可弥补监测统计数据中农村水环境信息的缺失

问卷调查获取的农村水环境信息非常全面系统，而目前监测统计数据中大量的农村水环境信息缺失。尽管有一些记者做过相关方面的报道，如河南省癌症村的报道、污染源偷排直排的报道，但记者采访报道往往更注重新闻价值，描写生动具体但是信息不够系统，

且仅为个别村落的报道很难服务于具体的农村水环境管理。现有文献中的很多信息时间非常滞后，且主要围绕其研究的内容，很难全面系统地概括农村水环境的状况。

4.2 问卷调查获取的信息与现有数据基本一致，信息质量较高

问卷调查的信息与现有信息的比较结果基本一致，一定程度上证明了用问卷调查方法获取信息的可靠性。而且问卷调查方法获取的信息主要基于人们的主观感受，而科学监测数据则是通过客观的化学指标反映情况，两者角度不同，相互印证比较可以提高信息的质量，使信息更充分地反映我国农村水环境状况。

4.3 问卷调查获取信息的费用效益较好

问卷调查所获取的信息尽管相对于科学监测精确度不高，但是实施成本较低，并且可以根据不同的研究需要进行灵活的设计，使问卷满足农村水环境管理的要求，而通过科学监测获取高质量的信息成本将非常高。

总之，农村水环境评估需要大量信息，目前的监测统计方法很难满足，通过问卷调查方法获得信息是必要的且是可行的。当然，问卷调查方法受问卷设计和抽样方法的影响很大，需要不断总结经验完善问卷设计实施。

参考文献

[1] 李贵宝，等．中国农村水环境恶化成因及其保护治理对策[J]．南水北调与水利科技，2003，1（2）：29-33．

[2] 杨继富，李久生．改善我国农村水环境的总体思路和建议[J]．中国水利，2006（5）：21-23．

[3] 朱兆良，David Norse，孙波．中国农业面源污染控制对策[M]．北京：中国环境科学出版社，2006：2-5．

[4] 宋国君，谭炳卿．中国淮河流域水环境保护政策评估[M]．北京：中国人民大学出版社，2007：430．

[5] 丁宗凯，洪少贤．淮河/太湖流域水污染防治监管机制的公众调查研究[J]．环境保护科学，2007（6）：97-99．

[6] 胡天蓉，丁宗凯，董世魁，等．淮河/太湖流域水污染防治的公众参与机制研究[J]．环境科学导刊，2007（3）：35-39．

[7] 宋国君，金书秦．中国淮河流域水环境保护政策评估[J]．环境污染与防治，2008（4）：78-82．

[8] 艾尔·巴比．社会研究方法（第 8 版）[M]．北京：华夏出版社，2000：295．

[9] 黄德林，包菲．农业环境污染减排及其政策导向[M]．北京：中国农业科学技术出版社，2008：43-47．

水污染防治法律规范体系协调性评估方法初探

On the Method Which Evaluates Harmony of Rules System on Prevention and Control of Water Pollution

李 萱 沈晓悦 万 超
（环境保护部环境与经济政策研究中心，北京 100029）

摘 要：水污染防治法律规范体系协调性评估方法可以较为有效地评价法律规范体系中出现的多种协调性问题，为法律规范体系协调性评估提供方法支持。首先，基于水污染防治法梳理出水污染防治工作中的主要法律制度；其次，对水污染防治法律规范体系中的规范性要素进行分解，基于法律的规范性特点，将待评估对象分解成规范法学意义上的若干要素，对这些要素进行分解评估，呈现法条之间的逻辑关系，分析法条之间表现出来的矛盾、冲突等协调性问题。最后，开发法律规范体系协调性评估的评估指标，并根据评估指标进行定性分析与定量分析，提出评估报告。

关键词：水污染防治法 法律规范 法律规范体系 协调性 规范性

Abstract: The method which evaluates harmony of rules system on Prevention and Control of Water Pollution is efficient to evaluate harmony issues of the rules system. Firstly，sort out key legal rules of water pollution prevention based on Water Pollution Prevention Act. Secondly，decompose the rules system into some normative elements. Finally，develop assessment indicators，and qualitative and quantitative analysis was researched in this part. The method can show relationship among rules and regulations，and research law conflicts.

Key words: Law on prevention and control of water pollution Legal norms Rules system Harmony Normativity of law

前 言

我国水污染防治法律规范体系经历了一个从无到有，从小到大，从填补空白、注重立法数量到日益成熟，注重立法质量的过程。在这期间，立法主体次第增多，立法权限逐渐扩大，各种法律规范迅速增长，法律规范之间的不一致、相抵触等不协调现象在环境管理与司法实践中大量存在。这就造成法律规范在实施效果上大打折扣，环保部潘岳副部长曾经坦言，环境保护的法律很多，但管用的不多。对水污染防治法律规范体系中存在的不协调问题进行综合评估，可以总结立法经验，发现法律规范体系中存在的矛盾与冲突现象，并提出评估结论与政策建议，从而提高该法律规范体系调整社会关系的整体能力。

法律规范体系协调性评估属于立法后评估的一种，目前我国开展的立法后评估活动，在评估方法上，处于探索阶段，一方面尚未形成较为清晰明确的评估方法，另一方面对评估指标或评价标准的设定缺乏规范性。本文在水专项主题六课题三水污染防治法律规范体系协调性评估研究的基础上，提出“规范性要素分解评估法”，该方法可以较为有效地评价法律规范体系中出现的多种协调性问题，为法律规范体系协调性评估提供方法支持。

规范性要素分解评估法是指，在对法律规范体系进行协调性评估的过程中，基于法律的规范性特点，将待评估对象分解成规范法学意义上的若干要素，并根据协调性指标对这些要素进行分解评估，目的在于呈现法条之间的逻辑关系，分析法条与法律规范之间表现出来的不一致、相抵触等协调性问题的一种方法。

1 规范性（Normativity of law）要素分解评估法的主要步骤

规范性往往被视为法律的基本属性之一。在浩如烟海的法学文献中，法律具有规范性这一命题具有多重含义。规范性要素分解评估法中的“规范性”是在规范性效力的意义上使用，规范性效力是指，“据以衡量人的行为之行为要求或标准，其所具有的准则性或拘束性”[1]。规范性效力与规范的实际效力不同，后者意指规范的效率或其贯彻施行的机会。具体而言，它是指法律具有应当被遵守的性质，它对人们的行为起到指引作用，并在行为符合或不符合其设定标准时发生相应的积极或消极效果。

正是基于法律文件所具有的规范性效力这一特点，法律适用过程中，如果同一行为在不同的法律文件中会发生不同的积极或消极效果，就会发生法律后果的不兼容现象，这就形成法律规范之间的不一致甚至相抵触等不协调问题，这些不协调问题往往被表达为多种词汇，如规范冲突、不一致、相抵触、矛盾，或者合法性、协调性、衔接等。

规范性要素分解评估法基于法律的规范性特点，着眼于规范性法律文件中的不协调现象，将待评估对象分解为若干要素，并根据协调性指标对这些要素进行综合分析与评估，目的在于呈现法条之间的逻辑关系，分析法条与法律规范之间表现出来的不一致、相抵触等协调性问题。规范性要素分解评估法是针对一定范围内法律规范体系协调性的一种评估方法，以水污染防治法律规范体系为示范，其主要步骤如下。

（1）初步界定法律规范体系的基本范围。水污染防治法律规范体系是指由与水污染防治法相关的各级各类法律规范所组成的有机联系的规范系统。在法律位阶上，以法律、行政法规、部门规章为限，地方法规、地方政府规章以及其他规范性文件不在本次评估范围之内。

选择“北大法宝——中国法律检索系统”的一个子数据库——“中国法律法规规章司法解释全库”作为检索信息库，采用标题关键词检索和全文关键词检索两种检索方法，以“水污染防治”为关键词，分析截至 2010 年 5 月 16 日前该数据库收录的我国现行有效的法律规范。经检索得出，法律 7 部、行政法规 11 部、部门规章 13 部，共计 31 部规范性法律文件。

（2）建立水污染防治法律规范框架体系。以《水污染防治法》的法律条文为基础，逐条归类、总结，梳理水污染防治基本法律制度，本研究将这些基本法律制度称为“法律规范”。《水污染防治法》共 8 章 92 条，根据法条的实质内容，可以确定的基本法律规范有立法目的、基本原则、监管体制、生态补偿机制、跨区域水污染纠纷解决机制、水环境保护目标责任制与考核评价、水污染防治规划、排污许可、排污收费、排污申报登记、监测、饮用水水源保护区、城镇污水集中处理、限期治理共 14 类法律规范。其中，立法目的、基本原则、监管体制、跨区域水污染纠纷解决机制 4 类法律规范，由于其尚未体现为可操作的法律规范形式，不作为评估对象。

再以上述 10 类法律规范为基础，对于每一个法律规范，采用北大法宝数据库的关键字检索加上实质内容主观判断两种方式，分别上溯与下溯其他相关法律法规与规范性法律文件，梳理出每一个法律规范的上位法、下位法、同位法。如此，就建立起以水污染防治法规定的基本法律制度为基干框架，上溯及环保法、下溯相关法律、法规与规范性法律文件的框架体系。

（3）建立单项法律规范的逻辑关系模型。在上述框架体系基础上，对 10 个法律规范分别做单项规范的要素分解。要素分解的实质在于，用分解成各个部分的办法来对待整体，用分解为具体事物的办法来对待抽象，用辨识出各个组成因素的办法来对待一般性法律规范。

基于上述考虑，将每一项法律规范，根据其实质内容分解成若干要素，这些要素旨在体现法律的规范性效力，主要包括法律关系的主体、具体的权利义务方式、行为对象、法律责任等，根据不同法律规范在水污染防治法中的具体条文规定进行确定。之后，再将这些要素分别关联其上位法与下位法，如此，可以建立起每一个法律规范内部法律规则的逻辑关系模型。本研究利用“web brain”对 10 个法律规范分别建立其逻辑关系模型。逻辑关系模型是下一步进行要素分解评估的分析基础。

（4）单项规范的协调性评估。基于上述逻辑关系模型，根据“协调性”评价标准对单项规范进行评估，协调性评价标准详见下文。评价方法可分为定量分析与定性分析，定量分析主要包括频度统计，定性分析主要包括法学上的逻辑分析与语义分析，目的在于呈现法条之间的逻辑关系，分析法条与法律规范之间表现出来的不一致、相抵触等协调性问题。

（5）框架体系的法律功能评估。待评估的 10 个法律规范，每一个法律规范都是一个相对独立的规范体系，单项规范的要素分解评估主要针对每一个法律规范内部的协调性，而对于 10 个法律规范所构成的水污染防治法律规范体系，就法律规范的中观层面看，10 个法律规范分别在水污染防治法律规范体系中发挥着什么样的法律功能，这些法律功能是否能够达到水污染防治法的立法目的，需要采用框架体系的法律功能评估进行评价。框架体系的法律功能评估以“法律关系”概念为分析工具，分析每一个法律规范的主要调整对象，根据法律关系的主体、客体与内容 3 个要素建立起法律规范的法律关系模型，分析该法律规范的法律功能，旨在回答什么样的主体通过什么样的权利义务方式发挥什么样的水污染防治法律功能。

（6）评估结论的提出。在评估结论上，它可以呈现水污染防治法法律规范体系在法律文件层面的基本状况，确定该法律规范体系在实现水污染防治功能上的基本能力，发现法律规范体系内不协调的部分、有待加强的部分、缺失的部分，并以上述信息为基础得出立法制度、环境执法管理制度改革的建议。

（7）提出评估报告。评估报告是对各种评估文件的分析作出简要总结，并以简单明了的形式表达在一个文件中。在报告中务必明确指出最终评估报告的假设与不确定性，还要指明评估所采用的主要方法。

2 评价法律规范体系“协调性”的主要标准

对法律规范体系的协调性进行评估，首先需要规范地界定“协调性”的准确内涵，将协调性这样一个不具备规范性含义的日常用语转化为可操作的评估指标，用以评价待评估对象。本研究确定协调性评估指标的主要依据如下。

（1）“协调”的汉语释义。协调，按照《现代汉语词典》的理解，包括两个义项。一个含义是指“配合得适当”，另一个含义是指“使配合得适当”[2]。前者表明一种性质或者状态（静态），后者表明一种动作、行为或者过程（动态）。

（2）“协调性”在立法学理论上的基本含义。立法协调性的主要内容一般包括内部协调与外部协调，内部协调指法律规范体系内部法律之间的横向关系、纵向关系、结构、形式等的协调；外部协调指法律要与它所要调整的经济社会关系相适应[3]。

（3）“协调性”在法律后评估实践中的基本含义。广东省 2008 年通过的《广东省政府规章立法后评估规定》第 18 条第 3 项规定：“协调性标准，即政府规章与同位阶的立法是否存在冲突，规定的制度是否互相衔接，要求建立的配套制度是否完备。”[4]宁波市 2008 年通过的《宁波市政府规章立法后评估办法》将立法评估分为立法技术评估、立法内容评估和实施绩效评估 3 个方面，其中第 15 条的政府规章立法内容评估包括五项，其中第 3 项规定：“协调性评估：与同位阶的其他规章是否协调；各项制度之间是否相互衔接。”[5]新近正在征求意见的《无锡市人民政府规章立法后评估办法（征求意见稿）》第 9 条将政府规章立法内容评估分为合法性、合理性、协调性和操作性四项标准，其中协调性标准的含义与广东省的规定基本相同。

（4）协调性在规范性法律文件中的基本含义。目前的规范性法律文件中没有专门针对法律协调性评估及其评估指标问题作出规定。但是有关立法活动的一些法律法规或规范性法律文件从不同角度对法律协调性有所涉及。这些立法包括《立法法》《行政法规制定程序条例》《规章制定程序条例》等，原国家环境保护总局《环境保护法规制定程序办法》和其他一些部门的立法以及有关法律解释的法律文件。国务院办公厅 2008 年 8 月 8 日下发的《关于做好法律清理工作的通知》中，列举了法律规范的 3 种不适应、不协调的表现[6]。

（5）体现本次评估的特殊性。我国目前所进行的立法后评估绝大部分都是单一性评估。单一性评估是在某一部特定法律法规实施一段时间以后，由有关主体采取一定方法对法律规范的具体制度和实施效果进行评估。本次评估的特殊性表现在，其评估对象为一定范围的法律规范体系，即国家立法层面的水污染防治法律规范体系。水污染防治法律规范体系指由与水污染防治相关的各级各类法律规范所组成的有机联系的规范系统。该体系在形式上，以水污染防治法为基干法，上溯至环境保护法，下溯至相关的若干平行单行法、相关行政法规、部门规章、其他相关规范性文件等，其中包括法律 7 部，行政法规 11 部，部门规章 13 部，涉及法条上千条，这些法条之间的关系错综复杂，协调性评估的评估对象正是在这些错综复杂的法条之间建立逻辑关系，并评价其矛盾与冲突等不协调问题的表现。因此，评估指标要能够准确评价水污染防治法律规范体系的基本构成要素，其次，要能够准确衡量基本构成要素之间的多种关系。

根据“协调”一词的本源含义，并综合国家和地方有关立法的规定，参考理论上的各方观点，本研究认为，水污染防治法律规范体系的协调性是指，水污染防治法律规范体系在规范层面的结构、要素和内容等方面的和谐、适当、一致和均衡状态，在功能上与经济社会发展水平的适应状态。

水污染防治法律规范体系协调性的内涵又可以进一步分解为 3 个层次：

（1）规范协调性。待评估的 10 个法律规范，每一个法律规范都是一个相对独立的规范体系，规范协调性着眼于每一个法律规范内部的法律条文、法律规则之间的和谐、适当、一致状态。其分析单位为法律条文、法律规则。

（2）功能协调性。待评估的水污染防治法律规范体系主要包含 10 个法律规范，功能协调性着眼于 10 个法律规范所构成的水污染防治法律规范体系，关注 10 个法律规范分别在水污染防治法律规范体系中发挥着什么样的法律功能，这些法律功能是否能够达到水污染防治法的立法目的。其分析单位为法律规范。

（3）结构协调性。待评估的水污染防治法律规范体系由 31 部规范性法律文件组成，从法律位阶上看，31 部规范性法律文件的结构从高到低呈金字塔形状，从立法时间跨度上看，从 1986—2010 年，历经近 25 年。每一个法律文件的颁布生效，每一个法律文件的修订废止，其背后都酝酿着立法体制、执法体制甚至整个社会经济体制在时代背景中的变革与发展。结构协调性通过考察 31 部规范性法律文件的立法部门、法律的稳定性、法律的系统化程度、法律位阶分布情况、立法与社会经济体制改革的相关性等结构性因素，在一定程度上揭示水污染防治法律规范体系的形成与发展过程，呈现其与经济社会发展水平的适应状态。

表 1　协调性评价标准

<table>
<tr><th>类别</th><th>序号</th><th>指标名称</th><th>指标说明</th><th>具体内容</th></tr>
<tr><td rowspan="6">规范协调性</td><td>1</td><td>可操作性</td><td>考察法律规则的逻辑结构是否完整</td><td>行为模式+法律后果</td></tr>
<tr><td rowspan="2">2</td><td rowspan="2">规则类型</td><td rowspan="2">考察法律规则的类型处于什么状态</td><td>权利型/义务型/复合型</td></tr>
<tr><td>规范政府/规范公民、法人</td></tr>
<tr><td rowspan="3">3</td><td rowspan="3">内容要素</td><td rowspan="3">法律制度的具体内容是否协调</td><td>不一致（同位阶）</td></tr>
<tr><td>相抵触（不同位阶）</td></tr>
<tr><td>立法空白</td></tr>
<tr><td rowspan="4">功能协调性</td><td rowspan="3">4</td><td rowspan="3">法律关系主体</td><td rowspan="3">判断该法律制度的主要主体</td><td>政府部门</td></tr>
<tr><td>公民、法人等</td></tr>
<tr><td>社会团体</td></tr>
<tr><td>5</td><td>法律关系客体</td><td>判断该法律制度所要调整的社会关系</td><td>根据每一个法律规范的法律条文综合确定</td></tr>
</table>

类别	序号	指标名称	指标说明	具体内容
功能协调性	6	法律关系内容	法律权利和法律义务	根据每一个法律规范的法律条文综合确定
结构协调性	7	规范性法律文件的数量	法律规范体系内规范性法律文件的数量	规范性法律文件的数量
	8	法律稳定性	法律制定与修改的数量构成	根据全国人大常委会工作报告和全国人大常委会工作全书提供的法律制定与修改数量确定
	9	法律位阶分布	考察法律位阶在体系中的分布状态	根据法律渊源判断法律位阶
	10	立法主体	考察立法主体在体系中的分布状态	根据立法机关判断立法主体
	11	法律系统化程度	配套规章制定情况	根据条文中有明文规定要求制定配套法律规范的情况判断法律系统化程度

3 规范性要素分解评估法的关键技术及其运用

3.1 社会学上的一般评估方法

水污染防治法律规范体系协调性评估中运用的具体评估技术，既包括社会学上的一般性评估方法，也包括能够体现本次评估特点的法学上的分析技术。社会学上的一般性评估方法包括文献分析、统计分析、问卷与访谈等。

（1）文献分析。文献分析主要是指对那些评估者不能直接接触的研究对象进行间接观察和搜集情报资料的办法。规范性要素分解评估法中的文献分析主要是以针对立法背景资料、法律草案的形成过程等文献进行研究，如全国人大常委会工作报告、全国人大常委会工作全书、法律文件的立法说明等。它适合于对法律规范体系的形成进行纵向分析，在一定程度上整理、研究法律规范体系的基本结构、发展过程。

例如，就水污染防治法律规范体系的整体结构而言，从结构上看，水污染防治法律规范体系按照法律位阶，从高到低呈金字塔形。其中，47%的法律文件为部门规章，32%的法律文件为行政法规，7%的法律文件为法律。水污染防治法律规范体系表现出较为明显的部门立法趋势。1986—2010 年，行政法规的制定较为平稳，进入 2000 年之后，部门规章发展迅速，2001 年以后制定的部门规章占全部部门规章的 69%。

（2）统计分析。统计分析是利用统计学原理与技术汇集、整理和分析各种数量资料，用简洁明了的量表将适合量化表达的评估结论描述出来。它适合于对法律规则的可操作性、法律规则的类型进行统计分析，并对法律规则的具体内容是否协调做量化表达，呈现出法律规范体系在规则的可操作性、基本类型等方面的现状。

比如，就法律的可操作性而言，大多数法律规则没有规定法律后果，导致法律欠缺实施力度。以水污染防治规划制度为例，在待评估的 21 个法律规则中，只有 15%的法律规则有法律后果，这在一定程度上说明，水污染防治规划法律制度在实施上欠缺法律责任，必然影响到水污染防治规划制度的实施效力。就法律规则的类型看，绝大多数法律规则为义务型规则，权利型规则非常少。绝大多数法律规则旨在规范公民、法人及其他单位等私人主体的义务，对政府部门的行为规范非常少。比如排污许可法律制度，在待评估的28个法律规则中，96%的法律规则是义务型规则，86%的法律规则是规范公民、法人及其他单位行为的，只有14%的法律规则是规范政府行为的。这在一定程度上说明，排污许可法律制度注重规范公民、法人及其他单位承担的法律义务，不注重对公民权利的法律保护，不注重对政府自身行为的法律规范。

（3）社会调查。水污染防治法律规范体系协调性评估中运用的社会调查方法主要是问卷与访谈，它主要适合于对评估初步结论的验证。

3.2 法学上的分析技术

（1）要素分解。拉伦茨指出："立法者不只是把不同的法条单纯并列串联起来，而是形成许多构成要件，基于特定指导观点赋予其法律效果。透过这些指导观点，才能理解各法条的意义及其相互作用。法学最重要的任务之一，正是要清楚指出彼等由此而生的意义关联。由法学的眼光来看，个别的法条，即使是完整的法条，都是一个更广泛的规整之组成部分。"[1]

基于上述考虑，要素分解方法是理解法律规范体系的一个便捷方法，体现了法学思维的基本特点。它将一个庞杂的法律规范体系分解成大量的、特定的细节，即达到法律规范性效力的诸多构成要素，并将这些细节组织成一组清楚的图画，一种概括的模式，或一组相互连接的法律条文和法律规则。它不是为了证明某种普遍的法则，而是提出某种尝试性的理论。

（2）逻辑分析和语义分析。当本研究提出"规范性要素分解评估法"这一方法的轮廓时，在某种程度上，就将本研究的内容置于众矢之的。因为所谓"规范性"，在法学方法论研究中具有异常丰富的内涵，需要说明的是，本研究对规范性的界定止步于规范法学意涵之内，其中对法律规范体系的逐层耙梳，在一定程度上反映出了分析实证法学研究方法的基本思路。分析实证法学主张，法律研究应注重从逻辑和形式上分析实在的法律概念和规范，它通过概念的分析与建构形成规则，通过逻辑系统形成超越具体问题的形式合理性，尽可能将纷繁芜杂的社会现实概括至一个严谨的法律概念系统之中。例如，排污许可制度评估的初步结论见表2。

表2 排污许可制度评估的初步结论

<table>
<tr><th>要素分解</th><th>不协调之处</th><th>评价标准</th><th>数量</th></tr>
<tr><td>许可的设定</td><td>《水污染防治法实施细则》第10条的授权制定部门规章的规定没有落实，下位法有立法空白</td><td>立法空白</td><td>1处</td></tr>
<tr><td rowspan="2">许可范围</td><td>《淮河和太湖流域排放重点水污染物许可证管理办法》的规定，在许可范围的主体属性方面与《水污染防治法》有冲突</td><td>相抵触</td><td rowspan="2">2处</td></tr>
<tr><td>在许可范围的行为条件方面，《淮河和太湖流域排放重点水污染物许可证管理办法》的规定与同位阶的《城市排水许可管理办法》有冲突</td><td>不一致</td></tr>
</table>

要素分解	不协调之处	评价标准	数量
审查期限	《淮河和太湖流域排放重点水污染物许可证管理办法》第 9 条对审查期限的规定与《行政许可法》的规定冲突	相抵触	2 处
	《淮河和太湖流域排放重点水污染物许可证管理办法》第 9 条“逾期未作出决定的，视为作出批准发放排污许可证的决定”，没有上位法依据	相抵触	
不按许可证排污的法律责任	《淮河和太湖流域排放重点水污染物许可证管理办法》的“责令停止排污”和“暂扣排污许可证”的规定，与《水污染防治法实施细则》的规定相冲突，没有上位法依据	相抵触	3 处
	《水污染防治法实施细则》和《淮河和太湖流域排放重点水污染物许可证管理办法》“责令限期改正”扩大了《水污染防治法》规定的方式，与上位法冲突	不一致	
	关于罚款数额，《水污染防治法实施细则》和《淮河和太湖流域排放重点水污染物许可证管理办法》的规定也与《水污染防治法》相冲突	相抵触	
排污口监测违规的法律责任	《淮河和太湖流域排放重点水污染物许可证管理办法》对排污口监测违规行为的罚款数额，与《水污染防治法》的规定存在冲突	相抵触	1 处
总计	共 9 处，涉及 5 个方面		

4 结语

需要说明的是，本研究方法具有局限性，它是从法律条文的字面形式上评价法律文件的合理性，不是从现实生活中的实际操作状况进行考察。水污染防治法律规范体系纷繁庞杂，不同位阶的法律规范并非彼此无关地平行并存，它们彼此之间存在着各种脉络关联。即使是创造出这一规范体系庞大身形的立法者，即使是优秀的法学家，恐怕也难以洞悉其复杂交织的全貌。法律规范体系协调性评估方法的提出旨在较为科学地评价一定范围内法律规范体系现状在法律文件层面的基本状况，确定该法律规范体系在实现水污染防治功能上的基本能力，发现法律规范体系内不协调的部分、有待加强的部分、缺失的部分。

参考文献

[1] 卡尔·拉伦茨. 法学方法论[M]. 北京：商务印书馆，2003：78，114.
[2] 中国社会科学院语言研究所词典编辑室. 现代汉语词典 5版[M]. 北京：商务印书馆，2005：1506.
[3] 周旺生. 立法学教程[M]. 北京：北京大学出版社，2006：433-435.
[4] 广东省政府规章立法后评估规定（广东省人民政府令第 127 号）.
[5] 宁波市政府规章立法后评估办法（甬政发[2008]78 号）.
[6] 关于做好法律清理工作的通知（国务院办公厅 2008 年 8 月 8 日）.

常熟市排污许可证制度应用研究

Study on Application of Discharge Permit System in Changshu

李 冰[①,2] 毕 军[②,1] 欧阳黄鹂[2] 屈 健[2]
（1. 污染控制与资源化研究国家重点实验室，南京大学环境学院，环境管理与政策研究中心，南京 210093；2. 江苏省环境科学研究院，南京 210036）

摘 要：本文通过研究排污许可证制度在常熟市的应用实施情况，分析了现行排污许可证制度在法律基础及证后监督管理方面存在的不足，并提出了进一步完善排污许可证制度的建议。
关键词：排污许可证制度 常熟

Abstract: According to the research of the discharge permit system of the application and implementation in Changshu City. This paper analysis the current discharge permit system the shortcomings in the legal basis and in supervision and management，and proposed to further improve the discharge permit system recommendations.
Key words: Discharge permit system Changshu

前 言

2008 年修订《中华人民共和国水污染防治法》第二十条明确规定“国家实行排污许可制度”。“十一五”期间，随着太湖流域在污染源监控预警方面能力的提升，进一步推行排污许可证制度，是太湖流域污染物减排工作的根本要求和环保制度创新的现实需求，是环境保护部门实现精细管理、准确管理、定量管理和动态管理的选择，也是全面、系统提升我国水环境管理整体质量的必由之路。

---

① 作者简介：李冰，1968 年 1 月生，南京大学环境学院在读博士研究生、江苏省环境科学研究院副院长，研究员，从事环境规划与管理研究。地址：南京市凤凰西街 241 号；邮编：210036；电话（传真）：025-86602054；手机：13913917676；电子邮箱：libing@jsaes.com。

② 作者简介：毕军，南京大学环境学院院长，教授，博导。

1 常熟市排污许可证制度实施情况

1.1 常熟市排污许可证制度的依据

为实施污染物总量控制，加强污染防治的监督管理，改善环境质量，根据《中华人民共和国行政许可法》《中华人民共和国大气污染防治法》《中华人民共和国水污染防治法实施细则》和《淮河和太湖流域重点水污染物许可证管理办法（试行）》等规定，江苏省环境保护厅2001年制定了《“十五”期间江苏省实行排污许可证制度工作方案》。

1.2 常熟市排污许可证发放情况

常熟市从2005年起正式推行排污许可证制度，以常熟市环境保护局为主体，与苏州市环境保护局两级环保部门按照“权责统一”的原则，对常熟市境内的重点源和非重点源实行排污许可证分级审批颁发制度。2009年起，常熟市环保局负责常熟市辖区内所有排污单位的排污许可证审批、发放和管理。按照江苏省统一的排污许可证格式向重点企业发放排污许可证，其中将水、气、固等污染物排放量均包含在内，对各企业的COD、SO_2及特征污染物排放量均作出规定。

目前，常熟市的工业企业数量约为5 000家，已申领排污许可证的企业约为800家，其中重点企业486家，排污量占常熟市污染物总排放量的85%以上，此外，还有约10家医院和市内全部的污水处理厂也已申领排污许可证。根据污染物总量控制原则，常熟市环境保护局以排污申报单位的环境影响评价报告书中核定的污染物排放量数据作为污染物排放许可证核发的基础数据，并结合“三同时”验收数据进行核准，作为污染物排放许可证核发的依据。

1.3 监督核查

根据排污单位水质在线监测设备使用情况，对持证单位的污染物排放监督核查分为两种情况进行。①对于安装水质在线监测仪并正常运行的排污单位，常熟市环境保护局利用在线监测数据与监督监测数据相结合的方法核定其排污量，两者权重调整范围根据各在线监测仪数据的可靠性设定在40%～60%；②对于尚未安装水质在线监测仪或虽安装了在线监测仪但不能正常运行的排污单位，常熟市环境保护局主要利用监督监测数据核定其排污量，并确保每月至少有一次监督监测数据，缺失监测值以缺失时间段上推至与缺失时间段相同长度的前一时间段监测值的算术平均值替代。如前一时间段有数据缺失，再依次往前类推。

1.4 信息公开

常熟市环保局在其官方网站上向办事企业和群众告知办事程序、申报材料、办结时限等内容，办事企业和群众可以通过上网进入各职能部门网站等方式查询行政审批事项的相关信息。另外，排污许可证核发工作结束后，常熟市环保局将在市环保局网站上公布全市排污许可证发放情况以及重点排污单位的排污费缴纳情况，并定期将污染严重排污者主要污染物排放情况向社会公布，推进环境政务信息公开，满足公众对环境信息的需求，接受群众监督。

2 常熟市排污许可证制度存在的问题

2.1 法律地位缺失

目前，排污许可证制度实施的最大障碍在于缺乏法律法规的支撑，在新修改的《水污染防治法》（2008）实施之前，水污染物排放许可证制度缺乏上位法确保其合法性[1]。水污染物排放许可证制度的实施主要依据《水污染物排放许可证管理暂行办法》，然而，《水污染物排放许可证管理暂行办法》中对许可证制度的规定很不细致，缺乏关于实施细则的详细规定。《淮河和太湖流域排放重点水污染物许可证管理办法（试行）》（2001）将《办法》中的规定具体到淮河和太湖流域的重点水污染源，但是仍然没有具体的规定，如许可证的监测方案设计规范、许可证的资金机制等重要内容，都缺乏明确的法律法规进行规定和说明。由于上述问题的存在，导致排污许可证没有强制力和权威性，企业对政府环保部门颁发的排污许可证重视程度低，丢失许可证的事情时有发生。

2.2 在线监督数据可信度不高

由于在线监测数据是排污收费和环境执法的主要依据，一些排污企业受利益驱使，难免会在在线监测设备上做手脚。如偷换仪器芯片、在探头下加装水管来稀释污水，甚至在采购在线监测仪器时，委托生产厂家在仪器上设定要监测的污染物的最高限值，比如设定COD为100 mg/L，这样，即使企业排放的污水COD 超过了100 mg/L，在线监测仪器显示出来的COD质量浓度依然是100 mg/L。虽然目前常熟市所有已安装的在线监测仪器已经与当地环保部门联网，但是缺乏对在线监测仪器设备运行状态的监督和对在线监测数据真实性的考核，这在一定程度上反映了我国目前在在线监测仪器的监管上存在工作缺失。

2.3 监督核查力量不足

环保部门对污染源排放情况的监督以及对污染源排放申报信息的核查是污染源达标排放的保障。

目前，常熟市环境保护监督核查力量严重不足。首先，污染源监督核查工作量增长迅速。随着经济建设的发展，大批新的污染源不断产生，环保监管的工作量也逐年增加。现有的执法队伍和装备严重不足，与繁重的工作任务失衡，导致环保部门对污染源监督核查力量严重不足。例如，常熟市环境监测站拥有人员数量为 30 人，年例行水质监测数据达到6万个，另外需要对参与试点的117家重点排污单位的污染物排放情况进行每月1次的监督监测，已是压力巨大，今后若进一步开展对申领排污许可证的所有企业每月1次的监督检测，将更加力不从心。其次，环境监测装备相对落后，监测过程耗时耗力，不能满足监督核查工作需要。

2.4 违规处罚力度过轻

目前，《水污染物排放许可证管理暂行办法》第五章和《水污染防治法实施细则》第五章中针对非法排污的处罚措施主要是警告和罚款，而且处罚规定不明确，《淮河和太湖流域排放重点水污染物许可证管理办法》第十七条、第十八条、第十九条中针对违规排污等违法行为的罚款数额较低，责罚不相当，导致“守法成本”高于“违法成本”，一些企业宁愿以罚款来换取非法排污。对于一些应当申请而不申请排污许可证的排污单位，也没有较为严厉的惩罚措施，久而久之，将使遵守排污许可证管理办法的企业或单位也处于被动状态。因此，必须制定明确、合理的处罚规定，对非法排污行为起到威慑和控制的作用。

3 完善常熟市排污许可证制度的建议

3.1 确立排污许可证的核心地位

排污许可证应当成为企业环境责、权、利的法律凭证，与环境影响评价制度、“三同时”制度、限期治理制度以及排污收费制度互相配合、衔接，依证管理，按证排污，违证处罚，规范排污者的环境行为[2]。例如，排污许可证制度与排污权有偿使用制度进行衔接，排污许可证与排污收费直接挂钩，依据排污许可证所允许的排污量核定排污费。促使企业既不多报，以免多交排污费，又不少报，以免超证排放受罚，从而避免企业虚报排污指标的现象。这样一来，排污许可证制度就成为环境管理的基础性、支柱性和协调性的制度，一证对外，真正起到了控制污染，保护环境的作用。通过排污许可证制度，将环境管理中的其他各项制度有效衔接，从而使环境管理成为一个更为科学的体系，使我国的环境管理工作上升到了一个全新的高度。

3.2 探索排污许可证在排污交易中的作用

在环境保护的各种政策手段中，排污权交易手段对市场机制的利用最充分，是我国实行总量控制下最有潜力的环境政策，也是弥补排污许可证制度不足的有力手段[3]。排污许可证制度的实施，不仅规定了排污企业的按证排污的责任、义务和要求，同时也确立了排污企业在遵守法律、法规、规章、制度前提下的排污权利。企业要在激烈的市场竞争中生存，就必须在控制污染物排放和保护环境方面处于领先地位，这样不仅可以使企业进入绿色、环保企业名单，提升企业的公众形象，还可以引领环保技术和标准的发展方向，将企业用不完的排污权在排污交易市场上转让取得经济效益。从而使排污权交易制度配合并促进排放许可证制度的顺利实施。

3.3 探索新的处罚机制

排污许可证制度应当是环境行政机关的事前调控措施，由环保部门对申请排污的企业的具体条件与资格进行审核，从而决定是否准许其从事特定的排污活动，对于企业不经许可而进行排污的行为，应进行加重处罚。目前的排污许可证制度设计还存在很多漏洞，部分企业还存在违法排污、违反排污许可证管理规定的倾向，其主要原因主要有两点：一是排污许可证处罚机制设计主要是针对排污企业的经济处罚，而对于违法排污行为的直接责任人和主管领导的处罚依据不明、处罚力度不够；二是对排污企业排污行为的规定不具体，没有从规范企业排污行为方面做文章，导致对企业排污行为的监管不到位，也无法对违法排污行为进行准确的量罪定刑。建立有效的处罚机制，已成为进一步推进排污许可证制度关键所在，对于应当申领排污许可证而没有申领的，除了要对排污单位进行处罚外，还应当对直接负责排污的相关责任人和主管领导个人进行处罚。由于企业排污存在一定的不确定性，因此，允许企业的排污浓度在一定范围内有所波动。但企业的每次排污行为必须符合排污许可证的相关规定，排污直接责任人、排污主管领导、排污第三方监测人员对企业是否按规定排污进行确认并签字，签字确认的企业排污记录具有法律效力，如发现排污单位有违法排污行为，除要对违法排污企业进行罚款外，还要追究其相关责任人和主管领导的责任，根据其违规情节的严重程度对其进行处罚，包括警告、记过、免职等行政处罚措施，对于多次或故意违反排污许可证规定的排污程序而违法排污的，可以给予拘留处罚，构成刑事犯罪的将移交司法机关量罪定刑。

3.4 建立联席会议制度

为进一步加强常熟的生态环境保护，实现执法联动由“小环保”向“大环保”的转变，需要环保局与当地人民法院、人民检察院、公安局、工商局、发改委、经贸委、国土资源局、卫生局、城管局、市农业局、水利局、林业局等单位组建常熟市环境保护执法联席会议，由环保局担任联席会议召集人。联席会议每个季度定期举行一次，就环境违法犯罪案件有关情况进行交流、沟通和协调。

参考文献

[1] 唐珍妮. 排污许可证制度存在的问题及对策[J]. 长沙大学学报，2008，9（22）：59-61.

[2] 罗吉. 完善我国排污许可证制度的探讨[J]. 河海大学学报，2008，9（10）：32-36.

[3] 张明明. 从排污许可证到排污权交易[J]. 决策与信息，2009，8：93-94.

江苏省城乡统筹区域供水机制研究

Research on Urban-Rural Regional Drinking Water Supply in Jiangsu Province

林国峰①
（江苏省住房和城乡建设厅城市节水办，南京　210036）

摘　要： 实施区域供水工程，能有效控制地下水过度开采、降低乡镇供水安全隐患，提高城乡居民饮用水水质。本文从区域供水规划实施情况和成效、政策保障体系、资金筹措机制等方面，深入研究了江苏省城乡统筹区域供水机制，为我国不同地区、不同规模的区域供水工程提供实施建议和示范借鉴。

关键词： 区域供水　规划　政策保障　资金筹措

Abstract: The implementation of regional drinking water supply programme can protect the groundwater from being excessively exploited，and enhance water supply safety in township and rural area as well. The urban-rural regional drinking water supply in Jiangsu province was researched through the implementation planning，policy guarantee system and funds-raising scheme. Implementation proposals and references of regional water supply for diverse scale in different areas can be obtained from this paper.

Key words: Regional drinking water supply　Planning　Policy guarantee　Funds-raising

前　言

随着工业迅速发展和城市化进程明显加快，因地下水过量开采和地表水污染加剧导致的城镇供水不足的矛盾日益突出，极大地影响了社会生产与生活，制约了城乡经济社会的可持续发展。为此，江苏省按照科学推进城市化战略和区域共同发展战略的要求，在全国率先提出城乡统筹区域供水思路。从基础设施共建共享入手，打破行政区划限制、打破城乡二元结构，统筹规划和建设城乡供水设施，积极探索市场经济条件下的区域供水设施建设、运行和管理模式，较好地解决了城乡供水问题。经过几年的努力，已在全省范围内取

① 作者简介：林国峰，1971 年 7 月生，江苏省住房和城乡建设厅城市节水办副主任，高级工程师。专业领域：市政工程和城乡供水管理；地址：南京市草场门大街 88 号；邮编：210036；电话：025-51868567；手机：18951868567；传真：025-51868536；电子邮箱：jstjsb@ 126.com。

得重大进展和显著的经济、社会、环境效益。

本文在充分调研江苏省区域供水典型案例的基础上，围绕三大区域供水规划实施情况和成效、政策保障体系以及资金筹措机制等，系统地探讨了城乡统筹区域供水规划实施的政策支持和资金筹措机制，为区域供水工程的顺利实施提供理论借鉴。

1 三大区域供水规划实施情况和成效

为科学指导区域供水设施建设，自 2000 年起，由江苏省建设厅牵头，以设计单位为技术依托，先后组织编制了《苏锡常地区区域供水规划》《宁镇扬泰通地区区域供水规划》和《苏北地区区域供水规划》，总规划面积达 10.26 万 km^2。其中，《苏锡常地区区域供水规划》为国内最早实施的跨市区、城乡统筹区域供水规划，通过对沿江水源地、取水口整合、水厂规模布局、城乡区域供水输配水管网建设、跨行政区供水协调、城乡供水市场化运作等进行充分研究和论证，合理确定区域供水工程方案。

至 2009 年年底，苏锡常地区规划范围内的乡镇均实现了城乡统筹区域集中供水，宁镇扬泰通地区和苏北地区也分别有 65%、37%的乡镇实现城乡统筹区域供水，镇村受益人口达到 1 500 余万人。按照区域供水规划，到 2010 年年底，宁镇扬泰通地区供水普及率将达 80%、苏北地区将达 60%，共需建设水厂总规模 918 万 m^3/d，输配水主管道 5 403 km，完成对 718 个乡镇的供水，镇村受益人口达 2 496.88 万人。

实践证明，城乡统筹区域供水规划的实施，为当地经济社会发展和人民身体健康提供了有力保障，主要表现为：

（1）改善城乡供水水质，提高广大农村居民的生活质量。通过城市自来水向乡镇和农村的供应，实现了农村和城市供水“同水源、同管网、同水质”，彻底改变了农村居民长期依靠深井水或河塘水的饮水习惯，饮用水水质安全得到了提高。以肠道传染病为例，常熟市实施区域供水的前五年，每 10 万人中年平均发病人数为 162.59 人，实施区域供水后的 2004 年仅为 22.01 人，下降 86.46%；一些乡镇和村庄在区域供水通水前，没有一个适龄青年能够通过入伍体检，而区域供水通水后，每年都有合格的适龄青年入伍。此外，城乡统筹区域供水还使乡镇企业用上优质水，减少涉水产品质量纠纷，增加企业出口创汇能力。例如，常熟市东张镇过去以深井水为生产用水，制作净菜产品，由于水质难以保证，常发生退货和赔偿，区域供水后，不仅保证产品顺利出口日本，而且进一步拓展了欧美市场。

（2）有效控制地下水过度开采，促进水资源合理利用。以苏锡常地区为例，通过实施城乡统筹区域供水，封填了 4 831 眼深井，彻底改变了苏、锡、常三地农村生活用水和工业用水主要来自地下水的局面；保留的 288 眼监测井中，水位上升和稳定的监测井有 266 眼，占总数的 92.4%；地下水水位上升区面积占禁采区总面积的 96.8%；地面沉降速率趋缓，苏州、无锡等地年沉降速率控制在 10～15 mm。地质环境明显改善，京沪铁路、沪宁高速等重大基础设施运行安全得到有效保证。

（3）避免供水设施重复建设，提高投资效率。城乡统筹区域供水的实施，有利于资金和技术力量集中投入，节约建设资金和运行管理成本，有利于提高长江岸线资源和水资源利用率，有利于提升水处理工艺和水质监测能力。例如，原锡山市计划以分散布局、独立运营方式建设锡东供水工程，解决25个乡镇供水问题，总投资估算为8.35亿元，单位制水成本1.28元/m^3；而无锡市统一实施区域供水后，实际投资7.1亿元就解决了上述问题，制水成本仅为0.84元/m^3，较之前下降34%。

（4）促进供水行业集约化发展，提高企业经济效益，提升管理水平。以靖江市为例，实施区域供水后，市自来水公司日最高售水量由9万m^3上升到近20万m^3，漏失率从接管时的50%以上，降至目前的30%左右，经济效益节节攀升，从2008年开始扭亏为盈，有力促进了全市供水事业迈上良性循环和可持续发展轨道。

2 政策保障体系

为加大对区域供水设施建设的扶持力度，确保工程顺利推进，江苏省出台了一系列支持政策：

（1）保证规划严肃性和可操作性。三大区域供水规划均由省建设厅组织全省各地城市供水主管部门和供水企业共同编制，经省政府组织规划论证并批准实施，保证了规划的严肃性。在批准区域供水规划时，省政府明确将区域供水规划的实施列为省重点建设项目，对区域供水水厂、输配水系统等工程，享受供地、规费减免以及价格等优惠政策，保证了规划的可操作性。

（2）禁止开采地下水。2000年，江苏省人大常委会颁布了《关于在苏锡常地区限期禁止开采地下水的决定》，要求各地根据区域供水实施进度，按照“水到井封”的原则，积极做好地下水超采区、水质咸化区的深井封填和乡镇小水厂的关闭工作。在有效改善地质环境的同时，进一步推动了城乡统筹区域供水的实施力度。

（3）省级财政专项资金扶持。省十届人大四次会议通过了《关于加大财政投入加快环境治理基础设施建设的建议》议案，确定省级公共财政在“十一五”期间每年划拨1.5亿元专项资金，按照“以奖代补”原则，用于城乡统筹区域供水规划实施中非营利性投资部分建设的补助。此外，2000—2003年，省政府每年下拨3 000万元用于补助苏锡常地区区域供水设施建设。

（4）制定价格扶持政策。2002年，省建设厅与省物价局共同出台《苏锡常地区区域供水价格管理暂行办法》（宁镇扬泰通地区和苏北地区参照执行），在价格形成机制上，实行有利于推进区域供水的水价政策：对区域供水中新、扩建设施实行保本付息、略有盈余的价格政策；供水价格实行同网同价，暂不实行两部制水价、阶梯式水价及季节性浮动价；对乡镇及以下用户暂不征缴污水处理费、水厂建设费、水资源费、水利工程水费等各种规费。主要目的是让各地利用好这个价格空间，补偿供水成本，这样既有利于乡镇供水的经营，也有利于解决现阶段乡镇和农村管网的改造和建设资金。

（5）加强监督考核。省建设厅受省政府委托，按照三大区域供水规划，每年年初制订当年实施计划，年终会同省财政厅对各地完成情况进行考核，根据考核结果和“以奖代补”的政策，下达年度补助资金；并进一步建立目标责任制，定期检查各地实施进度，将结果及时上报省政府，通报各地政府，督促各地完成年度目标任务，确保规划目标顺利实现。

（6）地方行政推动。在上述强有力政策的推动下，各地政府也纷纷结合本地特点，制定有利于实行区域供水设施建设的政策措施：将区域供水作为民心工程，列为年度为民办实事工程重点实施项目；明确一名领导具体负责，层层建立责任制，完善市对县（市）、县（市）对乡镇的考核体系和制度；落实专人抓好工程质量和进度，并组织专业技术人员加强现场管理和指导；增加公共财政投入，加大资金扶持力度等。以扬州市为例，市政府将区域供水列入为民办实事项目，纳入年度工作目标，出台《扬州市区域供水工程实施方案》《扬州市区域供水工作目标考核试行办法》等，对区域供水工程中涉及的用地、占道、破路、赔青和拆迁等方面，按市公益项目给予大力支持，并委托水利部门根据工程实施进度，落实“水到井封”工作。同时，成立以常务副市长为组长，各相关部门和县（市）、区政府主要负责人为成员的全市区域供水工作领导小组，建立“市、县（市）、乡镇”“市、区、街办”“市、主管部门、供水企业”三个三级区域供水管理网络。

以上支持政策的出台和强有力的行政推动措施，一方面保证城乡统筹区域供水工程建设有充分的政策依据；另一方面也有效加大了对建设资金的扶持力度；同时，对于妥善解决和协调工程实施过程中出现的各种问题和矛盾也发挥了积极作用，确保城乡统筹区域供水规划按期完成。

3 资金筹措

3.1 筹资方式

城乡统筹区域供水基础设施建设投资大，筹资任务十分艰巨。因此，在用足用好优惠政策的基础上，江苏各地采用市场化运作方式，按照“谁投资、谁受益”的原则，多渠道筹资，广泛吸纳包括外资和社会资本在内的各种资金，以期建立行之有效的资金筹措机制。目前采取的筹资方式主要包括以下几种。

- 政府财政投入：主要包括积极争取中央和地方债券、农村饮用水安全工程补助资金、向省政府争取“以奖代补”资金以及地方财政补助等几种形式。
- 利用政策性收费筹集建设资金。
- 向国内、外政府或银行申请贷款。
- 采用 BOT（Build-Operate-Transfer）方式引资建设。
- 供水企业自筹：主要是各地供水企业将其合理利润、固定资产折旧和大修理更新改造等资金，投入区域供水设施建设。
- 受益乡镇和单位、居民用户合理承担部分管道建设费用。

【案例一】

南通市目前共完成各类投入 20 多亿元。其中，县级财政较好地体现民生型导向，加大了对区域供水工程的支持力度，累计投入资金达 11.3 亿元；此外，各县（市）区供水主管部门和市发改委、水利局等部门密切配合，积极向上争取国债资金 1.5 亿元；如皋市、海安县则采取 BOT 方式，吸引社会资本 4.5 亿元，建成西北片引江区域供水一期工程。

【案例二】

扬州市自实施区域供水以来，除地方政府财政投入外，共向银行贷款 2.66 亿元，向省政府争取“以奖代补”资金 3 576 万元，向中央财政争取国债资金 3 250 万元、农村饮用水安全补助金 5 867 万元，累计投入资金达 9.16 亿元。

【案例三】

靖江市主要通过企业自筹一点、向上争取一点、银行贷款一点相结合的方法筹措资金。其中，累计争取到国债、农村饮用水安全工程补助金、省政府“以奖代补”资金 3 000 余万元；向银行办理中长期贷款 8 000 万元；此外，还通过适度调整水价、取消乡镇水厂自制以增加水费收入等方式缓解资金压力。

【案例四】

常州市武进区积极把工程推向市场，与中国江河水务投资公司、香港伟创实业有限公司和武进供水总公司联合组建中外合作的江河港武水务（常州）有限公司，承担起武进长江引水工程的建设和运行管理责任，从区外引进 70%的建设资金。在统筹区域供水工程中，通过区财政投资 30%、江河港武水务（常州）有限公司投资 50%、受益镇投资 20%的方式，筹集资金 2.28 亿元。此外，为解决 4 亿元的镇域联网供水工程建设资金，采取“政府引导、社会参与、多元投入、市场运作”的办法，多渠道筹资，具体做法为：①区财政通过“以奖代补”的形式对自来水改造的每户居民补助 200 元，江河港武水务（常州）有限公司亦同步补助 100 元；②镇财政按不低于区财政补贴的 2 倍安排专项资金扶持工程建设；③受益企、事业单位和城乡居民均按区定标准承担建设资金；④广泛吸纳其他民间资本和工商资本。

上述资金筹措方式实现了投资主体和筹资渠道的多元化，加快了区域供水工程的实施步伐。但是，由于项目建设周期短、投资大、回收周期长，资金来源仍是发展城乡统筹区域供水面临的主要问题之一。建议各级政府进一步加大公共财政投入力度，在每年的城建资金中给予适度倾斜，并继续坚持市场化运作方式，多渠道融资。同时，加强对资金使用的监督管理，以提高投资效益，确保区域供水工程顺利、良好实施。

3.2 建设方式

在实现多渠道筹资的同时，各地政府结合地方实际，积极探索适合本地特点的区域供水设施建设方式。目前，主要形成有以下 5 种深具代表性的模式。

（1）制供分开、市场融资的南通模式。南通市区域供水设施建设主要采取两种方式：通如（通州区、如东县）、启海（启东市、海门县）地区的区域净水厂由南通市自来水公司投资建设，输水管网由各县市负责建设，其中，输水干管共管共建设，工程投资按水量比例分摊，专管各自建设；如皋市、海安县的区域供水采用 BOT 方式建设，由新加坡上市公司组建的江苏鹏鹞水务有限公司，负责从取水至增压泵站间的供水设施建设，两县（市）自来水公司负责本辖区管网建设。

（2）产权清晰、城乡统筹的扬州模式。扬州市由市自来水公司负责建设市区至乡镇计量水表前的所有供水管道和设施；江源供水有限责任公司（由市自来水公司在 2006 年出资 2 200 万元注册成立，由其作为法人主体收购、兼并和经营、管理乡镇水厂）负责建设乡镇内部的供水管道和设施。

（3）集中整合、多元投资的无锡模式。无锡市政府通过强有力的协调，确定区域供水工程建设采用分级分段负担：水厂和大型加压站由市负责建设，市到镇的管网由市、区两级政府共同投资，市（自来水总公司）承担 2/3，区镇承担 1/3；镇到村的管网（含加压站、供电、旧管网改造等）建设资金以各镇自筹为主，区政府适当补助；青苗赔偿和路面修复费用由各镇承担。在明确具体分工后，各部门通过银行贷款等多种手段筹措资金，确保区域供水工作稳步推进。同时认真做好召开听证会、上报调价方案等水价调整准备工作，确保贷款及时还付。

（4）市、县、镇共同入股，损益共摊的江阴模式。江阴市采取“谁出资、谁得益”以及“市负责筹资建水厂、乡镇筹资建管网，市供水到镇、镇供水到村”的区域供水设施建设方式。在具体操作上，由相关镇政府共同出资组建股份制供水有限公司，原市自来水总公司以技术服务参与供水日常经营管理。取水设施及净水厂由市自来水公司负责建设；增压站以及市区到镇水厂之间输水管道的建设由供水有限公司负责；镇水厂及乡镇内部供水管网由镇政府负责建设。

（5）集中投资、统一动作的常熟模式。常熟市按照“统一规划、统一建设、统一管理、统一经营”的原则，由政府主导，将原分属各镇和水利、电力系统的 31 个乡镇水厂全部划归市自来水公司，改为营业所。由市自来水公司直供到户，统一负责所有供水管网和设施的建设。

4 结论

实施区域供水工程，是解决城乡居民饮用水水质安全的根本途径，能有效控制地下水过度开采、降低乡镇供水安全隐患。本文通过汇总分析江苏省城乡统筹区域供水典型案例，深入研究了城乡统筹区域供水的资金筹措和建设机制，为我国不同地区、不同规模的城乡统筹区域供水工程提供有效的实施建议和示范借鉴，对较好解决城乡统筹发展中供水基础设施不配套的矛盾具有重要意义。

基于成本效益均衡的重点污染源筛选方法研究——以造纸行业为例

The Cost-benefit Based Method for Screening Intensive Polluting Enterprises: the Example of Paper Production Industry

叶维丽[1,①] 林 凌[2] 吴悦颖[1]
（1. 环境保护部环境规划院，北京 100012；2. 南开大学环境科学与工程学院，天津 300071）

摘 要：本文针对目前国家污染重点监控污染源筛选方法现状进行评估分析，提出从经济学角度，运用成本效益均衡法计算重点污染源单因子筛选比例，是对累计污染负荷法的改进和补充，使其更好地实现对国家重点污染源的有效筛选。

关键词：重点污染源 筛选方法 筛选比例 成本效益均衡

Abstract: In this paper, we analyzed and evaluated the current screening method for polluting enterprises of national intensive monitoring and control. Then we calculated the coefficient of single factor based on Cost-Benefit Analysis. This method offered improvement for Cumulative Pollution Load Method from an economic point of view which could screen national polluting sources more effective and scientific.

Key words: Intensive pollution sources Screen method Screen coefficient Cost-benefit analysis

前 言

国控重点污染源是国家重点监控企业的简称，是国家环境监测和监管的重点对象，是从国家层面上集中控制和管理的对象集合。国家重点监控废水企业名单筛选工作是从2005年开始的，以8万多家重点调查企业为基础，分别对工业废水、化学需氧量（COD）、氨氮（NH_3-N）排放量进行统计并最终确定重点污染监控企业名单，此后每年进行动态调整[1]。国家重点监控企业现已成为污染减排、总量控制和结构调整的重要环节，同时也是加强环保能力建设的主要依托和政府环境管理的重要抓手。

---

① 作者简介：叶维丽，1984年4月生，环境保护部环境规划院，助理工程师，环境科学专业，主要从事水环境经济、管理政策及水污染物总量控制政策研究。地址：北京市朝阳区安外大羊坊10号北科创业大厦B0305室；邮编：100012；电话：010-84928471；电子邮箱：yewl@caep.org.cn。

1 国家重点污染源筛选方法现状评估

1.1 累计污染负荷法

累计污染负荷法，是我国政府目前所使用的重点污染源筛选方法，主要对筛选因子排放量进行统计和分析筛选，如水环境重点污染源筛选通常所使用的筛选因子是 COD 与 NH_3-N，污染源按主要污染物（COD、NH_3-N）排放量由大到小排序，将累计污染负荷达到一定百分数以上的污染源确定为国家级或省、市级重点污染源。2007 年 4 月 26 日，国家环境保护总局在《关于落实全国人大常委会执法检查组对有关环境保护法律实施情况意见和建议的报告》中进一步明确了国控重点污染源筛选方法，“为了准确核定污染减排总量，我局将占全国主要污染物工业排放负荷 65%的污染源和城市污水处理厂，确定为国控重点污染源，并将向社会公布名单”。2010 年环保部办公厅印发了《2010 年国家重点监控企业名单》，补充了对重金属污染重点监控企业筛选因子比例，即筛选出排放量之和占总排放量 85%的企业，作为重金属排放重点监控企业。

累计污染负荷法的优点在于单纯考虑某一项主要污染参数的排放量，计算简便，能够实现对重点污染源的控制。但其存在的缺陷也十分明显：①筛选比例缺乏理论依据；②筛选因子只有 COD 和氨氮，忽略了磷、农药等其他环境污染因子；③未考虑排放地区人口、经济及水质目标差异。

1.2 改进的累计污染负荷法

姚瑞华等在分析累计污染负荷法不足时，曾提出一种改进的筛选方法[1]。具体做法是，根据国家规定的地表水排放标准，在环境统计数据库的基础上，分析全国每个排污单位的主要污染物（COD、TN、NH_3-N、TP）等标污染负荷量（即污染物排放量与排放标准之比），然后分别计算每个排污单位的单位产值等标污染负荷量之和与全国的单位产值等标污染负荷量的比值，并将这个比值由大到小依次排列叠加，当叠加值达 80%时的所有排污单位即确定为国家重点监控企业考察名单。

1.3 加权污染负荷法

加权污染负荷法是在重点污染源筛选之时，将排放量、污染物危害程度、污染源位置等因子纳入综合考虑，用加权处理后的污染负荷指标来评价污染源的危害能力，通过对危害能力排序来确定环境管理应优先控制的污染源名单。第一次全国污染源普查期间，浙江省建德市运用加权污染负荷法筛选出废水重点污染源 52 家，废气重点污染源 82 家，并与累计污染负荷法筛选结果进行比较，结果表明废水污染源前 40 家基本一致，废气污染源前 60 家基本相同[2]。该方法对降解难度、危害程度不同的污染物设立了不同的加权系数，同时引入污染源位置权重，将废水排放去向纳入筛选指标中，多参数综合考虑对环境的危害程度，更具有科学意义。但是，污染源种类复杂，对环境影响作用方式多样，其危害加权系数、位置权重等因子的数值制定需要一个长期调查分析的过程，有关参数制定的研究需要做更为科学的研究和讨论。

1.4 综合指标和一元分布拟合法

综合指标和一元分布拟合法是通过筛选排污量离群单位来确定重点污染源。针对污染源所处不同地理位置或不同排放去向可造成不同危害程度的问题，采取了对污染源所处地理位置或排放去向进行加权的方法；针对当污染源排放多种污染物，多参数筛选难以综合考虑的问题，采用综合参数进行筛选的方法。通过对污染物排放量的分布，污染源各污染物排放量之间的关系来筛选重点监控污染源。华蕾等采用综合指标和一元分布拟合法对北京市 2 203 家废水、废气企业进行分析，与累积污染负荷法筛选结果吻合率在 70%左右[3]。综合指标和一元分布拟合法基于可靠的数学模型，减少了任务主观因素影响，综合考虑了污染源的多个参数，并将污染源位置和污染排放去向通过加权纳入筛选指标中，充分考虑了对环境的危害程度，相比其他筛选方法更加严谨，更具科学性。

2 国家重点污染源筛选方法概述

2.1 筛选依据

依据本年度的环境统计数据库为基础，同时参考污染源普查数据库、往年国家重点监控企业名单以及各地方历年的省控、市控重点污染源名单，通过环境监察等部门对有关企业和数据进行核实和确认，筛选出国家重点污染源。

2.2 筛选原则

（1）代表性原则。重点污染源从环统库中筛选后要有一定的代表性，以主要筛选因子进行筛选确定重点污染源名单，筛选企业的排放量要占到总排放量的一定比例。

（2）时效性原则。国控重点源的筛选要体现污染源的动态更新和变化，及时纳入排污风险大的企业并剔除排污少或不排污的企业，实现对重点排污企业的有效监管。

（3）可控性原则。筛选出的国控重点污染源，要在国家层面，在技术、资金、时间和人力等允许的范围内，能够达到对污染物排放的控制。筛选名单不可一味求大求全，超出国家实际控制的能力。

（4）可持续性原则。国控重点污染源名单要具有持续性和稳定性，保证国控重点源控制的方向和目的。

2.3 筛选范围

国控污染源的筛选要充分考虑不同区域内企业的经济水平差异与污染治理技术差异、排污企业的地理差别和受纳环境自身的特征，做到分区位筛选。对于重点排污行业，可以加严行业控制，减少污染物的排放，使国控重点污染源筛选更有针对性，丰富了国控重点污染源筛选的方法。对于环境敏感区（如饮用水水源地、风景名胜区、生态脆弱区），应加大监管力度，在筛选时增大范围，避免饮用水环境风险等严重问题。此外，目前环境统计范围包括工业、生活、危险废物集中处置、城市污水处理厂和医院五类统计，下一步需要将工业废水集中处理设施以及机动车尾气、三产服务业等纳入环境统计，进而纳入国家重点监控企业名单[4]。

3 国家重点污染源单因子筛选比例确定

3.1 成本效益均衡法的理论基础

成本—效益分析方法（即成本效益均衡法）的概念首次出现在 19 世纪法国经济学家朱乐斯・帕帕特的著作中，是通过比较项目的全部成本和效益来评估项目价值的一种方法。它提出唯有当行动所带来的额外效益大于额外成本时，行动才是合理的。成本效益均衡分析是通过比较项目的全部成本和效益来评估项目价值的一种方法。作为一种经济决策方法，它可运用于政府部门的计划决策之中，寻求在投资决策上如何以最小的成本获得最大的收益，常用于评估需要量化社会效益的公共事业项目的价值。

成本效益均衡法基本原理是：针对某项支出目标，提出实现该目标的具体方案以及详细步骤，运用一定的技术方法，计算出每一个步骤的投资成本和收益，通过比较方法，并依据一定的原则，选择出最优的决策方案[5]。

3.2 基于成本效益均衡法的造纸行业筛选比例确定

本文假设筛选库中每个排污企业所需监测成本相同，将监测企业数量占所有企业总量的百分比看作监测成本；将被监测企业的污染排放量占总排放量的比例看作监测获得的效益，并将所有企业按单一筛选因子降序排列。此时，将企业数量均等分，每增加 1%的监测企业数量，这些被监测企业的污染物排放量占总排放量的比例大于 1%时，监测是经济、高效的，反之，则是亏损、低效的；则当监测企业数量占所有企业数量的 1%，同时监测企业的污染排放量占污染排放总量的 1%时，即为监测成本与效率的均衡点。在该均衡点上的累积企业数量比例，为国控重点污染源的筛选比例。

为简便操作，实际寻找均衡点时直接采取求平均值的方式实现：①将所有企业按单一筛选因子降序排列；②求出所有企业单一污染物排放平均值；③企业污染物排放量大于行业平均排放量的企业即为重点企业。

本文中筛选比例确定以 2009 年环境统计数据库中造纸行业污染物排放量指标为例进行说明。由于该数据库中各企业污染物排放统计存在缺失情况，因此，本文得到的结论及排放比例仅作为研究参考，不能完全代表真实情况。

（1）COD 排放量。将所有企业按 COD 排放量降序排列，该指标筛选有效企业数量为 2 512 家。求出所有企业 COD 排放量平均值，即造纸行业平均 COD 排放量为 232 184.5 kg。COD 排放量大于行业平均排放量的企业即为重点企业。这里筛选了前 364 家企业，COD 排放占总排放量的 82.8%，认为在这个比例上监测的成本与收益达到了均衡，确定这 364 家企业为排放重点源。

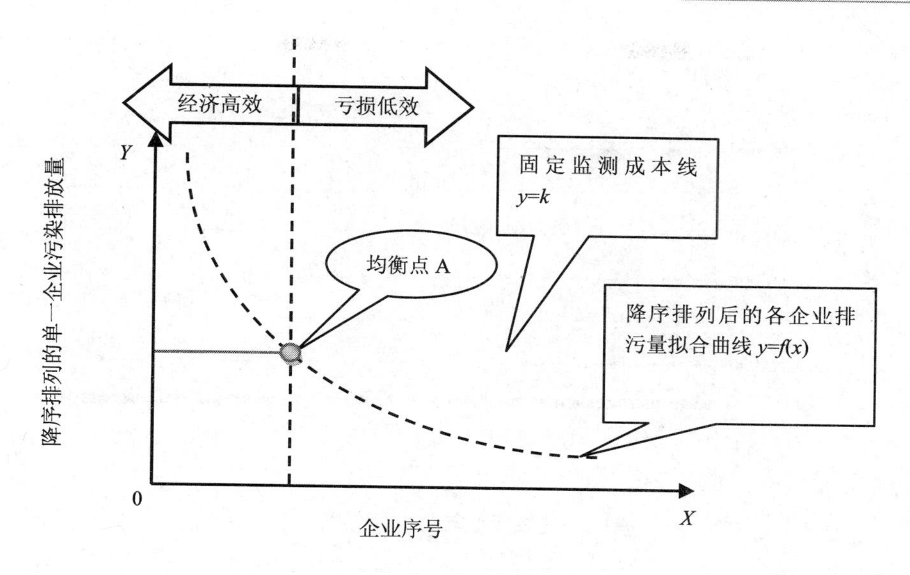

图 1 成本效益均衡分析示意

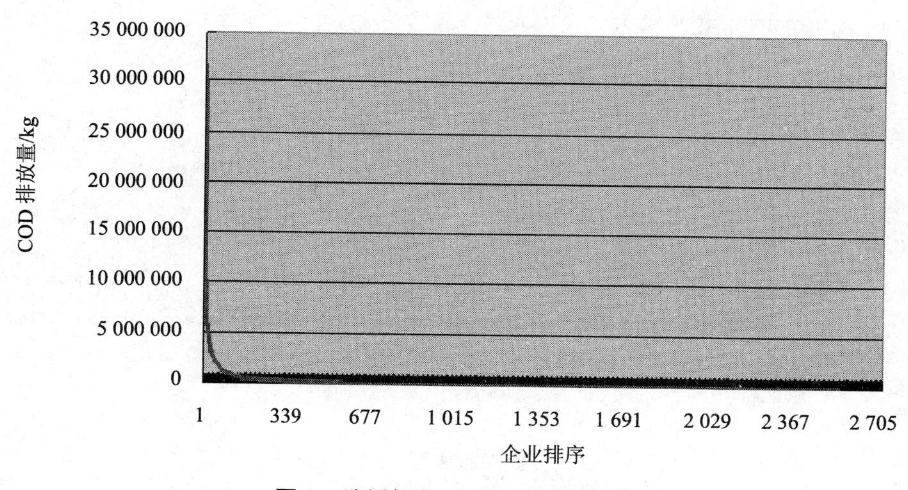

图 2 造纸行业 COD 排放降序分布

（2）氨氮排放量。将所有企业按氨氮排放量降序排列，该指标筛选有效企业数量为 1 559 家。求出所有企业氨氮排放量平均值，即造纸行业平均氨氮排放量为 10 640.1 kg。氨氮排放量大于行业平均排放量的企业即为重点企业。这里筛选了前 308 家企业，氨氮排放占总排放量的 84.3%，认为在这个比例上监测的成本与收益达到了均衡，确定这 308 家企业为排放重点源。

（3）二氧化硫排放量。将所有企业按二氧化硫排放量降序排列，该指标筛选有效企业数量为 1 275 家。求出所有企业二氧化硫排放量平均值，即造纸行业平均二氧化硫排放量为 160 584.4 kg。二氧化硫排放量大于行业平均排放量的企业即为重点企业。这里筛选了前 175 家企业，二氧化硫排放占总排放量的 62.9%，认为在这个比例上监测的成本与收益达到了均衡，确定这 175 家企业为排放重点源。

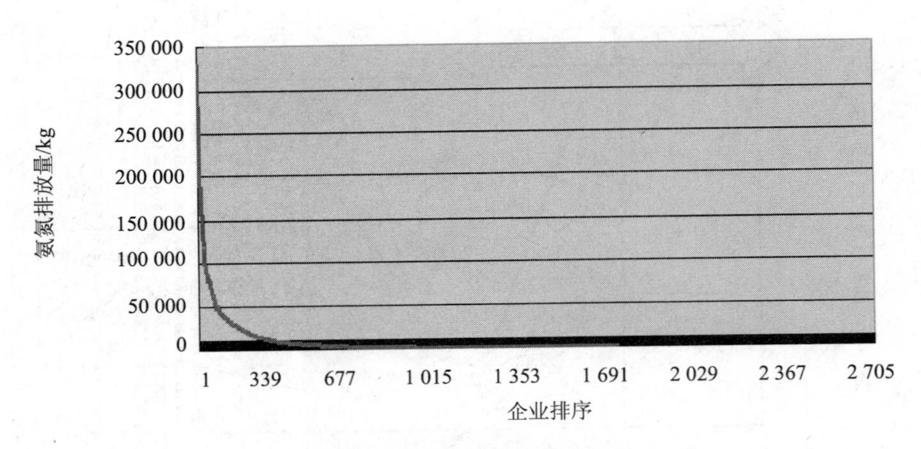

图 3　造纸行业氨氮排放降序分布

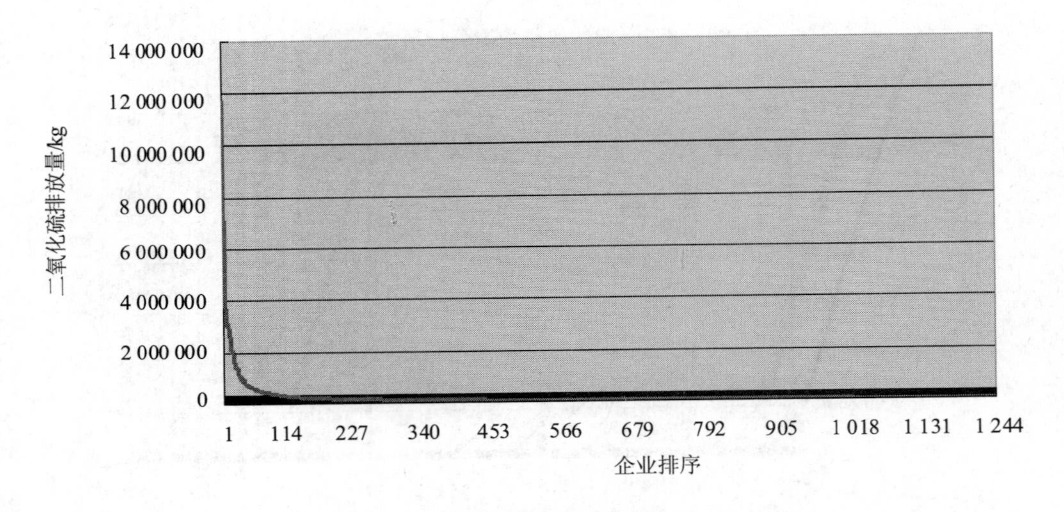

图 4　造纸行业二氧化硫排放降序分布

（4）烟尘排放量。将所有企业按烟尘排放量降序排列，该指标筛选有效企业数量为 2 066 家。求出所有企业烟尘排放量平均值，即造纸行业平均烟尘排放量为 45 317.2 kg。烟尘排放量大于行业平均排放量的企业即为重点企业。这里筛选了前 386 家企业，烟尘排放占总排放量的 80.9%，认为在这个比例上监测的成本与收益达到了均衡，确定这 386 家企业为排放重点源。

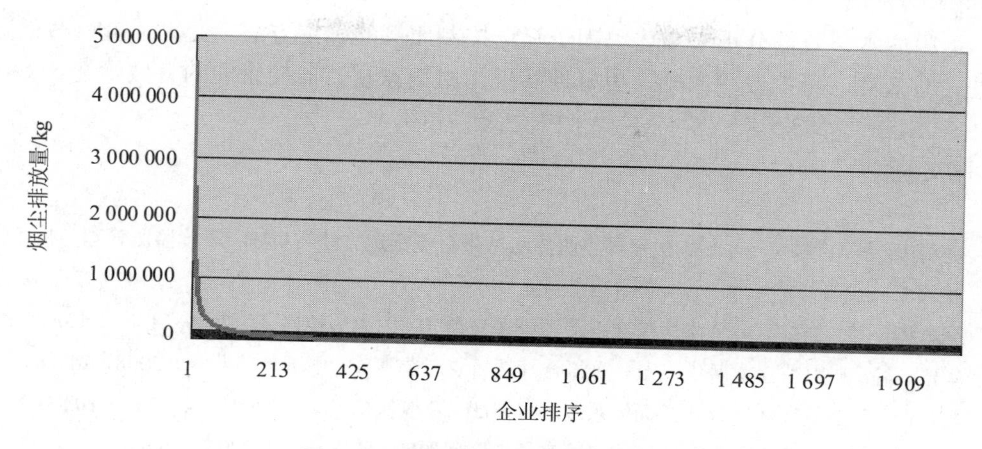

图 5　造纸行业烟尘排放降序分布

3.3 筛选结果

综上所述，采用并集的方式，剔除相同的企业，共筛选出造纸行业重点污染源 684 家，占所有污染源总数量的 25.1%。具体情况见表 1。

表 1　行业重点污染源筛选情况

污染物	企业数/家	筛选企业数/家	重点控制企业占总数百分比/%	污染物排放量占总量百分比/%
COD	2 512	364	14.5	82.8
氨氮	1 559	308	19.8	84.3
二氧化硫	1 275	175	13.7	62.9
烟尘	2 066	386	18.7	80.9
合计	2 721	684	25.1	

需要说明的是，对于企业排放重金属及类重金属（氰化物、砷、总铬、六价铬、铅、镉、汞）等排污量小，但对人体及水体都可能造成严重危害的污染物的，在以本方法为参照的前提下，可以结合产生量指标适当提高筛选比例。对企业排放 COD、氨氮等常规污染物的，可以适当降低筛选比例。

4 结论

现有国家重点污染源筛选所采用的是累计污染负荷法，操作简单方便，但缺点也十分明显，只考虑了行业排放量，忽略了社会经济以及污染物排放去向等其他因素。本文第一部分中所述的其他方法则试图将地理位置、环境功能、对环境的真实危害程度等融入污染源危害评估中，但这些方法尚处于探索阶段，参数确定相对困难，从而影响了其科学性，并且过程相对复杂，不利于在全国范围内进行推广。

本文中所介绍的成本效益均衡法，是对累计污染负荷法的改进和补充，从经济学的角度，运用成本—效益分析来描述单因子筛选控制比例的确定方法，突出了重点污染源的代表性、时效性、可控性等原则，更好地实现了对国家重点监控企业的有效筛选。

参考文献

[1] 姚瑞华，吴悦颖，王东，等. 国家重点监控水污染企业筛选方法辨析[J]. 环境监测管理与技术，2010，22（5）：1-4.

[2] 琚志华，等. 加权污染负荷法筛选重点污染源探讨[J]. 中国科技信息，2009（13）：18.

[3] 华蕾，等. 利用综合指标和一元分布拟合筛选重点污染源[J]. 中国环境监测，2008，24（6）：61-67.

[4] 胡月红. 我国现行环境统计指标体系改进方向[J]. 环境保护科学，2008，34（2）：102-103.

[5] 王庆海，等. 基于成本效益均衡的路网容量扩张问题[J]. 物流技术，2007，26（4）：34-35，65.

区域水污染物排放总量分配的公平性评价与优化研究——以太湖流域为例

Equity-based optimization of regional water pollutant discharge amount allocation—A case study in the Tai Lake Basin

俞钦钦[①] 张 炳[②] 毕 军[③]
（污染控制与资源化研究国家重点实验室，南京大学环境学院，南京 210046）

摘 要：对污染物排放总量进行公平合理的分配是实现中国污染物总量控制目标的关键问题。本文引入在经济学领域中用来评价收入差距公平性的基尼系数，结合不同区域的自然条件及经济发展条件情况，筛选出环境容量、工业增加值、人口等约束指标，构建了水污染物总量分配的优化模型。并以江苏省太湖流域为例，在评价排放指标分配现状公平性的基础上对现有分配情况进行了优化，使其进一步趋于公平。最后，针对已有方法的不足，提出了相关的政策建议。

关键词：公平性 排放总量分配 基尼系数

Abstract: Regional allowance allocation not only matters for regional economic efficiency but also for fairness between regions or companies. It is important to work out a fair and reasonable allocation method to achieve China's goal of the gross control of pollutant discharge. This research developed an equity-based optimization for a regional water pollutant discharge allowance allocation method，which is based on the Gini coefficient of considering socio-economic and environmental factors. Taking the Tai Lake Basin in Jiangsu Province as an example，this paper optimized the present state of distribution on the basis of an assessment of fairness of the current discharge allowance allocation status. The optimized allowance allocation results of the Tai Lake Basin were distinct from other allocation methods，and reduced the inequity of regional allowance allocation. However，the stress of equity cannot give full consideration to both environmental and economic efficiency targets. Connecting the allocation of discharge targets with an emission trading system was proposed to address the shortcomings of the Gini coefficient based method.

---

① 俞钦钦：南京大学环境学院环境规划与管理专业硕士研究生，研究方向为水环境管理与政策。
② 张炳：南京大学环境学院环境规划与管理专业副教授，研究方向为环境管理与政策分析。
③ 毕军：南京大学环境学院环境规划与管理专业教授、博士生导师，研究方向为环境系统分析与风险控制。

Key words: Equity Allowance allocation Gini coefficient

前　言

随着中国社会经济的快速发展，环境问题已成为制约国民经济可持续发展的突出问题。尤其是水环境污染，所面临的形势十分严峻。2007年太湖流域蓝藻暴发引发无锡饮用水危机只是其中的一个缩影。当前水环境污染的根本原因是水污染物排放量严重超过水环境容量，造成排入水体的污染物远远超过水体自净能力。治理和改善水环境质量现状最有效方式是进行污染物总量控制。根据总量控制目标在各个污染源间分配水污染物排放配额，使水环境质量得到逐步改善。

中国自 1996 年起对污染控制的重点区域实施污染物排放总量控制计划，实行总量控制后，如何公平合理地分配初始排放指标成为落实总量控制任务的关键问题。目前，就国外总量控制的实践来看，美国环保局提出的最大日负荷总量（Total Maximum Daily Loads，TMDL）计划在污染综合控制方面取得了比较大的成效。TMDL 是在满足水质标准的条件下，水体能够接受某种污染物的最大日负荷量，是基于水体的一种总量分配方法[1]。然而，这种方法并不适用于中国现阶段的总量分配。

我国目前实行的制度与西方许多国家不同，中国的地方政府并不具备西方国家地方政府那样相对独立的地位，中国的上下级政府之间是一种隶属关系，地方政府官员的晋升由中央政府决定。例如，中国目前实行环境保护目标责任制，各级地方政府的行政长官必须对本区域内的环境保护目标完成情况负责，总量控制任务的完成情况是行政长官晋升的考核指标之一。因此，中国的总量分配的做法是，依据污染物削减目标将总量控制任务划分至各省级行政区，省级行政区再根据自身实际情况将排污指标分配到各县市。

这种做法也是目前国际上许多地区采用的一种常规做法，即排放量的等比例分配法。即承认各污染源的排污现状，并将各行政区申报的排污现状数据经过全国综合平衡，制定全国总量控制计划和减排目标，把主要污染物的排放指标分配到各省级行政区。各省市再把总量控制指标分解下达到各县市。各污染源在享有按现状排放比例获得排放配额的同时，也必须按照比例承担削减污染物的义务。

除了基于实际排放量的等比例分配法，比较广泛应用于总量分配的方法还有基于GDP、人口的分配法以及基于成本效率标准的分配法。然而，这些方法都未能很好地处理排放指标初始分配的公平性问题。有的污染源可能要承担不属于自己的污染物削减量，而另外一些污染源则可能减轻了应有的治污责任。因此，如何设计一种综合考虑各项关键指标的决策模型使排放指标的初始分配更为公平合理是本研究所关注的核心问题。本研究将结合已有研究，构建基于区域自然资源禀赋和经济发展水平的多指标基尼系数优化模型，并以江苏省太湖流域为例，在分析分配现状的基础上，通过模型优化，提出一种可行的较为公平合理的总量分配方案。

1 文献综述

目前，国内外关于污染物总量分配的方法主要有以下几种[2-6]：①基于排放现状的分配，分配量与排放者的排污水平成正比；②基于排污者的经济效益，分配量与经济效益成正比；③基于人口的分配，计算人均占有的排放量。单一以这些指标作为分配依据，得出的分配结果可能相差较大，并由此产生对分配方法的争议[3]。另一方面，对排放指标分配方法公平性的探讨一直是学术界的热点[6-8]。尽管不同的初始分配方法对提高污染物减排效率的贡献可能并无实质差别，但却会对分配的公平性产生重要影响[9]。因此，有学者提出建立分配标准，该标准由一系列指标构成，对每个指标赋予合理的权重，分配量与综合指标值的大小成正比[2]。例如，在综合考虑排污者的排放水平、经济贡献、人口、土地面积等进行的分配。也有学者以加入调整系数的方式对以单一指标进行分配的模型加以改进[10]。

然而，上述研究绝大多数集中在温室气体的国际分配问题上，对公平性的考虑也从大区域尺度着眼。国内部分研究者则结合中国国情，引入了在经济学中用于衡量收入分配公平性指标的基尼系数，并构建了相应的分配模型。例如，王金南等对基尼系数的内涵进行了扩展，提出了资源环境基尼系数的概念，以全国各地区的污染排放量（或资源消耗）占全国的累计比例作为纵坐标，以经济贡献的累计比例作为横坐标，构建并计算了中国的资源环境基尼系数[11]。张音波等以广东省行政分区为基本单元，根据基尼系数的计算方法，计算了广东省的资源环境基尼系数。然而，基于单一指标计算的资源环境基尼系数同样存在不足[12]。例如，钟晓青等指出，单一以 GDP 为指标计算的资源环境基尼系数会产生一种“经济越发达的地区就可以多污染”的误解，且这种“越富裕越有排放权消耗权”的理论与生态学的生态容量理论是相背离的[13]。他们指出应从生态容量的角度重新定义资源环境基尼系数，并以“森林面积”和“耕地面积”指标为“生态容量”的表征指标计算了广东省环境资源基尼系数，得出的研究结果与张音波等[12]存在较大差异。

基于以上研究，本文认为选择多项有代表性的指标构建分配模型，使各项指标的基尼系数综合最小能较好地体现总量分配的公平性及可操作性。构建该模型的基本思路是：首先，承认分配区域的自然属性及社会属性差异，筛选相关指标，建立各指标的基尼系数；然后，以基尼系数的总和最小作为目标函数，通过设定合理的运算规则和计算方法构建多约束条件的单目标规划求解方程；最后，求出相对最优的基尼系数和最终的水污染物总量分配方案，以实现各区县间基于其自然条件和经济发展水平等客观因素下的水污染物目标总量的公平性分配。

2 研究方法

基尼系数（Gini Coefficient）是最初由意大利经济学家基尼（Gini）于 20 世纪初期根据洛伦兹曲线提出的判断分配平等程度的指标。其经济含义是：在全部居民收入中，用于进行不平均分配的那部分收入占总收入的百分比。基尼系数最大为“1”，最小等于“0”。前者表示居民之间的收入分配绝对不平均，即 100%的收入被一个单位的人全部占有了；

而后者则表示居民之间的收入分配绝对平均，即人与人之间收入完全平等，没有任何差异。但这两种情况只是在理论上的绝对化形式，在实际生活中一般不会出现。因此，基尼系数的实际数值只能介于 0～1。

根据基尼系数的含义，各排污单元占有的环境容量资源应与其自然条件和经济发展水平等客观因素成相应比例。以经济发展水平为例，每允许某一地区排放一定比例的水污染物，该地区就需要贡献相同比例的 GDP，这样的污染物分配方案才能算绝对公平。根据联合国有关组织规定，基尼系数若低于 0.2 表示分配绝对公平；0.2～0.3 表示比较公平；0.3～0.4 表示相对合理；0.4～0.5 表示分配差距较大；0.5 以上表示分配差距悬殊。

基尼系数有多种求取方法，本研究采用梯形面积法，其公式如下：

$$\mathrm{Gini} = 1 - \sum_{i=1}^{n}(X_i - X_{i-1})(Y_i + Y_{i-1}) \tag{1}$$

式中，X_i —— 工业增加值等指标的累计百分比；

Y_i —— 基于该指标的排放分配量累计百分比；

当 i=1 时，(X_{i-1}，Y_{i-1})视为（0，0）。

本研究认为对水污染物总量分配公平性的衡量应考虑三个方面：基于经济发展水平的公平性，基于人际的公平性以及基于自然资源禀赋的公平性。并分别选择工业增加值、人口数量和环境容量三项指标作为表征。

建立的优化分配模型如下：

$$\min = \sum_{j=1}^{3} \mathrm{Gini}_j \tag{2}$$

s.t.

$$\mathrm{Gini}_j \leqslant \mathrm{Gini}_{0j} \tag{3}$$

$$K_{j(i)} = \frac{P_{j(i)}}{E_{j(i)}} \tag{4}$$

$$K_{j(i-1)} \leqslant K_{j(i)} \leqslant K_{j(i+1)} \tag{5}$$

$$\sum_{i=1}^{n} P_i = (1-q)\sum_{i=1}^{n} P_{0i} \tag{6}$$

$$q_{\min} \leqslant \frac{P_{0i} - P_i}{P_{0i}} \leqslant q_{\max} \tag{7}$$

式中，j —— 工业增加值、人口和环境容量三个指标编号；

i —— 分配对象的区域编号；

Gini_j 和 Gini_{0j} —— 分别为基于某一指标 j 的优化基尼系数和初始基尼系数；

P_i 和 P_{0i} —— 分别为第 i 个分配对象的排污分配量和现状排污量；

$E_{j(i)}$ —— 第 i 个分配对象 j 指标的值；

q —— 总量控制目标削减比例；

$q_{\min}$ 和 $q_{\max}$ —— 分别为分配区域污染物削减比例的可行上下限。

3 研究区域

本研究选择江苏省太湖流域作为研究区域。文中所采用的数据来自 2007 年污染源普查数据及各地统计年鉴。太湖流域是中国水污染治理的重点流域之一，实施严格的重点水污染物排放总量控制制度。江苏省太湖流域人口 1 664.8 万人，占全省总人口的 22.6%；GDP 为 12 218.5 亿元，占全省 GDP 总量的 47.5%，在全省乃至全国发展大局中的地位举足轻重。江苏省太湖流域包括太湖湖体，苏州市、无锡市、常州市和丹阳市的全部行政区域，句容市、高淳县、溧水县行政区域内对太湖水质有影响的河流、湖泊、水库、渠道等水体所在区域。

江苏省向太湖流域排放污染物的区域主要是苏州市区及其下辖县级市、无锡市区及其下辖县级市以及常州市区及其下辖县级市。2007 年，江苏省太湖流域各县市 COD 排放总量为 128 822 t，各县市排放情况如图 1 所示。

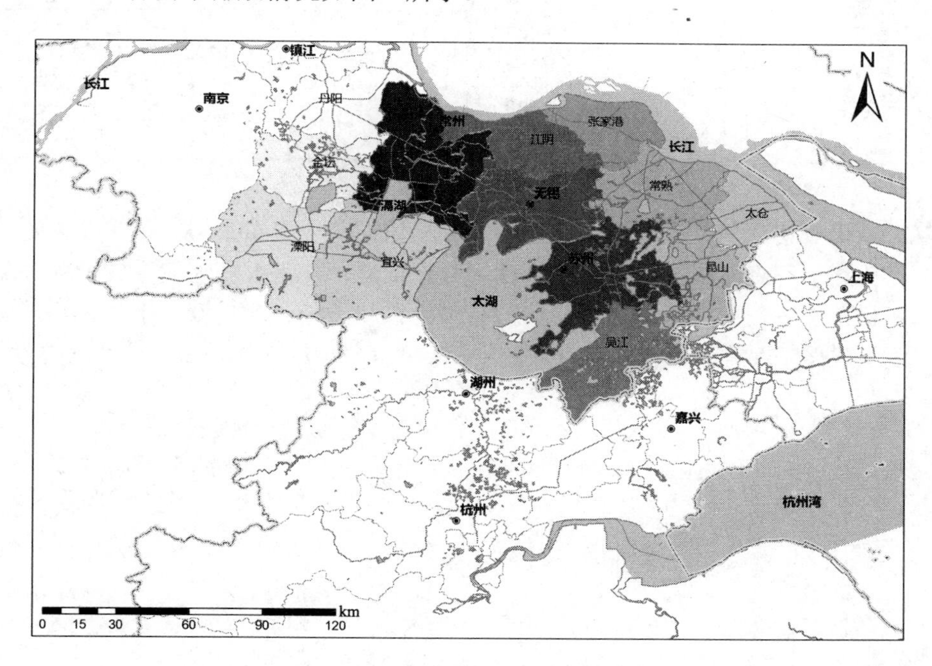

图 1 江苏省太湖流域各县市现状排污量

4 结果与讨论

4.1 排放现状分析

目前，江苏省太湖流域的水污染物总量分配是以行政区域为单位进行的。理论上，江苏省太湖流域的排污总量应为江苏省区域内排向太湖的污染量总和，但由于实际中排污信息获取的问题，其排污总量以向太湖排放污染物的十二个主要市县如常熟市、常州市辖区、江阴市等的COD排放量总和替代。2007年，江苏省太湖流域COD排放总量为128 823 t，各县市的排放量见表1。

表1 太湖流域COD排放现状

行政区	现状排污量/t	所占比例/%
常熟市	8 555	6.6
常州市辖区	25 921	20.1
江阴市	13 090	10.2
金坛市	2 337	1.8
昆山市	8 833	6.8
溧阳市	2 686	2.1
苏州市辖区	20 562	16.0
太仓市	4 600	3.6
无锡市辖区	19 013	14.8
吴江市	9 963	7.7
宜兴市	3 735	2.9
张家港市	9 528	7.4
总量	128 823	100.0

若单一以工业增加值、人口、环境容量为分配依据，分配结果与现状排放量的对比如图2所示。从图中不难看出，若以以上指标为分配依据，常州市辖区的排放指标分配量将大大低于现状排放量，而宜兴市、常熟市等县市的排放指标分配量则高于现状排放量。这在一定程度上说明，目前江苏省太湖流域的COD总量分配模式对部分县市来说有欠公平。

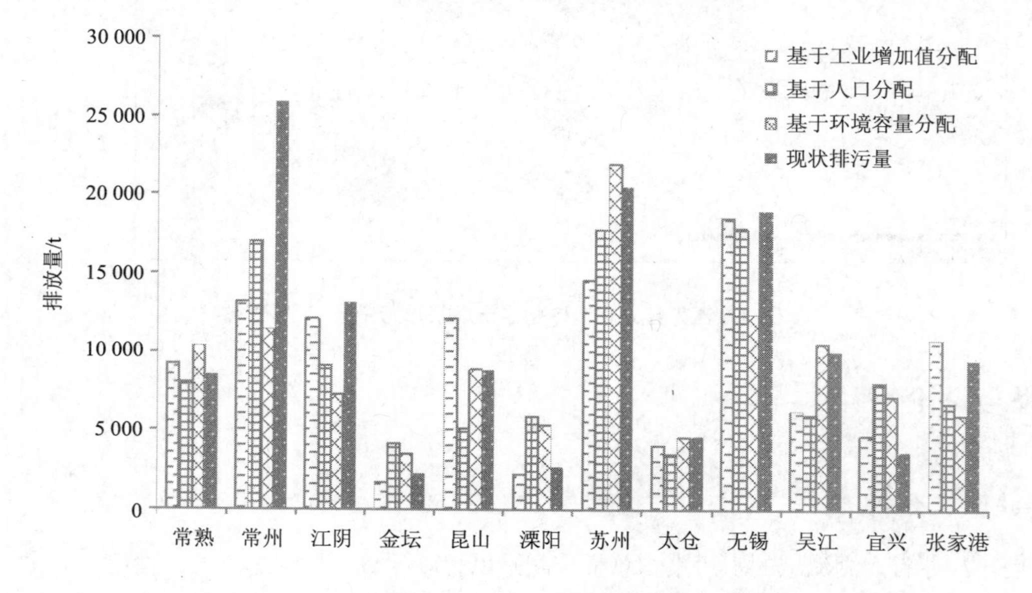

图2 以工业增加值、人口、环境容量为依据的分配结果对比

4.2 初始分配公平性评价

为进一步对江苏省太湖流域 COD 分配的公平性作出评价，以江苏省太湖流域各县市 2007 年的工业增加值、人口、环境容量 3 项作为评价指标，按照建立的基尼系数计算方法进行基尼系数计算。基于上述 3 项指标的基尼系数分别为 0.171 6、0.171 6 和 0.234 1。从以上基尼系数的比较不难看出，基于工业增加值和人口的 COD 分配基尼系数处于绝对平均的区间内，而基于环境容量的 COD 分配基尼系数处于比较公平的区间内。相比而言，基于工业增加值和人口的 COD 分配公平性较好，而基于环境容量的 COD 分配基尼系数则略高。这说明，当前 COD 排放指标分配与地区环境容量结合还不够，环境容量较小的地区可能分配到了较大的排污配额。

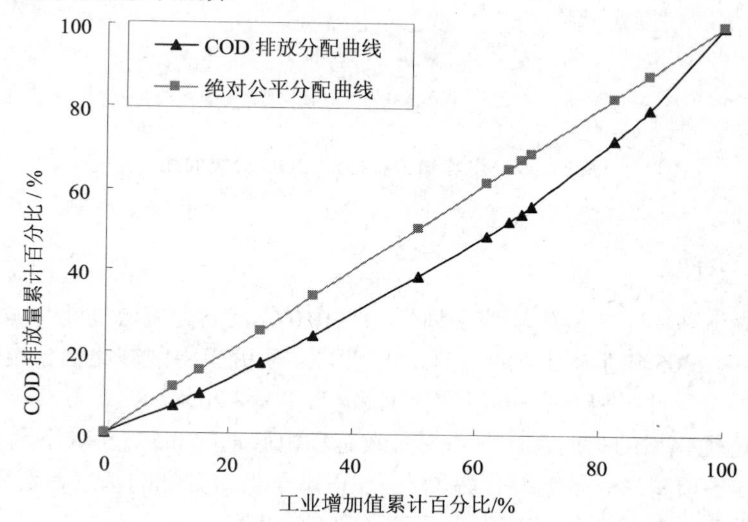

图 3　以工业增加值为指标的 COD 分配曲线

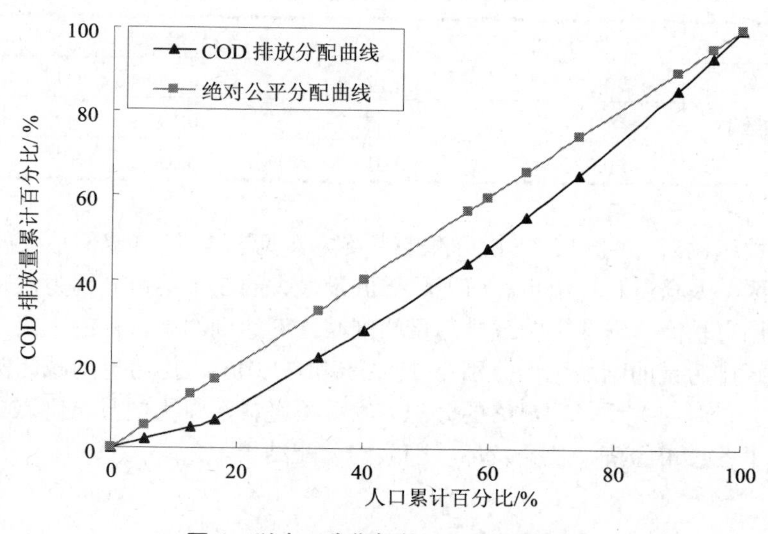

图 4　以人口为指标的 COD 分配曲线

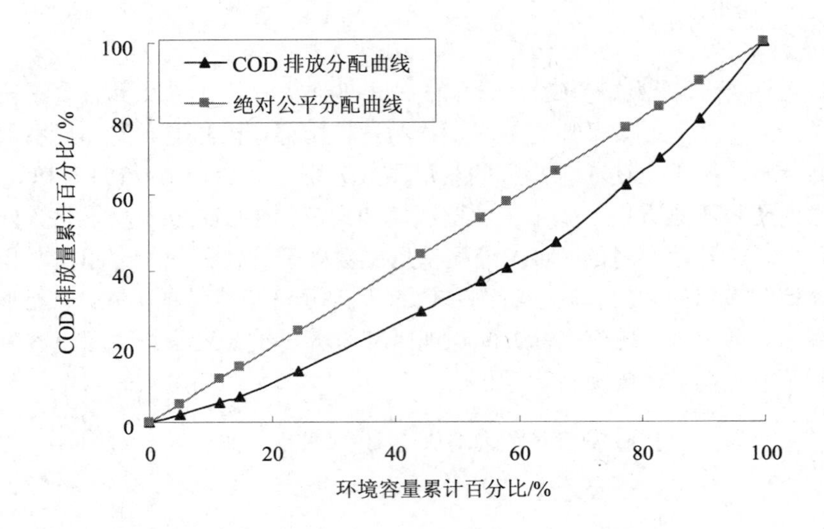

图 5 以环境容量为指标的 COD 分配曲线

4.3 优化结果分析

根据《太湖流域“十一五”治理规划》，到 2010 年，太湖流域工业与城镇生活污染源 COD 排放量应在 2005 年基础上削减 15%。因此，本研究中将削减比例 q 设定为 15%。考虑到分配方案的可行性，将 q_{min} 和 q_{max} 分别设定为 1%和 20%。

表 2 为经过优化后的基尼系数。基尼系数总和由原来的 0.577 3 减小到 0.507 1，变化幅度为 0.070 2。各项基尼系数的变化幅度不一，以基于人口分配的基尼系数变化幅度最小。基于环境容量分配的基尼系数经过优化后已降到 0.2 以下。

表 2 基尼系数优化结果

	工业增加值	人口	环境容量	总和
初始基尼系数	0.171 6	0.171 6	0.234 1	0.577 3
优化基尼系数	0.151 5	0.157 7	0.197 9	0.507 1
变化幅度	0.020 1	0.013 9	0.036 2	0.070 2

经基尼系数优化后，各县市 COD 分配的最终方案见表 3。削减比例最大的 3 个县市分别为常州市辖区、太仓市和昆山市。而现状排放量最大的 3 个县市分别为常州市辖区、苏州市辖区和无锡市辖区。常熟市辖区排污量的削减比例达到约束目标的上限，而苏州市辖区和无锡市辖区排污量的削减比例分别为 15.73%和 11.01%。排污量削减比例与现状排放量之间并没有一一对应关系，即最终的分配方案并不是排污量大的县市削减比例一定大，这是综合考虑了各县市经济、社会及环境因素的分配结果。

表3　各县市COD分配方案及削减情况

地区	现状排放量/t	分配量/t	削减比例/%
常熟市	8 555	7 816	8.64
常州市辖区	25 921	20 737	20.00
江阴市	13 090	11 052	15.57
金坛市	2 337	2 049	12.32
昆山市	8 833	7 114	19.46
溧阳市	2 686	2 638	1.79
苏州市辖区	20 562	17 328	15.73
太仓市	4 600	3 699	19.59
无锡市辖区	19 013	16 919	11.01
吴江市	9 963	8 301	16.68
宜兴市	3 735	3 605	3.48
张家港市	9 528	8 241	13.51
总量	128 823	109 499	15.78

此外，通过与按现状排放量、人口、GDP等总量分配的几类方法的结果对比可以看出，按综合基尼系数的分配值通常都介于按前几类方法分配的数值之间，较好地兼顾了基于现状排放量、人口、GDP和环境容量等几方面的指标，使分配结果更具公平性。

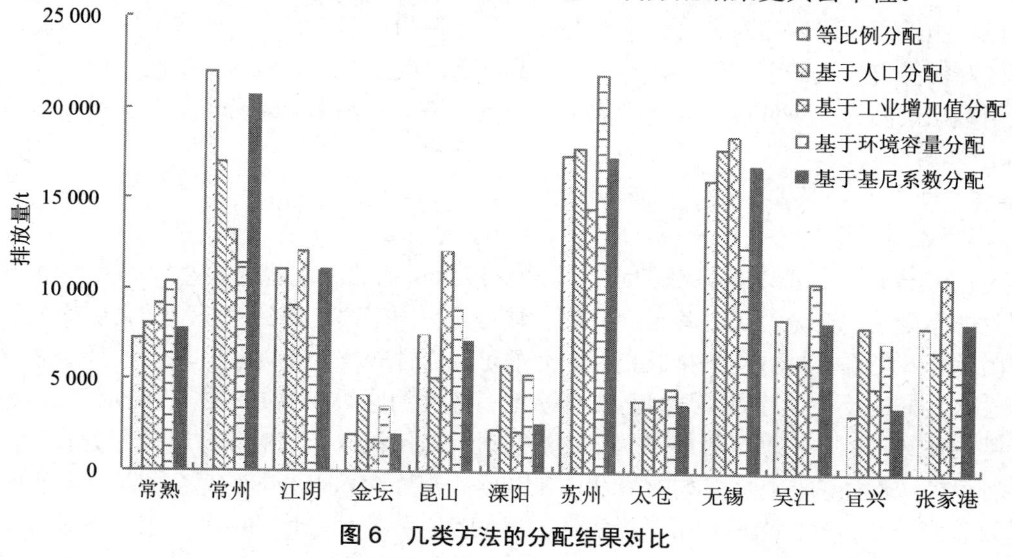

图6　几类方法的分配结果对比

然而，由图7不难看出，各县市排污指标分配量与其自身环境容量差距不一。常州市辖区、江阴市等县市的分配量与其环境容量十分接近，而苏州市辖区、金坛市等县市的分配量则不到其环境容量的一半。这一方面与国家总量控制下区域对环境治理的高要求有关，另一方面是因为在本研究的约束条件下，原本应由常州市辖区、江阴市等县市承担的排污削减量部分地转嫁给了这些县市。若取消削减目标的比例约束，在理想情况下，常州市辖区和江阴市应该承担的削减比例分别为 25.51%和 21.37%，大大高于分配方案的削减比例。而苏州市辖区和金坛市应该削减的比例分别为 8.06%和 4.26%，比分配方案低了许多。

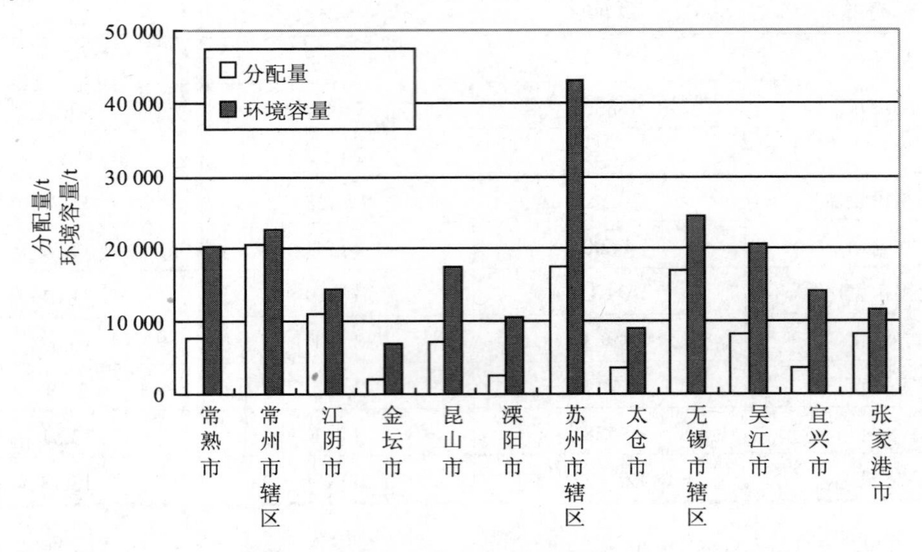

图 7　各县市排污指标分配量和环境容量对比结果

因此，虽然本研究提出的优化方案是综合考虑了工业增加值、人口、环境容量等指标以及可实施性后作出的相对最为公平的分配方案，但相比理想方案，原本应由个别现状排放量较高的县市承担的削减量转嫁给了其他县市。因此，在政策实施一段时间后，分配方案中削减比例的约束条件可逐渐适当放宽，使基于基尼系数的总量分配更为公平与合理。

5 结论

本研究建立的基于基尼系数的水污染物排污总量初始分配优化模型在兼顾各县市排污现状的基础上，充分考虑了其社会经济贡献与环境因素，使得到的分配结果更加公平合理。用综合基尼系数进行初始排放指标的分配可操作性较强，且能及时对不同分配方案的公平性有良好的反馈，建议将这种分配方法在有条件的区域和流域做进一步推广。然而，关于基尼系数指标的选取，目前尚无广泛的共识。如何根据区域实际，选择合适的具有代表性且可操作性强的指标，是研究者和政策制定者需要深入思考的重点。此外，本研究对总量分配公平性的评价指标沿用了经济学中评价收入分配公平性的区间分类，但对这种分类在评价环境资源分配公平性时使用是否适宜，并未加以分析讨论。环境资源与人均收入不同，其边际收益随环境质量的变化发生改变。对公平性的区间定义是否科学有待进一步探讨。因此，建议在不同地区开展基于综合基尼系数的总量分配示范，在总结试点经验的基础上，不断完善分配方案设计并逐步在全国范围内推广。需要指出的是，基于基尼系数的优化分配法并没有考虑成本最小化的问题。目前，太湖流域已开始实施排放指标有偿使用和交易政策，如何将排放指标分配与排污交易制度做较好的衔接以实现社会总减污成本的最小化，进一步提高减排效率，是政策制定者应该加以考虑的问题。此外，单一以行政边界因素为基础确定的排放总量，不利于统筹协调流域内经济发展与水质目标的矛盾。中国应探索水体环境容量与陆域污染物排放指标分配衔接的方法与可能性，为进一步实现流域综合管理打下基础。

参考文献

[1] Dennis Lemly A. A Procedure for Setting Environmentally Safe Total Maximum Daily Loads（TMDLs）for Selenium[J]. Ecotoxicology and Environmental Safety，2002，52：123-127.

[2] Bohm P，Larsen B. Fairness in a tradeable-permit treaty for carbon emissions reductions in Europe and the former Soviet Union[J]. Environmental and Resource Economics，1994，4：219-239.

[3] Edmonds J，Wise M，Barns D W. Carbon coalitions：the cost and effectiveness of energy agreements to alter trajectories of atmospheric carbon dioxide emissions[J]. Energy Policy，1995，23：309-335.

[4] Kverndokk S. Tradeable CO_2 Emission Permits：Initial Distribution as a Justice Problem[J]. Environmental Values，1995，4：129-148.

[5] Rose A，Stevens B，Edmonds J，et al. International Equity and Differentiation in Global Warming Policy[J]. Environmental and Resource Economics，1998，12：25-51.

[6] Germain M，van Steenberghe V. Constraining Equitable Allocations of Tradable CO_2 Emission Quotas by Acceptability[J]. Environmental and Resource Economics，2003，26：469-492.

[7] Beckerman W，Pasek J. The equitable international allocation of tradable carbon emission permits[J]. Global Environmental Change，1995，5：405-413.

[8] Sagar A D. Wealth，Responsibility，and Equity：Exploring an Allocation Framework for Global GHG Emissions[J]. Climatic Change，2000，45：511-527.

[9] Kampas A，White B. Selecting permit allocation rules for agricultural pollution control：a bargaining solution[J]. Ecological Economics，2003，47：135-147.

[10] Gupta S，M Bhandari P. An effective allocation criterion for CO_2 emissions[J]. Energy Policy，1999，27：727-736.

[11] 王金南，逯元堂，周劲松，等. 基于 GDP 的中国资源环境基尼系数分析[J]. 中国环境科学，2006，26：111-115.

[12] 张音波，麦志勤，陈新庚，等. 广东省城市资源环境基尼系数[J]. 生态学报，2008，28：728-734.

[13] 钟晓青，张万明，李萌萌. 基于生态容量的广东省资源环境基尼系数计算与分析——与张音波等商榷[J]. 生态学报，2008，28：4486-4493.

企业水环境监管机制分析与对策①

The Mechanism and Countermeasures of Water Environmental Regulation on Enterprises

王亚华② 黄译萱
（清华大学公共管理学院，北京 100084）

摘 要：本文从行政监管、市场机制、社会监督和企业自律四个方面，梳理了我国企业水环境监管机制现状，总结了现行企业水环境监管机制存在的主要问题，并提出了相关政策建议，旨在进一步完善企业水环境监管机制，促进环境管理绩效的提升。
关键词：企业 环境监管 水环境责任 监管行为

Abstract: This paper tracing the existing enterprises' water environmental regulation mechanism, which involves four aspects: government regulation, market mechanisms, social supervision and enterprise self-regulation. Summarizes the main problems of enterprises' water environmental regulatory mechanism, promoted the policy recommendations to make the enterprises' regulatory mechanism perfect and environmental management performance improvement.
Key words: Enterprises Environmental regulation Water environmental responsibility Regulation behavior

前 言

新中国成立初期，企业水环境监管问题并未引起国家和社会的重视，但领导人已对此有所认识，如国务院总理周恩来多次作出指示，希望新建工厂在工程设计上要首先考虑工程投产后如何处理“三废”问题等。直到 1983 年，环境保护被确立为我国的一项基本国策，国家提出了“谁污染谁治理”三大环境政策，企业环境监管问题才被正式提出，污染治理成为企业履行环境责任的第一项任务。之后，污水排放标准、《水污染防治法》《水法》

---

① 项目来源：国家重大水专项子课题项目“水环境管理责任机制设计与试点研究”（2009ZX07632-001-02）。
② 作者简介：王亚华，1976 年生，博士，清华大学国情研究中心副主任，清华大学公共管理学院副教授，主要从事水政策与管理、中国国情等方面的研究。地址：清华大学公共管理学院 311 室；邮编：100084；电话：010-62783923；传真：010-62772199；电子邮箱：wangyahua@tsinghua.edu.cn。

相继颁布实施，清洁生产、绿色信贷等环境政策不断出台，使企业水环境监管内容不断丰富，对企业水环境行为的监管，也由单一的政府直管模式，逐步引入了经济政策等多种激励手段，引导企业从过去的被动履行环境责任向主动寻求绿色发展转变。

1 我国企业水环境监管机制现状

根据监管主体和激励来源的不同，企业水环境监管机制可以划分为行政监管、市场机制、社会监督和企业自律等四类，具体见表1。

表1　企业水环境监管机制体系

监管机制	行政监管	市场机制	社会监督	企业自律
监管主体	政府	市场经济行为主体	公众、第三方组织、媒体	企业自身、行业协会
激励机制	法律法规 行政指令	绿色信贷、财税政策 排污权交易	舆论压力	环境标志、环境标准认证体系、清洁生产认证等 环境信息披露 企业环境监督员
特点	强制性、约束性	经济性激励、自觉性的市场行为	外部性的压力监管较分散、异质性高	强调企业环境责任，强调共同利益，尊重个体以及行业团体的规范秩序，是一种非强制性的自我约束
优点	快速，有力	发挥企业的积极性和主动性，可以降低企业成本	信息获取成本小	发挥企业主动性，监管成本低
缺点	面临信息不对称问题，地方政府容易与排污企业形成利益结盟	面临信息不对称问题，存在一定风险性和不确定性	容易被利益集团俘获	依赖于企业环境意识的高低

1.1 行政监管

行政监管是企业水环境监管的主要机制，主要通过环境法规的建立、实施、检查和各种行政措施相配合来实现对企业环境活动的控制。如项目行政审批、建设项目环境管理、环境信访与环境纠纷处理机制等。根据《环境保护法》（1989）、《水污染防治法》（2008）、《清洁生产促进法》（2002）等相关法律法规，政府的企业水环境监管内容主要包括排污申报登记、水污染防治、缴纳排污费、清洁生产、保障饮用水安全、处置水污染事故、公开环境信息7个方面，基本上涉及了企业从污染源产生—治理—维护环境安全一系列的水环境保护过程（表2）。

表2 法律法规中企业水环境监管的主要内容

责任类别	主要内容	法规来源
排污申报登记	● 向环境保护主管部门申报登记企业拥有的水污染物排放设施、处理设施和排放水污染物的种类、数量和浓度，并提供防治水污染方面的有关技术资料 ● 排放水污染物的种类、数量和浓度有重大改变的，也应及时申报登记	《环境保护法》 《水污染防治法》
水污染防治	● 保持水污染物处理设施正常使用 ● 按照法律法规和主管部门相关规定设置排污口 ● 禁止私设暗管或者采取其他规避监管的方式排放水污染物 ● 重点排污单位应安装水污染物排放自动监测设备，保证监测设备正常运行，并保存原始监测记录 ● 拆除或者闲置水污染物处理设施的，应事先报县级以上地方人民政府环境保护主管部门批准	《环境保护法》 《水污染防治法》
缴纳排污费	● 直接向水体排放污染物的企业，按照排放水污染物的种类、数量和排污费征收标准缴纳排污费	《水污染防治法》 《排污费征收使用管理条例》
清洁生产	● 对严重污染水环境的落后工艺和设备实行淘汰制度 ● 采用原材料利用效率高、污染物排放量少的清洁工艺，加强管理，减少水污染物的产生 ● 进行技术改造，采取综合防治措施，提高水的重复利用率，减少废水和污染物排放量	《水污染防治法》 《清洁生产促进法》
保障饮用水安全	● 饮用水水源受到污染可能威胁供水安全的，有关企业应根据环境保护主管部门要求采取停止或者减少排放水污染物等措施	《水污染防治法》
处置水污染事故	● 应急准备。制定水污染事故的应急方案，并定期进行演练。采取措施，防止在处理安全生产事故过程中产生的可能严重污染水体的消防废水、废液直接排入水体 ● 应急处置。企业发生事故或者其他突发性事件，造成或者可能造成水污染事故的，应立即启动本单位的应急方案，采取应急措施，并向事故发生地的县级以上地方人民政府或者环境保护主管部门报告 ● 事后恢复。限期治理、消除污染、缴纳罚款等	《水污染防治》
公开环境信息	污染物排放超过国家或者地方排放标准，或者污染物排放总量超过地方人民政府核定的排放总量控制指标的污染严重的企业，应当向社会公开有关信息。主要内容包括： ● 企业名称、地址、法定代表人 ● 主要污染物的名称、排放方式、排放浓度和总量、超标、超总量情况 ● 企业环保设施的建设和运行情况 ● 环境污染事故应急预案	《环境信息公开办法（试行）》

在法律法规基础上，政府还制定了一系列监管政策和制度，规范企业水环境的监管行为。如环境影响评价制度、“三同时”制度、排污申报登记与排污许可证制度、污染集中控制制度、污染限期治理制度、环境保护目标责任制、城市环境综合整治定量考核制度、区域限批制度、生态保护制度等。

1.2 市场机制

市场激励机制通过充分发挥企业水环境监管的积极性和主动性，促进环境外部不经济性的内部化。但由于市场经济行为主体间具体独立性和分散性特点，使市场激励机制容易存在信息不对称，往往是交易主体的一方（往往是企业）掌握更多的信息，从而使交易的另一方陷入不确定的环境中。同时，市场机制还存在一定的风险和不确定性。目前的主要运用手段包括以下两个方面。

（1）绿色信贷政策。绿色信贷是环保部门和银行业联手抵御企业环境违法行为，促进节能减排，规避金融风险的重要经济手段。2007 年 7 月，原国家环保总局、中国人民银行和中国银行业监督管理委员会联合发布《关于落实环保政策法规防范信贷风险的意见》，对不符合产业政策和环境违法的企业、项目进行信贷控制，遏制高耗能、高污染行业的盲目扩张。在绿色信贷政策实施后，各级环保部门和银行业之间的信息交流机制不断完善，这对各级银行部门的授信环保审查工作提供了支持。例如，广东省环保局对纳入 2008 年度重点污染源信用管理等级评定的 269 家企业进行了环境保护信用审核。

（2）排污权交易制度。排污权交易作为以市场为基础的经济制度安排，对企业的经济激励在于排污权的卖出方由于超量减排而使排污权剩余，之后通过出售剩余排污权获得经济回报，实质是市场对企业环保行为的补偿。买方由于新增排污权不得不付出代价，其支出的费用实质上是环境污染的代价。排污权交易制度的意义在于它可使企业为自身的利益提高治污的积极性，使污染总量控制目标真正得以实现。这样，治污就从政府的强制行为变为企业自觉的市场行为，其交易也从政府与企业行政交易变成市场的经济交易。

1.3 社会监督

公众、第三方组织和媒体构成企业水环境监管中的主要社会监督群体。

（1）公众。公众监督依赖于公众环保意识和监督机制的建立。我国一直致力于运用多种宣传手段和方式提升公众环保意识，在城市和农村均已取得了较好成效。随着环保意识的增强，公众参与环保的角度也呈现出多元化趋势，主要体现为公众参与行为和程度显著加强。另外，国家也为公众参与提供平台，促进公众参与行为的深化。例如，2006 年，我国出台了《环境影响评价公众参与暂行办法》，明确了公众参与环评的权利，规定了参与环评的具体范围、程序、方式和期限。2008 年施行的《环境信息公开办法（试行）》，首次全面地明确了信息公开的主体和范围，规定了环境信息公开的方式，规定了环境信息公开的责任，为公众参与环境保护提供了前提和基础，使得环境信息透明化有了相关法规的保障。

（2）第三方组织（NGO）。第三方组织是公众权益的代言人。随着公众环境维权意识的不断提升，第三方组织无论在数量，还是影响力方面都得到了极大的发展。目前与企业环境监管相关的第三方组织主要包括两类。一类是民间环境保护组织，这类组织以维护公众环境权益为目标，对企业环境责任和政府环境监管行为进行监督和“施压”。如2009年，“公众环境研究中心（IPE）”和另一家NGO“自然资源保护委员会（NRDC）”发布了“污染源监管信息公开指数（PITI 指数）”的调查报告，对中国113个城市环境问题的信息公开，从民间视角做了量度。另一类是独立的第三方环境认证机构，对企业公众形象的监管同样起着重要的作用，如环境标志认证机构等。与第一类组织相比，此类组织独立性较差，与政府之间有一定的联系，其认证结果对公众有着权威影响。

（3）媒体。我国媒体对企业环境行为的监督主要体现为两个方面，一方面是公开企业和政府的环境信息，满足公众的知情权，如政府通过媒体公布环境状况公报、公布限期整改企业名单等；另一方面是行使社会监督权利，表达社会对企业环境问题的关注，如对企业“偷排”现象的曝光等。可见，媒体是社会监督主体中最具舆论导向功能的群体，“承载着发布政府部门、行业企业环境信息，积极开展舆论监督，传递公众环境诉求等重要功能和作用”[①]，社会舆论通过媒体对企业环境保护行为方式产生微妙的影响。

1.4 企业自律

企业自律监管主体主要包括行业协会和企业本身。行业协会在产品交易中承担着非常重要的一线监管责任，通过对共同利益的认可建立起来的自律组织，往往比政府更加了解市场的特点、需求和矛盾，能够在更大程度上协调强制性制度变迁中内在的矛盾与冲突。另外，单个企业可以设立一个自愿的自我规范体系，比如一套企业内部行为规范。政府机构或者行业协会也可以建立一个规范体系鼓励企业自愿参与，比如国际标准化组织的认证（ISO）等。从理论上说，这些自愿性的监管方案都尊重自我监管以及职业团体的规范秩序。因此，它们都建立在自我执行的基础之上，通过自愿性环境协议等非强制性措施督促企业进行自我约束。从目前我国的实际情况来看，主要包括4个方面。

（1）企业环境信息披露。企业环境信息披露是指企业利用公开财务报告、网络媒体和其他方式向外界说明企业环境政策、环境影响和环境绩效等相关信息。它是企业履行环境社会责任的具体体现，也是政府、社会监督和市场激励的依据。我国目前的法律只规定了披露重污染和突发事件的信息，对非重污染企业的环境信息是自愿披露，披露的内容也没有具体的规定。因此，在实际执行中，只有少数业绩较好的企业有一定的环境信息披露，而大部分企业的社会责任报告中并没有相关环境信息。

（2）环境认证。环境认证是通过建立符合各国的环境保护法律、法规要求的国际标准，对企业生产经营行为进行认证，是企业自愿采用标准的自觉行为。我国目前主要采取第三方独立认证来验证企业对环境因素的管理是否达到改善环境绩效的目的，满足相关方要求的同时，满足社会对环境保护的要求。主要包括ISO 14001认证、环境标志审批、清洁生产审批机制等形式。通过环境认证，可以加强环境成本在其市场行为中的调控作用，抑制其市场竞争力。

（3）企业环境监督员制度。《国务院关于落实科学发展观加强环境保护的决定》（国发[2005]39号）和《国家环境保护“十一五”规划》（2005年）均提出了“建立企业环境监

① 潘岳，在中国环境报宣传工作会议上的讲话，2010年9月14日。资料来源：国家环境保护部网站。

督员制度，实行职业资格管理”，但并未做进一步明确的规定；直到2008年，国家环保部下发了《关于深化企业环境监督员制度试点工作的通知》（环发[2008]89号），对企业环境监督员制度的实施试点做了明确的安排。根据通知，企业环境监督员的职责主要包括：“在企业环境管理总负责人的领导下，具体负责企业的污染防治、监督、检查等环境管理工作，承担其工作范围内的法律责任，并取得环境保护部颁发的培训合格证书的企业环境管理人员。按照污染企业类型，企业环境监督员分为水污染类、大气污染类和固废类企业环境监督员等类别。”

（4）企业社会责任报告（Corporate Social Responsibility，CSR）。企业社会责任报告是企业将其履行社会责任的成绩及不足等信息进行系统梳理和总结，并向利益相关方进行披露的方式[①]。作为企业与利益相关方沟通的重要桥梁，我国企业社会责任报告制度总体还处于推广起步阶段。目前，已有一些企业每年发布企业社会责任报告，如国家电网了发布了《社会责任报告》、宝钢发布了《环境责任报告》等。同时，学术界也开展了相关研究，如2009年社科院企业社会责任研究中心与WTO经济导刊、中国企业公民委员会联合发布了中国第一个企业社会责任报告编写指南——《中国企业社会责任报告编写指南》。社科院2010年《企业社会责任蓝皮书》数据显示，我国企业社会责任指数整体仍然偏低，70%以上的百强企业还在旁观，其中环境责任在四类社会责任绩效（责任管理、市场责任、社会责任和环境责任）中发展水平最低。企业环境责任报告发布并非是强制性手段，而是自发性的企业行为。企业社会责任的履行是企业的一种自律性行为，依赖于企业对其利益及社会责任的更深层次的认知，体现了现代企业管理理念的新高度。

2 企业水环境监管主体间的相互关系

企业水环境监管各主体间相互关联、相互作用，构成了如图1所示的封闭回路模型。

企业（自律）居于中心，是企业水环境监管实践的出发点和目标指向。企业实施自我监管行为，一方面取决于企业环境责任意识的高低，另一方面，也取决于政府监管压力和社会监督压力的大小以及市场激励机制的有效性。企业自律行为的根本目标是实现企业发展效益最大化，包括经济效益和社会效益。

市场机制居于模型的下方。企业是经济性组织，为市场高效率、低成本地提供有价值的产品或服务，取得较好的经济效益是企业可持续发展的基础。企业行为往往服务于市场需求，所以，市场激励机制的有效与否对企业履行环境责任具体极大的影响作用，通常表现为正激励。

① 企业社会责任是现代企业竞争的关键词，《财富》和《福布斯》商业杂志在企业排名评比时增加了“社会责任”标准。《全球契约10大原则》（2004年）中企业环境责任被表述为“企业应对环保问题未雨绸缪、主动承担环境保护责任、推进环保技术的开发与普及”三条原则。在我国，2005年修订的《公司法》第五条明确规定：“公司从事经营活动，必须……接受政府和社会公众的监督，承担社会责任。”2006年，由商务部跨国公司研究中心、社科院世界经济与政治研究所联合制定的《中国公司责任报告编制大纲（草案）》《中国公司责任评价办法（草案）》正式发布。草案将公司责任体系界定为股东责任、社会责任和环境责任，其中，环境责任包括提高资源的利用率、减少排放、推进循环经济三个层面。中科院企业社会责任研究中心将企业责任体系定义为责任管理、市场责任、社会责任和环境责任，其中，环境责任包括环境管理、节约资源能源、降污减排三个方面。

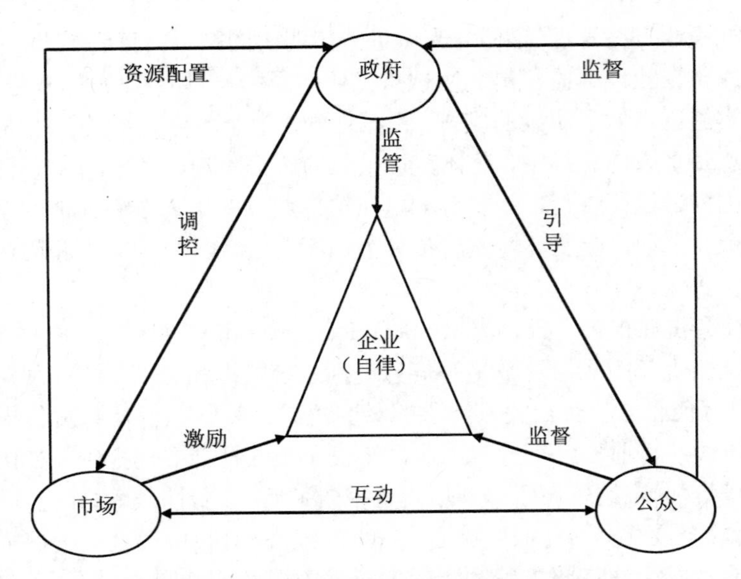

图 1　企业水环境监管主体间的相互作用模型

公众监督与市场机制并列，居于模型的下方。企业与公众是利益相关方，因此，公众监督往往对企业环境行为产生压力，迫使企业去履行环境责任，通常表现为负激励。

政府监管居于模型的最上方，是企业水环境监管最直接的主体，可以通过法律法规对企业环境行为进行规范，对违规行为进行处罚。同时，政府通过对市场进行调控，如调整产业结构等，对公众的环境意识进行引导，间接地对企业环境行为进行激励。

总体来看，四类监管主体间形成的纽带体系对企业水环境监管作用的大小，取决于两个核心要素。①监管主体间取得的企业水环境信息是否对称。这在很大程度上决定了各类监管机制是否能有的放矢，解决根本性问题。2005 年，国家环保总局制定了《推进企业环境行为评价工作的意见》，对企业环境行为按照一定的程序和指标，进行综合评价定级（表 3），并向社会公布。这对满足社会公众对企业环境信息知情权，为社会监督行为提供了事实依据，起到了一定的促进作用。②各类监管机制能否与企业激励相容。企业的生存与发展需要决定了企业的各类行为，而效益是企业永远追求的目标。对监管成本与企业收益大小的衡量问题从根本上决定了各类监管机制实施的有效性。企业水环境监管行为成本分为两类，一类是企业执行环境责任时的成本，是由于激励不相容造成的；另一类是信息成本，是由信息不对称造成的。因此，各类监管机制与企业发展目标的激励相容性也是决定监管有效与否的重要因素。

表 3　我国的企业环境行为评价标准

评价结果	符号标示	评判标准
很好	绿色	企业达到国家或地方污染物排放标准和环境管理要求，通过 ISO 14001 认证或者通过清洁生产审核，模范遵守环境保护法律法规
好	蓝色	企业达到国家或地方污染物排放标准和环境管理要求，没有环境违法行为
一般	黄色	企业达到国家或地方污染物排放标准，但超过总量控制指标，或有过其他环境违法行为

评价结果	符号标示	评判标准
差	红色	企业做了控制污染的努力，但未达到国家或地方污染物排放标准，或者发生过一般或较大环境事件
很差	黑色	企业污染物排放严重超标或多次超标，对环境造成较为严重影响，有重要环境违法行为或者发生重大或特别重大环境事件

资料来源：国家环境保护总局《关于加快推进企业环境行为评价工作的意见》（环发[2005]125 号）。

3 存在的主要问题

（1）从政府监管来看，主要存在企业水环境监管的法规不健全和实施弱化问题。已有法律法规虽对企业水环境监管及相关责任有所述及，但还没有专门的企业水环境监管责任法律法规，对企业的监管往往是和其他被监管对象一并考虑并实施，忽视了企业水环境监管与其他行业的不同特点。在实际操作中，容易产生现有法律法规的实施弱化问题，一方面，在经济发展过程中，地方政府与排污企业容易形成利益结盟，而弱化其对环境监管职能的履行；另一方面，现有政府监管机制的刚性，容易使企业发展利益与履行环境责任产生矛盾。

（2）从市场激励来看，主要存在市场激励运用不足和机制不健全问题。目前我国对企业环境监管的市场激励机制建设才刚刚起步，激励形式较为单一，相关环境经济政策应用有限。同时，已有环境经济政策也多出自政府，偏向于约束性，如绿色信贷政策等。另外，激励政策的实施依赖于对企业信息获取的完整性，在信息不透明的现状下，激励机制的实施往往存在一定的风险性。

（3）从社会监督来看，主要存在缺乏完善的社会评价体系和监督机制问题。公众是最广泛的社会监督群体，但也是最弱势的群体，虽然近年来公众环境意识有大幅度提高，政府运用政策手段不断促进公众参与机制的完善，如《企业环境行为评价标准》《环境影响评价公众参与暂行办法》等，但从社会参与的具体条件、方式、程序上看，还缺少明确细致的法律规定。第三方认证机构具有一定的官方权威性，在利益驱动下，企业可能会利用这些机构的官方背景，通过权威认证以吸引消费者，将认证作为企业产品的促销手段。媒体具有舆论导向作用，在社会监督群体中相对强势，但容易被利益集团俘获，成为既得利益集团的舆论工具。

（4）从企业自律来看，主要存在企业自我监督和责任意识不足问题。虽然企业环境责任已引起了政府、企业和社会的关注，企业社会责任报告等制度也已开始实施。但由于长期以来，我国企业尤其是民营企业一贯强调企业经济利益，认为企业履行环境责任会增加企业成本，减少企业利润，因此，企业的自律监管行为极其有限。企业环境责任认识不够，自我监督意识不足，更缺少对发布企业社会责任报告的概念，使得提高企业自我监督和责任意识问题仍然是将来一段时期影响企业水环境监管效果的主要问题之一。

另外，信息机制不健全、不透明、披露不足的问题，是制约四类监管主体行为有效性的根本性问题。总体上看，目前我国企业环境信息披露制度还处于初级阶段，接受信息披露的企业数量只占极少数，相关披露内容也难以让相关方了解企业真实情况。信息披露行为还不规范，缺乏相关法律的规定，公众和媒体缺少有效地获取企业履行环境责任信息的渠道，知情权不足，无法对企业形成有效的激励和约束。

4 结论与建议

企业是经济发展的重要支柱，也是环境污染的主要制造者。我国现有的企业水环境监管体系主要由行政监管、市场机制、社会监督和企业自律四个方面构成。各类监管主体不是孤立存在，而是相互作用的。其中，行政监管是我国最传统也是当前最为倚重的监管方式，以政府法律法规和政策指令为主要手段，具有强制性和约束性特点；市场机制是最具经济激励效用的监管机制，目的是激发企业履行环境责任的积极性和主动性；社会监督通过舆论压力对企业实施外部压力性监督，以公众、第三方组织、媒体等社会群体行使监督权利，各类群体较分散、异质性高；企业自律是各类监管行为的最终目标指向，监管成本最低，也是最能发挥企业主动性的一种非强制性的自我约束，体现了企业的环境责任理念，也是现代企业发展的方向所在。

我国现行企业水环境监管问题可以概括为：企业水环境监管的法规不健全和实施弱化的问题，市场激励运用不足和机制不健全的问题，缺乏完善的社会评价体系和监督机制的问题，企业自我监督和责任意识不足的问题以及信息机制不健全、不透明、披露不足的问题。针对这些现存的突出问题，未来需要将企业水环境监管问题统筹考虑，从多个层面改进完善，具体包括 4 个方面。①加强对企业水环境责任履约行为的监管，建立健全相关法律法规和配套制度，明确企业水环境责任的具体内涵及行为规范；重点加强制度的实施，加大对违约行为的处罚力度。②强化激励机制，培养企业排污权交易市场，促进企业履行环境责任的积极性；加强经济手段的运用，执行严格的企业环境标准和认证制度，提高企业的市场准入门槛，促进企业履行环境责任的主动性。③引入强制性的企业社会责任报告制度，实施统一的企业社会责任报告编写规范；强化绿色财税信贷政策，加强信贷风险管理；落实企业环境行为评价制度，增强对评价结果的运用。④加强信息搜集、统计和发布，实行强制性的企业环境信息披露制度；重视企业环境形象与责任建设，强化企业环境监督员职能，培养公众的企业水环境信息意识。

参考文献

[1] 高桂林. 公司的环境责任研究[M]. 北京：中国法制出版社，2005.

[2] 邓曦东. 企业社会责任与可持续发展战略关系的经济分析[J]. 当代经济，2008（3）：158-159.

[3] 齐晔，等. 中国环境监管体制研究[M]. 上海：上海三联书店，2008.

[4] 李万新. 中国的环境监管与治理——理念、承诺、能力和赋权[J]. 公共行政评论，2008（5）：102-151.

[5] 尚会君，等. 我国企业环境信息披露现状的实证研究[J]. 环境保护，2004（04B）：15-21.

[6] 胡美琴，骆守俭. 企业绿色管理战略选择——基于制度压力与战略反应[J]. 工业技术经济，2008，27（2）：11-14.

[7] 王政. 关于企业环境保护机制的建构[J]. 理论探索，2010，1：139-141.

[8] 韩利琳. 低碳时代的企业环境责任立法问题研究[J]. 西北大学学报：哲学社会科学版，2010，40（4）：159-164.

[9] 李猛. 地方政府在环境监管中的扭曲行为[J]. 环境保护，2010，13：20-21.

[10] 中国社会科学院经济学部企业社会责任研究中心. 中国企业社会责任报告编写指南（CASS-CSR1.0）[M]. 北京：经济管理出版社，2009.

[11] 中国社会科学院经济学部企业社会责任研究中心. 企业社会责任蓝皮书（2010）[M]. 北京：经济管理出版社，2010.

激励相容约束下的控污机制设计研究

Pollutants Control Mechanism Design Under the Restriction of Incentive Compatibility

曹　宝[①]
（中国环境科学研究院环境与经济研究室，北京　100012）

摘　要：我国已形成了以“三大政策”和“八项制度”为基本框架的环保政策和管理体系，在污染控制及环境保护中发挥了重要作用。然而，由于排污监管与被监管者之间信息不对称和污染控制与监管激励不够等原因，导致污染控制与监管制度的实施效果并不理想。本文从机制设计和激励相容的角度出发，对“排污收费”“排污申报登记及排污许可证”“排污权交易”和“污染物总量控制”间的协调机制进行了探讨，提出了进一步补充和完善以上制度的措施和建议。
关键词：激励相容　机制设计　排污许可证制度　排污收费制度　总量控制制度

Abstract: Our country has formed “three policy” and “eight system”, which plays an important role in pollution control and environmental protection, as the basic framework of environmental policy and management system. However, due to information asymmetry between the pollutant discharge and the pollutant discharge supervisor and insufficient for pollution control and supervision incentive, the implementation effect for pollution control and supervision system was not good. From the angle of incentive compatibility and mechanism design, coordination mechanism for the system of “pollution charges”, “pollutant discharge register and pollutant discharge permit”, “pollution rights trading” and “pollutant total amount control” were discussed. Suggestions and countermeasures for further supplement and complete above system were also proposed.
Key words: Incentive compatibility　Mechanism design　Pollutant discharge permit system　Pollution charge system　Total pollutant control system

前　言

在 1989 年第三次全国环保会议上，集中推出了“三大政策”和“八项制度”，把不同

① 作者简介：曹宝，1971 年 9 月生，中国环境科学研究院副研究员，主要从事流域环境规划、流域水环境与经济管理相关研究工作。地址：北京市朝阳区安外大羊坊 8 号；邮编：100012；电话（传真）：010-84912070；电子邮箱：cbao3000@163.com。

的管理目标、不同的控制层面和不同的操作方式的环保政策和手段组成了一个比较完整的政策和管理体系，使我国的环境管理由一般号召和行政推进的方式提升为法制化、制度化的新阶段，在防治工业污染、实施城市环境综合整治、保护生态环境方面都取得了明显效果。然而，以上政策和制度在设计与实施方面仍有待进一步完善和提高，尤其是在各项环境管理制度的协调与衔接方面还需开展更深入的研究。

由于在私人物品和公共物品经济环境下，经典的帕累托最优与自愿参与、自由交易不相容，机制设计理论应运而生。机制设计涉及两个基本问题：一个是信息效率问题，即所制定的机制是否只需较少的信息传递成本，较少的关于消费者、生产者及其他经济参与者的信息；另一个是机制的激励相容问题（也就是积极性问题），即在所制定的机制下，每个参与者即使追求个人目标，其客观效果是否也能正好达到设计者所要实现的目标，这就是激励机制的设计[1]。激励机制设计已成功应用于规章或法规制定、公共财政理论、拍卖机制的设计、最优税制设计、委托-代理问题以及最优合同设计等方面。本文在借鉴激励相容和机制设计相关理论的基础上，对“排污收费”“排污申报登记及排污许可证”“排污权交易”和“污染物总量控制”制度间的协调与衔接机制进行了分析和探讨，提出了进一步补充和完善以上环境管理制度的措施和建议，为贯彻加强环境管理政策的实施提供参考和依据。

1 目前污染控制制度的主要问题

在目前已建立和实施的环保制度中，与污染控制联系较为密切的主要有“排污收费”“排污申报登记及排污许可证”“排污权交易”和“总量控制”等制度，这些制度在发达国家的污染控制及环境保护方面发挥了重要作用，并且取得了巨大成功[2-3]。但是，我国在这些制度的设计与实施方面还存在一些问题与不足，尤其是在以上各项制度的衔接与协调方面做得还很不够，严重地影响了这些环保制度的实施效果。

1.1 排污申报登记及排污许可证制度

排污申报登记制度，是指凡是向环境排放污染物的单位，必须按规定程序向环境保护行政主管部门申报登记所拥有的排污设施、污染物处理设施及正常作业情况下排污的种类、数量和浓度的一项特殊的行政管理制度。排污申报登记是实行排污许可证制度的基础，是排污收费的重要依据，也是开展排污权交易和污染物总量控制的重要参考。排污申报登记制度中排放污染物的种类和数量直接影响对排污单位征收排污费的征收额度，因此，排污单位就有在排污申报登记时尽量减少申报排污种类和排污数量的动机，甚至有不进行排污申报登记的可能。另外，在排污权交易制度的实施中，大多数国家主要采用遵从历史排放的原则进行排污权的初始分配，如果排污费征收标准低于污染治理成本，排污单位在进行排污申报时就会尽其可能虚增污染物排放量，以期获得更多的排污权和较为宽松的发展空间。

排污许可证制度，是以规范排污行为、降低污染物排放的不确定性为目标，规定排污单位许可排放污染物的种类、数量、浓度及排放方式等的一项行政强制性管理制度[4]。排污许可证制度的实施效果主要取决于排污许可机制的设计是否合理和排污监管是否到位两大因素。从整体来看，我国的排污许可证制度实施效果并不理想，没有达到政策设计者的预期目标。主要问题包括：大多数对排污许可证的法律权威性没有足够的认识，认为排污许可证对企业的生产和经营来说是可有可无的；有些企业虽然申领了排污许可证，但由于惩罚措施缺乏足够的威慑力，导致偷排、漏排、不严格按证排污现象时有发生，甚至部分企业因违法排污多次受到环保部门的处罚却屡教不改；排污许可证监管体系不健全，排污监管不到位，导致违法排污取证困难的不利局面发生；排污许可证的发放与总量控制、排污权交易制度没有很好地衔接，影响了排污许可证制度的实施效果。

1.2 排污收费制度

排污收费制度，是指一切向环境排放污染物的单位和个体生产经营者，按照国家的规定和标准，缴纳一定费用的制度。我国从 1982 年开始全面推行排污收费制度到现在，全国（除台湾省外）各地普遍开展了征收排污费工作。目前，我国征收排污费的项目有污水、废气、固废、噪声、放射性废物等五大类 113 项。排污收费制度在控制污染物排放、筹集环境保护资金、支持环境监管能力建设等方面发挥了一定的作用，但是，长期以来排污收费标准偏低，导致许多企业宁愿缴纳排污费也不愿投资建处理设施，甚至有的企业建有污染处理设施也不运行。在《水污染防治法》执行中“违法成本低，守法成本高”的现象较为普遍，已成为《水污染防治法》实施中的执法“瓶颈”。

1.3 排污权交易制度

排污权交易制度，是指在污染物排放总量控制指标确定的条件下，利用市场机制，建立合法的污染物排放权利即排污权，并允许这种权利像商品那样被买入和卖出，以此来进行污染物的排放控制，从而达到减少排放量、保护环境的目的。排污权交易制度作为以市场为基础的经济制度安排，对企业的经济激励在于排污权的卖出方，由于超量减排而使排污权剩余，通过出售剩余的排污权可以获得经济回报。买方由于新增排污权不得不付出代价，其支出的费用实质上是环境污染的代价。排污权交易是以总量控制为基础的，排污权的初始分配方法将对排污权交易产生重大影响。从欧、美、日、韩等发达国家的排污权交易制度经验来看，排污权的初始分配大多是基于历史排污量进行分配的。基于历史排污量进行分配有历史排污数据为依据，排污量分配格局相对稳定，因此也相对容易执行；但其弊端也是显而易见的，即历史排污量大的企业分配较大的排污权，削弱了企业治理污染的积极性，也不利于环境资源的优化配置[5-6]。

1.4 总量控制制度

总量控制是指以控制一定时段、一定区域内排污单位排放污染物总量为核心的环境管理制度，包括 3 个方面的内容：①污染物排放总量；②污染物排放的地域范围；③污染物排放的时间跨度。总量控制制度一般有 3 种类型，即目标总量控制、容量总量控制和行业总量控制。污染物总量控制要综合考虑进入环境的点源污染物排放量、非点源污染物排放量以及环境自身的污染物累积量。总量控制制度与其他污染控制制度联系紧密。一方面，排污许可证制度是贯彻和落实污染物总量控制制度的前提，总量控制配额要依托排污许可证分配到一个个的排污单位和排污口。另一方面，总量控制又是实行排污权交易的基础，区域排污总量是有限的，排污企业要根据自身的排污需求和污染治理成本，自主决定从排污权市场上买入或卖出排污权的数量。排污权交易制度引入了市场机制，不仅用市场手段实现了环境资源的优化配制，还在一定程度上避免了“一刀切”式的行政命令控制手段的弊端，从而体现了“环境与经济双向优化”的战略目标。

2 机制设计与制度完善

2.1 激励相容理论

美国教授威廉·维克里和英国教授詹姆斯·米尔利斯由于在他们的研究中引入“激励相容”的概念，开创了信息不对称条件下的激励理论——委托代理理论，从而获得了1996年度的诺贝尔经济学奖。他们的研究指出，由于代理人和委托人的目标函数不一致，加上现实世界中的不确定性和信息不对称现象普遍存在，因此，代理人的行为有可能偏离委托人的目标函数，而委托人又难以观察到这种偏离，无法进行有效监管和约束，从而会出现代理人损害委托人利益的现象，这会导致逆向选择和道德风险两种后果，这就是著名的“代理人问题”。为解决此问题，委托人需要做的是设计一种机制，将委托人与代理人的利益进行有效“捆绑”，以激励代理人采取最有利于委托人的行为，从而委托人利益最大化的实现能够通过代理人的效用最大化行为来实现，即实现激励相容。这里“委托人—代理人”的关系是泛指任何一种非对称交易或关系，交易或关系中拥有信息优势的一方称为“代理人”，不拥有信息优势的一方称为“委托人”。

2.2 机制设计目标

在环境管理中，各级政府的环境保护主管部门相当于委托人，各个排污单位相当于代理人，各级政府的环境保护主管部门与各排污单位间即构成了“激励相容”理论中的“委托—代理”关系。委托人通过设计、制定和实施各种环境保护政策、制度和措施与代理人进行“博弈”，代理人凭借自身拥有的信息优势与委托人进行博弈，当博弈双方对博弈结果均满意时即达到均衡，双方博弈处于平衡状态。

对于污染控制制度而言，机制设计的目标就是设计一种机制，使代理人在追求自身利益最大化的同时，达到委托人利益最大化，使博弈双方对博弈结果均感到满意。也就是说，委托人通过机制设计建立完善的环境管理制度，在经济允许、技术可行、环保目标可接受的约束下，一方面使代理人提供的信息与真实信息之间的偏离程度控制在可接受的限度之内，另一方面，激励代理人选择遵守委托人设计的环境管理制度。当然，代理人也可以选择不遵守委托人设计的环境管理制度，但是，代理人必须承担受到更严厉惩罚的较高风险，以至于风险与投机收益比相当高，足以威慑代理人不情愿去冒那么高的风险逃避环境的管制。

2.3 制度衔接机制设计

2.3.1 控污制度间制约机制设计

我国正试图建立四大环境污染控制制度体系，即排污收费制度、排污申报登记及排污许可证制度、排污权交易制度和总量控制制度。这四项制度相互联系、互为依托，共同组成了一个系统有机的环境污染控制制度体系（见图 1）。

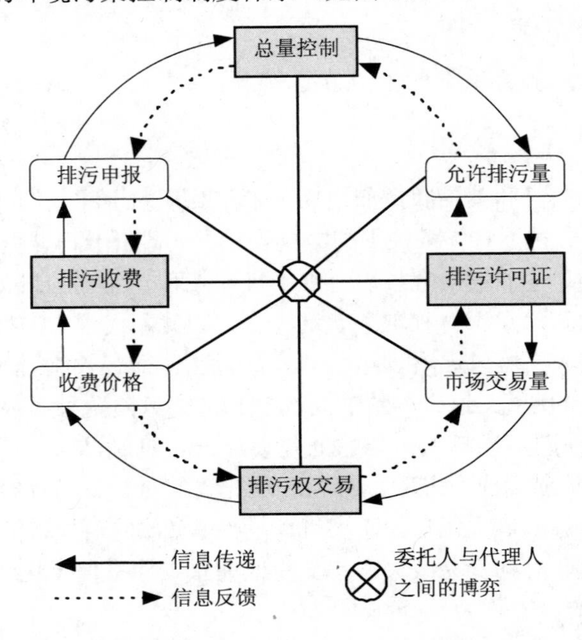

图 1 四项污染控制制度体系间的协调机制

在以上四项污染控制制度中，总量控制制度处于基础及核心地位，其他三项制度的制定和实施必须以总量控制制度为基础和依据。排污申报登记与排污许可证制度是前提，排污申报登记数据是排污权分配和排污收费的重要参考，排污许可证制度是规范污染源排污行为、监督和落实总量控制目标和任务的重要手段。排污收费制度和排污权交易制度是政府贯彻和落实总量控制目标的两个重要手段，排污收费制度是行政控制手段，排污权交易制度是市场调控手段，二者互为补充，相辅相成，缺一不可。

对于一个区域或流域：①根据区域或流域的社会经济发展与环境保护总体目标要求，结合考虑其经济发展水平、排污现状和排污趋势，综合利用排污申报数据、环境统计数据、环境监测数据和污染普查数据，核定区域或流域的污染物总量控制目标；②根据总量控制目标及任务要求，结合考虑企业排污申报登记数据、监测数据及其他可获得的数据，核定排污单位的允许排污量，通过排污许可证制度规范排污单位的排污行为并确认和落实其允许排污量；③排污许可证持证单位根据本单位环境污染治理水平，自主决定在排污权交易市场上需要购买或出卖的排污权数量，以满足其生产经营所需的排污权数量；④对于需要进行排污申报登记的单位或个人，可根据排污单位的排污申报数据对其征收排污费，对于不需要进行排污申报的单位和个人，可根据其用水、用电和用气量征收排污费。而排污权交易市场的历史成交价格，可作为制订排污收费价格的重要参考依据，以便将排污收费价格与市场交易价格的偏离程度控制在可接受的限度之内。

2.3.2 委托人与代理人博弈机制设计

在环境保护污染控制中，委托人通过制定总量控制目标与任务、分配排污单位的允许排污量和制定排污收费价格等手段与代理人进行博弈；代理人通过自身掌握的信息优势，结合区域或流域的总量控制目标、排污收费价格和排污权交易价格等信息与委托人进行博弈。

（1）排污申报机制设计。环保委托人与代理人之间通过排污申报登记制度进行博弈。一方面，委托人希望以最低的成本掌握尽可能准确、详细的排污数据，以便采取有效的措施对污染物的排放进行监督和调控；另一方面，由于代理人知道委托人将利用排污申报数据对其进行监督和管理，代理人将尽量采取相应的应对措施，使自身利益最大化。因此，对于代理人提供的排污申报数据，存在3种可能：①虚增排污申报数，其目的是为代理人争得更多的排污权，以便在未来的发展中留有较大的发展空间和在排污权交易市场中获得较多的收益；②压低排污申报数据，这样做不仅可以少交排污费，还可以给公众留下较好的社会形象；③如实进行排污申报，这种情况可能是企业的环保意识较高，或者是因为虚报排污申报数据存在被严厉处罚的巨大风险，进行排污虚假申报不划算。

在完善排污申报登记制度方面，委托人可以在技术和经济都可行的基础上，以排污单位的历史排污数据为主要参考，要求其在进行排污申报时如实申报其用电、用水、用气量及相应的费用支出凭证，定期提供第三方排污监测报告，并要求排污单位主管领导做出如实进行排污申报登记的承诺，并对其做出的承诺负责。

（2）排污收费机制设计。排污收费制度作为贯彻“谁污染，谁治理”政策的重要环境手段，在筹集环保资金，鼓励节能减排方面具有重要作用。但是，目前的排污费征收价格偏低，对于环境污染治理成本内部化政策的支撑作用有限。今后应逐步提高排污费征收标准，排污费征收价格可参照排污权交易市场价格进行调整，使排污费征收价格逐渐与市场价格接轨。可将排污申报数据作为征收排污费的重要参考，同时比照其历史排污数据，排污监测报告，水、电、气消耗数据进行相互验证，以使排污费的征收规范、公正和科学化。

（3）排污许可证监管机制设计。对排污单位进行有效监管，是排污许可证制度发挥作用的基础和关键。任何监管都是要花费成本的，排污许可证监管机制设计的约束条件是监管收益大于或等于监管成本。为了有效地对排污行为进行监管，排污许可证的重点监管对象为污染物排放量占流域或区域排放总量绝大多数（≥80%）的污染源，只要对这些污染源进行有效监管，就可以控制区域或流域的污染物排放态势，实现区域或流域的污染物排放总量控制目标。

建议对排污许可证进行分类管理。对于重点污染源实行定量管理，对污染源排放污染物的种类、数量、平均浓度、最高浓度、监测及记录、排污应遵循的技术规范等做出详细的规定，并要求负责排污的责任人及排污单位的主管领导签字确认，做出严格按排污许可证的要求及操作规程进行排污的承诺。同时要求列入各级环保机关的重点排污企业和主要排污企业要配备相应的环境监督员，负责对企业的排污行为向主管环保机构做定期报告。

在处罚机制设计方面，除对违法排污单位加大经济处罚力度外，还应对违法排污行为的直接责任人及单位主管领导按违法情节轻重给予适度的行政或法律处罚，必要时可实施拘留或监禁等严厉处罚措施。在处罚机制设计方面要区分一般违规排污、有证但违反操作规程排污和无证排污，依次加大处罚力度。对于不按排污许可证要求的操作规程和技术规范程序进行排污和记录的，要进行重罚；对于无证排污的，要对排污负责人及其主管领导进行严厉处罚。

（4）排污权交易机制设计。排污权交易是政府指导下的不完全市场，它不同于一般的商品交易市场。比如对于水污染物的排放来说，排放位置及水系结构特征对污染物的排放影响较大，处于不同水系、不同区域的排污权一般不能进行交易。因此，各级环境保护部门应建立相应的排污权交易平台，以促进排污权交易的发展。①对排污权进行标准化管理，如对排污权的分割与最小交易单位进行管理，使排污权交易的潜在用户可以对本辖区内的排污权供求信息及时进行查询；②对处于同一水污染控制单位的排污权交易进行确认；③对排污权交易价格及交易情况进行统计和分析，提高交易的透明度，降低排污权交易费用。

（5）总量控制机制设计。总量控制要体现区域或流域的社会经济发展目标与环境保护目标。在充分考虑地区排污现状、经济发展规模和效益、污染物削减能力和目标年污染物总量控制目标的基础上，在排污权分配方法中体现"以环境优化经济、以经济促环保"的理念。将主导产业发展战略、循环经济、产业结构调整以及污染控制等目标在总量控制目标与任务中予以体现。通过总量控制目标的制定和实施，给排污权交易市场及污染控制企业传递政府对污染物控制的政策目标，使企业在生产和经营时兼顾环境保护目标才能达到企业自身的利益最大化。

基于激励相容理论，建议排污权初始分配将排污申报登记数据作为重要参考，并适当考虑排污单位所属行业及其对区域或流域的 GDP 贡献大小进行分配。这种排污权分配机制既可以鼓励排污单位进行真实的排污申报登记，又可以将区域或流域的经济发展目标和环境保护目标进行有机结合，利用排污许可证制度、排污权交易制度和排污收费制度对其排污行为进行调控，使企业的排污申报数据与其真实的排污数据的偏差控制在可以接受的限度内。也就是说，历史排污量大的企业将分得较多的排污权配额，暂时缓解其污染物减排压力，但是，随着排污权交易价格的攀升，企业不得不交纳更多的排污费；而历史排污量较小且单位 GDP 排污量较小的企业，政府分配的排污权配额除了可以满足本单位的生产经营排污外，还会有一定的排污权配额可以参加排污权交易，从而使环境经济交易好的企业有利可图。

（6）控污制度衔接机制。通过以上机制设计，四项排污机制之间就可以形成紧密的衔接关系。主要原因如下：①区域或流域的污染物排放总量是逐年递减的，直到所有环境功能区达标为止，这样一来，排污权就成为了稀缺资源，排污单位在进行生产和经营时就需要在控制污染和买进排污权之间做出选择；②从短期来看，企业历史排污量较大的企业暂时可以获得较多的排污权配额，但排污单位不得不支付较多的排污费；③由于排污许可证制度的约束，排污企业的排污申报数据与实际排污数据不可能有太大偏差，因此，政府对重点排污单位的排污情况较为了解，可以及时调整排污收费价格，以使污染治理成本内部化；④排污权交易制度弥补了政府“一刀切”行政控制措施的不足，使企业可以根据自身的情况采取相对低的成本达到削减污染物的目标[7-8]；⑤排污企业违法排污受重罚的风险相当高，使排污企业自愿采取污染物削减措施，有利于扭转“守法成本高，违法成本低”的环保怪圈；⑥从长远角度考虑，购买排污权只是一种权宜之计，如果政府的总量控制目标越来越严，企业将不得不采用更先进的生产工艺和技术，以免使企业落入政府强制淘汰的清单之列。

3 结论

本文对我国的污染控制制度进行了归纳和总结，分析了其目前存在的主要问题与不足。在借鉴激励相容和机制设计理论的基础上，对“排污收费”“排污申报登记及排污许可证”“排污权交易”和“污染物总量控制”制度间的协调与衔接机制进行了分析和探讨，提出了进一步补充和完善以上环境管理制度的措施和建议，为贯彻加强环境管理政策的实施提供参考和依据。

致谢

国家水体污染控制与治理科技重大专项：水污染物排放许可证管理技术与示范研究课题（2008ZX07033-04）；淮河流域水污染控制与治理决策支撑关键技术研究及综合管理平台构建课题（2009ZX07210-010）共同资助。

参考文献

[1] 田国强. 经济机制理论：信息效率与激励机制设计[J]. 经济学，2003，2（2）：271-304.

[2] Tietenberg，Tom H. Emissions trading：an exercise in reforming pollution policy [M]. Washington DC：Resources for the Future，1985.

[3] Bernstein，Janis D. Alternative approaches to pollution control and waste management：regulatory and economic instruments[R]. The World Bank，1993.

[4] 曹宝，宋国君，罗宏，等. 中国水污染排放许可证制度建设探讨[J]. 环境与可持续发展，2010，35（4）：13-16.

[5] 马中，等. 排污权交易在中国的实践[M]. 北京：中国环境科学出版社，2000.

[6] 曹宝，罗宏. 水污染物排放许可证交易框架研究[J]. 昆明理工大学学报：社会科学版，2009，9（10）：30-34.

[7] 曹宝，罗宏，王秀波. 中国水污染物排放特征及其环境经济分析[J]. 中国人口资源与环境，2010，20（3）：261-264.

[8] 曹宝，罗宏，吕连宏. 流域环境经济功能分区初步构想[J]. 水资源与水工程学报，2010，21（4）：20-24.

利益均衡和公众参与——环境制度变迁的视角

Interests Balance and Public Participate—A Perspective of the Change of Environmental Institution

葛俊杰[①] 张 炳 毕 军
（南京大学环境学院，污染控制与资源化研究国家重点实验室）

摘 要：环境问题的本质是环境权益在不同群体之间以及代际之间的分配问题，这和经济利益的分配有相似之处，即要体现效率和公平的统一。当前我国的环境问题突出表现在环境权益分配的公平性上出现了问题。本文从经济利益和环境制度变迁的角度，提出了以污染企业和周边居民为博弈双方的环境制度变迁模型，分析了环境污染和环境质量改善的不同过程，提出了信息公开和公众参与在阻止环境污染和促进环境改善的制度变迁中的积极作用，公众参与的过程同时也是环境利益均衡的过程。随后以最近国内出现的环境公共事件为例，对该理论进行了进一步的阐述，提出了解决环境矛盾和冲突的思路，即通过充分的信息公开和有效的公众参与，在经济发展和环境管理过程中实现多方利益的均衡，促进经济利益、社会利益和环境利益的协同。

关键词：利益均衡 公众参与 制度变迁

Abstract: The essence of our environmental problem is the problem of distributing environmental interests among different groups and generations，which is in common with the economic interest assignment. And the distribution should give consideration to the unity of efficiency and fairness. The prominent environmental issue in China is that something has gone wrong in the fairness of assigning environmental interests. From the perspective of economic interest changes and environmental policies transitions，a model on the institutional change of China's environmental protection system is presented in this paper，based on the interaction between polluting enterprises and nearby residents. With the model，this paper analyzes various procedures of environmental pollution and improvement，and demonstrates that information disclosure and public participation have made positive contributions to preventing environmental pollutions and enhancing the environment improvement. And public participation is also a process of environmental benefit equilibrium. Take domestic environmental public events happened

① 作者简介：葛俊杰，1977 年 2 月生，南京大学环境学院博士研究生，讲师。专业领域：环境管理与环境政策，环境社会学；地址：南京大学环境学院；邮编：210093；电话：025-83592262；传真：025-83304865；手机：13951708869；电子邮箱：gejj@nju.edu.cn。

recently as instances then, the paper gives a further explanation of the theory, offering a way to solve environmental contradiction and conflicts. That is to boost the synergy of economic, social and environmental interests, with sufficient information disclosure and effective public participation, achieving a balance of interests of all aspects during the economic development and environmental management.

Key words: Interests balance　Public participate　Institutional changes

根据制度经济学的观点，制度是一个社会的博弈规则，或者更规范地说，它们是一些人为设计的、型塑人们互动关系的约束。从而，制度构造了人们在政治、社会或经济领域里交换的激励。制度变迁是一个复杂的过程。这是由于制度变迁在边际上可能是一系列规则、非正式约束、实施的形式及有效性变迁的结果。此外，制度变迁一般是渐进的，而非不连续的。至于制度是如何渐进性变迁的，为什么会是这样，甚至非连续性的变迁（如革命或武装征服）也绝不是完全不连续的，这些都是由于社会中非正式约束嵌入的结果。尽管正式约束可能由于政治或司法决定而在一夕之间发生变化，但嵌入在习俗、传统和行为准则中的非正式约束，可能是刻意的政策所难以改变的。这些文化约束不仅将过去与现在和未来联结起来，而且是我们解释历史变迁路径的关键所在[1]。

环境制度的变迁经历了从单纯的命令控制型占主导，到政府管制和市场手段并存，再到行政手段、经济手段、信息公开和公众参与等社会手段共同产生作用的过程，在总体上呈现出一种以正式制度为主导逐步向正式制度和非正式制度共同作用的态势，同时表现出由强制性制度变迁为主向诱致性制度变迁占比逐步增加的趋势。

环境制度的变迁一方面与环境问题的严峻形势导致原有制度难以满足环境治理要求有关，潜在的制度需求导致了新的制度供给；另一方面，原有环境政策组合的边际效益日益降低，政策的经济可行性值得探讨，从理性的角度需要新的制度来弥补既有环境政策“木桶”中的那块短板；更重要的是，这种变迁也是社会中非正式约束嵌入的结果，这些非正式约束包括环境宣传教育下公众环境意识的增强、环境问题日益严重后公众环境维权行为的经常化、经济发展和生活水平提高后公众环境质量需求的提升。

关于制度变迁的理论，新制度经济学（New Institutional Economics）和后制度经济学（Neo Institutional Economics）有着显著的区别。

新制度经济学通过引入交易成本概念，得以将新古典的成本-收益分析方式统一到制度领域。从而，制度和商品一样也可以在自发的市场交易中实现优化与均衡，市场作用在此过程中仍然扮演着最核心的角色。新制度学派的理论和新古典主义一样，只看到制度之间的一种交易或契约关系，而对其背后的强制关系视而不见。新制度经济学效率导向的制度理论未脱离“同义反复”的困境。无论是科斯、德姆塞茨和波斯纳私有产权观，或是强调诱致性制度创新的拉坦-速水模型，还是诺斯的制度变迁模型，均是试图将制度变迁解释为经济收益驱动的、对市场过程中外生不均衡的反应。它们均试图通过出现增加收入所得的机会或总体经济效率的提高来解释制度环境的变迁。

然而，正如后制度经济学家布罗姆利所批评的，“这些制度创新最致命的缺陷是它们没认识到不管怎样定义，效率总是依赖于制度结构。是制度结构赋予成本和收益以意义并决定这些成本和收益的发生率。在寻求经济效益基础上提出的制度变迁模型是循环论证。制度安排决定了什么是效率，这就是产生这种循环论证的原因所在。”[2]在他看来，制度变迁是有关界定个人选择集的关系的变化，为此他提出了制度交易的概念，“当经济和社会条件发生变化时，现存的制度结构就会变得不相适宜。为对新的条件作出反应，社会成员就会尽力修正制度安排（或者是惯例或者是所有权），以至于它们与新的稀缺性、新的技术性机会、收入或财富新的再分配和新的爱好与偏好保持一致。在对新的经济条件作出反应的过程中发生的那些意在确立新的制度安排的活动，我们称之为制度交易”[2]。

布罗姆利指出存在四种制度交易：①提高经济的生产效率的制度交易；②有目的的改变收入分配的制度交易；③重新配置经济机会的制度交易；④重新分配经济优势的制度交易。

在福利经济学范畴中，人们对前两种制度交易已经进行了充分的讨论，一派强调生产效率，一派强调收入公平分配。布罗姆利着重分析了后两种制度交易，他认为公共政策是有关制度交易的，特别是后两种制度交易。

关于制度变迁的一个可采用的分析方法是看变迁的潜在收益是否能补偿那些源于这些变迁的人的损失。如果这种补偿是可能的，即使它没有发生，并且如果在给受到损失者进行了假想上的补偿之后潜在收益还有剩余，那么变迁就满足潜在的帕累托改进的前提条件。

具体到环境制度变迁中，我们可以建立以下的公众和企业进行环境博弈的模型：

$$V=-C_E+Y_E+Y_S \tag{1}$$

式中：V—— 环境制度变迁的总体收益；

C_E—— 企业的环境治理投入；

Y_E—— 企业在为解决环境纠纷和节约资源、提高产品竞争力而进行环境治理给企业增加的净收入；

Y_S—— 企业环境治理给社会公众带来的净收益。

如果存在一个经济剩余引导一种环境制度变迁，那么下列条件必须被满足：

$$Y_S>C_E-Y_E \tag{2}$$

这意味着，要投入环境治理的费用以改善环境质量，社会公众的现值净收益必须大于企业的现值净收益。如果这一条件成立，那么它就表明潜在帕累托改进以及制度变迁增加了总体效率。

然而，考虑到交易费用的存在，以及在承担促进环境改善的制度变迁的交易费用时，企业和社会公众是有明显差别的。现状往往要求社会公众承担收集企业污染环境的信息的搜寻成本、为企业环境改善和企业进行博弈的谈判成本以及督促企业实施环境治理的成本。所以，为了改变社会公众不喜欢的恶劣环境质量现状背后的环境制度基础时，公众往往要承担额外的费用。当对交易费用进行分析时，条件（2）就演变为：

$$Y_S-TC>C_E-Y_E \tag{3}$$

式中：TC——交易费用。

这表明，交易费用的存在阻碍了公众极力倡导的促进环境质量改善的制度变迁，现行的所有权结构对企业保持现有环境治理状况具有惯性，且实际上公众对环境没有所有权，而企业具有所有权。

现在考虑一种与实际情况相反的制度结构，即公众对环境具有所有权，而企业没有所有权。在这种情况下，问题就成为试图改变这一结构是否具有帕累托改进效应了。企业要想获得拥有环境权的制度结构，那就不需要 C_E 的投资，因为具有环境的任意处置权，既不需要拆除已有的环境治理设施的成本，也不需要继续运行治理设施的成本，可以任其损坏乃至报废。不需要这些成本可以被看做是一个任由环境质量恶化的问题，这需要以下条件：

$$Y_E - TC > -Y_S \tag{4}$$

这意味着，企业的现值净收益减去它们必要的交易费用（因为这里是企业对改变现有所有权结构感兴趣）超过了公众因环境恶化带来的现值净损失。

对 C_E 的估算是一个严格的工程意义上的问题，那如何衡量企业改善环境质量这一行为的净收益 Y_E？我们可以从两个方面来进行估算：①企业产品产量的变化；②污染治理设施的运行费用。在技术进步的条件上，环境治理的行为通常伴随着企业节约和回用资源，意味着在相同的物料、能源、资源成本条件下更高的产品产量，市场中的环境规制也会为企业的环境治理行为带来正收益。而企业因此承担了污染治理设施的运行成本和折旧成本。环境治理的收益可能大于成本，也可能小于成本。如果考虑环境治理使得污染事故可能造成的企业关停等潜在风险减小等带来的潜在收益，那么企业进行环境治理这一制度变迁带来的企业净收益 $Y_E>0$。

尽管从一般意义上来看，允许企业污染环境的制度变迁被看做是增加了企业的收益，但是污染伴随的资源浪费和环境事故造成的企业停产也会给企业造成损失。总之，企业拥有环境权或不拥有环境权两种不同的制度结构不影响对企业净收益的组成部分的分析。

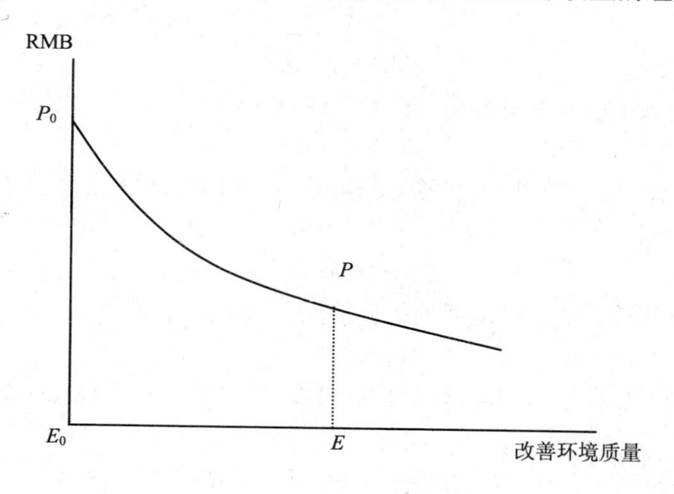

图 1　付钱以改善环境质量的意愿

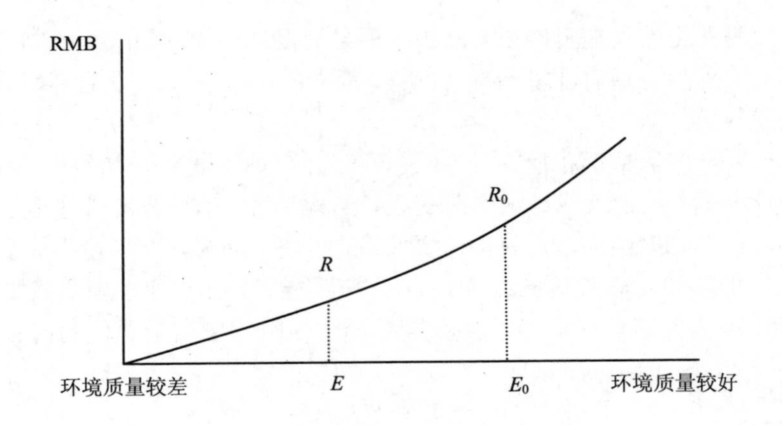

图 2　接受补偿以污染环境的意愿

对 Y_S 的概念性分析可以从社会公众对优良的环境质量的支付意愿和保留意愿来衡量。图 1 的曲线代表了公众对环境质量的需求曲线，这反映他们对改善环境质量的支付意愿（WTP_S），我们可以把这看成改善的环境质量对他们而言的私人价值。他们愿意为改善的环境质量支付的货币总额可被认为是图 1 中的 P_0E_0EP 部分。

图 2 的曲线代表了公众对环境质量的保留曲线，这反映了他们放弃现有环境质量而接受补偿的意愿（WTA_S）。该曲线表示从环境质量较好的现状开始的在每一可能环境水平上的保留价格。保留曲线描述了公众如何看待因环境质量下降而导致的心理损失和货币损失，区域 R_0E_0ER 是公众在环境质量现状较差条件下生活而愿意接受的补偿总额。

这两条曲线具有重要的政策含义，分别可以对应环境污染地区如何应对公众改善环境的诉求，以及在环境良好地区进行项目投资的可能性，我们分别讨论如下：

（1）环境污染地区。关于是否会产生从污染到治理并逐步改善环境的制度变迁的决策问题，可以用式（5）来表示：

$$V = WTP_S - (C_E - Y_E) \tag{5}$$

一种制度变迁满足潜在的帕累托改进的条件是 $V>0$，也即

$$WTP_S > C_E - Y_E \tag{6}$$

（2）环境优美地区。关于是否同意一项可能产生污染的项目在该地落户的决策问题，则可以用式（7）来表示：

$$V = Y_E - WTA_S \tag{7}$$

满足潜在帕累托改进的制度变迁的条件依然是 $V>0$，也即

$$Y_E > WTA_S \tag{8}$$

假定两种不同起始条件下的环境制度变迁的总收益具有等值性，那么可以组合式（5）和式（7）得到：

$$WTP_S - (C_E - Y_E) = Y_E - WTA_S \tag{9}$$

可以简化为：

$$WTA_S = C_E - WTP_S \tag{10}$$

这意味着，当用于改善环境的必要治理费用 C_E 等于 $WTA_S + WTP_S$ 时，两种现行的制

度安排才会最终趋向一致，等式（10）成立的条件是：

$$C_E = WTP_S + WTA_S \tag{11}$$

如果没有这一大胆的假设，现行的制度结构就主导着对新的制度结构的选择。即使不考虑交易费用和权利结构的财富效应（事实上两者都客观存在），单就公众必须为环境质量的改善进行支付，而不是必须接受对环境恶化的补偿而言，那么显然存在一种不同的环境保护机制。

在分析不同的现状导致的制度变迁的路径时，考虑现有的制度惯性显得格外重要。在分析这个问题之前，首先引入霍菲尔德提出的四种基本的法律关系[3, 4]：

表 1　四种基本的法律关系

	甲	乙
静态关系	权利	义务
	特权	无权利
动态关系	权力	责任
	豁免权	无权力

资料来源：霍菲尔德（Hohfeld），1913，1917。

在霍菲尔德提出的概念里，第一种关系是权利—义务关系。权利意味着甲可以预期或保证乙将对甲采取某种方式的行动。举例来说，工厂周边的养鱼户预期工厂不会排放有毒废水造成鱼的死亡。义务是指乙必须对甲采取某种方式的行动。在该例中，即工厂不会排放有毒污水到养鱼户的鱼塘里。甲的法律地位权利的对立面就是乙的法律地位义务，甲有权利和乙有义务这一对关系既相互依存又相互独立，而且在一定条件下互为对应。总体来说，在权利和义务这一对矛盾统一体中，义务处于矛盾的主要方面和支配地位，发挥着主导作用，决定着权利的存在和实现。

第二种关系是特权—无权利关系。甲有特权意味着甲可以随意对乙采取某一方式的行动。举例来说，如果高速公路的建设可以不考虑对周边居民的影响，那就意味着高速公路建设方具有特权，而周边居民无权利，即周边居民对高速公路建设方采取的行动毫无办法。而如果法律保护周边居民不受高速公路噪声的干扰，那么居民就有权利，而高速公路建设方就有安装隔音壁的义务。这些都是在特定时间确定法律关系的静态关系。

动态关系中的权力—责任关系和豁免权—无权力关系分别与第一种和第二种关系类似，我们可以把这四种关系进一步分为主动的和被动的两种情形：权利—义务和权力—责任关系是主动的，他们代表了受制于国家关系的强制关系；特权—无权利和豁免权—无权力关系是被动的，因为他们不直接受法律制约。

法律关系的这种差别在环境制度变迁分析中将产生积极的意义。

在环境污染严重的地区，客观上在污染企业和周边居民之间表现出的就是一种特权—无权利关系，这种现状可能由各种原因导致，也许是经济建设为中心的发展战略导致了对环境问题的忽视，也许是初始阶段环境容量宽裕的情况和现阶段环境容量超负荷的背景不一样，或许是居民生活水平和环境意识的提高促进了对自身环境权益和企业污染行为的关注，总之，开始居民觉得无所谓的污染问题现在变得重要起来了。随着环境法律的完善和居民维权意识的提高，原来污染企业和周边居民在环境问题上的特权—无权利关系就要逐步向义务—权利关系转变。由于改变污染现状是居民的主动意愿，所以其成本应当由居民承担，当居民的环境维权意愿（支付意愿，WTP_S）减去其维权的交易成本（TC）大于企业环境治理投入（C_E）减去企业环境治理的收益（Y_E）的时候，这种环境制度的变迁就符合潜在的帕累托改进的条件，这可以用公式（12）表示：

$$WTP_S - TC > C_E - Y_E \tag{12}$$

如果这一变迁能够实现，那么按照布罗姆利的制度交易理论，这就是基于包含环境效益在内的社会效率得以提升的重新配置污染企业和周边居民经济机会的制度交易和制度变迁的过程。

那接下来的问题是如何促进这一符合社会公众预期的制度变迁，也即改善环境质量的行为的发生，通过式（12），我们可以从经济收益分析的角度发现以下几种情形：

（1）随着技术进步，当企业环境治理的收益大于其投入时，即使没有居民的环境压力，企业的环境行为也会向符合居民环境质量预期的方向发展。因为这时 $C_E - Y_E < 0$，而 $WTP_S > 0$，在没有环境维权行为的情况下 $TC=0$，不管是从企业追求利润还是从制度变迁的成本收益分析来看，这种情况下企业改善环境治理的行为都会发生。这代表了环境制度变迁的最乐观的情形，也是清洁生产和循环经济促进机制的目的所在。

（2）当企业污染治理的投入大于收益时，环境制度变迁不会自发产生，而取决于周边居民的支付意愿和维权成本。如果维权的交易成本为零，即假如对企业违法的信息获取成本、起诉企业违反环境法规的成本以及监督企业遵守环境法律三者的总成本为零的话，只要周边居民有支付意愿（$WTP_S > 0$），就符合制度变迁的帕累托改进的条件，显然这也是一种美好的想象，在现实世界中很难实现。把式（12）演变为：

$$WTP_S + Y_E > C_E + TC \tag{13}$$

通过式（13）可以看出，实际情况下周边居民的维权成本（TC）很高，企业的环境治理投入（C_E）很高，这些都不利于帕累托改进的实现。假设在特定的技术条件下，企业在一定的环境治理目标下的污染治理投入（C_E）和收益（Y_E）是相对一定的，要促进式（13）的成立，一方面要增加 WTP_S 的值，另一方面要降低居民促进环境制度变迁的成本 TC 的值。这其中，环境信息公开和公众参与发挥着重要的作用，信息公开降低了公众搜寻企业污染信息的成本，同时也提高了公众环境意识和环境支付意愿，公众参与渠道的建立既直接提高了公众维权的积极性，促进了其保护环境的支付意愿，又通过公众的集体行动降低了个体环境维权的成本。由此可见，信息公开和公众参与都是促进环境制度沿着帕累托改进方向变迁的重要制度安排。在极端的情况下，即使 Y_E 为零，C_E 和 TC 非常大，但是如果是环境污染导致威胁生命和健康重大损失时，支付意愿（WTP_S）特别大从而超过 C_E 和 TC 总和的情况下，环境制度依然会朝着帕累托改进的方向进行变迁。这从最近几起特大污染事故导致的污染企业关停和赔偿周边居民污染损失的案例中可以得到佐证。在大多数情况下，环境制度并没有朝着有利于环境政策目标方向演进，其主要原因不在于技术因素导致的环境治理成本和收益的不对称，而是包括公众在内的社会整体对环境治理较低的支付意愿和环境制度变迁较高的交易成本的不对称。

现在我们转向另一种情形，即在环境优美的背景下，污染情况是如何产生的，这可以从式（8）考虑交易成本以后得到解释，由于企业具有改变优美环境现状的意愿，这种变迁的成本应由企业承担，式（8）演化为：

$$Y_E - TC > WTA_S \quad (14)$$

现实条件下污染产生的制度变迁的情况可以通过式（14）得到解释：

（1）在环境法律尚不完善，公众环境意识水平比较低的情况下，一方面，企业污染环境的成本 TC 较小，另一方面公众出于对经济目标的渴望和自身环境意识的限制对优美环境的保留价格较低，导致 WTA_S 较小，式（14）成立，这时环境制度的变迁符合经济学的帕累托改进的理论，但是不符合包括环境效益在内的社会效率的提高。这种情况都产生于工业化的早期，是对环境污染认识不足和环境法律不完善的产物，中国在改革开放确定以经济建设为中心以来的相当长的一段时期就属于这个阶段。

（2）在当今环境法律逐步完善、环境规制日益严格的情况下，依然有造成污染环境行为的企业的审批和投产。这又该如何解释呢？从式（14）我们不难发现，要么这些企业污染环境得到的收益（Y_E）特别大，要么通过寻租等行为降低制度变迁的成本（TC），要么是发生在经济落后，公众环境意识较低，公众环境保留价格（WTA_S）较低的地区，或者这三者都具备或三者居其二，从而导致了式（14）的成立，从经济学的成本收益角度分析，它依然是符合帕累托改进的条件，但是考虑到环境目标在内的社会整体利益，它显然是不具备社会效率的，这种制度变迁就是被布罗姆利称为重新分配经济优势的制度交易。

在现实世界中，既有从正面证实上述理论的例子，如西部经济欠发达地区在招商引资时，往往引入一些东部地区淘汰的污染项目和企业；也有从反面印证上述理论的例子，在东部发达地区，频频出现一些即使能带来很大经济效益的化工项目，由于周边居民的集体反对而被迫迁址的案例，这些情况下，虽然 Y_E 很大，但是由于很高的制度交易成本 TC 和极高的公众环境质量保留价格（WTA_S），依然不符合帕累托改进的条件，所以从经济学的成本效益分析上不具备可行性。这也可以从一个侧面说明，在西部经济欠发达地区一些严重污染的项目为什么能够落地生根，而在东部经济发达地区很多环境治理情况还不错的企业却没有生存空间，其根本原因还是在于经济利益和环境权益在东西部地区各自社会福利函数和社会效用函数中的地位和比例。

在这种情形下，信息公开和公众参与依然扮演着重要的角色。如果信息公开和公众参与达到一定的水平，公众对优美环境的保留价格（WTA_S）就会显著提高，而企业的制度交易成本（TC）也会显著提高，在两者之和大于企业污染环境的收益时，这种变迁便不具备帕累托改进的条件，其实现的可能性要大大降低。

总体来说，对于污染地区，信息公开和公众参与可以提高公众对改善环境质量的支付意愿，降低公众参与环境维权的交易成本，产生基于社会总体效益最大化的帕累托改进，继而促成企业治理污染的环境制度变迁；对于环境优美地区，信息公开和公众参与通过提高公众对现有环境质量恶化的保留成本和提高企业实现污染项目投产的交易成本，降低这些地区形成污染环境的制度变迁的可能性。

参考文献

[1] 道格拉斯・C・诺思. 制度、制度变迁与经济绩效[M]. 上海：上海人民出版社.

[2] 丹尼尔・W・布罗姆利. 经济利益与经济制度——公共政策的理论基础[M]. 上海：上海人民出版社，2006：40，128.

[3] W N Hohfeld. Some fundamental legal conceptions as applied in judicial reasoning[J]. Yale Law Journal，1913，23：16-59.

[4] W N Hohfeld. Fundamental legal conceptions as applied in judicial reasoning[J]. Yale Law Journal，1917，26：710-770.

化学品生产污染性评价体系的构建

Construction of Pollution Assessment System of Chemical Production

李婕旦

（环境保护部环境规划院，北京 100012）

摘 要：论文考虑化学品生产中的污染排放情况和生产的风险性，构建了化学品生产污染性评价体系。化学品的污染性评价结合化工产品的污染特性，选取 SO_2、COD、固体废弃物排放量 3 个指标来表征对环境的污染危害程度，经赋值、无量纲化处理，得到总化学品污染值。化学品的风险性主要通过事故易发性指标来进行构建。把构建的环境污染性、风险性评价方法应用到重铬酸钠和合成氨生产过程中，对其生产过程的污染性和风险性进行了分析评定。重铬酸钠生产的两种工艺：有钙焙烧和无钙焙烧，风险性值为 55，污染性值分别为 0.55、0.34；合成氨生产风险性值为 80，污染性值为 0.18。最终结果表明，该种评价方法符合产品的实际污染情况和生产风险性状况。

关键词：评价体系　污染性　风险性　层次分析法　化学品

Abstract: In the thesis，the pollution assessment has fully considered the pollution characters of chemical products. The emissions of SO_2、COD and solid waste were choosen as three indicators and been evaluated to assess the environmental hazard of chemical products. The analytical hierarchy process was used to assign the weight of three indicators and treated them non-dimensionally by threshold method which is one of the linear non-dimensional methods，and finally added each value of the indicators up to get the overall pollution value of the chemicals.The risk character of chemicals is mainly constructed through accident-prone indicators. The thesis applied environmental pollution and risk assessment method to sodium dichromate and ammonia production process which was analyzed and assessed for its pollution and risk characters. The sodium dichromate production has two technologies，non-calcium and calcium roasting. The risk assessment value of two technologies is 55，the pollution state value is 0.55 and 0.34.The risk assessment value of ammonia production is 80，and pollution state value of it is 0.34.The final results show that this kind of assessment method matches the actual pollution state and production risk of the products comparatively very well.

Key words: Assessment system　Pollutive　Risk　Analytical hierarchy process　Chemical

前 言

化学工业是国民经济的基础工业产业，为国民经济发展作出了重要贡献。化学工业对数量扩张、追求高速发展的关注，远超过了对生产要素以市场为基础的优化配置、对改善结构和增强市场竞争力的关注。化学工业的经济增长质量不高，整体素质提高缓慢。环境事故频频发生，环境污染危害严重。

国家根据宏观调控的要求，陆续出台了控制“高污染、高能耗、资源性”产品生产和出口的一系列政策措施，落实节约资源和保护环境的基本国策，促进我国经济、社会和环境的可持续发展。2006 年国家连续发布了两批取消“两高一资”产品的出口退税、加工贸易等政策，对遏制我国部分行业粗放型的、以牺牲环境为代价的出口和贸易方式起到了非常重要的作用。

1 总评价系统的构建

1.1 构建原则

1.1.1 简明科学性原则

指标的选取及体系设计应简明科学，能客观真实地反映化学品产生的污染物特征和生产的风险情况。指标不能过多过细，指标之间不能互相重叠，也不能过少过简，导致指标信息遗漏。

1.1.2 实用操作

指标体系的设计综合评估应有实际的社会意义，并满足现阶段对环境污染和风险性评价的需要，同时应立足现有可搜集、可统计和可加工的资料数据，以使理论研究能与具体实际相结合。

1.1.3 可比性

指标体系的设计和综合应便于所有化学品的横向研究，既要参照国外的评价标准和方法，又要考虑到我国化工生产污染严重的现实。

1.1.4 可修订性

随着化工技术的发展，环境污染监测体系的健全，化学品风险性和污染性评估指标体系在保持相对独立完善的前提下，应能满足不断更新和修改的要求，即指标体系的设计应能体现模块封装原则，尽可能将一个模块或一个指标变动的影响范围缩小。

1.2 确定系统边界

不论采用哪种方法引入环境指标，生产过程的边界确定是不可缺少的[1-3]。系统边界可以按照过程设计的阶段来划分，这样系统边界可以是整个生命周期，包括科研和开发、过程设计、详细设计、建设施工、运行及维修停产拆除等，也可以是其中的某个阶段。

由于本研究的目的是研究已投产的化学过程生产化学品过程中对环境的影响，所以边界设定为化学品生产正常运行阶段。

依据化工生产过程的特点，考虑以下几个过程的污染源：①原料的毒性和危险性；②过程单元的中间产物毒性和危险性；③产物的毒性和危险性；④最终的废物流（COD，SO_2，固体废弃物）。

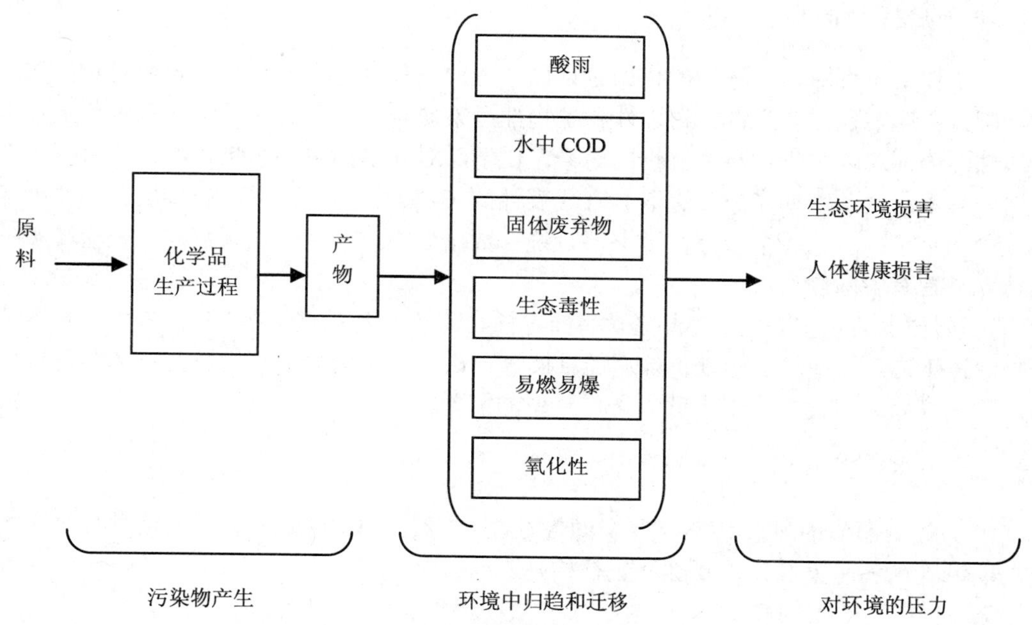

图 1　化学品生产环境性能及负面影响

1.3 评价方法的选取

对于评价体系的构建，对其体系的评价方法选取十分关键。通过对环境性能评价方法的研究和分析，得到四种评价方法：简单加权法、多参数集法、热力学/能值分析法和模型化法的优缺点，见表 1。

表 1　评价方法的优缺点比较

评价方法	优点	缺点
简单加权法	简单，易操作	主观性强，透明度差； 模型粗糙且在评选过程中忽略大量的信息； 模型和参数的不确定性限制了使用范围
多参数集法	把数据有效地转换为一个低维的集合矢量	对影响分类不加组合加大了方案筛选的难度
热力学/能值分析法	综合考虑能量和经济等指标，评价具有全面	较复杂
模型化法	考虑系统的多介质和层次性	过分依赖数据质量及采用的模型

此次评价不考虑化学品生产的能量变化对环境的影响，没有选用与能量流动相关的热力学分析和能值分析的评价方法；简单加权法具有简单易于操作的优点，但是由于模型和参数的不确定性和主观性过强，透明度差，也没有选择这种评价方法。

模型化法中的层次分析法能将人们对复杂系统评价的思维过程数学化、系统化，把主观客观化，具有独特灵便的定性与定量分析相结合的方式。基于以上原因，此次化学品生产的污染性评价选取层次分析法。

1.4 评价指标的选取

一个化工工程对自然环境的作用包括两个方面，对自然环境索取资源和向其排放废弃物，废弃物影响包括化学性、物理性和生物性污染影响等。在设计评价体系时，主要考虑化学性污染而忽略物理性和生物性的污染。化学品对环境的主要影响，本文认为污染性方面主要是水、气、渣的排放，选取具有代表性的 COD 排放量、SO_2 排放量和固体废弃物排放量 3 个指标。这 3 个指标在国家环境统计数据库中，能明确查到数据，理论和实际应用结合，具有实际操作性。

风险性指标的选取上，考虑化学品的毒性、易燃、易爆性，《易燃、易爆、有毒重大危险源评价方法》中构建的评价体系能准确评价出生产中的危险程度，通过借鉴此评价体系，并加以修改，使之适用于整个评价体系的需要。

1.5 模型的建立

由于此次评估的目的并不涉及资源性这个目标，所以针对化学品及化学品生产的特点，以风险性和污染性为主要脉络进行构建。

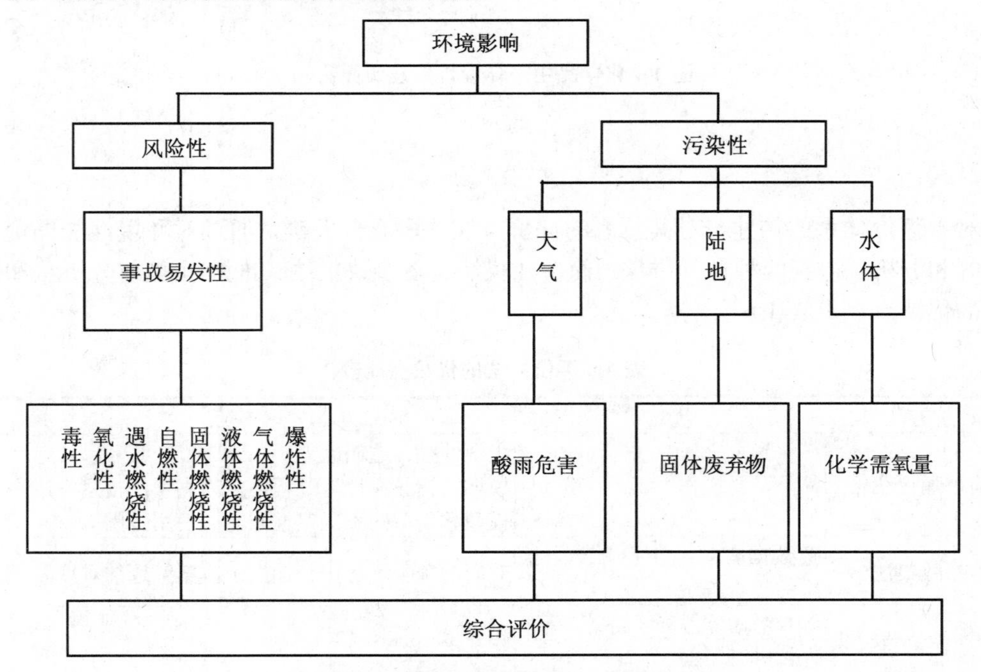

图 2 化学物质环境影响单元系统模型

2 污染性评价体系的构建

2.1 指标选取

2.1.1 酸雨危害

酸性污染物以潮湿和干燥两种形式从大气中降落到地球表面，一般将这个过程称为酸沉降。酸雨是指 pH 值低于 5.6 的降水（湿沉降）[4]。我国酸雨中 SO_4^{2-}和 NO_3^-是酸性的主要贡献者。SO_4^{2-}/NO_3^-一般在 5～10，故我国的酸雨是硫酸型酸雨[4]。

酸化潜值的估算通常采用二氧化硫分解产生 H^+的反应作为标准。根据排放二氧化硫的量来判定酸雨的危害程度，量越大，酸雨危害就越严重。

2.1.2 固体废弃物

化学品的生产也会产生一定数量的固体废弃物，由于清洁生产和循环经济在我国并没有很好地开展，所以生产产生的固体废弃物以简单堆积为主，化学品的固体废弃物有其自身的危害性：含有多种化学物质，在雨水和风力等作用下，容易发生迁移与转化，造成二次污染。所以，化学品的固体废物量也成为评价化学品污染程度的一个不可忽略的指标。

2.1.3 化学需氧量

化学需氧量（COD）是在一定条件下，用一定的强氧化剂处理水样所消耗的氧化剂的量，以氧的 mg/L 表示，它是指示水体被还原性物质污染的主要指标，还原性物质包括各种有机物、亚硝酸盐、亚铁盐和硫化物等。COD 值愈大，表示水体受污染愈严重。

2.2 指标量纲为一化处理

正向阈值选取数据中污染最严重的，逆向阈值选取污染最轻的。数据来自 2004 年中国环境统计数据库，该数据从各企业提供的数据中获得。从中分别得到三个指标的最大值和最小值，见表 2。

表 2　产品排放清单

	单位产品 COD 排放量/（kg COD/t 产品）	单位产品 SO_2 排放量/（kg SO_2/t 产品）	单位产品固废排放量/（t 固废/t 产品）
合成氨	4.00	7.70	0.48
纯碱	2.64	6.50	0.46
烧碱	5.56	11.41	0.78
纯硫酸	0.74	2.94	0.79
碳酸氢铵	2.58	2.26	0.10

	单位产品 COD 排放量/（kg COD/t 产品）	单位产品 SO_2 排放量/（kg SO_2/t 产品）	单位产品固废排放量/（t 固废/t 产品）
重铬酸钠	6.30	23.01	2.54
钛白粉	9.14	32.28	2.49
三氯化磷	25.03	27.64	0.31
氧化铁红	1.54	12.93	0.17
氰化钠	0.03	0.06	0.01

2.3 指标权重确定

权重能够反映不同指标在评价体系中的相对重要程度。确定权重的方法一般有层次分析法、因素分析法、均值分析法和熵权法等。

层次分析法[5]（analytic hierarchy process，AHP）是运用多因素分级处理来确定因素权重的方法，是美国著名运筹学家、匹兹堡大学教授 Thomas L. Saaty 于 20 世纪 70 年代中期提出的。因其独特灵便的定性与定量分析相结合的方式，在诸多社会经济的决策与预测领域中得到了广泛的应用。

环境污染性遴选项目，酸雨危害、固体废弃物量、COD 值 3 个指标。

第一步，将 3 个指标两两进行比较，构造出反映其重要程度的判断系数矩阵 $\boldsymbol{R}$。

第二步，求 $\boldsymbol{R}$ 中各行的几何平均值得一列向量如下：

（0.550 3，1，1.817 1）′

第三步，将已求出的列向量中的每一分量分别除以其总和数，则得所求的指标权重向量如下：

（0.163 4，0.297 3，0.539 6）′

第四步，验证权重的可信度。

则$\lambda_{max}=\frac{1}{n}\sum_{i=1}^{n}\frac{(RW)_i}{w_i}=3.009$

$CI=(\lambda_{max}-n)/(n-1)=(3.009-3)/(3-1)=0.0045$

查表得 $RI=0.52$

$CR=CI/RI=0.0045/0.52=0.0087<1$

这表明对系统所赋的权数具有较高的可信度，可用于实际。

表 3　各因素权重赋值

项目	指标	权重/%
环境污染性	酸雨危害	16.3
	固体废弃物	29.7
	COD 排放量	54.0

2.4 总环境污染性值的计算

对某一化学品其综合环境污染性值的计算可描述如下：

$$S=\sum_{i=1}^{n}W_iV_i \tag{1}$$

代入权重值，得式（2）

$$S=\sum_{i=1}^{n}(54.0\%\times V_{\text{COD}}+16.3\%\times V_{\text{SO}_2}+29.7\%\times V_{\text{固废}}) \tag{2}$$

3 风险性评价体系的构建

化学品大部分具有易燃、易爆、腐蚀性、毒性等特性，在储存使用中容易发生事故，继而对环境和生态产生极大的危害。根据危险化学品目录，对其中不同类型化合物进行赋值，来判定其事故发生潜值。

3.1 指标选取

我国涉及危险化学品分类的标准主要有以下 3 个：《危险货物分类和品名编号》（GB 6944—1986）、《危险货物品名表》（GB 12268—1990）及《常用危险化学品的分类及标志》（GB 13690—1992）。

总结其基本性质，主要有爆炸性、气体燃烧性、液体燃烧性、固体燃烧性、自燃性、遇水燃烧性、氧化性、毒性和放射性。由于生产中基本上不使用放射性物质，选其爆炸性、气体燃烧性、液体燃烧性、固体燃烧性、自燃性、遇水燃烧性、氧化性和毒性这 8 种性质作为其评价指标。

3.1.1 毒性

某些化学品本身含有毒性，可能在运输、储存中由于意外造成泄漏，或者在生产过程中其中间产物、原料和生成物随废液、废气和废渣排出，给生态和人体造成极大的损害。

有毒品是指进入肌体后，累计达到一定量后，能与体液和组织发生生物化学作用或生物物理学作用，扰乱或破坏肌体的正常生理功能，引起暂时性或持久性的病理改变，甚至危及生命的物品。具有非常剧烈毒性危害、食入致死的有毒品称为剧毒品。包括人工合成的化学品及其混合物（含农药）和天然毒素，如氰化钠、硫酸二甲酯等。目前，我国有关剧毒品毒性判定界限不尽相同。

3.1.2 爆炸性

爆炸品类化学品指在外界作用下（如受热、摩擦和撞击等），能发生剧烈的化学反应，瞬时产生大量的气体和热量，使周围压力急骤上升，发生爆炸，对周围环境造成破坏的物品，也包括无整体爆炸危险，但具有燃烧、抛射及较小爆炸危险的物品，如叠氮铅、黑索金、梯恩梯（TNT）、苦味酸、火药等均属于爆炸品。

3.1.3 气体燃烧性

具有气体燃烧性气体极易燃烧，与空气混合能形成爆炸性混合物，如氢气、甲烷、乙炔等。可燃性气体按其危险性可分为爆炸性和自燃性两类。

3.1.4 液体燃烧性

易燃液体类化学品系指易燃的液体、液体混合物或含有固体物质的液体，但不包括由于其危险特性已列入其他类别的液体。其闭杯试验闪点等于或低于 61℃。本类物质在常温下易挥发，其蒸气与空气混合物能形成爆炸性混合物。按闪点范围分为以下 3 项：①低闪点液体，闪点低于－18℃的液体，如汽油、乙醚、丙酮等；②中闪点液体，闪点在－18～23℃的液体，如苯、甲苯、乙醇等；③高闪点液体。闪点在 23～61℃的液体，如丁醇、氯苯、糠醛等。

3.1.5 固体燃烧性

易燃固体，指燃点低，对热、撞击、摩擦敏感，易被外部火源点燃，燃烧迅速，并可能散发出有毒烟雾或有毒气体的固体，如红磷、硫黄等。燃烧性固体指爆炸以外的固体物质，包括易燃固体和爆炸性粉尘。

3.1.6 自燃性

自燃物品指燃点低，在空气中易于发生氧化反应，放出热量，而自行燃烧的物品，如白磷、三乙基铝等。自燃性物质不需要外界火源的作用，本身与空气氧化或者受外界温度、湿度影响，发热、蓄热达到自燃点而引起自燃的物质。

3.1.7 遇水燃烧性

遇湿易燃物品，指遇水或受潮时，发生剧烈化学反应，放出大量的易燃气体和热量的物品。有些不需明火即能燃烧或爆炸，如钾、钠等。

3.1.8 氧化性

氧化剂和有机过氧化物具有强氧化性，易引起燃烧、爆炸，按其组成分为以下两项：①氧化剂，指处于高氧化态，具有强氧化性，易分解并放出氧和热量的物质；②含有过氧基的无机物，其本身不一定可燃，但能导致可燃物的燃烧；与粉末状可燃物能组成爆炸性混合物，对热、震动或摩擦较为敏感。

3.2 指标分级计算

分级标准主要参考吴宗之著《危险评价方法及应用》，此处省略。

3.3 指标权重及总计算式

对于危险物质风险性评价值的指标赋值，参见易燃、易爆、有毒重大危险源评价方法中对危险事故易发性中的权重赋值。如图 3 所示。

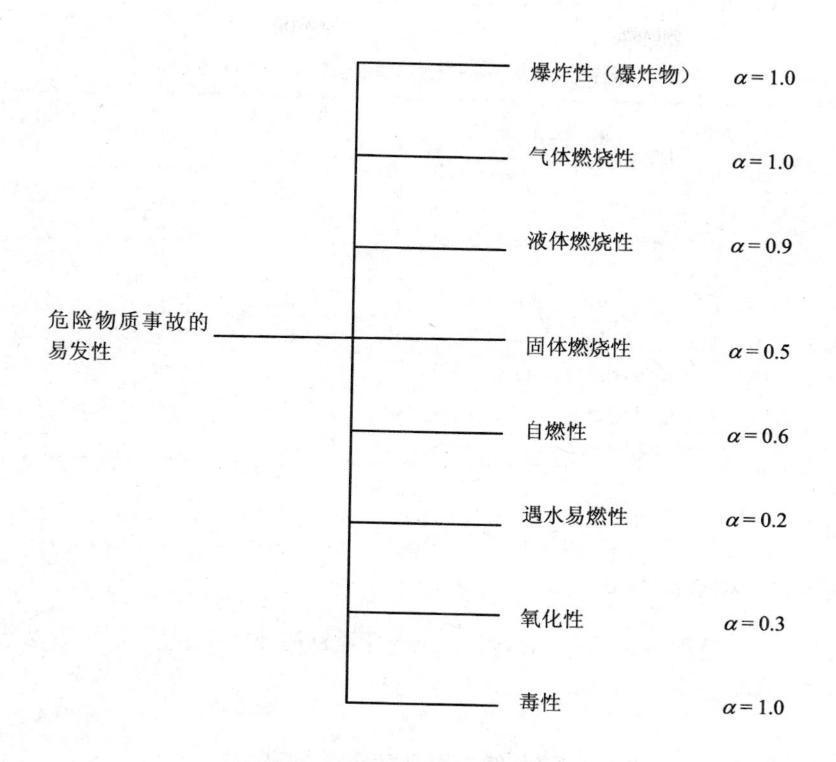

图 3 危险物质风险性分类分级

每类物质根据其总体危险感度给出权重分值$(B)_i=\alpha_i\times G_I$；每种物质根据其与反应感度有关的理化参数值给出状态分 G；每一大类物质下面分若干小类，共计 19 个子类。对每一大类或子类，分别给出状态分的评价标准。权重分与状态分的乘积即为该类物质危险感度的评价值，即危险物质风险性的评分值：

$$(B)_i=\alpha_i\times G_I \tag{3}$$

4 化学品污染性风险案例分析

4.1 重铬酸钠

4.1.1 重铬酸钠生产概况

重铬酸钠是铬盐的母体产品，大部分用于制造其他铬盐产品，商品重铬酸钠仅约占总产量的 1/4。铬盐主要用于电镀、鞣革、医药、颜料、催化剂、氧化剂等方面[6]。据商务部门统计，铬盐与我国 10%的商品品种有关。我国现有重铬酸钠生产厂 21 家，其中年生产 2 万 t 以上的 7 家，1 万～2 万 t/a 的 8 家，1 万 t/a 以下的 6 家。

我国重铬酸钠生产厂绝大多数采用有钙焙烧工艺，采用无钙焙烧工艺的仅有 1 家。国外已基本淘汰了有钙焙烧工艺，改为无钙焙烧工艺。

表 4 无钙焙烧与有钙焙烧消耗与排渣数据比较

项目	无钙焙烧	有钙焙烧
铬铁矿 /（t/t 重铬酸钠）	1.14	1.408
纯碱 /（t/t 重铬酸钠）	0.87	0.829
白云石 /（t/t 重铬酸钠）	—	1.823
石灰石 /（t/t 重铬酸钠）	—	0.265
天然气标准燃料总计 /（m^3/t 重铬酸钠）	0.8	0.69
蒸汽 /（10^9kcal/t 重铬酸钠）	0.5	1.0
废热锅炉产出蒸汽 /（10^9kcal/t 重铬酸钠）	0.9	1.4
排渣量 /（t/t 重铬酸钠）	0.8	1.5～2
渣中六价铬含量 /%	＜0.1	1～2

注：1 kcal=4.186 8 kJ。

4.1.2 重铬酸钠的污染危害情况

重铬酸钠的生产过程包括铬酸钠碱性液制造及重铬酸钠生产两部分[5-6]。表 5 和表 6 是两个生产过程可能产生的污染。

表 5 铬酸钠碱性液制造过程产生的污染

铬酸钠碱性液制造	过程可能产生的污染
矿石粉碎	含铬粉尘，铬酸钠，铬酸钙（致癌），亚铬酸钙及钠、镁的化合物
炉料配制及混合	
铬铁矿氧化焙烧	
铬酸钠熟料浸滤	

表 6 重铬酸钠生产过程可能产生的污染

重铬酸钠生产	过程可能产生的污染
铬酸钠碱性液中和去铝	含铬废渣，含铬废水
铬酸钠中性溶液酸化	
重铬酸钠酸性溶液蒸发及分离硫酸钠	
重铬酸钠结晶及脱水	

4.1.3 重铬酸钠污染性评分

（1）有钙焙烧污染性评分，计算得：

V_{COD}=0.250 8；V_{SO_2}=0.712 3；$V_{固废}$=1

环境污染性的总影响度计算：

$$S=\sum_{i=1}^{n}W_iV_i=\sum_{i=1}^{n}(W_{COD}\times V_{COD}+W_{SO_2}\times V_{SO_2}+W_{固废}\times V_{固废})=0.55$$

（2）无钙焙烧污染性评分，计算得：

V_{COD}=0.250 8；V_{SO_2}=0.712 3；$V_{固废}$=0.312 2

环境污染性的总影响度计算：

$$S=\sum_{i=1}^{n}W_iV_i=\sum_{i=1}^{n}(W_{COD}\times V_{COD}+W_{SO_2}\times V_{SO_2}+W_{固废}\times V_{固废})=0.343\ 7$$

由上述计算得知，重铬酸钠的有钙焙烧比无钙焙烧污染严重。主要体现在铬渣的排放量上。

4.1.4 重铬酸钠风险性评分

物质事故易发性 B_{111}。

$$2Cr_2O_3+4Na_2CO_3+3O_2 \longrightarrow 4Na_2CrO_4+4CO_2$$

重铬酸钠有钙焙烧第一步，主要的危险物质是反应物 Cr_2O_3 及生成物 Na_2CrO_4。根据化学品安全特征值的数据和式 $B_{1118}=B_{1118-1}+B_{1118-2}+B_{1118-3}+B_{1118-4}$，对其事故易发性进行计算：

Cr_2O_3 风险性计算：G=30+10=40

Na_2CrO_4 风险性计算：G=30+10=40

$Na_2Cr_2O_7$ 事故易发性计算：G=45+10=55

H_2SO_4 事故易发性计算：G=15+5+5=25

通过以上的计算，四种易引发环境污染事故的物质中，重铬酸钠事故易发性最高，所以选取该物质的风险性 55 作为重铬酸钠生产的事故易发性值。

由于重铬酸钠无钙焙烧只是没有添加石灰石等含钙辅料，工艺流程和有钙焙烧基本一致。而且石灰石基本上无危险性，所以它们的化学反应方程式和涉及的有害物质是相同的。因此，无钙焙烧的 G（事故易发性值）值计算过程与有钙焙烧相同，结果都是 55。即意味着有钙焙烧和无钙焙烧有相同的事故易发性。

4.2 合成氨

4.2.1 合成氨生产概况

合成氨是生产尿素、磷酸铵、硝酸铵等化学肥料的主要原料，氨作为工业原料和氨化饲料，用量约占世界产量的 12%。硝酸、各种含氮的无机盐及有机中间体、磺胺药、聚氨酯、聚酰胺纤维和丁腈橡胶等都需直接以氨为原料[7]。液氨常用作制冷剂。

生产合成氨的主要原料有天然气、石脑油、重质油和煤（或焦炭）等。

4.2.2 合成氨风险性分析

合成氨生产多在密封或半密封的循环装置系统内工作，且伴有高温、高压、发生器、管道、阀门、冷却塔、贮气罐等，在正常工作状态下，均能保证安全生产，但在发生意外情况下，就有可能发生意想不到的事故[8]。比如，合成氨工艺的产品和中间产品一氧化碳、硫化氢、氮气、氮氧化物、氨、二氧化硫、甲醇等是容易引起中毒、窒息的死亡化学物质。室内爆炸，极易引发二次或二次以上的爆炸，爆炸压力叠加，可能造成更为严重的后果。密度比空气大的液化气体如氨，在设备或管道破裂处会呈锥形扩散，在扩散距离较短时，人还容易察觉迅速逃离，但在距离较远而毒气尚未稀释到安全值时，人则很难逃离并导致中毒。

表 7　氨泄漏事故

时间	地点	事故描述	泄漏情况	伤亡人数
2005 年 5 月	丹阳	河阳化工厂发生氨气泄漏	1 km 内受影响	无伤亡，但 66 人轻度中毒
2005 年 7 月	辽宁食品厂	储罐阀门脱落	数百人连夜疏散	发生爆炸，4 人急需治疗
2002 年 9 月	内蒙古包头市	酸稀释二车间号碳沉槽氨气泄漏	厂区内部	死亡 3 人
2000 年 12 月	浙江建德市	化工厂合成车间液氨泄漏	厂区内部	死亡 4 人，受伤 7 人

由表 7 可知，现实中合成氨生产的风险性主要在氨合成工艺和氨泄漏可能造成的危害。

4.2.3 合成氨工艺流程

传统型合成氨工艺以 Kellogg 工艺为代表，其以两段天然气蒸汽转化为基础，包括如下工艺单元：合成气制备（有机硫转化和 ZnO 脱硫+ 两段天然气蒸汽转化）、合成气净化（高温变换和低温变换+ 湿法脱碳+ 甲烷化）、氨合成（合成气压缩+ 氨合成+ 冷冻分离）。

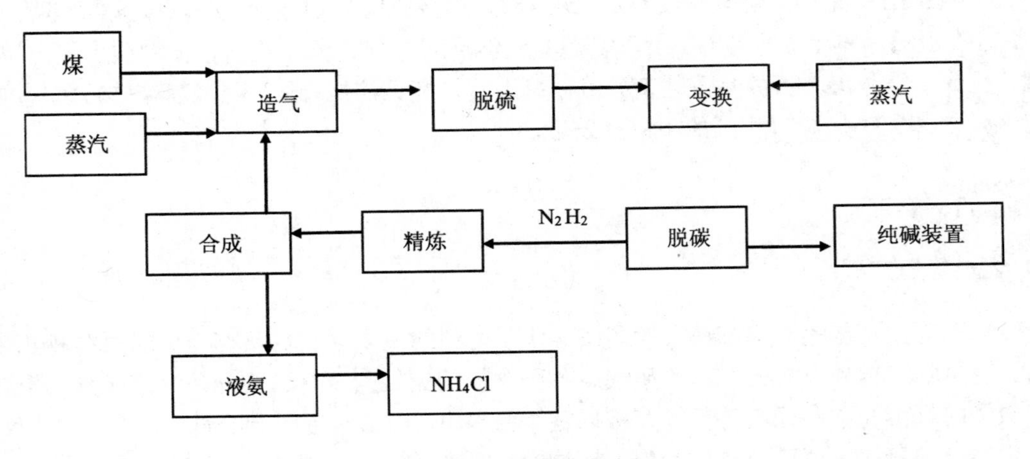

图 4　合成氨生产流程

4.2.4 合成氨污染性评分

表 8　产品排放清单

	单位产品 COD 排放量/（kg COD/t 产品）	单位产品 SO_2 排放量/（kg SO_2/t 产品）	单位产品固废排放量/（t 固废/t 产品）
合成氨	4.00	7.70	0.48

计算得：V_{COD}=0.158 8；V_{SO_2}=0.237 1；$V_{固废}$=0.185 8

环境污染性的总影响度计算：

$$S=\sum_{i=1}^{n}W_iV_i=\sum_{i=1}^{n}(W_{COD}\times V_{COD}+W_{SO_2}\times V_{SO_2}+W_{固废}\times V_{固废})=0.18$$

4.2.5 合成氨风险性分析

氨合成单元中主要的火灾爆炸危险物质为 H_2[9]。本文中关于氨生产风险性分析中已经说明氨在生产、储存中容易泄漏，造成事故。判定合成氨中主要危险物质为氢气和氨。现将氨合成工艺过程中氢气爆炸风险性进行计算。

爆炸性气体易发性系数：α_2=1.0，$B_{111}=\alpha_2\times G$=80。

表 9　氨风险性计算

	性质	分级	得分
毒性	物质毒性系数	3	45
	物质重度修正系数	易挥发	10
	物质气味修正系数	重气味	0
	物质状态修正系数	气体	15
总分 G=45+10+15=70			

结果表明，合成氨生产过程中爆炸风险性和毒性风险性的值较高，都为 70 分。

5 结论

本文通过对中国化学品污染现状和化学品环境性能评价理论的分析和研究，结合化学品自身的污染特性，构建了一个化学品生产污染性和风险性的评估体系。

（1）根据层次分析法构建了化学品污染的指标体系框架，包括大气、水体、陆地 3 个系统，选取了 SO_2、COD、固体废弃物排放量 3 个指标，得到其污染贡献值分别为 SO_2（16.3%）、COD（54.0%）、固体废弃物排放量（29.7%）。利用阈值法对数据进行无量纲化处理，得到化学品综合环境污染性值计算公式。

（2）化学品的风险性主要通过事故易发性指标来进行构建，主要借鉴易燃、易爆、有毒重大危险源评价方法中的危险事故易发性评价方法。选取爆炸性、气体燃烧性、液体燃烧性、固体燃烧性、自燃性、遇水燃烧性、氧化性和毒性 8 个事故易发性指标，分别给出其评价标准和权重。其中对于毒性的评判，采用国内对化学物质的急性毒性分级进行了修改。

（3）利用构建的评价体系对重铬酸钠生产进行了实例研究，重铬酸钠生产的两种工艺，评价结果显示：有钙焙烧和无钙焙烧，风险性值均为 55；污染性值分别为 0.55，0.34。通过两个数据的对比，得到生产过程中的两种工艺生产的环境风险性基本相同，但有钙焙烧的生产污染值却明显大于无钙焙烧工艺，这与实际情况相符，表明该指标体系有一定的科学性、客观性。

（4）利用构建的评价体系对合成氨生产进行了实例研究，评价结果显示：爆炸风险性值和毒性风险性值都为 80；污染性值为 0.18。通过与重铬酸钠评价结果的比较，合成氨生产的风险性大于重铬酸钠生产，而氨生产产生的污染小于重铬酸钠生产的污染，这结论与现实也是相符的。

（5）由于资料库数据的局限性，所选的指标不能很好地反映污染情况，比如化学品的特征污染物浓度可以考虑加入到指标体系中。指标体系应该在今后的应用中进一步完善。

（6）化学品的性质与化学品所属的状态和环境有关，此次化学品生产风险性未涉及工艺流程反应条件的影响，在今后的研究过程中应加以改善。

参考文献

[1] 王韩民．国家生态安全评价体系及其战略研究[D]. 西北工业大学，2006.

[2] 王飒．城市森林生态系统下的可持续发展评价体系[D]. 辽宁工程技术大学，2006.

[3] 谭亚荣．环境污染核算体系研究[D]. 西北农林科技大学，2005.

[4] 汪家权，吴劲兵．酸雨研究进展和问题探讨[J]．水科学进展，2004，15（4）：526-530.

[5] 许树柏．实用决策方——层次分析法原理[M]．天津：天津大学出版社，1988.

[6] 丁翼，纪柱．铬化合物生产与应用[M]．北京：化学工业出版社，2003：137-140.

[7] 张荣．2005 年全国氮肥生产与市场情况回顾和 2006 年展望[J]．中国石油和化工分析，2006（10）：10-13.

[8] 王洪丽．合成氧项目环境风险评价研究[D]. 北京化工大学，2006.

[9] 蔺跃武，刘典明．天然气输送管道破裂泄漏计算[J]．化工设备与管道，2003，40（5）：44-47.

从莱茵河案例看我国跨界水污染监测预警体系建设

Developing Trans-jurisdictional Water Pollution Monitoring and Alarm Systems in China：Lessons from the River Rhine

吴　鑫　郑　一[1]　王学军[2]
（1. 北京大学工学院；2. 北京大学城市与环境学院，北京　100871）

摘　要：近年来，我国跨界水污染问题日趋突出，影响社会稳定和经济可持续发展。建立良好的跨界水污染监测和预警体系，是预防和解决跨界水污染问题的重要前提。本文系统分析了莱茵河跨界水污染的监测预警体系，从这一国际先进案例中提炼出可供国内参考的经验。在总结国内相关工作进展和存在问题的基础上，本文提出了建设符合国情的跨界水污染监测和预警系统的设想，并对通知通报体系设计和省界水质标准确定这两大关键问题进行了探讨。

关键词：莱茵河　跨界水污染　监测预警

Abstract: In recent years，trans-jurisdictional water pollution has become a significant problem which impedes the social and economical development of China. Establishing a good system of monitoring and alarm is a prerequisite for preventing and resolving the problem. This study reviewed the International Warning and Alarm Plan "Rhine" which is a successful case of resolving trans-jurisdictional water pollution problem，and therefore a valuable reference for China. The current progress and existing challenges in China were then summarized，and strategies to tackle with the trans-jurisdictional water pollution were proposed. Reporting system and provincial boundary standard of water quality are two critical issues which were discussed in depth.

Key words: the River Rhine　Trans-jurisdictional water pollution　Monitoring and alarm

前　言

近年来，我国跨界水污染事故和超标事件频发，影响了社会的稳定和经济的可持续发展[1]。据初步统计，在过去的 10 年间，安徽省淮河流域共发生 23 起严重水污染事故，其中，20 起造成渔业养殖损失，2 起影响群众饮用水安全，1 起导致农田污染，这些污染事故大部分是跨界污染造成的[2]。淮河流域水资源保护局的数据也显示，近年来，由于流域机构水质监测力度的加大，发现水质超标和入河排污超标的情况明显增多，仅 2008 年监测到的工业企业入河排污口严重超标或省界断面水质严重超标的事件就有 14 起，其中跨界水污染问题尤为突出。

据安徽省水办 2008 年调查，在跨界水污染预防和纠纷处置中，存在 4 个突出问题：①监测数据不能共享，致使事故预防的有效性大大降低；②流域上下游之间及环保、水利、渔业等部门之间尚未建立有效的沟通联系机制；③国家对跨区域水环境问题发生后的责任追溯、纠纷处理及损失赔付等缺乏针对性的法律法规；④在跨界水污染事故中，责任主体的确定存在一定困难。

建立良好的跨界水污染监测和预警体系，是预防和解决跨界水污染问题的重要前提。在此方面，国际上已经形成了一些良好的做法，值得借鉴。莱茵河跨界水污染的监测预警体系就是其中一个典型的代表。

1 莱茵河水污染监测预警系统

1.1 基本特点

莱茵河保护国际委员会（International Commission for the Protection of Rhine，ICPR）是莱茵河流经各国共同组成的流域管理机构，负责协调流域内各国共同进行莱茵河流域水资源综合管理。ICPR 于 1986 年建立了统一的监测预警体系，名为 the International Warning and Alarm Plan “Rhine”（WAP Rhine）。2003 年，ICPR 对 WAP Rhine 进行了更新和完善[3]。

建立 WAP Rhine 的目的在于：避免污染险情，找出污染源头，调查污染原因，采取必要的措施消除损害，避免或降低损害，并防止间接损害的产生[4]。在当前的情况下，由于莱茵河流域的国家对于污染源的控制已经相当完善，WAP Rhine 系统的主要功能是应对突发性水污染事故。莱茵河流域内目前有 7 个国际预警中心（International Main Warning Centers，IMWCs），每个中心负责管辖一定的区域，一旦其区域内发生水污染事故，中心就必须按照特定的路径进行信息的传递。

WAP Rhine 的运行高度依赖于先进的自动水质监测技术和设备。同时，还广泛采用水质的生物监测作为水质的物理—化学监测的有效补充。WAP Rhine 通过计算机模型运算进行预警的判断。同时，还进行了专用网站建设，使信息的交换更加便利和可靠。

该系统还有一些颇具特色之处，如在莱茵河流域，水质监测不单单是政府的职责和行为，一些关键的用水单位（如水厂）也进行大量的水质监测工作，这些非政府的监测行为及其获得的数据，是整个预警体系的有效补充。此外，该系统强调信息汇报过程的规范化，对于信息汇报过程进行了严格的规定（如语言、格式、技术含义、时间段、联系方式、人员安排、工作章程等），从而尽可能避免信息传递过程中发生错误或误解。

1.2 系统的预警启动机制和流程

WAP Rhine 对于在何种情况下启动预警有着非常量化的标准[4]。同时，对于预警的级别有着明确的区分。启动标准分为负荷量指导标准（guidance values）和浓度指导标准。如果污染信号来自于污染排放者本身，则可将排放者提供的负荷量估计与负荷量指导标准比照，决定是否需要发布预警。如果污染信号来自于水质监测的结果，则需比照浓度指导标准进行判断。基于莱茵河的现状，目前的负荷量指导标准和浓度指导标准主要是针对一些有毒有害物质（包括放射性物质）。

预警的级别分为“information”和“warning”两级[4]。一般情况下，可根据预先设定的标准判断是否进行“information”级别的预警。如果有数据进一步表明污染的危害性，则有可能提升至“warning”级别。

预警流程也是一个很重要的内容。WAP Rhine 定义了十分清晰的预警流程，这样在实施预警的时候流程就会十分顺畅。

1.3 莱茵河水污染监测预警系统对国内的启示

莱茵河流域的预警网络对于国内的参考意义主要体现在以下几个方面。

（1）需要建立一些明确的信息传递的节点。目前，国内一些河流的水环境信息传递机制存在着环保部门和水利部门的分割，也存在着地方水环境管理体系和流域水环境管理体系的分割。如果能够构建类似于莱茵河的预警中心的机构，统一进行信息的收集和传递，将大大节约资源、提高工作效率。

（2）跨界横向传递信息的重要性。目前，国内一些河流流域跨界水污染信息的传递主要是垂直向上的，或者是限于行政边界内的，缺少跨界横向传递信息的机制，从而影响预警的时效性。以淮河流域为例，虽然淮河流域水资源保护局在水污染联防的工作中有一些横向传递信息的机制，但仅限于水闸调度。可参考 WAP Rhine 的做法，制定明确的跨界信息传递方案。

（3）目前的水质监测还是以监测常规污染物为主。以淮河流域为例，目前仅个别站点（如蚌埠闸闸上）的水质自动监测设备可对一些有毒有害物质（如 VOCs）进行有效测定。随着我国水体治污的深化，未来有毒有害物质的重要性会逐步上升。因此，在经济、技术条件允许的情况下，应进行合理规划，分阶段升级现有的自动监测站或增设先进的监测站。

（4）应考虑设计有效的激励机制，鼓励重点用水企业（如水厂）更新监测设备，提升监测水平，并积极参与到流域水质联合监测、监督的体系中来。同时，需设计合理的信息传递机制，将这些单位收集到的信息与政府部门获得的信息进行有效的整合。

（5）分情形、分级别的预警启动机制具有较高的参考价值，对于国内流域跨界水质标准的制定有启发意义。

2 国内的工作进展与存在的问题

近年来，国内一些地区采取了一些解决跨行政区水污染问题的措施，其中也包括了一些监测预警措施。例如，由蚌埠与宿州两市人民政府签署的《关于跨市界河流水污染纠纷协调防控与处理的协议》中约定，为力保境内河流水质达标，下游地区应在上游闸坝下主河道设立有效长度泄污缓冲河段，上下游相邻市、县、区及时相互通报跨界河流水质、水量、闸坝运行、渔业养殖等信息。该《协议》建立了一系列长效机制，包括定期联席会商、信息互通共享、联合采样监测、联合执法监督、敏感时期预警措施、制定闸坝防污调控方案、加强风险提醒等。

《淮委应对重大水污染事件应急预案》中也涉及了有关监测预警方面的内容，《预案》中包括信息监测与报告、预警预报、应急响应、后期处置、保障措施等方面。《预案》进行了应急响应分级。按照水污染事件严重性、紧急程度和可能波及的范围，水污染事件的应急响应分为四级，特别重大水污染事件（Ⅰ级）、重大水污染事件（Ⅱ级）、较大水污染事件（Ⅲ级）、一般水污染事件（Ⅳ级）。每一级有具体的判定准则，并有具体的响应措施。

在跨界水污染管理方面，淮河流域的水污染联防工作有一定特色。水污染联防中涉及了水情、水质动态监测及信息传递等一系列内容。根据联防要求，重要控制站点的水情要求做到逐日监测。当出现严重污染，或当污染水体下泄期间，要求相关监测站加密监测。各监测单位直接向水保局传报水情水质信息。水保局负责发布水污染联防的水情、水质信息，在水质严重污染的情况下，水保局负责向沿淮下游地区及有关部门发布水情水质快报，进行预警预报。在闸坝调度方面，联防区域内各级水利部门在保证必要用水的情况下，避免造成污染水体在河道内过量蓄积，应维持小流量下泄，维护水体净化功能。上游水闸开闸防水需要提前通知下游，信息传递的方向具有明确的规定。水闸主管部门在调度水闸时，需同时通知水文部门，以便及时开展水质监测。

总体来看，国内一些地方在实践中已经取得了一些效果，形成了一些行之有效的方法，但也存在着不少问题，主要表现在以下几个方面。

（1）由于跨界水污染事件的发生通常具有突发性、集中性的特点，常规监测网络的监测频率无法满足污染事件预警的需要，也无法为跨界水污染纠纷的解决提供足够的数据支撑。

（2）省界断面水质自动监测站在选址时有很多建设在上游省份内，这会给污染信息的传递造成一定的障碍。

（3）水质自动监测由于其时间精度高、信息传递机制较为明确合理，对于跨界水污染的管理而言十分关键。但目前自动监测站点数量仍十分有限，且绝大多数分布在省界断面附近。地级、县级行政单位之间的跨界水污染的防范、预警和纠纷解决则缺乏良好的数据支撑。

（4）目前自动监测的污染物指标还十分有限。

（5）对于部分污染物（如 COD、氨氮），有必要在监测浓度的同时监测负荷量。负荷量的推求还需要配套的流量信息。

（6）在当前的信息传递机制中，缺少上下游之间直接的信息传递，即只有垂向上的传递机制，没有横向上的传递机制。这不利于突发性跨界水污染事件的应对。

（7）环保和水利系统的监测工作需要进一步协调。两套体系之间存在重叠和矛盾。虽然在特定条件下两套体系获得的数据可以起到相互印证的效果，但更多的情况下会引发部门间的争论和管理决策的不确定性。此外，两套体系的存在也是对环境监测资源的浪费。

（8）决策支撑技术有待改进。目前的水污染联防和限排措施等主要都是基于定性的判断，缺少一个具有预测、规划功能的决策支持工具。

3 建设符合我国国情的水质监测和预警系统的设想

结合国外经验以及国内近年来的实践，对于我国跨界水污染监测预警体系的建设有以下几方面建议：①应改革常规监测网络的布局和监测频率，使之适应跨界水污染事件发生的突发性、集中性特点，特别是省界断面水质自动监测站在选址时，要考虑到适应污染信息的快速传递，数量也要增加；地级、县级行政单位之间的跨界水污染监测站也应重点考虑。②应根据各地的具体情况，有计划地增加新的自动监测项目，特别是有毒有害物质，如 VOC 等。③应为重点省界断面的水质自动监测站配套水位的自动监测系统，并建立相应的水位—流量关系，从而实现流量和负荷量的自动监测。④建立和完善上下游行政单元之间横向的信息传递机制。⑤应强化环保和水利系统监测体系的协调，减少不必要的重复和浪费。⑥应强化定量化工具的支持，进行流域范围的数学建模，并建立相应的水环境数据库，用于进行科学决策。

我国跨界水污染监测预警体系设计的两大关键内容是通知通报体系和省界水质标准。以下就这两方面关键内容的设计提出设想。

3.1 设计合理的通知通报体系

如果发生紧急的污染事件，先通过电子或电话联系的方式进行通知，并尽快发送正式的通知书，上游地区应当立即采取行动阻断污染源，如事件原因短时间内难以查清，上游地区应当立即通过下游地区了解情况查明原因。

收到通知的部门应当尽快通知下游地区相关内容，以及是否需要进一步的信息以对通知中的要求进行评定。这种对进一步信息的要求不能成为耽搁事件处理的理由。

如果下游有关部门认为对事件的处理有不当耽搁的话，可以立即向省环保部门和流域机构汇报，以进行调查或采取更正措施。

如果上游政府部门认为污染事故、污染事件或严重污染状态正在或已经出现，应当立即通知可能受到影响的下游部门并提供足够的技术资料以供评定可能发生影响的污染种类以及程度。

通知的内容包括水污染事件的性质与污染程度、需要紧急应对的方面、水污染事件的情况（如范围、规模、地点、种类、数量、特点、对人或水体的损害等）。

得到通知的下游部门应当立即对事件进行调查并通知上游部门已经出现的负面影响以及紧急状况，并应当协商解决问题。

通知通报工作不仅涉及水质状况，对于可能造成跨行政区影响的建设项目，负责审批项目的环保部门须通知项目可能对其造成影响的地区环保部门，并提供相关详细情况以便该地区能对可能造成的污染的程度与种类进行评估。

通知的内容应包括拟建项目的性质、目的、项目的情况（如范围、规模、地点、种类、数量、容量、特点等）、项目可能造成的影响的性质与影响程度等。

得到通知的地区须及时回复，如果污染的潜在影响不能确定时，须征询批准项目的环保部门的意见。如果达不成一致意见，争论将提交给省级环保部门，省级环保部门对项目的审批是否适当作出决定。

如果流域上游地区认为其为了缓解下游地区严重污染而依据比现行标准及规定更严格的要求保护水质，因而牺牲了合理可期待的经济利益的话，上游地区政府可以向省环保部门和流域机构申请要求获得补偿，补偿的形式可以是经济的、技术的或其他的补贴。

提交的申请要详细具体，包括所有必要的信息。申请要及时受理。对于为了达到现行标准与规定而进行的限制经济发展的活动，不能申请补偿。

省环保部门和流域机构共同就补偿要求的合理性开展研究，并将研究结果向省政府提出建议。

3.2 确定合理的省界水质标准

实施跨界水质标准具有十分重要的意义，这种意义表现在以下几个方面。

（1）有助于评估各省（市）的水污染真实情况，并实施相应的责任制。由于省界水质状况反映了各省水污染及控制的真实情况，因而，也成为检验各地水污染治理成效的真实标准。在国家目前尚无足够的力量对流域实施全面控制的情况下，对省界水质实施管理控制，可以增加各省治理污染的压力，杜绝污染转嫁现象，有利于实施相应的环保责任制，促进各省积极治理污染。

（2）有助于分清污染责任，减少省界水污染纠纷。在有纠纷发生时，也有助于纠纷产生原因的认定，从而采取必要的措施加以解决。

（3）有助于积累经验，为逐步实现流域综合管理打下基础。流域综合管理是一个系统工程，很难一蹴而就，跨界水质管理可以作为流域综合管理的一个先行步骤，可以大到省界，小到县、乡界，逐级控制，分清污染责任。

（4）有助于建立必要的预警和应急体系。为减少河流污染事故的发生以及由此带来的污染损失，有必要建立相应的预警和应急体系。这一体系的建立有赖于良好的跨界水质标准及其实施。

（5）有助于开展区域性生态环境补偿工作。开展区域性生态补偿工作，不管是中央财政所提供的转移支付，还是上下游区域之间所实施的补偿，都需要得到跨界水质信息的支持。

制定省界水质标准的程序应包括如下基本步骤。

（1）由地方政府或流域机构提出申请，也可以由国务院环境保护主管部门会同国务院水行政主管部门提出制定省界水质标准的建议，要提出制定省界水质标准的理由。

（2）上述申请经国务院水行政主管部门审定后予以立项。

（3）立项后，国务院环境保护主管部门会同国务院水行政主管部门和有关省、自治区、直辖市人民政府共同确定省界水质标准制定项目组，开展研究。提出的方案应广泛征求有关部门和专家的意见，特别是当地政府部门和流域机构的意见。

（4）国务院环境保护主管部门会同国务院水行政主管部门和有关省、自治区、直辖市人民政府组织专家审定。

（5）方案在审定通过后，报国务院批准后施行。

省界水质标准不应当是一个单一的标准，而应当是一个标准体系，而且应当服从于目标的需求。从目标上来看，省界水质标准承担着一系列重要使命，包括判断不同区域水质状况、协助建立行政问责制、协助解决上下游纠纷、用于预警、应急和生态环境补偿体系建设等。因此，从长远来看，应将省界水质标准确定为不同级别，如起始标准、启动标准、应急标准。起始标准相当于目前的省界标准，满足这一标准时，不需要采取干预措施，只是进行上下游地区的信息共享；在达到启动标准时，意味着水污染程度比较高，应提高戒备状态，并采取适当的措施减轻污染水平；在达到应急标准时，必须立即采取应急措施，对上游的排放、河流中的水质污染以及下游的取水口等采取合理的措施，以便尽快消除影响，恢复正常状态。

跨界水质标准可以发挥重要的作用，主要表现在以下几个方面。

（1）流域机构应按照规定将监测结果及时报告给国务院环境保护部门、国务院水利管理部门和流域水资源机构。对违反此项规定的，有关部门应该对流域机构有关责任人员予以行政处分。

（2）省界水体水质超过规定的省界水质标准时，流域水资源管理机构应当立即通知上游省级人民政府采取措施减少污染物的排放，并将超标情况报国务院环境保护行政主管部门、水行政主管部门和下游人民政府。

（3）在发生跨界水污染事故的情况下，使用下游损害发生地环境监测机构的监测数据。当上下游之间就水质监测数据发生争议时，由上一级政府的环境保护部门对争议数据进行裁决。

（4）当有关人民政府及其主管部门不履行上述职责时，公民可向人民法院提起行政诉讼，由人民法院责令其依法履行职责。

（5）省界水体水质年平均超标的，上游省级人民政府应当对下游给予一定的经济补偿。补偿的具体办法，由国务院环境保护行政主管部门组织制定。

4 结论

我国日益突出的跨界水污染已影响到社会稳定和经济可持续发展。建立良好的水污染监测和预警体系，是预防和解决跨界水污染问题的重要前提。国内在跨界水污染监测和预警体系建设方面取得了一些成果，但仍存在许多问题。国外流域（如莱茵河流域）的成功案例为我国的相关工作提供了重要参考。我国应在总结国内外经验的基础上，加快推进跨界水污染监测和预警体系的建设。通知通报体系设计和省界水质标准确定是体系建设过程中需要重点突破的两个方面。

参考文献

[1] 赵来军. 我国流域跨界水污染纠纷协调机制研究——以淮河流域为例[M].上海：复旦大学出版社，2007.

[2] 李揽月. 立法破解跨界水污染困局[N]. 安徽日报，2009-03-04（2）.

[3] IKSR. International Warning and Alarm Plan Rhein，IKSR-Bericht. 2003. http：//www.iksr.org/bilder/pdf/bericht_nr_137d.pdf.

[4] Diehl P，Gerke T，Jeuken A，et al. Early warning strategies and practices along the River Rhine[M]. The Handbook of Environmental Chemistry，2006，5L：99-124. DOI：10.1007/698_5_015.

基于县级单元的中国农业面源污染控制区初探

The Partition of Agricultural Non-point Source Pollution Control Area Based on County Unit In China

李志涛[①] 王夏晖 张惠远 吕文魁 王 波 麻 莉

（环境保护部环境规划院，北京 100012）

摘 要：本研究选取县级行政区划为基本单元，建立了中国农业面源控制区划分的数据库，并核定出农业面源污染的各污染物的流失系数，利用源强估算法计算各县（市、区）的农业面源污染物等标污染指数，根据各污染物指数利用系统聚类法划分出不同类型的农业面源控制区，以期为中国农业面源污染的分区分类管理政策的制定奠定科学基础。

关键词：县级单元 农业 面源污染 控制区

Abstract: Based on the county-level administrative divisions，the article divides the different control area according to the Equivalent Pollution Index by the methods of hierarchical cluster analysis. First，we establish the database of agricultural non-point source pollution in China and calculate the loss factor of each pollutant from the agricultural non-point source pollution. Second，the study counts the Equivalent Pollution Index of agricultural non-point source pollution of each county by the methods of Source Strength Estimation and this study can supply the basis of the management of agricultural non-point source pollution.

Key words: County-level administrative divisions Agriculture Non-point source pollution The partition of control area

前 言

相关研究表明，农村大量的畜禽养殖废弃物、水产养殖废弃物、农用化学品等农业生产过程中产生的污染物通过雨水冲淋、农田灌溉等途径进入水中，使许多农村地区的水环境出现了严重的富营养化问题，水质日益恶化[1]。农业面源污染控制区的划分研究则是农业生产过程中产生的面源污染控制区划分管理及分类治理的基础和必不可少的重要环节，是制定农村区域发展规划、农业生产布局和农村区域水环境综合整治的科学基础，是农村

① 作者简介：李志涛，男，1982年生，助理研究员。主要研究方向：农村环境保护；电子邮箱：lizt@caep.org.cn；手机：13811572921。

水环境管理和污染防治的重要依据。

本研究定义的农业面源污染控制区划分是指进行农业生产过程中产生的污染物（COD、TN、TP），在降水或灌溉过程中，通过地表径流和地下渗漏等途径汇入水体引起的污染，主要分为种植业污染、养殖业污染等。本文利用源强估算法，估算我国农村 2 000 多个县（市、区）（非农业县、香港、台湾、澳门等地区除外）农业生产过程中产生的对农村水环境构成污染威胁的 COD、TN、TP 的等标污染指数，并利用系统聚类法及 ArcGIS 空间分析识别农业面源污染的重点控制区，以期为国家农业面源污染管理提供依据。

1 研究方法及数据来源

1.1 研究方法

在农业面源污染控制区的划分研究中主要运用源强估算法、系统聚类分析法等，其计算过程如下。

1.1.1 源强估算法

本文对中国农业面源污染的估算采用的是源强估算法，综合国内外研究成果[2-6]，源强估算法在农业面源污染定量研究中具有重要意义。该方法具有以下优点[7-9]：不考虑面源污染的中间过程和内在机制，通过实验和调查方法，直接估算进入水体的面源污染负荷；形式简单，面源污染负荷的计算公式多依赖小区实验结果和经验参数，结构简单；参数较少，主要考虑污染物产生的因果关系，在估算过程中对其他影响因素不予过多考虑；应用性强，受研究尺度、数据基础等方面的限制较少，而且方法简单易行，可广泛运用于面源污染定量研究。该方法主要反映污染源本身潜在的风险，用污染物的排放量除以环境中污染物的限量标准，把污染物的排放量转化为“污染物全部稀释到评价标准所需的介质排放量”，并将污染物全部稀释到水环境标准所需的水资源量的和，该计算结果不但反映了污染物在量上对环境的影响，也反映了污染物在质上对环境的影响。从而增强了对污染源潜在风险评价的科学性，也给污染源科学管理带来很大的方便。本研究在利用源强估算法时，主要计算出各污染物的等标污染指数，评价因子为 COD、TN、TP，其计算公式如下：

$$P_{ij} = \frac{C_{ij}}{C_{oi}} \times Q_{ij} = \frac{M_{ij}}{C_{oi}} \tag{1}$$

式中，P_{ij} —— 第 j 个污染源的第 i 种污染物的等标污染负荷，m^3/a；

C_{ij} —— 该污染源中第 i 种污染物的排放浓度；

C_{oi} —— 第 i 种污染物的评价标准，文中采用 GB 3838—2002Ⅲ类标准，即 COD 20 mg/L、TN 1 mg/L、TP 0.2 mg/L；

Q_{ij} —— 第 j 个污染源含 i 污染物的介质排放量，m^3/a；

M_{ij} —— 第 j 个污染源第 i 种污染物流失量，t/a。

第 j 个污染源有 n 个污染物，其污染源内的等标污染负荷为：

$$P_j = \sum_{i=1}^{n} P_{ij} \qquad (2)$$

某地区有 m 个污染源，则该地区等标污染负荷为：

$$P = \sum_{j=1}^{m} P_j = \sum_{j=1}^{m}\sum_{i=1}^{n} P_{ij} \qquad (3)$$

某地区等标污染指数是指所排放的某种污染物浓度超过该种污染评价标准的倍数，反映了污染物浓度与评价标准的关系，但不涉及排放总量关系。计算公式：

$$N_{ij} = \frac{C_{ij}}{C_{oi}} = \frac{P_{ij}}{Q_{ij}} \qquad (4)$$

式中，N_{ij}—— 第 j 个污染源的第 i 种污染物的等标污染指数；

Q_{ij}—— 第 j 个污染源含 i 污染物的介质排放量，m^3/a。

由于全国各县市的水资源总量差异很大，为了在不同地区展开比较和增加比较的客观性，我们假定各县市农业非点源污染排放的污染物均匀稀释到该地区的水环境中，则

某地区污染物等标污染指数 N=该地区污染源的等标污染指数/该地区水资源总量

1.1.2 系统聚类法

本研究根据等标污染指数，运用系统聚类分析方法进行农业面源污染控制区划分研究。系统聚类的基本思想是：先将 n 个样本（或 p 个指标）各自为一类，计算它们之间的距离，选择距离小的两个样本（或指标）归为一个新类，计算新类和其他样本（或指标）的距离，再选择距离最小的两个样本（或指标）合为一类，这样每次减少一类，直至所有的样本（或指标）都成为一个类为止。

类与类之间的距离有许多定义方法，本研究采用最短距离法。设 d_{ij} 表示第 i 个样本与第 j 个样本的距离，用 G_1，G_2，… 表示类，定义两类之间的距离用两类间所有样本中最近的两个样本的距离表示，类 G_u 和类 G_v 的距离用 D_{uv} 表示，则

$$D_{uv} = \min_{\substack{x_i \in G_u \\ x_j \in G_v}} \{d_{ij}\} \qquad (5)$$

式中，$x_i \in G_u$——第 i 个样本属于 G_u 类中；

$x_j \in G_v$——第 j 个样本在 G_v 类中；

D_{uv}——两类中所有样本间最小的距离。

系统聚类法的基本步骤如下。

（1）规定距离（欧氏距离），计算各样本两两距离，并记载在分类距离对称表中，记为 D（0），这就是第 0 步的表，每个样本为一类。d_{uv} 表示两个样本之间的距离，D_{uv} 表示每两个类之间的距离。

（2）选择其中的最短距离，设为 D_{uv}，则将 G_u 和 G_v 合并成一个新类，记为 G_r，$G_r=\{G_u,G_v\}$，这就是 G_r 类，表示由 G_u 类和 G_v 类组成。

（3）计算新类 D_r 与其他类之间的距离，定义

$$D_{uv}=\min_{\substack{i=G_r\\j=G_k}}\{d_{ij}\}=\min\left\{\min_{\substack{i=G_u\\j=G_k}}\{d_{ij}\},\min_{\substack{i=G_v\\j=G_k}}\{d_{ij}\}\right\} \tag{6}$$

实际上是判断 D_{uk} 和 D_{rk} 的大小，将小的距离作为新类 D_r 和 D_k 之间的距离。

（4）作 D（1）表，将 D（0）中的第 u 行、v 行第 u 列、v 列删去，加第 r 行 r 列，第 r 行 r 列元素为 D_r 与其他类的距离，这样得到一个新的距离对称表，记为 D（1）表，表示经过一次聚类后的距离表，D（1）表下注明 D_r 是包含哪两类。

（5）对 D（1）按从第二步到第四步的步骤重复类似 D（0）的聚类工作，可以得到 D（2）表，这就是经过二次聚类得到的一个新的分类距离对称表。

（6）重复聚类，直到最后只剩下两个类为止。

有关农业面源污染控制区划分的系统聚类算法，利用 SPSS 分析软件实现。然后，采用 ArcGIS 的识别叠加、字段计算及分级显示等功能，对不同类别的污染源按其污染源的风险程度进行分级。

1.2 数据来源

1.2.1 分区单元的确定

区划单元大小应根据区划的范围、任务和可操作性等因素确定。为了便于数据统计，计算简便，而且亦可反映出我国农村水环境污染源的空间分布趋势和差异，本研究以县级行政单元为农村水环境污染源划分的基本单元，选择全国作为农村水环境污染源的范围开展类型区研究。

1.2.2 数据的采集

本研究建立了农业面源控制区划分的数据库，数据库主要包括全国县域的耕地面积、化肥施用量（折纯量）、畜禽年末存栏总量（主要包括牛、羊、猪）、淡水养殖面积等与农业面源污染有关的数据。此部分指标数据由农业部统一组织，各省（市）农业厅（局）采集（由中国农业科学院农业质量标准与检测技术研究所提供），数据年限为 2007 年。个别县市数据缺失部分从《中国农业年鉴》《中国环境年鉴》《中国分县（市）社会经济年鉴》、各省（自治区、直辖市）相关的农村统计年鉴及相关研究文献中获取。将 2005 年全国县行政区划图作为工作底图。在数据收集、整理与分析的过程中，存在部分县（市、区）及农垦区数据的难以获得以及部分县（市、区）为非农业区的问题，将这种两种情况合并处理，统一归为无数据区域。各污染源流失系数的基础数据，来源于全国农业面源污染普查数据和相关文献及实地调研数据经综合分析获取。

2 指标体系构建

指标体系是农业面源污染分区研究的重要依据。由于指标体系随区划对象、区划尺度、区划目的等存在较大的差异[10-13]。因此，农业面源污染控制区的划分研究应选取那些最具有代表性，即最能反映其区域分异主导因素的指标。农业面源的影响因素有很多是人类无法控制的，本文在指标体系的构建中利用主导因素法，结合农业面源污染的特征，选取那些人类活动容易控制，又能反映农业面源污染特点的因素，构建分区指标。

具体的指标构建过程如下：以农业生产过程中污染物的产生来源分类，分别按照种植业污染、养殖业污染两种不同类型污染源构建指标体系，其中种植业污染包括化肥中氮、磷流失污染，并以化肥施用中流失的 TN、TP 作为划分依据；养殖业污染包括社会分散养殖污染、规模化养殖污染和水产养殖污染等，并以畜禽粪便以及水产养殖过程中流失的 COD、TN、TP 的数量作为划分指标。

3 农村水环境污染分区方案

在农业面源污染控制区的划分中，首先利用源强估算法，计算出各污染物等标污染指数。根据各污染物的等标污染指数，运用系统聚类分析法，通过 SPSS 分析软件计算出聚类分析结果，由于分区的单元数量较大，就不再列出具体的聚类分析结果。

为了确保控制区划分能准确地反映农业面源污染的特征，采用聚类分析和专家咨询相结合的方法，计算出各类型污染源分区的节点。从污染的程度来说，各种类型的污染源排放量等级不同，污染物指数越大，代表此类污染物风险越高。为了便于管理，按照污染物排放由重到轻的等级依次命名为重点控制区、控制区、一般区。

3.1 种植业污染控制区的划分方案

3.1.1 种植业污染流失量的估算

在种植业流失量的测定上，第一次全国污染源普查在综合考虑肥料污染的发生规律和主要影响因素（如地形、气候、土壤、作物种类与布局、种植制度、耕作方式、灌排方式等）的基础上，主要依据地形和气候特征，将全国种植业污染源划分为六大区域，即南方山地丘陵区、黄淮海半湿润平原区、南方湿润平原区、西北干旱半干旱平原区、北方高原山地区和东北半湿润平原区。

六大区域的具体范围如下：东北半湿润平原区，包括内蒙古东北部、黑龙江、吉林、辽宁大部，共 304 个县；西北干旱半干旱平原区，包括内蒙古河套灌区、宁夏引黄灌区、甘肃河西走廊灌区和新疆内陆灌区四大灌区，共 152 个县；黄淮海半湿润平原区，包括黄河、淮河、海河流域中下游的北京、天津、河北、山东、河南大部分区域以及苏北、皖北、黄河支流的汾渭盆地和长江流域的南阳盆地，共计 636 个县；南方湿润平原区，包括成都平原、江汉平原、洞庭湖平原、鄱阳湖平原、皖中平原、太湖平原、长江三角洲、杭嘉湖平原以及东南沿海平原，共611个县；北方高原山地区，主要包括青海中北部、内蒙古高原、黄土高原、东北和华北山地，共252个县；南方山地丘陵区，包括西南、江南和华南山地的秦巴山地、川鄂湘黔丘陵山地、云贵高原、川西高原、浙闽丘陵山地、闽南与南岭山地以南至沿海的粤桂大部、海南岛及云南西双版纳，共计857个县[①]。

在种植业流失量的测定上，参考第一次全国污染源普查系数的基础上，核算出六大区各自区内加权平均肥料流失系数，即把各个大区中各种类型的肥料流失系数（如北方高原山地区—缓坡地—非梯田—横坡—旱地—大田一熟的种植模式和北方高原山地区—陡坡地—非梯田—顺坡—旱地—大田一熟等的种植业污染源流失系数加权平均，作为北方高原山地区的种植业污染源流失系数）做加权平均处理，核算出各区域的种植业污染源流失系数，再根据各县所处的区域位置，确定出各县的肥料流失系数（表1）。

表1　不同区域肥料流失系数

区域名称	地表径流流失系数/%		地下淋溶流失系数/%	
北方高原山地区	TN	0.293		
	TP	0.215		
东北半湿润平原区	TN	0.34	TN	0.504
	TP	0.13		
黄淮海半湿润平原区	TN	0.867	TN	1.5
	TP	0.36		
南方山地丘陵区	TN	1.263		
	TP	0.723		
南方湿润平原区	TN	1.099		
	TP	0.485		
西北干旱半干旱平原区	TN	0.261	TN	0.762
	TP	0.144		

3.1.2 种植业污染类型区划分结果分析

种植业污染控制区划分，按计算出的污染物流失产生的TN、TP的等标污染指数，利用系统聚类分析法并与专家咨询法相结合，确定种植业污染等标污染指数的聚类结果。经过计算，重点控制区种植业污染物等标污染指数的取值范围为 $2 \leqslant N \leqslant 48.01$，控制区种植业污染物等标污染指数的取值范围为 $0.5 \leqslant N < 2$，一般区种植业污染物等标污染指数为 $N < 0.5$。结合GIS空间分析功能划分出最终的结果，如图1所示。

重点控制区主要分布在河南省的大部分地区，共计127个县市；山东省和河北省大部分地区，共计241个县市；山西省的南部，共计69个县市；江苏省的北部，共计38个县市；安徽省西北部，共计34个县市；吉林省中部，共计15个县市等。控制区主要分布在湖北省和湖南省的大部分地区，共计106个县市；重庆和云南及贵州三省交界处，共计91个县市；广西的东南部和广东省的西北部，共计81个县市；黑龙江和内蒙古及吉林省交

① 资料来源：全国第一次农业污染源普查。

界处，共计 80 个县市等。一般区主要分布在西北的新疆、西藏、青海、四川省的西北部以及广西和贵州交界处附近的县市等。

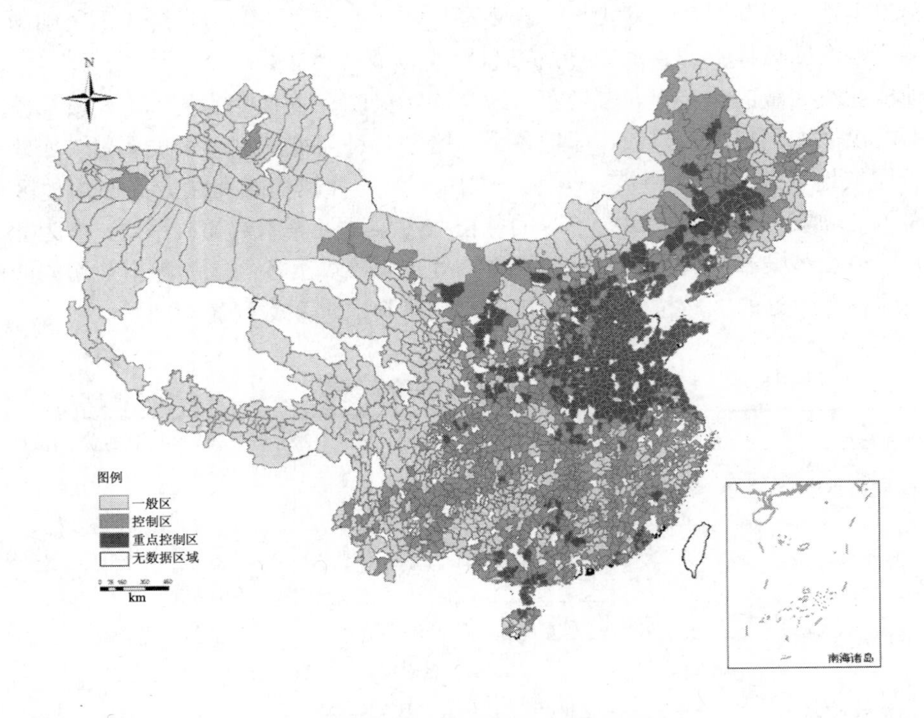

图 1　种植业污染源控制区分布

种植业污染重点控制区一般为农业历史开发悠久、种植业发达、化肥施用量和流失量较大的省份。其中山东、河南、河北均为我国重要的农业区。山东省粮食产量居全国第二位，是我国重要的蔬菜、温带水果主产区和北方重要产棉基地；河北省粮、棉、油产量稳居全国前列，是全国三大小麦集中产区之一和重要的产棉基地，蔬菜种植发展迅猛；河南省为我国粮油、棉花、烤烟的主要产区之一。2007 年，河南、山东、江苏、河北的化肥施用量居于全国的前四位，各省的施用量分别为 569.7 万 t、 500.3 万 t、342 万 t 和 311.9 万 t。山西省由于水资源量总体较少，在化肥流失量一定的情况下，污染指数会比较高。

3.2 养殖业污染控制区的划分方案

3.2.1 养殖业污染流失量的估算

不同畜禽养殖类型，其排泄量有较大差异。不同畜禽其生长周期也有一定差异，根据不同畜禽的生长周期及其粪便产生量，可以计算出畜禽每年废弃物的排放量[1-2]。

本研究结合第一次全国污染源普查结果、全国规模化畜禽养殖业污染情况调查结果以及相关文献的成果，并结合专家咨询的方法确定各类畜禽的污染物流失系数。在核算时，采用对各个地区不同养殖规模的畜禽污染物进行平均化处理，并结合采用文献调研法确定最终的畜禽养殖污染物排放系数（由于数据限制，畜禽养殖业污染物流失量的估算中，未包括家禽污染物产生量）（见表 2）[14-18]。

表 2 不同地区畜禽污染物年流失系数 单位：kg/（a·头）

地区	污染物	猪	牛	羊
华北区	COD	14.9	59.3	1.1
	TN	0.82	6.5	0.57
	TP	0.16	1.02	0.11
东北区	COD	16.1	43.96	1.14
	TN	0.88	8.2	0.59
	TP	0.25	1.12	0.12
华东区	COD	26.8	56.8	1.19
	TN	0.92	4.7	0.62
	TP	0.37	1.22	0.12
中南区	COD	12.3	62.7	1.06
	TN	0.88	5.73	0.55
	TP	0.22	1.33	0.11
西南区	COD	13.9	31.5	1.1
	TN	0.89	5.95	0.57
	TP	0.15	1.6	0.11
西北区	COD	14.38	30.66	1.01
	TN	0.65	4.1	0.52
	TP	0.25	1.13	0.1

水产养殖污染流失量的估算，根据相关研究可知，在正常的投入平均管理水平下，每公顷鱼塘每年向环境排放 COD 74.5 kg、TN 101 kg、TP 11 kg[19-20]。根据全国不同县市的水产养殖面积计算出各县市的污染物排放流失量。

3.2.2 养殖业污染类型区划分结果分析

养殖业污染控制区划分按计算出的畜禽养殖和水产养殖产生的 COD、TN、TP 的污染指数，利用系统聚类分析法和专家咨询相结合，确定最终的污染物指数聚类结果。养殖业重点控制区污染物指数的取值范围为 $N \geqslant 2.3$、控制区污染物指数的取值范围为 $0.75 \leqslant N < 2.3$、一般区污染物指数的取值范围为 $N < 0.75$。结合 GIS 空间分析功能划分出最终的结果，如图 2 所示。

重点控制区主要分布在河北的大部分地区，共 97 个县市；山西省的大部分地区，共 78 个县市；内蒙古和吉林以及辽宁三省的交界处和黑龙江与内蒙古的交界处，共 78 个县市等。控制区主要分布在江苏和内蒙古的大部分地区，共 95 个县市；湖南省中部地区，共 56 个县市；湖北省的中东部地区，共 41 个县市；安徽省的北部地区，共 34 个县市等。一般区主要分布在西北和东南地区的省份。

养殖业污染源重点控制区，一般分布在我国的华北、华东和东北以及中南等地区的县市，这些县市多靠近大城市，是大城市周围畜禽产品的主要供应地。养殖业污染物的产生量较大，故这些县市是我国农村水环境养殖业污染源的重点控制区。

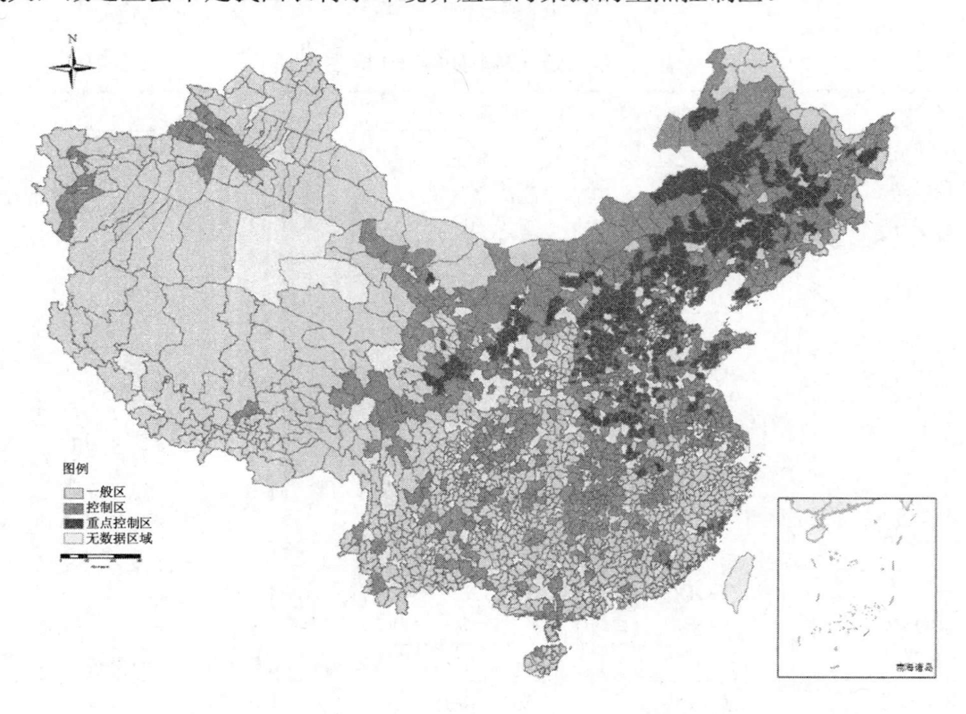

图 2　养殖业污染源控制区分布

4 结论

（1）本文以县级行政区为单元，利用源强估算法，计算了中国农业面源各种类型污染物的等标污染指数，并根据等标污染指数，运用系统聚类分析法，进行了中国农业面源污染物特征分布的识别。

（2）种植业污染重点控制区主要位于河南省、山东省和河北省以及山西省的南部、江苏省的北部和安徽省西北部及吉林省中部等我国粮食主产区。

（3）养殖业污染重点控制区主要分布于河北、山西省，以及内蒙古东北部、吉林西北部、辽宁、黑龙江东北部以及湖北、湖南等畜禽和水产养殖集中分布地区。

（4）本研究提出的全国农业面源污染控制区划分方案，综合考虑了我国农业生产布局、面源负荷空间排放特征等因素，可为农业面源污染的控制和管理决策提供参考。

参考文献

[1] 吕耀. 农业生态系统中氮素造成的非点源污染[J]. 农业环境保护，1998，1（17）：35-39.

[2] 冯庆，王晓燕，王连荣. 水源保护区农村生活污染排放特征研究[J]. 安徽农业科学，2009，24（37）：11681-11685.

[3] 谭绮球，苏柱华，郑业鲁. 国外治理农业面源污染的成功经验及对广东的启示[J]. 广东农业科学，2008（4）：67-69.

[4] 任春霞. 美国水污染防治法律及其启示[J]. 江淮水利科技，2007（4）：11.

[5] 李硕. GIS 和遥感辅助下流域模拟的空间离散化与参数化研究与应用[D]. 南京师范大学，2002.

[6] Novotnyv O. Water quality：prevention，identification，and management of diffuse pollution [M]. New York：Van Nostrand Reinhold Compend，1994.

[7] 焦隽. 江苏省内陆水产养殖非点源污染负荷评价及控制对策[J]. 江苏农业科学，2007（6）：340-343.

[8] 叶元土，等. 水产养殖的饲料损失量及原因分析[J]. 中国饲料，2002（14）：27-28.

[9] 钱秀红. 杭嘉湖平原农业非点源污染的调查评价及控制对策研究[D]. 浙江大学，2001.

[10] 郑度，欧阳，周成虎. 对自然地理区划方法的认识与思考[J]. 地理学报，2008，63（6）：563-573.

[11] 赖斯芸，杜鹏飞，陈吉宁. 基于单元分析的非点源污染调查评估方法[J]. 清华大学学报：自然科学版，2004，44（9）：1184-1187.

[12] 刘闯. 土地类型与自然区划[J]. 地理学报，1985，40（3）：256-263.

[13] 赵松乔. 中国综合自然地理区划的一个新方案[J]. 地理学报，1983，38（1）：1-10.

[14] 曲环. 农业面源污染控制的补偿理论与途径研究[D]. 中国农业科学院，2007.

[15] 罗利民. 农村水环境经济系统分析与决策研究[D]. 河海大学，2006.

[16] 王琍玮. 重庆市农业面源污染的区域分异与控制[D]. 西南大学，2005.

[17] 武淑霞. 我国农村畜禽养殖业氮磷排放变化特征及其对农业面源污染的影响[D]. 中国农业科学院，2005.

[18] 贺缠生，傅伯杰，陈利顶. 非点源污染的管理及控制[J]. 环境科学，1998（9）：87-91.

[19] 焦隽，李慧，冯其谱，等. 江苏省内陆水产养殖非点源污染负荷评价及控制对策[J]. 江苏农业科学，2007（6）：340- 343.

[20] 宁丰收，刘俊远，古昌红，等. 重庆典型养殖鱼塘富营养化调查与评价[J]. 农业环境与发展，2004（3）：37-39.